KB138987

Mathematics in 10 Lessons: The Grand Tour. Amherst, NY: Prometheus Books, 2009.

Copyright c 2009 by Jerry P. King. All rights reserved.

Authorized translation from the English-language edition published by Prometheus Books. Korean Translation Copyright c 2016
by Donga M&B, Seoul, Korea

This Korean edition is published by arrangement with Prometheus Books
through BC Agency, Seoul, Korea

※ 이 책의 한국어판 저작권은 BC 에이전시를 통한 Prometheus Books와의 독점계약으로 (주)동아엠앤비에 있습니다. 저작권법에
의해 한국 내에서 보호를 받는 저작물이므로 무단 전재와 무단 복제를 금합니다.

10개의 특강으로 끝내는 수학의 기본 원리

2판 3쇄 발행 2021년 1월 10일

글쓴이	제리 킹
옮긴이	박영훈

펴낸이	이경민
편집	최정미

펴낸곳	㈜동아엠앤비
출판등록	2014년 3월 28일(제25100-2014-000025호)
주소	(03737) 서울특별시 서대문구 충정로 35-17 인촌빌딩 1층
전화	(편집) 02-392-6903 (마케팅) 02-392-6900
팩스	02-392-6902
전자우편	damnb0401@naver.com
SNS	🅵 🅾 blog

ISBN 978-11-87336-41-9 (03410)

*책 가격은 뒤표지에 있습니다.
*잘못된 책은 바꿔 드립니다.
*『10개의 특강으로 끝내는 수학의 기본 원리』는 『10 LESSONS』의 개정판입니다.

이 도서의 국립중앙도서관 출판예정도서목록(CIP)은 서지정보유통지원시스템
홈페이지(http://seoji.nl.go.kr)와 국가자료공동목록시스템(http://www.nl.go.kr/
kolisnet)에서 이용하실 수 있습니다.(CIP제어번호: CIP2017016346)

10개의 특강으로 끝내는 수학의 기본 원리

10 Lessons
Fundamental principles of mathematics

제리 킹 지음
박영훈 옮김

동아엠앤비

목차

감사의 글

나는 이 책의 어디에서인가 어떤 것이 나 스스로 알아낸 것인지 아니면 다른 사람이 가르쳐 준 것인지 더 이상 확신할 수가 없다고 고백한 적이 있다. 어쩌면 끝내 이를 알 수 없을 수도 있다. 이를 아는 사람은 아무도 없을 지도 모른다. 하지만 내가 확신하는 것은, 이 책에 기록한 모든 수학은 다른 그 누군가로부터 배운 것이라는 점이다. 내가 창조해 낸 것은 아무것도 없다. 나로 하여금 이 아름다운 학문의 아주 작은 부분이나마 공부할 수 있도록 동기부여를 해준 수학자들과 수학 선생님들이 내 뒤에 희미하게 자리 잡고 서계신다. 나는 그 분들 모두에게 결코 갚을 수 없는 빚을 지었다. 그들이 서 있는 줄은 무한대는 아니지만 매우 긴 줄이기 때문에 이들의 이름을 모두 열거할 수는 없을 것이다. 하지만 나는 결코 그들을 잊을 수 없다. 그래서 나는 그들 모두를 기억하고 있다. 만일 내가 운이 좋다면 그분들 중 한 두 분은 날 기억할 지도 모르겠다.

하지만 그 중에서 내가 꼭 언급해야만 하는 이름이 있다. 동료들 중 세 명, 웨이 민 후왕, 클리퍼드 퀸, 그리고 라마미르탄 벤카타라만은 이 원고의 상당 부분들을 읽고 도움이 되는 제안들을 해주었다. 그들 모두에게 감사를 드린다. 졸업생인 지아후안 강은 전문적이고 기술적인 도움을 주었다. 그에게도 감사를 표한다. 프로메테우스 출판사의 생산 관리 책임자인 크리스틴 크래머는 복잡한 원고를 제출하는 것과 관련해서 너무도 많은 협조를 해주

셨다. 정말 감사하게 생각한다.

　그리고 편집장인 린다 레이건이 있다. 놀라울 정도로 능숙한 린다의 솜씨는 그녀와 같이 일을 해 본 사람들이 증언해 줄 정도로 이미 널리 잘 알려져 있다. 그런데 이 책에서 그녀는 능숙함을 넘어서 나에게 제안을 해 주었고 용기도 북돋아 주었으며 때로는 심오한 발상도 제시해 주었다. 무엇보다 그녀는 대단한 인내심을 보여 주었다. 린다가 없었다면 이 책은 존재하지 않았을 것이라는 점은 부인할 수 없는 사실이다.

　제인에게도 헤아릴 수 없을 만큼 커다란 신세를 졌다. 나는 그녀에게 모든 것을 빚 졌다.

제리 킹

옮긴이의 글

한때 《우리 문화 답사기》라는 책이 인구에 회자된 적이 있었다. 그곳에 어떻게 찾아가며 어느 곳에 묵으면서 어느 음식을 먹어야 하는지를 알려주는 단순한 여행안내서는 아니었던 것으로 기억한다. 그곳이 어떻게 형성되었고, 어떤 사람들의 삶이 묻어있는지 그래서 왜 그리고 어떻게 아름답거나 슬픈 곳인지를 알려주는 그곳에 관한 책이었다.

이 책은 수학책이라기보다는 수학에 관한 책이라고 말하는 것이 좋을 듯하다. 수학이란 무엇인지 무작정 수학적 지식을 나열하기 보다는, 그 지식이 어떤 의미가 있으며 어떻게 형성되었는지를 드러내고 있기 때문이다.

수학자나 수학 교육자들은 흔히들 수학은 아름다운 학문이라고 설파하지만 고등학교를 졸업하기만 하면 앞으로의 인생에서 다시는 절대로 수학을 하지 않을 것이라 굳게 다짐하는 보통 사람들을 더더욱 질리게 만드는 것 같다. 하지만 어찌하여 수학이 아름다운 것인지, 그리고 이를 이해하려면 어떻게 해야 하는지에 대해서는 별로 설득력있게 설명하지 못하는 것 같다.

이 책에 담긴 내용이 위와 같은 우려를 단번에 씻어주리라 기대할 수는 없다고, 번역자로서 독자들에게 고백할 수밖에 없음을 매우 유감스럽게 생각한다. 하지만 단 하나는 힘주어 강조할 수 있다. 이 책은 자신이 어떤 길을 가고 있는지 모르면서 무작정 내비게이션이 지시하는 대로 운전하듯 수학 지식을 머릿속에 채워 넣었던 사람들에게는 그것이 얼마나 잘못되었는지

깨닫게 해줄 것이다. 즉, 그것은 수학이 아니었다는 사실 말이다.

하지만 이 책을 처음부터 끝까지 독파하는 것은 결코 쉬운 일이 아니다. 물론 그럴 필요도 없다. 그저 이해할 수 있는 만큼만 이해하고 계속 책장을 넘길 것을 권한다. 그러다 보면 어느새 자신이 가지고 있었던 수학 지식이 의미 있는 존재로 다가올 것이며, 새로운 진리의 세계가 눈앞에 펼쳐질 것이다.

번역서에 실린 상투적인 역자 후기의 내용을 여기에 그대로 담을 생각은 없지만, 그래도 빼놓을 수 없는 것은 1년 이상 인내심을 발휘하며 기다려준 동아사이언스에 미안함과 동시에 고마움을 전하고 싶다. 또한 번역 과정의 말미에 새로움을 보여준 수현에게도…….

아무쪼록 이 책을 통해 조금이라도 수학의 새로운 맛을 느끼기를 바란다. Good Luck!

서교동에서 박영훈

이 책을 읽는 법

어떤 시인이 나에게 시는 두 번 읽어야 한다고 말했다. 첫 번째 읽을 때에는 시인이 무엇을 말하려고 했는지 알아내야 하고 두 번째 읽을 때에는 시인이 말하는 방식을 배워야 한다고 했다. 즉 **말하는 내용**과 **말하는 방식**을 파악해야 하는 것이다.

대개의 경우는 처음 읽을 때가 훨씬 더 쉽다. 이때에는 시의 주제를 파악하여 무엇에 관해 말하는지 알아야 한다. 두 번째 읽을 때는, 시의 구조를 파악해야 한다. 이때에는 운과 리듬, 은유와 구문 같은 시의 기술적인 면을 다룬다. 이것에 능숙해진다면, 이 두 가지가 서로 잘 섞여서 말하고자 하는 것과 말하는 방식이 하나로 합쳐진다. 이제 비로소 전체적으로 통합되어 하나의 시로 떠오르게 되는 것이다.

그러나 초보자에게는 이 두 가지 읽기를 분명하게 분리할 필요가 있다. 초보자는 주제를 겹겹이 쌓여진 비유와 직유 뒤에 숨기려고 하는 시의 속성에 맞서 의식적으로 부단하게 사투를 벌여야만 한다. 시의 주제가 언뜻 보기만 해도 매우 투명하게 드러나는 경우도 있다. 어떤 시는 글자 그대로 보면 한 마리의 매가 아침에 날아가는 모습을 묘사한 것처럼 보일 수도 있다. 하지만 정말 그런 것일까? 어쩌면 그 투명성은 착각에 불과할 지도 모른다. 곡선을 그리며 날아가는 매가 실제로는 수호신이 내려와서 산의 안개를 자욱하게 만들어내는 모습일 수도 있다. 주제가 실제 무엇인지 파악하기 위해서는 양파 껍질을 벗겨내듯이 비유의 겹을 한 껍질 한 껍질 벗겨내야만 한다. 이것이 쉽지 않을 수도 있겠지만 결국에는 많은 것을 파악할 수 있게 해준다. 그러고 나면 이제 시의 두 번째 읽기, 즉 말하는 방식을 자연스럽게 알 수 있을 것이다.

처음 읽을 때는 대부분 묘사된 것에 중점을 두지만, 두 번째 읽을 때에는 좀 더 기술적인 것에 치중한다. 이때에는 천천히 그리고 반복적으로 자주 끊어서 읽어야만 한다. 어쩌면 읽고 있던 시를 잠시 제쳐두고 말하는 방식의 기술적인 부분이나 중요한 세부 요인들을 완벽하게 파악할 때까지 여러 번 처음으로 다시 돌아가는 것이 필요할 수도 있다. 시를 진정으로 읽으려 한다면 이와 같이 완벽하게 파악해야만 한다. 그렇지 않았다면 당신은 시의 본질을 제대로 이해하지 못한 것이다. 즉, 시가 산문과는 다르다는 점을 구별하지 못한 것이다. 따라서 묘사 그 자체뿐만 아니라 기술적인 부분까지 읽어내야만 시를 이해할 수 있다. 그 외의 다른 방식으로는 시를 읽을 수 없다. 수학도 마찬가지이다.

수학도 시와 마찬가지로 말하는 내용과 말하는 방식으로 나누어져 있다. 그리고 시에서와 같이 초보자는 이 두 가지를 구별하는 데 매우 신중해야 한다. 수학에서는 **말하는 내용**이 보통 정의나 정리 등의 형태를 취하는 서술적인 명제들로 이루어져 있다. 이 명제들은 관련 주제를 추상적이고 기호를 사용한 언어로 표현한 것이다. 수학에서의 **말하는 방식**이란 하나의 정리를 증명하기 위하여 이들 기호들을 전문적으로 조작하는 것이다. 시와는 다르게 수학에서의 명제들은 정확한 의미를 가진다. 정리에 나타나는 단어들은 정의에 의해 주어진 의미들을 정확하게 담고 있다. 벗겨내야 할 비유나 은유가 더 이상 존재하지 않는다. 이런 의미에서 보면 수학이 시보다 더 쉽다. 한편, 수학에서 말하는 방식은 엄격하게 기술된 어떤 규칙을 따라야 한다. 어떤 특정한 정리를 증명하는 과정에서 수학적 기호는 정의에서 기술되었거나 이전의 정리에 의해 확립된 규칙에 의해서만 조작될 수 있다. 정확하지 않다면 수학은 정말 아무 것도 아니다. 정확성에 대한 강박관념 때문에 수학이 시보다 더 어려운 것으로 생각되기도 한다.

이 책에는 수학의 실상이 그대로 담겨있다. 당신은 정의, 정리 또는 증명의 형식에서 정확성을 발견하게 될 것이다. 동시에 해설이나 설명 그리고 의도적으로 불분명하게 처리한 사실들도 발견할 것이다. 이런 것들은 충분한 설명을 곁들인 묘사를 통해 수학 속에 끼워 넣어 쉽게 다가갈 수 있도록 하였다. 더욱이 이 책은 기본적으로 선행이 필요한 어떤 수학적 지식도 요구하지 않는다. 그래서 어떤 특정 페이지에 있는 수학적 지식은 바로 이전 페이지에 있는 아이디어를 파악한다면 충분히 이해가 될 수 있을 것이다. 물론 이해가 되지 않는 아이디어들도 접하게 될 것이다. 이 경우에는 그냥 무작정 따라 읽어라. 문제점은 다음 단락이나 다음 페이지에서 해결할 수 있을 것이다.

시를 읽는 것처럼 이 책을 읽어라. 첫 번째로 해설과 명제를 읽는 것이다. 그리고 수학이 무엇을 말하는지 파악하라. 그런 후에 증명을 하면서 말하는 방식을 통달하라. 두 번째 읽기는 너무 서두를 필요 없다. 책을 옆에 제쳐놓고 생각이 정리가 되도록 두어라. 수학이 없어져 버리는 것은 아니니까.

일리아드는 잊혀지고 파르테논이 먼지가 되어 사라져버리더라도 수학은 여전히 남아 있을 것이다. 인간이 만들어 낸 것 중 그 어떤 것도 수학보다 더 영원한 것은 없다.

서문

수학자들은 다른 사람들이 알지 못하는 두 가지를 알고 있다. 첫 번째, 모든 수학은 몇 개의 **기본 원칙**으로부터 파생되어 흘러 나왔다는 것이다. 두 번째, 수학 연구에 착수하는 동기와 어떤 연구결과에 대한 평가 기준 둘 다 미학적인 관심에 의해 지배된다는 사실이다. 기본 원칙들은 수학의 근원을 이루고 있으며 아름다움에 대한 이끌림은 수학이 계속될 수 있도록 그 역할을 담당하고 있다.

물론 수학자들은 이것보다는 더 많은 것을 알고 있다. 그러나 그들이 가지고 있는 부가적인 지식의 많은 부분은 다른 사람들, 특히 과학자나 기술자들과 함께 공유된다. 이들—수학을 "이용"하는 사람들—은 이 학문의 "유용성"에 대해서는 잘 알고 있다. 하지만 많은 과학자들과 기술자들은 수학이 가지고 있는 미학적인 부분을 모를 뿐만 아니라 이 학문의 근간이 되는 원리들의 존재에 대해서도 모르고 있다. 하지만 수학자들은 이 두 가지를 알고 있다. 오직 수학자들만이 말이다.

기술자들은 일반적으로 수학자들이 수학을 만들어 냈다고 생각한다. 또는 만들어 내야 한다고 생각한다. 왜냐면 쓸모가 있기 때문이다. 그들은 이 학문이 마치 《그레이 아나토미》(시애틀에 위치한 가상의 병원인 시애틀 그레이스 병원에서 근무하는 의사들 사이에서 일어나는 일들을 중심으로 한 미국 TV 드라마)에 등장하는 의과대학 학생들이 해부학을 배우는 방식과 같이,

외워야 할 복잡한 일련의 규칙들로 가득 채워져 있다고 믿고 있다. 그들은 일단 그 규칙들을 외우고 나서 이들을 이용하여 대수 기호들을 빈 종이 위에서 조작하면 수학이 만들어진다고 생각하는 것이다. 이런 기술자들, 그리고 거의 모든 일반 사람들은 그 규칙들이 수학과 어떻게 다른지 구분하지 못한다. 수학자가 아닌 사람들은 각각의 복잡한 규칙들이 몇 개의 간단한 규칙들로부터 만들어질 수 있다는 것을 알아차리지 못하는 것 같다. 역으로 아무리 복잡한 법칙이라도 이를 거슬러 계속해서 파고들다 보면 그것들이 파생된 매우 단순한 몇몇 기본 원리들에 이른다는 점, 그리고 이들은 너무나 단순해서 그 정확성에 대해 조금도 의심할 수 없다는 점도 모르는 듯하다.

이 책에서 **수학자**라는 용어는 **수학 연구를 하는 사람**을 의미하는데, 이는 **새로운 수학을 창조하는 사람**을 의미하기도 한다. 따라서 내가 수학자라고 할 때에는 새로운 수학을 창조하는 사람을 뜻한다. 일반적으로 수학자는 대학에서 교수라는 직업을 가지고 연구를 하고 있으며 그의 학문적 성공은 전적으로 그가 만든 수학의 양과 질에 달려있다. 연구하는 수학자들 대부분이 수학을 가르치는 사람들이다. 그러나 수학을 가르치는 모든 사람이 연구하는 수학자라고는 할 수 없다.

수학자들이 기억하는 규칙들은 거의 없다. 대신에 그는 어떤 근본적인 원칙들을 알고 있으며 필요할 때마다 이 원칙들로부터 다른 규칙들을 이끌어낸다. 그리고 나면 수학이라는 것이 그의 앞에 펼쳐져 있는데, 이상하고 아름다운 기호와 곡선의 언어로 종이 위에 쓰여 있는 것이다. 그 수학자는 그것들이 어디에서 왔는지 잘 알고 있다. 마지막 결과가 아무리 복잡한 것이라 하더라도 그는 자신이 원한다면 거슬러 올라가서 몇 개 되지 않는 자명한 공리에 이를 수가 있다.

미학과 수학에 관해서 이야기 하자면, 사실 이 둘 사이의 연계성은 현재

활동하고 있는 수학자들의 폐쇄된 그들만의 공간 밖으로 알려진 것이 별로 없다. 대부분의 사람들에게는 수학에 미학적인 요인이 들어있다는 개념은 달의 어두운 면처럼 거의 와 닿지 않을 것이다. 그러나 수학자들은 수학을 높은 경지에 도달한 예술로 간주한다. 수학자들이 수학을 하는 이유는 수학이 유용하기 때문에서가 아니다. 수학이 아름답기 때문이다.

즉, 수학자를 정의하고 그들을 다른 나머지 지식인 사회와 다르다고 구분 짓는 것은 바로 그 학문을 이루는 기본 원리들과 수학의 미적 가치에 대한 지식이다.

《수학이라는 예술 *The art of mathematics*》[1]에서 나는 인문학에 관심이 있는 독자들에게 의도적으로 수학의 개념을 예술로 소개했었다. 이 책에서 나는 수학자들이 수학을 만들어 내고 나서 평가를 할 때, 미학적인 심사숙고에 중점을 둔다고 강조했다. "수학에 대한 동기부여는 아름다움이다. 뿐만 아니라 수학에 대한 평가도 마찬가지다. 어떤 수학자가 다른 수학자의 연구 성과에 대해 가장 큰 칭찬은 '우아하다'고 말하는 것이다."라고 나는 기술하였다.

《수학이라는 예술》에는 매우 작은 수학이 들어있다. 누군가가 모네의 그림을 멀리서 바라보며 붓놀림보다는 사용한 색의 범위에 중점을 두었듯이, 이 책에서 나도 멀리 떨어져 수학을 바라보았다. 수학을 기술하기보다는 수학에 "관해서" 기술했던 것이다. 수학을 전공하지 않은 일반 대중을 위해 수학자들이 하는 일은 무엇이며 왜 그 일을 하는지 기술하려고 노력하였다. 결론적으로 나는 설명과 해설을 했던 것이다. 수학을 기록한 것이 아니었다.

이 책의 목적은 좀 더 넓은 독자층에게 수학의 실체를 어느 정도 깊이 있게 소개하려는 것이다. 나는 교육을 받은 두 종류의 식자들로 구성된 독자

---

1) Jerry P. King, *The art of Mathematics*, (New York: Plenum, 1992).

층이 이 책을 접하기를 희망한다. 첫 번째는 진심으로 수학을 배우고자 하는 사람들이고 다음은 언젠가 수학적 지식을 가졌던 적이 있었지만 세월이 흐르면서 그 지식들이 사라져 버린 것을 경험한 사람들이다. 이 책은 그렇게 골치 아픈 책이 아니므로 느긋하게 즐길 수 있으며 혼자 스스로 읽어가며 배울 수 있도록 썼다. 그리고 제시된 주제들은 수학자들이 가지고 있는 기본 원리들에 대한 개념을 독자들이 파악할 수 있도록 선택하였다.

결론적으로 우리의 탐구는 가장 기본적인 단계에서부터 시작된다. 점을 찍고 셈을 할 수 있는 능력이 있는 독자라면 다른 선행된 수학 지식을 요구하지도 않을 것이다. 분수의 덧셈 능력조차 선행지식으로 요구하지 않는다.

더군다나 수학자들이 여러 수학지식들을 연결하는 논리적 개념에 독자들이 익숙할 것이라는 전제도 생각하지 않았다. 사실상 우리의 탐구는 기호논리학의 기본적 개념에 대한 검토부터 시작한다. 특히, 우리는 논리적 함의라는 것에 대한 기본 개념을 탐구할 것이다. 그리고 나서 1, 2, 3, … 등의 수를 세는 것을 진행한 후에 이를 둘러싼 수 이론이라는 수학의 한 분야로 나아갈 것이다. 그리고 수 이론에서 해석학이라는 분야와 미적분학으로 알려진 아이디어들의 집대성으로 이어질 것이다. 도중에 우리는 확률론이라 부르는 수학적 아이디어들의 집합을 검토하기 위해 잠시 숨을 고를 것이다. 확률 이론은 전자들의 이동이나 공정하지 못한 동전을 던지는 것과 같은 무작위의 현상을 설명하고 예측하는 분야이다. 우리는 상당히 많은 양의 수학을 다루겠지만, 각각의 단계에서 그 목적은 어디까지나 수학자들이 가지고 있는 기본 개념들을 설명하는 기본 아이디어들을 제시하기 위한 것이다.

종종 나는 신입생들에게 미적분학을 가르친다. 그럴 때마다 나는(누군가가 선택한) 콘크리트 블록 크기의 교과서를 벗어나 수업을 진행한다. 그 책의 무게는 약 3킬로그램이나 나가기 때문에 그 책이 미끄러져 발 위로 떨어지면 발가락이 부러질 정도이다. 학생들은 그 책을 힘들게 가지고 다니면서 때때로 그 책의 일부분만 읽기도 한다. 하지만 나는 수업에 들어갈 때 교과서를 들고 가지 않는다. 새 분필 하나만 가지고 강의실로 들어가는 것이다. 그리고는 50분 동안 메모된 노트도 없이 거의 쉬지 않고 칠판에 수학에 대해 쓰면서 강의를 진행한다. 이는 대단한 재주가 아니다. 그러나 학생들은 종종 나의 암기력에 대단한 감동을 받는다. 그들은 내가 교과서를 암기한 것이라 믿기 때문이다. 그리고 내가 그들에게도 이를 암기하기를 기대한다고 생각한다.

하지만 그건 틀린 생각이다. 나뿐만 아니라 내 동료들 그 누구도 머릿속에 교과서를 담지 않는다. 대신에 우리는 몇 가지 원리들—이 경우에는 미적분학의 원리들—만 알고 있을 뿐이다. 강의는 나일 강이 바다로 흐르듯이 이 원리들로부터 거침없이 흐르게 된다. 암기란 매우 작은 역할을 할 뿐이다.

나의 투박한 미적분학 교과서를 집어보라. 그리고 아무 페이지나 열어서 그 페이지에 있는 복잡한 공식을 가리켜 보라. 그리고 수학자를 찾아 가서, 그에게 그 공식을 외워보라고 말해보라.

내가 예상하기에 그는 제대로 답하지 못할 것이다. 문제의 답을 자신의 머릿속에 담고 다니지 않기 때문이다. 하지만 어느 정도 시간이 지나면 그는 당신을 위해 그 공식을 "유도"할 수 있음을 알게 될 것이다. 당신의 눈앞에서 그는 공식을 만들어낼 것이다. 그리고 그가 써내려가는 것을 보며 당신은 그 공식이 서서히 나타나는 것을 보게 될 것이다. 처음에는 희미하고 애매하게 보일 수 있는데, 어쩌면 그가 처음 시작을 잘못했을 수도 있다. 그러나 잠시 후 그 공식이 점차 나타나게 되는데, 기호 하나 하나가 교과서에 제시된 것과 정확하게 일치하는 모습으로 등장할 것이다. 그리고 수학은 마치 살아 있는 것처럼 움직일 것이다.

하지만 이는 시작에 불과한 것으로 단지 초보자들을 위한 것이다. 그 수학자에게 시간을 충분히 준다면 그는 그 교과서에 있는 모든 내용을 다시 만들어 낼 것이다. 물론 한 글자 한 글자가 그대로 정확하게 재현되는 것은 아니지만 거의 비슷하게 만들어 낼 것이다. (어쩌면 그 결과로써 더 좋은 책이 탄생할지도 모른다.)

우리가 배워야 할 것은 이것이다. 수학자는 기본적인 어떤 원리들을 충분히 익힌 후에 미적분학을 통달하게 되었다는 점이다. 그 학문의 기초를 정확하게 받아들이고 나서 이 기초들로부터 나머지를 만들어 낼 수 있다는 사실이다.

따라서 우리도 그래야만 한다. 그리고 이 책은 그 방향으로 나아가는 하나의 단계이다. 이 책의 주제는 다음과 같다. 수학을 공부하는 방법은 기본적인 부분들을 매우 잘 파악하는 것이다. 이를 달성하고 나면 배워야 할 수학의 다른 어떤 부분도 쉽게 배울 수가 있다.

이 책의 주제와 서술 방식은 이와 같이 위의 주제를 의식하면서 선택되었다. 가장 우선적인 주제는 다음과 같다. **기본 개념에 대한 정확한 학습은 더 복잡한 개념들을 배우기 위한 발판**을 만들어 준다. 이것이야말로 수학자들이 수학을 배우는 방식이라고 나는 확신한다. 그리고 또한 이 학문을 배우기 위한 가장 쉬운 방법이란 것에 대해서도 나는 확신하고 있다. 사실상 이것이야말로 유일한 방법일지도 모른다.

수학이 가지고 있는 힘의 많은 부분이 수학에서 사용하는 기호들로부터 나온다. 각각의 기호들은 정확하게 정의된 수학적 아이디어를 표현하고 있다. 수학을 학습하는 데 있어 중요한 부분은 기호, 그리고 그 기호에 담겨져 있는 개념, 또한 좀 더 강력한 아이디어들을 만들어 내기 위해 기호들을 조작하는 규칙들을 습득하는 것이다. 수학을 처음 접하는 사람들은 기호들에 별로 정이 가지 않을 것이다. 그러나 이를 회피할 수는 없다. 수학을 통달하기 위해서는 기호부터 통달해야만 한다. 앞으로 우리는 계속해서 많은 기호들을 소개 할 것이다.

1959년 캠브리지 대학교의 유명한 리드 강연(Rede Lecture)에서 C. P. 스노는 서양의 지식사회가 두 개의 이질적인 그룹으로 분리되어 있다고 주장했다. 그의 주장에 따르면, 이 그룹들 중 하나는 과학자들로 구성되어 있고 다른 하나는 문학적인 지식인들로 구성되어 있다. 스노는 이 그룹들을 "두 개의 문화"라고 불렀다. 스노는 이들의 단절에 유감을 표명하였는데, 그 이유는 이들 사이에 의미 있는 의사소통이 없다는 것을 알았기 때문이다. 더 심각한 것은 각 그룹에서 높은 위치에 있는 사람들이 다른 그룹에 속하는 사람들을 좋아하지 않는 것이라고 스노는 주장하면서 이들 문화 사이에는 "적대감과 반감"이 존재한다고 말했다.[2]

　　스노의 주장은 틀리지 않았다. 누구든지 이를 의심하는 사람이 있다면 어떤 대학이든 그 캠퍼스에 가서 한 번 보라. 당신이 그 두 개의 문화를 찾아내기도 전에 그 문화가 먼저 당신을 발견할 것이다. 과학자 한 사람에게 다가가 인문대학이 어디 있는지 물어보라. 그러면 그곳에서 활동하는 인문학자들의 애매모호한 사고방식에 대한 불필요한 말까지 덧붙이면서 그 곳의 위치를 알려 줄 것이다. 그 곳에 도착하면 영문학과 사무실 밖에 걸려있는 게시판에서 하얀 가운을 입고 현미경을 뚫어지게 들여다보고 있는 교수들의 교양없음을 풍자하는 만화들을 발견할 수 있을 것이다. 대학 캠퍼스 안에는 당신이 굳이 찾으려고 시도하지 않아도 이 두 문화의 단절이 쉽게 눈에 띌 것이다.

　　하지만 나는 그 문화들이 인문학자의 특성이나 과학자들의 특성에 내재된 그 무엇에 의해 정의된다고 믿지 않는다. 그보다 이러한 문화는 정확히 어떤 종류의 수학적 능력의 존재나 부재에 의해 결정된 것이라고 보는 것이 좋다. 나는 이 두 개의 문화가 각각 M형의 사람들과 N형의 사람들로 구성

---

2) C. P. Snow, *The Two Cultures and a Second Look*, (London: Cambridge University Press, 1976), p. 4.

되었다고 말하고 싶다. M형은 수학에 대해 어느 정도 아는 사람이고 N형은 그렇지 않는 사람들이다.[3]

즉, 나는 이 두 문화를 단절시키는 요인이 수학이라고 주장하고 있는 것이다. M—문화에는 스노가 언급한 과학자들이 있고, N—문화에는 문학을 하는 지식인들이 있다. 물리학자는 M형이고, 시인은 N형이다. 물리학자는 수학을 알고 있지만 시인은 그렇지 않다. 바로 이것 때문에 그들은 서로 소통하지 않는 것이다.

단절되어 있는 이 한 쌍을 결합하는 방안은 단절의 원인을 밝혀 그에 관한 무언가의 대책을 마련하는 것이다. 사이가 좋지 않은 부부의 경우에 그 원인을 밝히는 것이나 처방을 내리는 것이 쉽지 않을 수 있다. 그렇지만 별거나 이혼에 대하여 그 원인이나 치유를 연구하는 심리학자, 상담사 그리고 해결사들로 구성된 하나의 산업이 존재한다. 이 일을 하는 사람들은 항상 준비되어 있으며 언제든 찾아갈 수가 있다. 대가를 지불하기만 하면 언제든 부부 관계의 문제에 대한 도움을 받을 수가 있다.

그러나 시인이나 물리학자들에게 도움이 될 수 있는 것은 별로 없다. 이들을 단절시키는 요인은 수학이므로 이에 대응되는 대책이란 실제로 수학을 가르치는 것밖에 없다. 하지만 현실은 그렇지 못하다.

수학자들은 연구에 집중한다. 연구는 그들이 하고 싶어 하는 일이며 대학은 이들에게 그 일을 하도록 대가를 지불한다. 가르치는 것을 크게 우선시하지 않으며 또한 문화의 단절에 대해서는 전혀 관심도 없다. 대체로 수학자들은 이 문화의 단절을 피할 수 없는 불가피한 것으로 생각하고 있다. 시인들은 시인들이고 물리학자는 물리학자이다. 그들 사이에 대화가 없다는 것은 자연스러운 현상이다.

---

3) King, *The art of Mathematics*, p. 294.

나는 수학이 문화 단절의 요인이라고 하더라도 이를 고칠 수 있다고 주장하였다. 하지만, 어떤 국가적 재난의 경우와 같이 그 과정은 쉽지 않을 것이다. 시간도 많이 걸릴 것이다. 필요한 것은 모든 수준에서 수학 교육에 대한 혁명뿐이다. 당장 시행해야 할 것은 교육의 체계를 재구성하여 미래의 시인들과 미래의 과학자들에게 수학자들이 그러하듯이 모두가 이 학문을 높은 경지의 예술로 보게끔 하는 것이다. 이는 초등학교나 중등학교에서 수학을 가르치는 교사들을 재교육하거나 대학의 수학자들에게 동기를 부여하고 보상을 마련하는 체계를 재구성하는 것밖에는 없다. 그 어떤 것도 당장 실현될 수 있는 것은 아니다.

그 동안에도 미래의 과학자들은 강의실에 쭈그리고 앉아서 자신들의 공부를 위해 필요한 수학만을 배울 것이다. 그리고 미래의 인문학자들은 자신들에게 부과된 최소한의 수학만을 감내하며 견디면서 앞으로 다시는 이 학문 근처에 절대로 가지 않을 것이라고 조용히 다짐할 것이다. 수학자들은 계속해서 자신들의 연구를 진행할 것이다. 결국 두 개의 문화는 팽창하는 우주의 양 끝에 있는 은하수들처럼 산산조각나면서 흩어질 것이다.

내가 교육의 발전을 바라기는 하지만, 그렇다고 《10개의 특강으로 끝내는 수학의 기본 원리》가 그에 대한 성명서는 결코 아니다. 이 책의 목표는 그보다 좀 더 겸손하게, 문화들의 경계선 사이에 있는 간격을 조그만 부분이라도 완만하게 하는 것이다. 이 책은 다음과 같은 가정에 기초하고 있다. 즉, 어떤 이유에서든지 수학을 잘 알지 못하지만 지금이라도 수학을 제대로 배워보기를 원하는 일반 독자들이 상당히 많다는 것이다. 나는 이 책을 읽으려는 독자들이 규칙적으로 콘서트에 가거나 박물관을 견학하고 그리고 영화관도 가는, 교양 있는 식자층으로 구성될 것이라는 것을 잘 알고 있다.

이들은 폭이 넓은 일반적인 독자들이다. 강연을 할 때에 청중 가운데서 특정한 한 사람을 골라 집중하면 가장 좋은 강연을 할 수 있듯이, 작가는 특정한 한 사람의 독자를 상상해 글을 쓸 필요가 있다. 시인이 비수학적인 N문화의 극단적 대표하고 생각하는 것은 자연스러운 일이며, 나는 이미 이 책의 도입 부분에서 이러한 개념을 살짝 언급한 바 있다. 물리학자는 M문화의 진정한 대표자라는 생각이 든다. 이러한 편견이 수학에 대한 지식과 관심이 있는 몇몇 시인들에게는 매우 불공평할 수도 있겠지만, 나는 이 책의 전형적인 독자를 시인이라고 간주할 것이다. 그래서 만일 내가 그 시인에게 수학을 매개로 다가갈 수 있다면, 어떤 누구에게도 다가갈 수 있다고 내 자신에게 확신할 수 있을 것이다. 더욱이 시의 실제와 특징 그리고 수학의 실제와 특징 사이에는 놀랄 만한 유사점이 있음을 잠시 후에 보게 될 것이다. 시는 수학자들이 알고 있는 것보다 그들에게 더 가까이 있다.

《10개의 특강으로 끝내는 수학의 기본 원리》는 인문학자들이 원하기만 한다면 그리고 그들에게 수학을 제대로 소개해 줄 수만 있다면 그들도 충분히 배울 수 있다는 것을 전제로 하고 있다. 이 책에 담겨있는 적절한 내용들은, 몇 개 되지 않는 기본적인 수학적 개념만 주의 깊게 그리고 즐겁게 배울 수 있도록 하자는 교육적 원리에 기초한 것이다. 수학 분야에서는, 정확하게 배운 단 하나의 개념이 부분적으로 압축된 내용으로 가득 들어있는 한 권의 교과서의 가치와 맞먹는다. 만일 공부하려는 대상이 적절하게 선택되고 그것들을 완벽하게 통달할 수만 있다면, 더 복잡한 개념들—이를 확장하면 강력한 현대수학으로 직접 이어지는 미래의 학습을 위한 발판을 제공하는 것이다.

이 책은 사실상 극히 초보적인 개념에서 시작한다. 그러나 초보적인 개념이 쉬운 것만은 아니며 이를 완벽하게 이해하기 위해서는 노력이 필요하다. 앞선 개념에 대한 이해가 다음 개념의 이해로 이어진다. 이해되지 못한 개념을 가지고는 더 이상 한 발자국도 나아갈 수가 없다.

이 책은 서문을 제외하고 총 10장으로 나누어져 있다. 이 아이디어는 각장을 수학 수업으로 생각하여 각각의 수업에서 특정한 수학 주제를 다루기 위한 것이다. 몇몇 수업은 다른 것보다 그 내용이 훨씬 더 깊게 들어가기도 하지만, 각각 한 시간에서 세 시간 사이의 수업이 될 수 있도록 그 분량을 조절하였다. 물론 그 누구도 열 개의 수업 아니 천 개의 수업을 받았다고 하여 수학의 모든 것을 배울 수는 없다. 그러나 여기 주어진 열 개의 수업은 충분히 기초적인 교육이 될 수 있다.

나는 이 책이 과학도들의 흥미도 이끌어내기를 바란다. 올바르게만 읽는다면 그들이 가지고 있는 수학에 대한 미학적 감성을 고양함으로써, 진리와 아름다움이 항상 같은 것이라고 생각하는 시인들과 좀 더 가까워 질 수 있을 것이다. 앞서 펴낸 책에서는 두 문화를 연결할 수학의 다리를 시인에게 보여주었다. 《10개의 특강으로 끝내는 수학의 기본 원리》는 그 다리를 건너는 방법을 알려 줄 것이다.

진리, 그리고 아름다움

수학은 맥베스에게 환영으로 비친 공중의 단검과 같이 우리 마음속에 존재
한다. 수, 방정식들 그리고 행렬과 같은 수학적 대상들은 모두 추상적인 상
상의 산물이다. 그것들은 우리의 실제 삶에는 존재하지 않는다. 물론, 수학
적 기호라는 것이 실제 생활에 존재하는 사물인 종이 위에 쓰여 있거나 책
에 인쇄되어 있기도 하다. 하지만 그 기호가 가리키는 대상 자체는 마음 속
깊은 어디인가에서 나왔다는 점을 잊지 말아야 한다. 수학은 단순히 잉크로
만들어진 것이 아니다. 그것은 공기와 같이 보이지 않는 무로부터 수학자들
이 창조한 것이다. 시인들이 그리 하였듯이 수학자들도 그것에 형태를 부여
했을 뿐이다.

> 상상력이 미지의 사물에
> 형상을 부여할 때 시인의 펜도
> 그것에 형체를 주고 또한 있지도 않은 헛것에
> 그것이 자리할 장소와 이름을 부여해 준다.
>
> ─셰익스피어의 《한여름 밤의 꿈》 중에서

이 글을 쓰고 있는 동안, 내 앞에는 나선형 뿔을 하늘로 곧추 세운 일각

수 한 마리가 서 있고 그의 은색 옆구리에서 희미한 달빛이 어슴푸레하게 어른거리는 영상이 떠오른다. (아마 N. C. 와이어스의 그림에서 보았을 것이다.) 그 너머에는 마치 카멜롯과도 같이 나무들 위로 빛나는 거대한 돌탑과 잔잔한 호숫가가 자리 잡고 있다. 정말 아름다운 모습이다. 그 안에 있는 은빛 창조물은 실제로 살아있는 것처럼 느껴진다. 하지만 이것은 단지 하나의 그림이다. 그럼에도 불구하고 일각수는 마치 우리 곁에 가까이 있는 존재처럼 느껴진다.

가서 어두운 숲을 뒤져 보라. 그리고 마치 나무처럼 움직이지 말고 가만히 서 있어 보라. 반짝이는 연못 옆에서 달빛이 희미해질 때까지 기다리다 보면 당신의 몸은 점차 돌처럼 차가워질 것이다. 그리고 일각수는 더 이상 보이지 않게 될 것이다. 일각수는 더 이상 이 지구상에 존재하지 않는 것이다. 수학도 마찬가지로 더 이상 존재하지 않는다.

숲 속을 뒤지는 동안, 어쩌면 버려진 야영장에서 찢겨진 낡은 장부를 발견할지도 모르겠다. 그 첫 페이지에서 희미한 수학 기호, 예를 들어 숫자 6과 같은 기호가 눈에 들어올 수도 있다. 그러나 "여섯"이라는 것이 실제로 이 지구상에 존재하는지는 그 숫자만 보고 결론지을 수는 없다. 이는 N. C. 와이어스가 일각수의 그림을 한 점 그렸다고 해서 일각수가 이 세상에 존재한다고 결론짓는 것이나 마찬가지이다. 당신이 장부에서 발견한 것은 수학적 개념을 대변하는 기호로서의 "숫자 여섯"의 그림일 뿐이다. 초등 수학을 아는 사람들 모두가 이 생각을 공유하고 있다. 그 밖의 다른 일반적인 생각도 함축하고 있음을 잘 알고 있다.

예를 들어, 사람들은 "여섯"은 다섯 다음에 나오는, 그리고 일곱 바로 앞에 있는 자연수(여기서 자연수란 숫자들이다: 1, 2, 3, 4, 5, 6, 7, …)의 이름이라는 것을 알고 있다. 또한 6의 산술적 성질, 예를 들어 $6 = 1+2+3$ 또는 $6 = 2 \cdot 3$과 같다는 것을 알고 있다. (여기서 "점"은 곱셈을 말한다. 이것은 곱셈이라는 연산을 위해 앞으로 사용할 기호들 중 하나이다. 이 책 어디에도 보통 초등학교에서 사용하는 기호 "×"로 곱셈을 나타내지 않을 것이다. "×"은 알파벳 문자인 "x"처럼 보이는데, 이 문자는 다른 것을 나타내기 위해 사용할 것이다.)

그러므로 여섯이라는 수는 현실 세계와는 따로 떨어져 분리되어 있는, 마치 일각수나 환영으로 비친 단검과 같은 하나의 아이디어일 뿐이다. 이제 우리는 여기서 더 나아가 여섯이란 수에서 다른 수학적 개념까지 논의를 확장할 것이다. 모든 수학적 개념은—그것이 양의 정수처럼 매우 단순한 것이든 또는 위상 공간과 같이 복잡한 것이든 상관없이—각각 추상적 개념이며 관념의 세계에만 존재하는 것이다.

이와 같은 구별을 형식화하는 것은 앞으로 더욱 중요해질 것이므로 이 논의를 계속해보자. 즉, 두 세계—현실 세계와 수학적 세계—가 나란히 함께 존재한다고 생각해보는 것이다. 이 두 세계는 다양한 방식으로 형상화될 수 있을 것이다. 그림 1은 각각의 세계를 단순한 사각형으로 나타낸 것이다. 현실 세계는 왼쪽에 그리고 수학적 세계는 오른쪽에 자리 잡고 있다. 현실 세계 안에 있는 대상들—그곳에 실제적으로 존재하는 것들—은 바로 당신이 생각하는 것들이다. 즉, 시, 사람, 궁전 그리고 석고판 등 이 모든 것들은 당

현실 세계   수학적 세계

그림 1 현실 세계와 수학적 세계

신이 볼 수 있거나 만질 수 있다. **실제로 존재하는 것**이니까.

지금 현재 우리가 이해하고자 하는 것은 수학적 세계가 존재한다는 사실과 또한 그 세계가 현실 세계와는 구분되어 분리되어 있다는 점이다. 수학은 이와 같은 의미에서 현실 세계와의 분리 그리고 추상성 때문에 와이어스가 그린 일각수나 맥베스가 마음에 품고 있었던 단검과 비슷하다. 이 모든 것들은 단순히 순수한 사고들의 단편들로 구성되어 있다. 하지만 매우 중요한 의미에서 수학은 다른 것들과 구별된다. 위에서 언급한 단검은 왕이 되려는 욕망과 살인의 피로 얼룩진 벼랑 끝에 몰린 한 사내의 억눌린 뇌가 만들어 낸 것이다. 일각수는 중세 암흑기 신화나 장작불 주위에서 밤새도록 들려주는 마법 이야기로부터 만들어진 것이다. 이들 각각은 문학에서 그리고 피어나는 문화 속에 자신의 자리를 차지하고 있다. 하지만 그 어느 것도 반드시 필요한 것은 아니다. 단검과 일각수를 상상할 수 없는 세계는 풍요롭지는 않더라도 여전히 "세상"이라고 말할 수 있다. 나에게 맬러리나 셰익스피어는 중요하다. 그리고 나는 이들의 아이디어로 만들어진 세계를 좋아한다. 일각수나 맥베스의 단검이 없는 세상을 상상하는 것은 즐겁지 않다. 그러나 그와 같은 세계를 상상할 수는 있다. 그리고 그런 세상이라 하더라도 크게 달라지지 않을 것이란 점을 잘 알고 있다.

반면에 수학이 없는 세계를 상상하는 것은 생각도 할 수 없다. (수학이 없다면 과학은 단지 묘사나 분류 수준 정도밖에 되지 않을 것이다. 수학이 제공하는 엄청난 예견력과 설명력이 존재하지 않는 세상이 되었을 것이다.) 그림 1의 두 세계는 나란히 옆에 붙어 있는 포도나무의 가지들처럼 서로 얽혀있다. 하나의 세계가 또 다른 하나의 세계에 반드시 필요하다. 현실 세계에는 수학을 창조하는 사람들이 존재한다. 그리고 우리는 수학적 세계를 통해 진리가 무엇인지를 알게된다.

창조

위의 마지막 두 문장에는 많은 것들이 들어가 있다. 나는 **창조**와 **진리**라는 두 가지 철학적인 기본 개념을 언급하였다. 이제 우리는 이들 각각에 대해 좀 더 자세히 알아 볼 필요가 있다.

우리가 잘 알고 있듯이, 수학에 대한 탐구활동을 하는 사람들을 수학자라고 부른다. 그리고 그들이 탐구활동을 하고 있을 때, 그들은 자신들의 활동 과정을 "수학을 한다"라고 말한다. 수학을 한다는 것은 이전에 존재하지 않았던 새로운 수학을 종이 위에 적어 두는 것을 의미한다. 보통 이 새로운 수학은 그런 글들만을 접수하는 목적을 가진 전문적 저널에 게재되는 연구 논문의 내용이 된다. 그런 다음에 그 논문을 다른 수학자들이 보고 읽은 후에 자극을 받아 더 발전된 연구를 할 수 있게 한다.

수학자들만이 수학을 한다. 사실, 이 구절이 수학자라는 용어의 정의로 사용되기도 한다. 결국 **수학자란 수학을 하는 사람**이라고 말할 수 있다. 이는 분명히 순환적인 정의이지만 그 쪽 분야의 사람들에게는 충분히 이해되는 말이다. 우리 목적 중의 하나가 이 정의를 일반 사람 모두 이해할 수 있도록 하는 것이다.

수학자에 대한 이 정의가 수학을 가르치는 것과는 전혀 관계가 없다는 점에 주목하라. 대부분의 수학자들은 대학에서 수학을 연구하고 수학을 가르친다. 그러나 이는 수학을 하는 것과는 다른 일이다. 수학을 연구하는 수학자가 선생님이 될 수는 있지만 늘 그런 것은 아니다. 어떤 수준의 수학을 가르치는 사람들은 아주 많이 있지만, 그렇다고 하여 그들이 수학 연구를 추구하는 것도 아니며 더군다나 그러한 연구 활동이 존재한다는 사실조차—대부분의 교육받은 사람들처럼—인식하지 못하는 경우가 많다. 가르치는 것과 연구하는 것은 전혀 별개의 일이다.

누군가가 자신을 수학자라고 소개하면, 이때 상대방의 적절한 반응은 "당신은 어떤 종류의 수학을 가르칩니까?"가 아니라 "당신이 '하는' 수학은 어떤 종류입니까?"이다. 그러면 그 수학자는—자신의 분야에 대한 당신의 지식이 해박함에 감동을 받고 매우 만족하며—"미분방정식이요." 또는 "위상기하학입니다." 아니면 "복소수해석학이죠."라고 자신이 연구하고 있는 수학의 특정 분야의 이름을 알려줄 것이다. (참고삼아 말하자면, 미국수학학회의 주요 출판물인 메스메티컬 리뷰*Mathematical Review*라는 저널에는 50개 이상의 특정 분야가 있다.)

이 모든 것을 볼 때 가장 먼저 떠오르는 질문은 "그가 새로운 수학에 대한 글을 썼다면, 그는 정확하게 무엇을 한 것이란 말이지? 수학을 **발견**했다는 것인가 아니면 **창조**했다는 것인가?"이다.

이 두 가지 관점은 겉으로 볼 때 극명하게 구별되는 것 같이 보인다. 수학자는 새로운 수학을 발견하는 것인가, 아니면 스스로 만들어 내는 것인가? 첫 번째 시각—수학은 발견되었다는 관점—은 "플라톤주의" 또는 "절대주의"의 시각이다. 두 번째 시각—수학은 창조되었다는 관점—은 "구성주의"의 입장을 지지한다. 플라톤주의자들의 관점은 다소 수동적인데, 수학자들이란 이미 존재하는 수학적 현실을 발견하는 사람이라는 견해를 가진다. 반면에 구성주의자들은 수학자란 수학을 만들어내는 사람이라고 보며, 이들의 창조가 없다면 수학적 세계란 존재하지 않는다는 입장을 보이고 있다. 하지만 이 문제를 철학적으로 더 깊게 파고 들어가다 보면 이 두 관점이 서로 융합되는 경향이 나타나는데, 즉 수학자가 어떤 때에는 창조자가 되기도 하며 어떤 때에는 발견자가 되는 경우이다. 수학자 각 개인은 어떤 특정 분야의 수학을 만들고 있음을 간혹 느끼면서도 동시에 자신이 하는 일이 결국에는 자그마한 수학적 현실의 일부를 밝혀내고 있다는 것도 느끼고 있기 때문이다. 그래도 근본적인 문제는 여전히 남아 있다. 즉 "수학은 창조되는 것인가 아니면 발견되는 것인가?"

이 문제는 철학적으로도 매우 복잡하기 때문에 아직까지 어느 누구에게도 만족스러운 답을 주지 못하고 있다. 그렇다고 여기서 우리가 이 문제를 해결하겠다는 것은 아니다. 그러한 시도도 하지 않을 것이다. 다만 다음 두 가지만 언급하려고 한다.

우선 첫 번째로, 내 자신의 관점은 구성주의라는 것이다. 즉, 수학은 만들어졌다는 것이다. 이 관점은 이 책 전체를 관통할 것이며, 나는 수학자란 수학을 창조하는 사람이라는 사실을 끊임없이 환기시킬 것이다. 나는 수학적 세계(그림 1에서 보았듯이)를 현실 세계로부터 분리된 아이디어들의 세계로 바라볼 것이다. (앞에서 언급했듯이, 이 두 세계는 서로 얽혀있다. 그러나 분리된 두 개의 가지가 서로 접촉하고 있는 것은 아니다.) 수학자들은 현실 세계에서 살고 있으며, 동시에 수학적 세계에 존재하는 대상들을 창조하고 있다.

두 번째 언급하고 싶은 것은, 수학자들 스스로 이 사안을 둘러싸고 나뉘어져 있으며 내 관점은 소수파의 관점이라는 점이다. 여러 기관에서 실시한 비공식적 조사에 의하면, 수학이 **만들어졌다고 보는 것**과 **발견되었다고 보는 것**은 대략 2 대 8 정도의 비율인 것으로 나타났다. 확신하건데 대부분의 수학자들은 스스로가 수학을 발견한 것이지 결코 수학을 창조했다고는 믿지 않을 것이다. 수학자가 아닌 몇몇 사람들도 발견 쪽의 입장을 취하기도 한다. 한 예로, 수학에 대한 해설가로 유명한 마틴 가드너는 최근 어떤 책의 서평란에서 다음과 같이 기록하고 있다.

우주는 수학적으로 조직되어 있다.
그뿐만 아니라 완전히 수학으로 만들어져 있다.

만일 가드너가 옳다면, 수학은 발견되어진 것뿐만 아니라 그림 1의 두 세계는 실제로 합쳐져 있다고 볼 수 있다. 우주의 모든 것은 수학을 지향하고 있다. 나는 그가 옳다고 믿지는 않지만, 우리는 가드너의 말을 진지하게 생각해볼 필요는 있다. 그는 여러 해 동안 수학에 대해 깊이 있게 생각하고 매우 아름다운 글을 집필해 왔는데, 이제는 플라톤주의자들 입장의 정면에 서 있는 것이다.

아직도 나 자신이 분명하게 확신을 갖고 있는 것은 아니다. 만약 플라톤주의자들의 말이 옳다면, 매우 근본적인 그러나 아직도 답을 구하지 못한 다음 질문에 맞서야 한다.

만약 수학이 발견된 것이라면 그것은 이미 존재하고 있다는 말인데
그럼 도대체 누가 만들었다는 것인가?

분명한 사실은, 이미 존재하고 있어야 발견할 수 있다는 점이다. 그렇다면 플라톤주의자들은 수학자를 제외한 수학의 창조자가 누구인지 말해주어야만 한다. 그렇지 않다면, 수학이 어디서부터 만들어지는가에 대하여 그 과정을 이야기할 수 있어야 할 것이다. 이 세계가 수학으로 구성되었다고 믿는 사람들은 먼저 우주론자들을 설득하여 개종시켜야만 한다. 왜냐하면 우주의 창조 문제에 대해 연구하는 우주론자들은 분명히 문제를 잘못 보고 있기 때문이다. 플라톤주의자들의 입장이 요구하는 것은 물리적인 우주의 기원에 대한 학설이 아니라 오히려 수학의 기원에 대한 학설인 것이다.

물론 우리는 성경 창세기 1장에 대한 믿음을 견지할 수 있을 수도 있다. 즉, 최초에 하느님이 수학을 창조하였다는 믿음을 말한다. 그렇지 않으면 새로운 우주론이 필요하기 때문이다. 우리에게는 수학에 대한 빅뱅 이론이 필요한 것이다.

나 자신은 어떤 이론도 가지고 있지 않다. 플라톤주의자들도 마찬가지이다. 나는 구성주의자들의 관점으로 이 문제를 풀어나갈 것이다. 즉, 수학은

수학자들이 만든 것이다.

진리

수학자인 알프레드 레니이는 "존재하는 것보다 존재하지 않는 것들에 대해 더 많이 알 수 있다."라는 주장을 하였는데, 이는 일견 모순되는 것처럼 보일 수도 있다. 그러나 현실 세계보다 수학적 세계에서 진리를 찾고자 한다면 이는 지배적인 관점이다. 왜냐하면 수학적 세계란 의자나 나무가 존재하는 것과는 달리 결코 존재한다고 볼 수 없는 아이디어나 추상적 개념으로만 구성되어 있기 때문이다.

레니이는 옳았다. 현실 세계에 관한 어떤 명제가 참인지 또는 거짓인지의 문제는 관찰을 동반한 검증을 통해 이를 받아들일 것인가 또는 부인할 것인가에 전적으로 달려있는 것이다. 따라서 우리는 궁극적으로 현실 세계에 직접 뛰어 들어가 관찰해야만 한다.

예를 들어 "모든 까마귀는 검은색이다"라는 명제를 생각해 보자. 이는 현실 세계의 어떤 속성의 존재를 주장하는 단순한 서술 문장, 즉 까마귀라고 부르는 새의 무리 중에 속하는 각각의 새가 검은색이라는 주장의 문장이다. 그 주장이 참인지 또는 거짓인지는 분명해 보인다.

그러나 이들 각각의 명제가 참인지 또는 거짓인지를 완벽한 확신을 가지고 결정하는 것은 결코 쉽지 않아 보인다. 지구상에 존재하는 모든 까마귀들 하나하나마다 검지 않은 깃털이 있는지 없는지를 조사할 수 있는 일련의 과정이 개발되어야만 하기 때문이다. 물론 어쩌다 운이 좋아서 검지 않은 까마귀를 일찍 발견할 수도 있다. 만일 그렇다면 조사는 끝이 날 것이고, 이에 따라 앞에서 말한 명제가 거짓임을 알게 된다.

하지만 당신은 그런 새를 찾기 힘들 것이다. (나도 그런 새를 한 번도 본 적이 없다.) 그렇다면 당신은 할 수 없이 밖으로 나가 모든 까마귀의 깃털을 하나하나 일일이 관찰하며 기록해야 한다. 이 과정은 끝이 없고 결코 실용적으로도 보이지 않는다. 이 과정을 완전히 끝냈다는 것을 도대체 어떻게 알 수 있단 말인가?

게다가 이 문제에는 조사 과정과 관련된 기술적 어려움을 넘어서는 심각한 검증의 문제들이 도사리고 있다. 그 중 하나는 관찰 자체의 신뢰성이라는 철학적 문제이다.

우리 모두 어떤 경우에는 감각의 일부가 제대로 작용을 못하는 상황에 놓일 수도 있다. 가끔 나는 감기에 걸렸을 때 커피 향을 차 냄새로 착각하기도 한다. 물 아래에 있는 유리는 대리석으로 보이기까지 한다. 그리고 언젠가 한번은 비오는 날 창문 밖으로 죽은 지 2년이나 지난 동료 한 명이 낯익은 걸음걸이로 빗속을 성큼성큼 걸어가는 모습을 본 적이 있다. 우리의 감각이 언제나 완벽하게 믿을 수 없다는 사실을 나뿐만 아니라 우리 모두가 잘 알고 있다. 그렇다면 검은 까마귀라는 사실에 대해 어떻게 확신할 수 있단 말인가? 결코 그럴 수 없다.

물론 가까이 접근할 수는 있다. 우리가 매우 신중하게 그리고 과학적으로 관찰한다면, 잠재적인 실수의 가능성이 있는 대부분의 근원을 뿌리 뽑을 수는 있다. 상당히 믿을만하다는 결론을 내릴 수는 있다는 말이다. 그러나 상당히 믿을만하다는 것이 확신을 보장하는 것은 아니다. 그리고 이는 우리가 말하고자 하는 진리는 더군다나 아니다. 관찰만으로는 진리를 찾을 수는 없다.

까마귀에 대한 우리의 논의는 현실 세계에 관한 명제로까지 확장할 수가 있다. 주어진 현실에 있는 어떤 사물이 어떤 특정한 속성을 가진다는 가설을 실험하기 위해 과학자들은 그 사물을 **관찰**한다. 그 관찰은 매우 복잡할 수도 있고 어쩌면 정교한 실험 장비들을 사용해야 할지도 모른다. 그럼에도 불구하고 이는 어디까지나 관찰에 지나지 않는다. 보는 것만으로는 확신할 수가 없다. 어느 날 친구가 호수 너머에 있는 어떤 집이 하얗다고 주장한다면, 이때 당신은 "하얀 것 같아. 여기서 봤을 때는."이라고 반응하는 것이 적절하다.

현실 세계의 타당성은 궁극적으로 관찰에 의존하기 때문에, 우리가 진리를 찾기 위해서는 그 어딘가 다른 곳을 바라보아야만 할 것이다. 현실 세계는 멋진 것—석양, 꽃 그리고 시—들이 존재하는 곳이다. 물론 사랑스러운 곳이기도 하다. 그러나 진리는 어딘가 다른 곳에 자리 잡고 있다. 진리는 바로 수학적 세계에 존재한다.

논리

수학의 핵심에는 **함의**(implications)라고 하는 어떤 명제에 대한 검증으로 구성되어 있다. 함의는 수학적 세계를 구성하는 추상적 대상에 관한 특정한 형태의 주장들이다. 각각의 함의는 형식적으로 세 부분으로 되어 있다. 첫 번째 부분은 명제 그 자체인 **가정**이다. 세 번째 부분은 또 다른 명제인 **결론**이다. 가정과 결론을 연결하는 두 번째 부분은 **논리적인** 함의를 의미하는 기호이다. 이 책에서, 우리는 이를 기호 $\Rightarrow$로 사용할 것이다.

따라서 만일 가정을 p로 나타내고 결론을 q로 나타낸다면, 우리의 함의는 기호 $p \Rightarrow q$로 나타내어진다. 우리는 $p \Rightarrow q$를 "p는 q를 함의한다"라고 읽는다.

말이 나온 김에 "$\Rightarrow$"는 우리가 만나는 첫 번째 수학적 기호라는 점에 주목하자. 우리는 앞으로 다양한 다른 기호들을 보게 될 것이다. 사실, 이 책은 수많은 기호로 가득 찬 것처럼 보일 수도 있다. 그러나 이는 자연스러운 현상으로 결코 회피할 수 있는 것들은 아니다. 수학은 기호로 쓰이는데, 이 과목을 배운다는 것은 그 기호들을 부분적으로 배워야 하는 것을 의미한다. 당신은 그 기호가 말하는 방식을 배워야만 한다. 쉽게 숙달하기 위한 요령은 그 기호들을 하나씩 하나씩 익히는 것이다. 이에 성공한다면 당신 스스로 만족감을 느낄 수 있을 것이다. 그리고 행복감도 가지게 될 것이다.

기호 "⇒"에 정통하려면 이를 반복하여 쓰고 말하는 것 밖에는 달리 방법이 없다. 예를 들면, 당신은 다음과 같은 단순한 논리적 함의를 만들어낼 수 있어야 한다.

$$x=6 \Rightarrow 2x=12$$

그리고

$$y=0 \Rightarrow y+2=2$$

그리고 이를 각각 다음과 같이 읽는다.

"x가 6과 같은 것은 $2x$가 12와 같다는 것을 함의한다"
그리고
"y가 0과 같은 것은 y 더하기 2가 2와 같다는 것을 함의한다"

"함의한다"라는 구절과 기호 "⇒"이 자동적으로 연관이 될 때까지 위의 두 문장들을 크게 읽도록 한다. 당신은 또한 위의 두 논리적 함의 사이에 엄청난 차이가 있음을 알아야만 한다. 첫 번째 논리적 함의는 **타당**하지만, 두 번째 논리적 함의는 **타당하지 않다**는 사실 말이다.

p가 참일 때 항상 q가 참이라면 $p \Rightarrow q$라는 논리적 함의는 타당하다고 말한다. 따라서 $p \Rightarrow q$는 "q가 p로부터 추론된다"고 주장하는 것으로 생각할 수 있거나 또는 "만일 p이면 q이다"라는 것과 동치이다. 타당하면서 어느 정도 수학적으로 중요한 의미를 갖는다고 알려진 논리적 함의는 종종 **정리**라고 한다. 하나의 정리를 증명한다는 것은 논리 법칙과 수학의 규칙을 이용하여 정리 명제 안에 내포된 논리적 함의의 타당성을 확립하는 것을 의미

한다. 수학 연구를 수행한다는 것의 핵심은 정리를 만들고 증명하는 것을 뜻한다.

현실 세계에 있는 사물들에 대해서도 논리적 함의를 생각해볼 수도 있다. 예를 들어, 우리가 앞에서 다루었던 "모든 까마귀는 검은색이다"라는 명제는 "만일 C가 까마귀라면, C는 검은색이다"라는 명제로 달리 표현할 수 있다. 이는 논리적 함의 형태로 다음과 같다.

$$C는 까마귀다 \Rightarrow C는 검은색이다.$$

관찰과 감각에 의한 지각의 오류에 대한 논의는 다음과 같은 진술로 요약이 가능하다. 즉, "현실 세계에서 위와 같은 논리적 함의의 타당성을 규명하는 것은 가능하지 않다."

물론, 현실 세계의 여러 논리적 함의 중에서도 확실하게 타당성이 보장되는 경우도 많다. 다음은 그 중 하나의 예이다.

$$C는 까마귀이다 \Rightarrow C는 새이다.$$

또 다른 하나의 예가 있다.

$$D는 개이다 \Rightarrow D는 동물이다.$$

이 마지막 두 명제들은 단지 "까마귀"나 "개"에 대한 정의의 일부를 다시 진술했을 뿐이므로, 논리적 함의 과정에 많은 의미가 있는 것도 아니다. 그러나 각 명제의 타당성은 명백하게 보인다.

논리적 함의 $p \Rightarrow q$와 관련된 것으로 반대 방향의 함의인 $q \Rightarrow p$ 가 있는데

우리는 이를 **역**이라 부른다. 예를 들어, 함의

$$C는 까마귀이다 \Rightarrow C는 새이다.$$

위의 역은 다음과 같다.

$$C는 새이다 \Rightarrow C는 까마귀이다.$$

여기서 원래의 논리적 함의는 참임에도 불구하고 역은 그렇지 않다는 사실에 주목할 필요가 있다. (모든 새가 까마귀들은 아니다.) 따라서, 일반적으로 $p \Rightarrow q$의 타당성이 그 역인 $q \Rightarrow p$의 타당성도 보장하는 것은 아니라고 말할 수 있다.

때때로 우리는 하나의 함의와 그 역을 동시에 나타내고 싶은 경우도 발생한다. 이런 경우에 우리는 "$p \Leftrightarrow q$"와 같이 나타내고 이를 "q일 때, 그리고 오직 그때에만 p이다"라고 읽는다. 하나의 분명한 예는 아래와 같다.

$$D는 일요일 다음날이다 \Leftrightarrow D는 월요일이다.$$

왜냐하면 이는 다음과 같이 말하기 때문이다.

"D가 월요일일 때, 그리고 오직 그때에만 D는 일요일 다음날이다."

함의와 관련된 다른 표준 용어들도 익혀야 한다. 만일 $p \Rightarrow q$가 참이라면, p는 q가 되기 위한 **충분조건**이고 또는 q는 p가 되기 위한 **필요조건**이라고 말한다. 만약 $p \Leftrightarrow q$가 성립한다면 우리는 "p는 q가 되기 위한 필요충분조건"이라고 말한다. (또는 "q는 p가 되기 위한 필요충분조건이다"고 말한다.)
그러므로 다음과 같이 말할 수 있다.

"C가 까마귀이다"는 "C는 새이다"가 되기 위한 충분조건이다.
"C는 새이다"는 "C는 까마귀이다"가 되기 위한 필요조건이다.

그리고 다음도 성립한다.

"D가 월요일이다"는
"D는 일요일 다음날이다"가 되기 위한 필요충분조건이다.

요약하면, 용어들은 다음과 같다:
$p \Rightarrow q$는 "p는 q를 함의한다" 또는
"만일 p이면 q이다" 또는
"q는 p에서 추론된다" 또는
"p는 q가 되기 위한 충분조건이다" 또는
"q는 p가 되기 위한 필요조건이다"

그리고 다음도 성립한다.

$p \Leftrightarrow q$는 "p는 q를 함의한다" 그리고 동시에 "q는 p를 함의한다" 또는
"q일 때 그리고 오직 그때에만 p이다" 또는
"p는 q가 되기 위한 필요충분조건이다" 또는
"q는 p가 되기 위한 필요충분조건이다"

용어들이 너무 많은 것 같지만 이 모든 용어들은 수학 서적에 상당히 자주 등장하므로 완벽하게 익혀야 한다. 여기 이 책에서는 매우 빈번하게 이 용어들을 사용할 것인데, 그렇게 함으로써 자연스럽고 쉽게 익힐 수 있도록 할 것이다.

중요한 점은 수학이 논리적 함의들로 이루어져 있다는 사실이다. 수학에서 p와 q는 어떤 수학적 대상에 대한 명제들이다. 만일 당신이 p가 참이라고 가정하면, 논리와 수학의 규칙들을 이용하여 q라는 명제를 추론하게 된다. 그렇게 함으로써 $p \Rightarrow q$라는 하나의 정리를 증명하는 것이다. 처음에 q는 참이라는 사실을 알 수 없기 때문에 발견해야 하는 수학적 비밀이라 할 수 있다. 이 경우에 함의를 나타내는 기호인 화살표는 이미 참이라고 알려져 있는 것에서 아직 알려지지 않은 미지의 것으로 방향을 가리키고 있다.

시인 로버트 프로스트는 우리가 현실 세계의 비밀들 주위를 돌고 있다고 말한 적이 있다. 그러나 수학에서는 진리가 가운데에 자리 잡고 있다. 당신은 정면으로 맞서서 진리로 나아가야 한다. 함의 기호가 바로 그 길을 가리키고 있다.

복합명제

논리학자들은 "복합명제"에 대해 이야기를 하곤 하는데 그들은 단순명제로부터 복합명제를 구축하고 판별하는 형식적인 방법을 개발하였다. 단순 명제들은 **연결**이라고 하는 방식에 의해 결합된다. 기호논리학의 최종 목표 중의 하나는 일종의 논리적 연산과 같은 것을 구성함으로써 기호들을 조작하여 단순명제 각각의 참과 거짓이 판명되면 어떤 복합명제의 참 또는 거짓이 판명되도록 하는 것이다.

비록 기호논리학에 대한 작은 강의를 하는 것이 우리의 목적은 아니지만,

때때로 특정한 복합명제를 어느 정도 자세하게 검토해 보고 싶을지도 모른다. 여기서 잠시 특정한 논리적인 복합명제 $p \Rightarrow q$에 집중할 것이다.

여기서, 복합명제란 "p라는 명제"와 "q라는 명제"를 말한다. 그리고 이들 사이의 연결은 함의를 나타내는 기호 "$\Rightarrow$"이다. 이를 따르면 "C는 까마귀이다"는 문장은 단순 명제이다. 또 다른 단순명제는 "C는 새이다"라는 문장이다. 이들을 기호 $\Rightarrow$와 함께 결합하면 (타당한) 복합명제가 만들어진다.

$$C가 \text{ 까마귀이다 } \Rightarrow C는 \text{ 새이다.}$$

논리학자들은 **진리표**라고 부르는 도구를 가지고 복합명제를 검토한다. 이 도구는 복합명제를 구성하는 명제들의 참 또는 거짓으로 복합명제의 참 또는 거짓을 체계적으로 판정하는 단순한 도식이다. 어떤 복합명제에서 논리적 연결을 조작하는 규칙은—적절하게 적용된다면—수학자가 복잡한 방정식의 해를 구하기 위해 수학적 기호들을 조작하는 것과 같은 방법처럼 그 명제의 참 거짓을 결정하게 한다.

이런 논리적인 규칙(**추론 규칙**이라고도 부른다)들은 그것들 자체가 더 단순한 규칙들로부터 발전된 것들이다. 이들은 다시 더 단순한 규칙들로부터 파생되었고, 이런 방식은 논리학자들이 기본 연결(모든 복합명제는 궁극적으로 이들로부터 구성된다)들의 참값에 대한 기본 정의들에 이를 때까지 계속된다.

지금까지 우리는 논리적 함의인 $p \Rightarrow q$의 **타당성**을 다소 느슨하게 언급하였다. 사실 이 단어는 복합명제의 참 또는 거짓과 단순명제인 p와 q의 참 또는 거짓을 혼동하지 않기 위해 사용하였다. 그러나 그 의미는 똑같다. 어떤 수학적 표현—단순명제이건 복합명제이건—도 참 아니면 거짓이다. 수학은 두 가지 값을 가지는 **이가논리**(two-valued logic)하에서 운용되는데, 이 값은 **참** 또는 **거짓**이다. (어떤 특정한 명제가 참인가를 언제나 결정할 수 있는 지의 여부를 다루는 매우 심오한 근원적인 의문이 존재하지만, 이는 또 다른 문제이다. 우리에게는 어떠한 수학적 명제도 참이거나 아니면 거짓이어야 한다. 다른 어떤 가능성도 있을 수 없다.)

그러므로 복합명제인 $p \Rightarrow q$가 타당하다면, 이는 단순하게 그 명제가 참이라는 것을 의미한다. 마찬가지로 그것이 타당하지 않다고 말하는 것은 거짓이라고 말하는 것과 같다. 그리고 우리는 진리표에 적혀져 있는 명제들을 보면서 $p \Rightarrow q$의 진리값을 결정한다. 그 표는 그림 2에 나타나있다.

p	q		$p \Rightarrow q$
T	T		T
T	F		F
F	T		T
F	F		T

그림 2 $p \Rightarrow q$(p는 q를 함의한다)에 대한 진리표

그림 2의 첫 번째 세로 줄에는 p의 가능한 진리값들이 나열되어 있다. 이 값들은 T 또는 F로 나타나 있는데, 물론 그것들은 각각 **참**(True) 또는 **거짓**(False)을 의미한다. 두 번째 줄에는 명제 q의 가능한 진리값들이 적혀 있다. 세 번째 줄에는 복합명제 $p \Rightarrow q$에 대하여 대응되는 값들이 나타나 있다. 이 표에는 네 개의 줄이 있는데, 그 이유는 명제 p와 q에 대하여 T와 F가 가질 수 있는 가능한 모든 경우의 수를 보여줘야 하기 때문이다. (네 가지 경우의 수가 있음은 쉽게 증명될 수 있다. 나중에 이런 종류의 경우의 수를 계산하기 위한 일반적인 방법을 검토할 것이다.) 따라서 그림 2에 나타난 표에서 첫 번째 줄은, p가 참이고 q도 참이면 $p \Rightarrow q$가 참이라는 것을 말하고 있다. 두 번째 줄은 p가 참이고 q가 거짓일 때 $p \Rightarrow q$는 거짓임을 말하고 있다.

그림 2의 마지막 두 줄은 주의를 요하는데 왜냐하면 이를 직관적으로

이해하는 것이 다소 어렵기 때문이다. 이 표에 따르면 명제 p가 거짓일 때 $p{\Rightarrow}q$가 참이라는 것이다. 따라서 다음 명제는 참이 되는 논리적 함의이다.

"달은 생치즈로 만들어져 있다" $\Rightarrow$ "까마귀는 검은색이다"

다음 명제도 마찬가지이다.

"달은 생치즈로 만들어져 있다" $\Rightarrow$ "까마귀는 파란색이다"

(각각의 명제에서 가정이 거짓이기 때문에 두 함의는 모두 참이다. 그림 2를 보아라.)

우리가 $p{\Rightarrow}q$에 대해 처음으로 언급하였을 때, p를 **가정**이라 하였고, q를 복합명제의 **결론**이라고 했다. 따라서 그림 2의 표를 통해 우리가 알 수 있는 것은 논리적 함의 $p{\Rightarrow}q$는 하나의 경우, 즉 가정이 참이고 결론이 거짓일 때의 유일한 경우를 제외하고는 항상 참이 된다는 것이다. 게다가, 그림 2의 표는 복합명제 $p{\Rightarrow}q$ 그 자체의 참과 거짓을 말하는 것이 아님을 이해하는 것이 중요하다. 진리표는 결과에 대한 정의만 내린 것이다. 어떤 경우이든 우리가 걱정해야 할 것은 가정이나 결론의 진리값이다. 하지만 일단 이들을 알게 된다면, 진리표를 보고 $p{\Rightarrow}q$의 진리값을 결정할 수 있다.

그런데 나는 여기서 $p{\Rightarrow}q$라는 개념이 완벽한 기준이 될 수 없음을 지적해야만 한다. 많은 논리학자들은 그림 2를 소위 "조건문"이라고 불리는 명제 $p{\rightarrow}q$에 대한 진리표로 간주한다. 이는 그림 2에서 정의된 형식적인 복합명제와 명제들 간의 관계를 구별하기 때문이다. 논리학자들에게는 함의라는 것이 $p{\Rightarrow}q$가 관계를 뜻하는 것으로, "q는 논리적으로 p로부터 추론된다"는 것을 의미하고 있다. 좀 더 자세히 말한다면, 이것이 말하는 것은 "만일

$p \Rightarrow q$가 참이면 그리고 오직 그때에만 조건문 $p \rightarrow q$가 참인데, 이는 p가 논리적으로 참인 모든 경우에 성립한다"는 것을 의미한다.

처음 배우는 단계에서 이를 구분하는 것은 무슨 비법을 논하는 것과 같이 매우 난해해 보이기 때문에 더 이상 언급하지는 않을 것이다. 단지 이러한 논의의 장점은 논리학자들로 하여금 다음과 같이 분명한 역설을 피할 수 있게 한다는 점이다.

바다코끼리는 날 수 있다 ⇒ 돼지는 날개가 있다.

이 논리적 함의는 참이다. 왜냐하면 그림 2에서 보듯이 가정이 거짓이기 때문이다. 그러나 논리학자들에게는 가정과 결론 사이에 어떤 논리적인 연관성도 찾아볼 수 없으므로 다루기가 매우 곤란한 문제이다.

우리는 이에 대해 별로 고민하지 않고 논리적 함의와 조건문을 구별하지도 않을 것이다. 결국 우리가 다루는 p와 q는 모두 수학적 대상에 관한 명제가 될 것이다. 따라서 우리는 아래와 같이 우스꽝스러운 함의는 다루지는 않을 것이다.

만약 오늘 비가 온다면, 2+2=5이다.

또한 우리는 돼지가 날개가 있는지 없는지 그리고 왜 바다가 뜨겁게 끓지 않는지에 대해서도 개의치 않을 것이다.

$p \Rightarrow q$와 같은 수학적 함의의 경우, 가정은 보통 주어진 수학적 대상이 어떤 속성이나 혹은 다른 속성을 가지고 있다는 것을 주장한다. 그리고 결론은 어떤 대상이 또 다른 어떤 속성을 가지고 있음을 주장하고 있다. 그러한 함의를 **증명**하는 과정에서 가정은 참이라고 **가정**한다. 그리고 결론의 타당

성은 일반적으로 수학적 기호를 적절하게 조작하는 것을 포함하는 일련의 어떤 과정을 거쳐 **추론**된다. 수학자는 보통 p가 참인지 거짓인지에 대하여 별 신경을 쓰지 않는다. 그가 관심을 가지는 것은 오직 명제의 타당성이다. 즉, 다음과 같다.

만약 p가 사실이라면, 그때 q는 사실이다.

게다가 보통 가설이 적용되는 수학적 대상은 수학적 대상들의 집합 중에서 일반적으로 대표적인 것들이고 따라서 "특별한 것"이 아니다. 이런 상황에 대해 종종 인용되는(그리고 일반적으로 오해되기도 하는) 버트란트 러셀의 다음 논평을 보라.

따라서 수학이 무엇인지 정의한다면, 자신이 말하는 것이
무엇인지도 모르고 자신이 말하는 것이 참인지도 모르는 학문이다.

러셀의 논평이 어떤 의미가 있고 그 정확한 의미가 무엇인지는 일련의 수학적 함의들을 배우면서 진도를 나가다 보면 점차 분명해질 것이다. 그러나 우리가 이를 시작하기 전에 수학에 "관하여" 조금 더 논의할 필요가 있으며 수학적 대상들을 조작할 수 있게 해주는 논리적인 도구들을 좀 더 확장할 필요가 있다.

세 가지 작은 단어들

"그리고, 또는, 아니다"라는 단어들을 검토해 보자.

복합명제 $p \wedge q$는 "p 그리고 q"라고 읽는다. 그 명제는 그림 3에 주어진 진리표에서 정의하고 있다. 그러므로 $p \wedge q$는 p와 q가 모두 참일 때만 참이

된다. 어느 한 쪽이 거짓이면 $p \wedge q$는 거짓이다. (p와 q는 명제들이란 점에 주목하라. 어느 것도 가정이나 결론이 아니다. 이런 용어들은 함의에서만 적용된다.)

p	q	$p \wedge q$
T	T	T
T	F	F
F	T	F
F	F	F

그림 3 $p \wedge q$(p 그리고 q)의 진리표

복합명제 $p \vee q$는 "p 또는 q"로 읽는다. 이 명제는 그림 4에 나타난 진리표에서 정의하고 있다. 따라서 $p \vee q$는 p와 q가 둘 다 거짓인 경우를 제외하고는 참이 된다.

p	q	$p \vee q$
T	T	T
T	F	T
F	T	T
F	F	F

그림 4 $p \vee q$(p 또는 q)의 진리표

예를 들어 다음 명제를 보라.

"까마귀는 새이다" $\vee$ "돼지는 날 수 있다"

주어진 명제 중의 하나가 참이기 때문에 이 명제는 참이다. (그림 4를 보라.) 그러나 다음 명제를 보라.

$$\text{"까마귀는 새이다"} \wedge \text{"돼지는 날 수 있다"}$$

주어진 명제 중의 하나가 거짓이므로 이 명제는 거짓이다. (그림 3을 보라.)

연결 기호 $\wedge$은 보통 "그리고"라는 단어와 관련이 있다는 점에 주목하라. 우리가 "p 그리고 q"라고 말할 때는 **둘 다** 임을 의미한다. 즉, 이것은 정확히 p가 참이고 q도 참일 때 $p \wedge q$가 참임을 의미 한다. $\wedge$를 볼 때 마다 "그리고"를 떠올리는 것이 좋을 것이다. 그러나 $\vee$의 경우 일상적인 의미의 "또는"과 동일시하는 것은 좀 더 조심할 필요가 있다.

평상시의 대화에서 "또는"이라는 단어는 종종 애매모호하다. 만일 내가 "나는 빛나는 별들로 가득한 하늘을 보거나 달빛을 받으며 앉아 있을 것이다"라고 말한다면, 당신은 내가 두 가지를 다 할 것이라고 생각할 것이다. 그러나 만일 내가 당신에게 "이 세계는 불속에서 멸망하거나 얼음 속에서 멸망할 것이다"라고 말했을 때, 이 두 가지가 동시에 성립할 수 없다는 것을 알 것이다. 때로는 어떤 결론도 내릴 수 없는 경우가 있다. "나는 내일 달리기를 하거나 글을 쓸 것이다"는 문장은 내가 확신을 가지지 못하였음을 의미한다. 전자를 택하거나 후자를 택할 수도 있다. 어쩌면 둘 다 선택하여 할 수도 있다.

그러나 $p \vee q$는 결코 애매모호하지 않다. 이 명제는 그림 4의 진리표에서 정의하고 있다. $p \vee q$는 p 또는 q에 해당하기 때문에 이 연결사는 **포괄적**이다. (논리학자들은 그림 4에 나타난 진리표와 같은 자신들만의 진리표를 사용하는데, 양쪽 요인이 모두 거짓인 경우에 복합명제가 거짓이 되는 경우만 다르다.) 따라서 우리가 "또는"이라는 단어를 사용하고 있는 수학적 명제들을 만들고자 한다면 어떤 뜻을 가진 "또는"을 사용하고 있는지에 대해 신중을 기해야만 한다.

만일 p가 하나의 명제라면, 새로운 명제 $\sim p$는 "p의 부정"이라고 하며 "p

가 아니다"라고 읽는다. $\sim p$에 대한 진리표는 그림 5에 나타나 있다. 따라서 $\sim p$는 오직 p가 거짓일 때에만 참이다. 만일 p가 "까마귀는 검은색이다"라고 하면, $\sim p$는 "까마귀는 검은색이 아니다"이다.

p		$\sim p$
T		F
F		T

그림 5 $\sim p$ (p가 아니다)에 대한 진리표

우리는 부정과 연결 기호 $\vee$, $\wedge$, 그리고 $\Rightarrow$를 사용하여 단순명제로부터 복합명제를 생성할 수가 있다. 하나의 예를 들어보기 위해, $p \wedge \sim q$("p그리고 q가 아니다"고 읽는다.)라는 명제를 생각해보자. 우리는 p와 q의 진리값의 체계적인 절차를 통해, 그리고 연결기호 $\wedge$와 부정부호 $\sim$에 대한 진리표를 이용하여 $p \wedge \sim q$에 대한 진리표를 만들 수 있다. 그 과정이 그림 6에 나타나 있다. 따라서 p가 참이고 q가 거짓일 경우에만 $p \wedge \sim q$가 참이 되는 결과가 나온다.

p	q	$\sim q$		$p \wedge \sim q$
T	T	F		F
T	F	T		T
F	T	F		F
F	F	T		F

그림 6 $p \wedge \sim q$ (p그리고 q가 아니다) 에 대한 진리표

그림 6의 진리표에서 세 번째 세로 열은 $p \wedge \sim q$에 대한 진리표의 일부라고 할 수는 없다. 이는 진리표를 만드는 방법을 보여주기 위한 것이다. 예를 들어, 표의 세 번째 행을 보라. 여기서 p는 거짓이고 q는 참이다. 따라서 $\sim q$는 거짓이다. 따라서 우리는 $r \wedge t$(그림 3에서 p 대신에 r, 그리고 q 대신에 t를

표기한 것이다)에 대한 진리표로부터 $p \wedge \sim q$가 거짓이라는 것을 알 수 있다. 다른 열도 같은 방식으로 재구성된 것이다.

다음 예는 특별하게 주목할 필요가 있다.

예 1   명제 $\sim p \vee q$를 생각해보자. 전에 했던 것과 같은 체계적인 방법으로 진리표를 만들어본다. 먼저, 명제 p에 해당하는 칸들을 채워 넣고 그 다음 q를 기록한다. (p를 먼저 기록하는 것은 관례 때문이다.) p와 q에 대한 T(참)와 F(거짓)의 모든 네 가지 경우를 칸에다 채워 넣는 것이다. 그리고 $\sim p$에 대한 칸을 만들면 되는데 여기 있는 값들은 p의 반대값으로 이루어져 있다. 마지막으로, $\sim p \vee q$의 칸을 채워 넣기 위해서 연결 기호에 대한 진리표를 이용한다. 그림 7은 그 결과를 나타낸 것이다.

p	q	$\sim p$		$\sim p \vee q$
T	T	F		T
T	F	F		F
F	T	T		T
F	F	T		T

그림 7 $\sim p \vee q$ (p가 아니거나 또는 q) 의 진리표

다시 한 번 세 번째 열이 $\sim p \vee q$에 대한 진리표에 속하지 않음을 지적할 필요가 있다. 다만 p와 q의 진리값에 상응하는 $\sim p \vee q$의 진리값들을 보여주는 마지막 열을 만드는 과정에 도움이 되는 단계임을 보여주기 위해 포함시켰을 뿐이다. 이제 그림 7의 표에서 세 번째 열을 삭제하여 축소된 표를 그림 2, 즉 함의 명제 $p \Rightarrow q$의 진리값을 정의한 진리표와 비교하여 보라. 이 두 표가 똑같이 일치함을 알 수 있을 것이다. 이 때문에 우리는 두 명제 $p \Rightarrow q$와 $\sim p \vee q$는 **동치**라고 말한다.

특히, 다음 두 명제는 동치이다.

"C는 까마귀이다" ⇒ "C는 새이다"

"C는 까마귀가 아니다" 또는 "C는 새이다"

두 명제 $p{\Rightarrow}q$ 그리고 $\sim p \lor q$와 동치인 또 다른 명제는 $\sim q{\Rightarrow}\sim p$이다.

예 2 명제 $\sim q{\Rightarrow}\sim p$는 명제 $p{\Rightarrow}q$의 **대우명제**라고 한다. 이에 대한 진리표는 그림 8에 나타나 있다. 이 표를 만들어가는 과정은 지금까지 했던 것과 같이 각각의 행 왼쪽에서 오른쪽으로 나아가면 된다. 예를 들어, 표의 세 번째 행을 살펴보자. 여기서 p는 거짓이고 q는 참이다. 그리하여 $\sim p$는 참이고 $\sim q$는 거짓이 된다. 이 경우에 $\sim q{\Rightarrow}\sim p$는 참이다. 왜냐하면 가정 r이 거짓이면 논리적 함의인 $r{\Rightarrow}t$는 참이기 때문이다. (그림 2를 보라.)

p	q	$\sim p$	$\sim q$		$\sim q{\Rightarrow}\sim p$
T	T	F	F		T
T	F	F	T		F
F	T	T	F		T
F	F	T	T		T

그림 8 $\sim q{\Rightarrow}\sim p(q$가 아니면 p는 아님을 함의한다)의 진리표

이제 그림 8의 진리표(세 번째 열과 네 번째 열을 지우고 나서)와 그림 2, 그리고 그림 7에 나타난 진리표를 비교해 보자. 이들이 모두 같다는 것을 알 수 있을 것이다. 따라서 세 개의 명제 $p{\Rightarrow}q$, $\sim p \lor q$, 그리고 $\sim q{\Rightarrow}\sim p$는 모두 동치이다. 여기서 $p{\Rightarrow}q$의 대우명제를 그 역인 명제와 혼동하지 않도록 조심해야 한다.

예 3 명제 $p{\Rightarrow}q$는 명제 $q{\Rightarrow}p$의 **역**이라고 부른다. 이에 대한 진리표는

그림 2에서 문자들을 적절하게 바꾸어 놓기만 하면 쉽게 얻을 수 있다. 우리가 만일 $r{\Rightarrow}t$에서 r이 참이고 t가 거짓인 단 하나의 경우만을 제외하고는 항상 참이라는 것을 기억한다면 바로 이해 할 수 있을 것이다. 그 표는 그림 9에 제시되어 있다.

p	q	$q{\Rightarrow}p$
T	T	T
T	F	T
F	T	F
F	F	T

그림 9 $q{\Rightarrow}p$(q는 p를 함의한다)의 진리표

어떤 의미에서는, $q{\Rightarrow}p$에 대한 진리표에서 새로운 것이 하나도 없다. 왜냐하면 그림 2에 나타난 p와 q의 역할을 서로 교환하여 얻은 표이기 때문이다. 그렇지만 우리가 이 표에서 관심을 갖는 것은 $p{\Rightarrow}q$와 그의 역인 $q{\Rightarrow}p$ 사이에 대칭이 보이지 않는다는 점이다. 따라서 우리가 이 표들을 비교하기 위해서는 똑같은 값을 가진 처음 열은 놔두고, $p{\Rightarrow}q$와 $q{\Rightarrow}p$에 대한 각각의 진리값을 나타내고 있는 마지막 열만 비교해야 한다. 여기서 우리는 이 값들이 같지 않음을 알 수 있다. (예를 들어, 그림 2의 세 번째 열에서 p가 거짓이고 q가 참일 때 $p{\Rightarrow}q$는 참이 됨을 알 수 있다. 그러나 그림 9의 세 번째 열은 p와 q가 같은 값을 가짐에도 불구하고 $q{\Rightarrow}p$는 거짓임을 보여 준다.) 그러므로 어떤 논리적 함의와 그 역은 동치가 될 수 없다.

그렇다고 해서 위의 논의가 $p{\Rightarrow}q$와 그의 역 $q{\Rightarrow}p$가 둘 다 함께 참이 될 수 없다고 의미하는 것은 아니다. 이 둘이 동시에 참이 되는 경우도 있을 수 있는데 우리는 이미 그러한 예를 앞에서 본적이 있다.

"D는 일요일 다음날이다" $\Rightarrow$ "D는 월요일이다"

사실, 이 논리적 함의는 $p \Leftrightarrow q$의 예처럼 양쪽 방향의 함의추론에서 사용했었다. 이 "이중함의"에 대한 진리표를 보자.

　예 4　명제 $p \Leftrightarrow q$는 정의에 의해 $(p \Rightarrow q) \wedge (q \Rightarrow p)$를 의미한다. 우리는 $p \Rightarrow q$, $q \Rightarrow p$, 그리고 $r \wedge t$의 표들을 보면서 이 복합명제에 대한 진리표를 만들 수 있다. 이것들은 그림 2, 그림 9, 그리고 그림 3에서 각각 기호가 적절하게 변형되어 주어진다. 마지막 단계에 있는 괄호는 r을 $p \Rightarrow q$로 대치하고 t는 $q \Rightarrow p$로 바꾸어 놓고 생각하라는 것을 가리킨다. 그 표는 그림 10에 나타나 있다. (두 번째 행이 어떻게 구성되었는지 살펴보자. p가 참이고 q는 거짓이다. 그러므로 $p \Rightarrow q$는 거짓이다. 그러나 $q \Rightarrow p$는 참이다. 따라서 $(p \Rightarrow q) \wedge (q \Rightarrow p)$는 거짓이다.)

p	q	$p \Rightarrow q$	$q \Rightarrow p$	$(p \Rightarrow q) \wedge (q \Rightarrow p)$
T	T	T	T	T
T	F	F	T	F
F	T	T	F	F
F	F	T	T	T

그림 10　$p \Leftrightarrow q$의 진리표 (만일 q이면, 그리고 오직 그때에만 p이다.)

　앞에서, $p \Leftrightarrow q$는 "만일 q이면, 그리고 오직 그때에만 p이다."으로 읽는다고 말했다. 따라서 "만일 ~이면, 그리고 오직 그때에만"이라는 구절이 의미하는 것은, $p \Leftrightarrow q$가 참인 경우는 p와 q의 진리값이 정확하게 일치할 때에만 참이라는 사실이다. 이 사실이 무엇을 뜻하는지 그림 10에서 정확하게 나타나 있다. 복합명제인 $p \Leftrightarrow q$는 p와 q가 둘 다 참이거나 또는 둘 다 거짓일 때에만 참이 된다.

　그냥 재미삼아서 지금까지의 논의를 담은 좀 더 복잡한 명제 하나를 살펴보자.

예 5 예 3에서 우리는 이중함의 $p\Leftrightarrow q$를 복합명제인 $(p\Rightarrow q)\wedge(q\Rightarrow p)$로 정의하였다. 따라서 첫 번째 명제인 $p\Leftrightarrow q$는 두 번째 명제인 $(p\Rightarrow q) \wedge (q\Rightarrow p)$가 참일 때에만 성립하게 된다. 우리는 이 두 개의 명제들을 연결 기호를 사용하여 하나로 묶어 명제로 만들 수가 있다.

$$(p\Leftrightarrow q)\Leftrightarrow[(p\Rightarrow q)\wedge(q\Rightarrow p)]$$

물론 이 명제는 매우 복잡하게 보인다. 이것을 쓸 때에는 소괄호와 대괄호 모두를 사용하여 연산의 순서를 알려줄 필요가 있다. 그러나 대괄호 안에 있는 복합명제는 왼쪽의 첫 번째 명제 $(p\Leftrightarrow q)$를 정의하고 있다. 그리고 $(p\Leftrightarrow q)$와 이것을 정의하는 명제는 "만일 ~이면, 그리고 오직 그때에만"이라는 연결기호로 연결되어 있기 때문에 전체 명제가 **항상 참**이 될 것이라고 기대하는 것은 당연하다. 과연 그럴까? 이를 확신할 수 있는 유일한 방법은 진리표를 작성해보는 것이다. (이것을 스스로 직접 시도해 보는 것은 매우 좋은 연습이 될 것이다. 당신은 단지 기존의 진리표들을 체계적으로 사용하면서 지시된 연산의 순서를 따르기만 하면 된다. 우선 첫 번째, p와 q에 대한 진리값을 적는다. 그리고 $p\Leftrightarrow q$를 확인한다. 다음에는 $p\Rightarrow q$를 고려하고 그리고 나서 $q\Rightarrow p$를 생각하라. 그런 다음에 이 두 개의 명제들을 연결기호 $\wedge$와 함께 접목

p	q	$p\Leftrightarrow q$	$p\Rightarrow q$	$q\Rightarrow p$	$(p\Rightarrow q)\wedge(q\Rightarrow p)$	$(p\Leftrightarrow q)\Leftrightarrow[(p\Rightarrow q)\wedge(q\Rightarrow p)]$
T	T	T	T	T	T	T
T	F	F	F	T	F	T
F	T	F	T	F	F	T
F	F	T	T	T	T	T

그림 11 $(p\Leftrightarrow q)\Leftrightarrow[(p\Rightarrow q)\wedge(q\Rightarrow p)]$의 진리표

((만일 q이면, 그리고 오직 그때에만 p이다)이면, 그리고 오직 그때에만
[(p는 q를 함의한다) 그리고 (q는 p를 함의한다)]이다.)

시켜라. 최종적으로 이 마지막 결과를 연결기호 ⇔를 사용하여 $(p \Leftrightarrow q)$에 연결하라. 이제 완성되었다. 당신 앞에 T값들로 채워진 칸이 나타나 있을 것이다.) 완성된 표는 그림 11에 제시되어 있다.

예 5에서와 같이 항상 참이 되는 명제를 우리는 **항진명제**(tautology)라고 한다. 좀 더 간단한 예는 아래와 같다.

"C는 까마귀이다 또는 C는 까마귀가 아니다"

이제 수학계에 몸담고 있는 사람들 사이에 종종 회자되는 한 이야기로 기호논리학으로의 짧은 여행을 마무리하도록 하자.

어떤 과학자가 모든 까마귀들이 검다고 하는 주장을 검증하고자 하였다. 그는 쌍안경과 클립보드를 챙겨서 들판으로 향했다. 그는 어느 곳에 머물러 새들을 관찰하기 시작했다.

"여기 까마귀 한 마리가 있군." 그가 중얼거렸다. "그리고 검은색이군."

그는 관찰한 사실을 꼼꼼히 종이에 표시를 해가면서 기록하였다. 그는 뜨거운 햇빛 아래서 하루 종일 관찰하고 표시하는 과정을 계속했다.

"여기 또 다른 검은색 까마귀, 그리고 또 하나, 그리고 또 하나."

날이 저물 때쯤 그는 300마리의 까마귀를 관찰하였고, 이들 모두가 검은색이었음을 알게 되었다. 피곤에 지쳐 집에 돌아왔지만 그는 자신이 한 작업에 만족하고 있었다. "모든 까마귀들이 검은색이다."라는 주장을 지지할 만한 상당한 양의 증거를 모았다고 생각한 것이다.

과연 그런 것인가? 수학자는 다른 방식을 적용할 것이다. "모든 까마귀가 검은색이다"라는 주장을 논리적 함의로 나타내면 다음과 같다.

"C는 까마귀이다" ⇒ "C는 검은색이다."

이는 다음과 같은 대우명제와 논리적으로 동치이다.

"C는 검은색이 아니다" $\Rightarrow$ "C는 까마귀가 아니다."

만일 당신이 전자를 검증하고자 한다면, 이는 당연히 후자도 검증하게 되는 것이다. 이들은 동치이기 때문이다.

따라서 과학자들이 들판에서 헤매고 돌아다니는 동안에 수학자들은 자신의 사무실 의자에 등을 기대고 주위를 관찰하고 있을 것이다.

"여기 노란색 연필이 있군. 이것은 검은색이 아니고 까마귀도 아니구나. 이를 기록해 놓아야지."

그 수학자는 하나의 관찰 사례를 얻었는데, 그것은 대우명제를 지지하는 것이므로 원래의 논리적 함의도 지지하는 사례이다. 왜냐하면 이 둘은 동치이기 때문이다. 그는 계속해서 사무실 주위를 관찰한다. 그는 까마귀가 아닌 파란 책을 발견하고 또한 하얀 나무판도 발견하였는데 이 또한 까마귀가 아닌 것이다. 눈 깜짝할 사이에 그는 까마귀가 아닌 검지 않은 사물 300개를 찾아내었다. 그리고 이 모든 것들을 기록해 놓았다. 자신의 의자에 파묻혀서 나오지 않고서도, 그는 과학자가 들판에서 행했던 것과 같은 양의 증거 사례를 축적한 것이다.

정말 그런 것일까? 당신이 판단하기를.

모델

다음 장에서 우리는 **수학적 명제**인 p와 q에 대하여 기호논리학을 $p \Rightarrow q$ 형태의 함의에 적용하여 논의를 진행할 것이다. 우리의 논의 절차는 다음과 같을 것이다.

첫째, 우리는 명제 p를 기록하는데, 이 명제는 수학적 세계에 존재하는 하나의 대상 또는 그 대상들의 모임에 관한 어떤 주장이다. 우리는 명제 p 가 참이라고 가정할 것이다. 따라서 명제 p는 **가정**이 된다. 다음에 논리법칙과 수학규칙을 이용하여 p로부터 유도되는 또 다른 명제 q의 참 또는 거짓에 대해 추론한다. 이러한 연역적 과정—보통 수학적 부호들을 적절하게 사용하는 것—은 $p \Rightarrow q$라는 논리적 함의에 대한 증거를 제공할 것이다.

종종 결론 q는 미리 알려져 있지 않지만 추론 과정을 통해 **발견**되기도 한다. 이 경우에 명제 q는 다루고 있는 수학적 대상의 성질에 관하여 전혀 예상하지 못했던—어쩌면 다소 이상하게 여길 수도 있는—결과를 보일 수도 있다. 그러나 기대하지 않았거나 또는 기대했던 간에, 어떤 논리적 함의를 증명한다는 것은 "만약 p가 참이면 q는 거짓이다"를 수학적 확신을 가지고 말할 수 있다는 것을 의미한다. 그러면 이 논리적 함의는 진리의 한 예가 되는 것이다.

이때 우리는 수학적 진리에 대해 말하고 있는 것이지 결코 현실 세계에 관한 진리를 말하고 있는 것은 아니다. 그리고 우리의 기본적인 가정(그림 1을 보라)은 현실 세계와 수학적 세계는 분리되어 있다는 것이므로—하나는 **사물**의 세계이고 또 다른 하나는 **관념**의 세계이다—진리에 대한 이 개념은 인위적이거나 어쩌면 매우 무익하게까지 보일 수도 있다. 그렇다면 이것이 어떤 쓸모가 있단 말인가? 사실상 현실 세계와 수학적 세계가 분리되어 존재한다면 이미 수 세기 전에 갈릴레이가 어떤 의도를 가지고 다음과 같은 말을 하였단 말인가?

자연이라는 위대한 책은 수학적 기호들로 쓰여 있다.

이 명백한 모순을 해결하기 위한 하나의 방법은 다음과 같다. 우선 당신이 검토해보고 싶은 현실 세계의 한 부분을 생각해보라. 이 "부분"은 그림

12에 어두운 부분으로 표시되어 있다. 어쩌면 당신은 떨어지는 빗방울의 움직임이나 또는 새로운 감기 바이러스의 확산에 대해 연구하고 싶어 할지도 모른다.

어쩌면 당신의 관심을 끄는 현실 세계의 부분이라는 것이, 캘리포니아 주에서 발생하는 지진 횟수를 예측하고자 하기 때문에 산안드레아스 단층일 수도 있다. 하지만 이것은 그리 중요한 것이 아니다. 어느 경우이든 간에 우리가 생각하고 있는 현실 세계의 부분은 그림 12에 어두운 부분으로 표시되어 있다.

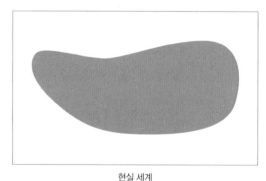

현실 세계

그림 12 현실 세계의 한 부분

다음으로 우리는 현실 세계의 이 부분을 수학적 세계 위에 복사해 놓을 것이다. 나는 이 과정을 **추상화**라고 하며, 그림 13에서 이를 나타내었다. 수학적 세계 안에서 만들어진 복사물은(그림 13에서 볼 수 있듯이) 흔히 **수학적 모델**로 알려져 있다. 이 모델은 수학적 세계 속에 존재하며, 따라서 이 모델은 순전히 수 또는 방정식과 같은 수학적 대상으로 구성되어 있다.

결론적으로, 수학적 모델은 현실 세계를 일반적인 감각으로 모방한 것이 아니다. 떨어지는 빗방울의 수학적 모델은 빗방울을 찍은 한 장의 사진이 아니다. 실물 같은 그림도 더더욱 아니다. 그보다는 수학자들이 그 대상을 파

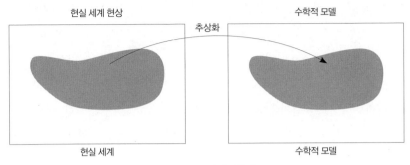

현실 세계 현상　　　　　　　　추상화　　　　　　　　수학적 모델

현실 세계　　　　　　　　　　　　　　　　　수학적 모델

그림 13 수학적 모형화

악하기 위해 꾸며놓은 상황에서 핵심적이라고 생각하는 빗방울의 특징을
잡아내고 있는 것이 바로 수학적 모델인 것이다.

　운동과 관련이 있는 상황이라고 가정해 보자. 수학자는 빗방울이 어떻게
떨어지는지 알아내고자 한다. 특히, 그는 아래의 질문에 대한 답을 구하고
자 한다.

만약 시간이 $t=0$일 때 빗방울이 떨어지기 시작한다면,
어떤 시간 t에서의 속도 v는 얼마일까?

　("시간이 $t=0$일 때 떨어지기 시작한다"라는 문장이 이상하다고 하여 지레
겁먹을 필요는 없다. 당연히 현실 세계에서의 빗방울은 오전 6:15 또는 오후
10:42분과 같이 특정한 시간에 형성되어 떨어진다. 그러나 모델에서는 시작 시
간을 $t=0$으로 정하는 것이 편리한데, 이는 시계 문자판을 다시 재구성하기만
하면 되기 때문이다. 수학자가 관심을 가지는 것은 그 후로 1초 후, 2초 후 또는
일반적으로 t초 후의 빗방울의 운동 방식이다.)

　빗방울은 지구의 표면에 있는 다른 모든 물질과 같이 중력에 의하여 지구
의 중심을 향해 잡아당겨지고 있다. 이 힘은 두 가지 수량, 즉 물질의 질량

(이는 물질에 따라 다르다)과 중력에 의한 가속도로 알려진 상수의 곱과 같다. 이 곱셈에 의해 얻어진 수량은 단순하게 그 물질의 무게라고 한다. 따라서 당신의 몸무게—욕실의 저울에 나타나는—는 mg인데, 여기서 m은 당신 몸의 질량(mass)을 나타내고 g는 중력에 의해 생성되는 가속도(gravity)를 나타낸다. (보통 단위에서는, 상수 g는 대략 9.8미터/초²와 같다. 현재로서는 속력을 속도로 생각하고 가속도는 속도의 증가 또는 감소로 생각해라. 이 용어들은 나중에 엄밀하게 정의될 것이다.)

이제 수학자는 빗방울에 작용하고 있는 힘에 관심을 가진다고 하였다. 아이작 뉴턴의 유명한 두 번째 운동 법칙에 의하면, 이 힘들은 빗방울의 가속도를 결정하지만 가속도는 속도의 변화율을 나타내므로 만일 가속도가 알려져 있다면 수학자는 속도를 구할 수 있다. 같은 방식으로 만일 속도를 알게 된다면 수학자는 빗방울의 위치를 구할 수가 있다. 왜냐하면 속도는 위치의 변화율이기 때문이다. (여기서 필요한 수학적 기술은 적분이라고 하는 미적분학에 속하는 수학의 분야이다. 우리는 나중에 이 분야를 다룰 것이다.)

만일 빗방울의 질량을 m으로 나타내고 중력가속도를 g로 나타낸다고 한다면, 지구의 중심으로 빗방울을 잡아당기는 힘은 mg로, 바로 빗방울의 무게와 같다. (mg와 같이 문자를 나란히 배치하는 것은 곱셈을 의미한다는 것을 기억하라.)

그런데 빗방울에 작용하는 또 다른 힘이 있다. 그렇지 않다면 그 빗방울은 돌처럼 떨어질 것인데, 수학자는 그래서는 안 된다고 생각한다. 돌은—수학자가 알고 있는 바에 따르면—기본적으로 공기의 저항에 영향을 받지 않는다. 그것의 무게와 비교하면, 돌의 움직임에 대한 대기의 저항력은 무시해도 좋을 만큼 작다. 하지만 빗방울의 경우는 다르다. 빗방울이 떨어질 때, 대기가 이를 되밀어내는 "반작용"은 수학적 모델을 구성할 때에 반드시 고려해야할 요인이다. 따라서 모델은 빗방울에 작용하는 두 개의 힘을 보여주어야 한다. 즉, 빗방울을 아래로 잡아당기는 무게인 mg와 또 다른 힘인 움직임을 억제하는 공기의 저항이다. 이 두 번째 힘은 무엇일까? 또는 좀 더 구체적으로 말한다면, 우리는 이를 무엇이라고 가정해야만 할까?

이제 수학자는 자신의 통찰력과 직관을 사용해야만 한다. 저항력은 빗방울의 속도와 매우 직접적인 관련을 가지고 변화할 것이라고 가정하는 것이 타당해 보인다. 빗방울이 더 빨리 떨어질수록, 공기는 그 움직임에 더 강하게 저항할 것이다. 다음과 같다고 가정해보자.

그림 14 빗방울에 작용하는 힘

이 가정은 수학적으로 표현할 수 있는데, 저항력을 cv로 나타내는 것이다. 이때 v는 임의의 시간 t에서 빗방울의 속도이고, c는 (현재 값을 알 수 없는) 상수이다. (빗방울 속도 v는 시간에 따라 변화하는 데 반해 상수 c는 시간과 무관하다. 종종 t의 값에 따라 변화하는 v를 $v=v(t)$ 로 나타낸다.) 그림 14는 빗방울과 이에 작용하는 힘들을 보여주고 있다. 이 힘들이 뉴턴의 두 번째 운동 법칙과 결합한다면 그 모델은 비약적인 발전을 하게 된다.

뉴턴의 두 번째 운동 법칙이란 움직이는 물체에 작용하는 순수한 힘은 물체의 질량과 그 물체의 가속도의 곱과 같다는 것이다. 만일 그 힘을 F로 나타낸다면, 두 번째 법칙은 아래와 같다.

$$F=ma$$

이때 m은 질량이고 a는 가속도이다.

빗방울의 경우, 지구로 끌어 잡아당기는 최종적인 힘은(그림 14를 보라.) $F=mg-cv$이다. 빗방울의 가속도는 $a=dv/dt$로 나타내는데, 우변은 "t에 관한 v의 미분"이라고 하는 미적분 개념을 말한다. (이것은 8장에서 자세하게 설명하게 될 복잡한 미적분학 개념이다.) 이 수량들을 위의 뉴턴의 두 번째 법칙에 적용하면 다음과 같은 식을 얻을 수 있다.

$$mg-cv=m\cdot dv/dt$$

(활자 표기 방식 때문에 분수 $\frac{a}{b}$는 a/b로 나타낸다. 따라서 dv/dt도 $\frac{dv}{dt}$를 뜻한다. m과 dv/dt사이의 점은 이 두 값을 곱한다는 뜻이다.) 이 등식의 양변을 질량 m으로 나누면 $dv/dt=g-(c/m)v$이 된다. 빗방울이 시각 $t=0$에서 떨어지기 시작한다는 수학자의 가정은 최초의 속도가 0이라는 것을 의미한다. 따라서 $v(0)=0$ 이다. 이는 모델의 **초기 조건**이다. 이렇게 하여 모델은 두 등식에 의해 완벽하게 기술되어진다.

(M)
$$\frac{dv}{dt}=g-\frac{c}{m}v$$
$$v(0)=0$$

이것이 수학자의 모델이다. 등식 (M)은 수학적 세계에서 떨어지는 빗방울의 그림을 그린 것이다. 수학자에게 있어서 이 등식들이야말로 떨어지는 빗방울인 셈이다.

수학자는 모델을 통해 단지 물방울을 바라보는 것보다 훨씬 더 많은 것을 할 수 있다. 모델에 나타나는 두 등식 중 첫 번째 등식은 **미분방정식**이라고 한다. 수학적인 분석을 이용하여(이 상황에서는 미적분학만이 필요하다.) 수학자는 빗방울의 미지의 속도에 대한 방정식을 풀 수가 있다. 더욱이 그가 얻은 모델에 따르면, v는 시간 t의 특정한 함수임을 보여 준다. 그 풀이는 다음과 같다.

(S) $$v = \frac{gm}{c}\left(1 - e^{\frac{-ct}{m}}\right)$$

지금 당장 해답 (S)에 이르는 계산의 세세한 내용이 우리의 관심사는 아니다. 해답에 포함되어 있는 모든 기호들의 정확한 의미에 대해서도 우리는 크게 신경 쓰지 않을 것이다. ((S)에 나타난 수 e에 대해서는 이 책의 뒷부분에 등장할 것이다. 우리는 그 값이 대략 2.7과 비슷하다는 것을 알게 될 것이고, 수학의 모든 부분에서 가장 기본적인 상수의 하나로 그 실용성과 심미적인 중요성에 대해 배우게 될 것이다.) 하지만 우리는 해답의 의미를 분명하게 이해하고 싶다.

우리의 수학자는 자신이 연구하고자 하는 현실 세계의 한 부분에서 출발하였다. 이 경우에는 떨어지는 빗방울이다. 다음에 그는 수학적 세계 위에서 현실 세계 현상의 한 부분인 모델 (M)을 만들어냈다. 이제 수학자는 현실 세계를 떠나 순수수학을 사용하여 그가 전에는 알지 못했던 진리를 얻기 위해 모델을 조작하게 된다. 여기서, 모델은 초기 조건과 함께 하나의 미분방정식으로 이루어져 있다. 미분방정식은 빗방울 속도가 변화하는 비율이 충족시켜야만 하는 조건을 나타내고 있다. 수학자는 미분방정식을 풀이하고 순전히 수학적 분위기 속에서 답 (S)를 구한다. 방정식 (S)의 우변에 숫자를 대입하기만 하면 주어진 시간에서의 빗방울 속도를 방정식 (S)로부터 계산해 낼 수가 있다.

이들 과정에서 이 단계가 완전히 수학적 세계에서 이루어진다는 점을 다시 한 번 강조하려 한다. 바로 이것이 순수 수학이다. 이것은 단지 수학적 대상을 조작하는 것만을 포함한다. 만약 우리가 방정식 (M)을 수학적 명제인 M으로 간주하고 (S)를 또 다른 명제 S로 간주한다면 우리 수학자는 아래와 같은 정리를 이미 증명한 셈이다.

$$M \Rightarrow S$$

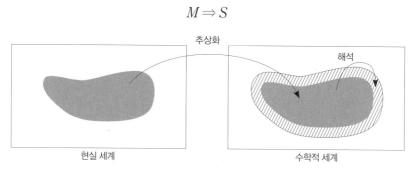

그림 15 모델 조작하기

이 단계를 **해석**이라고 부르고 그림 15에 나타나 있다. 해석에 의해 생성된 수학적 결과는 그림에서 빗금 친 부분으로 표시되어 있다. 위의 예에서, 이는 (S)에서 주어진 v에 관한 공식으로 이루어져 있다. 일반적으로 이러한 공식은 우리가 전에는 알고 있지 못했던 사실을 수학적으로 조작하여 알게 된 것들로 구성된다. 이 새로운 영역은 수학적 진리를 나타낸다.

그런데 과연 이런 것들에 무슨 의미를 부여할 수 있을까? 수학자가 얻은 것은 결국 수학적인 빗방울, 즉 마음속에 존재하는 개념적인 빗방울에만 적용되는 것들이다. 수학자가 초기에는 알지 못했던 어떤 것을 알게 되었다는 점은 분명한 사실이다. 초기에 그가 알고 있었던 것은 빗방울에 작용하는 힘과 초기 속도뿐이었다. 이제 그는 임의의 시간에 빗방울의 속도를 알 수 있게 되었다—이는 분명 의미 있는 성취이다. 그는 이러한 정보를 순수 수학을 통해 얻게 되었다. 즉, 수학적 기호들을 적절하게 조작하여 얻은 것이다. 이에 대해 가장 엄밀하게 표현한다면, 그가 진리를 발견하였다는 사실에는 의심의 여지가 없다. 하지만 이는 가상속의 빗방울에 관한 진리일 뿐인데, 일련의 정확한 수학적 논쟁들에서도 마지막에 등장하는 진리이다. 그리고 이 진리란 $M \Rightarrow S$라는 수학적 함의에 대한 증명 그 이상도 그 이하도 아니다. 이와 같이 추상적일뿐만 아니라 표면상 인위적인 것으로까지 보이는 과정이 현실 세계에 존재하는 빗방울에 관해 무엇인가를 말해 줄 수 있을까? 결코 그럴 것 같아 보이지 않는다.

왜냐하면 이 메마른 빗방울이 물로 만들어진 것이 아니라 수학에 의해 만들어졌기 때문이다. 그 특징들은 수학자가 고안한 모델에서 정해진 것들로 그가 이 모델을 조작하여 생성한 것들이다. 하지만 현실 세계에서의 빗방울은 불이 활활 타오르는것과 같이 축축하게 젖어 있다. 그렇지만 수학적 빗방울은 땅을 젖게 할 수 없다. 그 빗방울은 수학적 세계의 완벽한 저항력을 가진 대기를 뚫고 영원히 떨어진다. 실제 빗방울은 바람에 맞서 떨어지면서 우리의 머리를 적시기도 하고 창문에 부딪히기도 하며 나뭇잎 위를 구르기도 한다. 분명한 것은 이 둘이 서로 관련이 없다는 점이다.

그러나 그들 사이에 연관성을 찾을 수 있다. 수학적 진리가 모델에 관해 우리에게 모든 것을 말해주기 때문이다. 뿐만 아니라 현실 세계에 대해서도 말해준다. 실제 빗방울이 떨어지는 모습은 수학적으로 빗방울이 떨어지는 것을 묘사하는 모습과 매우 흡사하다. 모델에서 발견된 진리는 갈릴레오가 수세기전에 우리에게 약속했던 것과 같이 현실 세계에도 그대로 **적용**될 수가 있다. 이 적용가능성은 빗방울 모델에서도 통용되며 또한 다른 여러 수학적 모델에서도 통용된다. 놀랍게도 현실 세계의 밝은 빛을 쪼이면 모델은

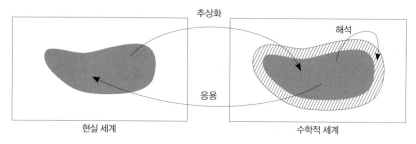

그림 16 수학적 과정의 응용

현실이 된다. 수학자들은 현실 세계로 다시 돌아가서 수학적 해석의 결과를 탐구하고 있는 실제 현상에 **응용**함으로써 모든 과정을 마무리한다. 결국 뱃사람들이 바다에서 돌아오는 것처럼 모델은 관념으로부터 다시 제 자리로 돌아온다. 모델은 이렇게 작동하는 것이다.

저명한 물리학자이자 노벨상 수상자였던 유진 위그너는 이를 "엄청난 수학의 유용성"이라고 표현하였다. 나도 그의 말에 동의한다. 수학의 유용성은 참으로 엄청나다. 상상을 초월할 정도 그 이상이다. 햇빛을 받으면 수학은 스스로 탈바꿈하여 마법으로 변신한다.

하나, 둘, 셋, …, 무한대

이 장의 제목이 잘못되었음에 주목하면서 시작해보자. 제목에 따르면, 1, 2, 3에서 시작하는 수 배열의 목록이 소위 **무한**이라고 하는 그 무엇인가에서 끝나고 있음을 암시하고 있다. 그러나 실제로 이 배열은 여기에서 끝나는 것이 아니다. 무한이라고 하는 것에서 또는 그 밖의 다른 무엇에서 끝날 수는 없기 때문이다. 앞으로 천천히 알겠지만, 이는 한없이 계속될 뿐이다.

만일 당신이 1부터 6까지의 정수를 언급하고자 한다면, 다음과 같이 말할 것이다. "수 1, 2, 3, 4, 5, 6을 생각해보라." 이 경우에는 아무런 문제도 없는데, 말하고자 하는 수의 집합이 하나의 목록에 모두 적을 수 있을 정도로 매우 작기 때문이다. 하지만 1부터 1000까지의 수를 눈으로 확인하고자 한다면, 이 모두를 적어내려 가는 것은 정말 불편하기 짝이 없다. 이를 모두 배열한 목록이 너무 길기 때문이다. 이 경우에 수학자는 "수 1, 2, 3, …, 1000을 생각해보자"라고 표현한다.

이 경우에 세 개의 점을 사용한 것은 "계속된다"는 의미를 가지며, 따라서 기호 "1, 2, 3, …, 1000"은 1에서 시작하여 1000이 될 때까지 계속된다는 표현인 것이다. 일반적으로 기호 "1, 2, 3, …, n"은 1에서 시작하여 정해져 있지만 분명하게 알 수 없는 어떤 정수 n에 이르기까지의 모든 정수들을 고려해야 함을 말하고 있다. (이와 같은 관례에 따라, 위의 목록 1, 2, 3, 4, 5, 6

은 약간 압축화 된 기호 1, 2, 3, …, 6으로 나타낼 수 있다.)

그러므로 이 장의 제목으로 사용된 "하나, 둘, 셋, …, 무한대"는 수 1에서 시작하여 "무한"이라고 하는 어떤 하나의 수로 끝나게 되는 수들을 배열한 목록이라는 점을 시사하는 것이다. 그러나 분명한 사실은, 우리가 이해하기에—수학을 연구하고자 하는 초기인 현 시점에서—그렇게 끝나게 되는 수는 존재하지 않는다는 점이다. 무한이라고 부르건 또는 그 무엇이라 부르건 간에 모든 정수를 뛰어넘는 수는 존재하지 않기 때문이다. "하나, 둘, 셋, …, 무한"이라는 구절은 듣기에 좋고 나름대로 운율도 가지고 있다. 물리학자 죠지 가모우는 이 구절에 매력을 느껴 자신의 유명한 책의 제목으로 사용한 적도 있다. 여러분도 보았듯이, 나 역시도 이를 좋아한다. 그러나 실제로 여기에 수학적인 의미가 있는 것은 결코 아니다.

확실한 것은 무한에 관한 진정한 수학적 개념이 대여섯 개나 존재한다는 것이며, 잠시 후에 우리는 그들 중 하나를 접하게 될 것이다. 하지만 이 경우에 우리는 그것이 이 책에서 이해되고 있는 의미의 수가 아님을 알게 될 것이다. 요약하자면, **"무한"이라는 이름을 가진 수는 존재하지 않는다**는 사실이다.

우리가 가장 잘 알고 있는 수들의 이름은 1, 2, 3, … 등이다. 물론 다른 수들의 이름도 기억할 수도 있다. 예를 들어 "파이"라든가 "2의 제곱근"과 같은 수들인데, 하지만 이들은 그리 친숙한 수들이 아니며 또한 1, 2, 3, … 등과 같이 셈에 활용되는 수들보다 자연스러운 수들도 아니다. "여섯"이 "파이"보다 훨씬 더 널리 잘 알려져 있다. 누구든지 이에 동의할 것이다.

만일 우리가 산수를 제대로 공부하기 시작하려고 한다면, 먼저 공리라고 하는 몇 가지 최소한의 기본적인 가정들을 정해 놓아야한다. 그 후에 이들 공리로부터, 그리고 적절한 정의와 더불어 자연수들에 적용되는 조작 가능한 규칙들을 추출하게 될 것이다. 이 과정은 자연수들에 대한 정리들을 진술하고 증명하는 것으로 이루어져 있다. 각각의 단계에서 정리들은 미리 가정하였던 공리들과 이미 그 전에 확립되었던 정리들을 이용하여 증명될 것이다. 수학이라고 하는 학문이 진정 성립되는 것은 이들 규칙이나 절차의 기계적인 암기가 아니라 바로 이러한 과정인 것이다.

이 책에서 우리 작업의 일부는 수학을 이렇게 해석하는 것이 무엇을 의미하는지 명쾌하게 밝히는 것이며 또한 "p는 q를 함의한다"는 특정 명제들의 상당 부분을—또는 부분적으로—확립하는 것이다. 이들 명제들은 일단 증명이 이루어지면 그 후에는 **정리**라고 부를 것이다. 앞으로 우리는 이러한 정리들을 여럿 진술하고 증명하게 될 것이다.

물론 수학에 대한 완벽한 기술은 그것이 아주 작은 한 부분일지라도 그 수학이 기초하고 있는 공리에 이르기까지 논리적으로 거슬러 밟아가는 것을 말한다. 하지만 우리는 이러한 시도를 하지 않을 것인데, 여기에는 두 가지 이유가 있다. 첫 번째, 그러한 기술은 상당한 논리적 엄밀성을 요하는데, 이는 나의 관점이지만 수학을 소개한다는 측면에서 볼 때 그리 적절하다고 생각하지 않기 때문이다. 예를 들어 6과 7 사이에 자연수가 존재하지 않음을 증명하기 위해 필요한 논리적 치밀성과 짜증날 정도의 세밀함이라는 수렁에 우리 스스로 빠져드는 것을 결코 바라지 않는다는 것이다. 우리는 그저 그러한 사실을 당연한 것으로 받아들이기만 하면 된다. 우리가 논리적 엄밀성을 회피하는 두 번째 이유는 그것이 초보자에게는 숨 막힐 것 같은 억압적 분위기만 형성한다고 생각하기 때문이다. 수학자들이 행하는 매우 높은 수준에서 완벽한 논리라는 것은 버트런드 러셀(1872~1970)이 지칭한 "최고의 아름다움"이며 바로 그 때문에 수학은 "가장 지적인 예술"이라고 말할 수 있다. 그러나 이와 같은 엄밀성의 아름다움은 매우 오랜 시간동안 인내심을 가지고 열심히 들여다보는 사람에게만 나타나는 것이다. 초보자에게는 결코 보이지 않을 것이다. 초보자 스스로도 이를 보고 싶어 하지 않을 뿐더러 아직 이를 들여다볼 필요도 없다.

초보자들은 수학이란 무엇에 관한 것이며 수학자라고 부르는 이상한 사람들의 집단이 도대체 왜 종교적이라고까지 말할 수 있는 열정을 가지고 이를 추구하는지 알고 싶어 한다. 그리고 가능하다면 되도록 빨리 수학이라는 것이 무엇인지를 알고 싶어 한다. 그러나 수학 학습에서의 속도는 엄밀성과 결코 경쟁의 상대가 될 수 없다. 엄밀성을 추구하기 위해서는 반드시 매우 천천히 움직여야 하기 때문이다. 우리의 목적은 수학의 일부 주제들을 관통하면서 되도록 빨리 이동하는 것이다. 이를 위해서 우리는, 어쩔 수 없이 완벽한 엄밀성을 포기해야만 할 것이다.

하지만 그렇다고 하여 엄밀성을 모두 포기하는 것은 아니다. 지금까지 말해왔듯이, 우리는 여러 정리들을 증명할 것이다. 그런데 이때의 증명은 근원적인 기초가 되는 공리에 의존하는 것이 아니라, 관심을 가지고 있는 수학적 대상에 대하여 우리가 이미 구체적으로 가정한 것에 의존할 것이다.

그럼에도 불구하고, 공리가 존재한다는 사실, 그리고 우리의 과제는 어떤 수학자들에 의해 공리 수준까지 내려갈 수 있음을 아는 것은 매우 중요하다. 그리고 공리 수준까지 내려간다는 것, 이러한 일련의 정확한 논리적 명제들로 귀착된다는 사실은 기본적인 공리뿐만 아니라 관심의 대상이 되는 모든 정리에 이르기까지 적용되는데, 이것이야말로 수학적 진리의 성격을 규정짓는 것이다. 명제 "홀수의 제곱수는 홀수이다"는 수학적으로 참인 진리인데, 그 정확한 이유는 이에 대하여 기본적인 공리 수준까지 이어지는 증명을 써 내려갈 수 있기 때문이다.

그렇다고 하여 우리가 그렇게 멀리까지 가지는 않을 것이다. 우리는 그저 자연수의 존재를 당연한 것으로 받아들일 것이다. 1887년 수학자 레오폴드 크로네커(1823~1891)가 다음과 같이 기록했듯이 말이다.

하느님은 자연수를 만들었다.

그리고 그 밖의 모든 것은 인간의 작품이다.

셈

어린아이는 물건의 개수를 손가락으로 짚어가며 세어본다. 책상 위에 몇 개의 사과가 있는지 어린아이에게 물어보고 지켜보라. 아이는 높다란 의자 위에 있다가 몸을 앞으로 기울이며 집게손가락을 펴서 사과 하나를 가리킬 것이다. 그리고 최대의 노력을 들여서 "하나"라고 말할 것이다. 그 후에 다음 사과로 손가락을 옮기며 "둘"이라고 말한다. 같은 동작을 계속 하며 "셋"이라는 단어를 말하면서 개수 세기를 마무리한다. 이제 책상 위에는 세 개의 사과가 있는 것이다.

정말 그런 것인가? 우리는 어린아이가 말하려고 하는 것(의심의 여지없이 본능적으로)이 무엇인지 그리고 여기에는 어떤 오류를 범할 수 있는지 조심스럽게 검토할 필요가 있다.

우선 우리는 그 아이가 자연수들의 이름을 처음 몇 개 정도는 이미 알고 있다고 가정할 수 있다. 또한 책상 위에는 정말로 세 개의 사과가 있다고 가정하는 것이다. 뿐만 아니라 그 사과들은 각기 서로 다르게 생겨서—겉껍질과 크기 그리고 책상에 놓여 있던 위치까지—서로 구별이 가능하다고 가정하자. 따라서 우리는 이 사과들을 A, B, C라는 세 개의 서로 다른 기호를 붙여 나타낼 수가 있다.

만일 어린아이가 정확하게 셀 수 있다면, 그는 하나의 사과를 가리킨 후에 다른 사과로 옮겨 가리키고 그리고 나머지 사과로 옮기는 작업을 하게 된다. 우리는 이 상황을 먼저 A를 가리키고 다음에 B, 그리고 마지막으로 C를 가리킨다고 나타낼 수 있다. 어린아이가 사과 A를 가리키면서 "하나"라는 단어를 말한다면, 이 아이는 무의식적으로 A에 자연수 1을 할당한다고 말할 수 있다. 다른 말로 표현하면, 이 아이는 사과 A를 수 1과 짝짓기하였다고 말하는 것이다. 수학자는 이러한 **짝짓기**를 순서쌍 $(A, 1)$이라는 기호로 표기한다. 같은 방식으로 이 어린아이는 손가락을 짚어가며 사과 B에 수 2를 할당하고, 사과 C에는 수 3을 할당한다. 이를 마쳤을 때, 어린 아이는 세 개의 순서쌍 $(A, 1)$, $(B, 2)$, $(C, 3)$을 만들어낸 셈이다.

어쩌면 이 아이가 생각한 것은 순서쌍이 아닐 수도 있다. 그는 단지 책상 위에 놓여 있는 각각의 사과에 대하여 잠정적으로 "이름 짓기"를 한 것일 수도 있다. 즉, A는 사과 1이 되고, 사과 B는 2가 되며, 사과 C는 3이라고 이름을 붙였을 수도 있다. 하지만 어떠한 언어를 사용하던 간에 그 과정은 분명하다. 즉, 어린아이는 책상 위에 있던 사과들의 집합과 1, 2, 3이라는 자연수들의 집합 사이에 **일대일대응 관계**를 만들고 있었던 것이다. 다시 말하여, 각각의 사과 하나에 1, 2, 3이라는 자연수 중에서 정확하게 하나만을 결합하였던 것이다. 즉, 사과의 개수를 센다는 행위를 구성하는 것은 일대일대응 관계를 확립하는 것이라 할 수 있다.

개수 세기 활동에 오류가 발생할 수 있는 분명한 사례가 두 가지 있다. 첫 번째는 어린아이가 사과 한 개 또는 그 이상의 개수를 빼먹는 것이다. 예를 들어, 사과 A를 가리킨 후에 수 "하나"를 말하고, B를 가리키면서 "둘", 그리고 다시 A를 가리키면서 "셋"이라 말할 수 있다. 이 경우에도 그 아이는 책상 위에 있던 사과의 개수를 제대로 가리키는 자연수 3에 이른 것이다. 그럼에도 불구하고 지켜보고 있는 우리 모두가 분명하게 지적할 수 있듯이 그의 개수 세기는 잘못된 것이다. 결국 이 아이의 행위는 순서쌍 $(A, 1)$, $(B, 2)$, $(A, 3)$을 형성한 셈이다. 그는 짝짓기를 할 때 자연수 1, 2, 3 중에서 각각의 수를 적절하게 사용하였지만, 사과 모두를 사용하지는 않았다. 즉, 오직 하나의 사과에 단 하나의 수를 결합시키는 사과의 집합과 수의 집합 사이의 일대일대응 관계를 확정한 것이 아니었다.

한편, 개수 세기에 있어 범할 수 있는 또 다른 오류는 사과 두 개(또는 그 이상의 개수)에 같은 이름을 부여하는 행위이다. 예를 들어, A를 가리키며 "하나"라고 말하고 또 B를 가리키며 같은 이름을 말하는 것이다. 이 경우에는 사과 C를 가리키며 "둘"이라고 말할 가능성이 크다. 그렇다면 이 아이는 순서쌍 $(A, 1)$, $(B, 1)$, $(C, 2)$를 만들어낸 것이다. 그가 확정한 일대일대응 관계는 하나의 수에 오직 하나의 사과만 결합되어 있지 않았기 때문에 개수 세기의 오류가 발생한 것이다.

사과의 개수를 적절하게 세기 위해서는—무엇을 가리키건 간에—사과 A, B, C 각각에 수 1, 2, 3을 오직 하나씩만 결합하게 하는 일대일대응 관계를 확정해야만 한다. 첫 번째 예에서는 짝짓기를 할 때 사과를 모두 사용하지 않았기 때문에 실패한 것이다. 두 번째 예에서는 수를 모두 사용하지 않았기 때문에 잘못 센 것이다. (첫 번째 예에서 짝짓기를 할 때 사과 하나를 두 번 세었고, 두 번째 예에서는 수 하나를 두 번 세었던 것에 주목하라.)

물론 여러 가지 다른 방식으로 개수 세기에 오류를 범할 수도 있다. (예를 들어, "여덟", "다섯" 그리고 "열"과 같이 아무렇게나 말할 수도 있다.) 하지만 위에서 언급한 두 가지 사례는 현재 관심있는 사과 개수 세기 방식의 오류를 알기 위한 것이다. 그리고 분명한 것은 이제 우리는 더 이상 사과 자체에는 별 관심이 없다는 점이다. 우리는 수학에 대하여 말하는 것을 배우려고 하는데, 사과는 더 이상 수학적 대상이 아니기 때문이다. 우리가 해야 하는 것은 그림 13에 나타난 수학적 세계 내에 사과 상황의 그림을 그려 넣는 것이다. 우리에게 세잔느의 정물화는 더 이상 필요가 없다. 우리에게 필요한 것은 사과들의 모임이라는 수학적 모델이다.

수학 개념의 기초는 역시 **집합**이다. 사실상 어떤 의미에서 집합 개념은 이 학문의 가장 기본적인 개념이라 할 수 있다. 게오르크 칸토어가 1874년에 집합론에 관하여 형식화를 이룩한 후, 집합 개념이야말로 수학의 모든 분야의 논리적 기초를 형성한다고 주장하는 수학자들의 한 학파가 형성되었다.

이 학파의 회원들은—가끔 이들은 논리주의자(logicists)라고 불린다—다음과 같은 확신을 가지고 주장한다. 즉, 수학의 적절한 출발점은 정확하게 무엇이 집합이고 무엇이 아닌지를 신중하게 구별하는 것이라는 점이다.

다시 한 번 말하지만, 그와 같은 논리적 깊이에 빠져드는 것이 우리의 목적은 아니다. (준비도 되어 있지 않다.) 이제부터 집합 개념을 확실하게 파악해야만 하는데, 하지만 우리는 매우 순진하게 접근하고자 한다. 즉, 우리에게 집합은 **어떤 대상들의 모임**이라고만 정의하면 되는 것이다. 그러한 모임은 어떤 주어진 대상이 그 집합에 속하는지 아닌지를 결정하도록—적어도 이론적으로는—판정할 수 있는 규칙을 가지고 있다면 적절하게 정의된 것으로 생각할 수 있다.

우리는 가끔 그리고 주로 사례들을 통해서 실생활 속에 들어 있는 대상들의 집합들에 관해 자유롭게 이야기할 것이다. 이미 그와 같은 하나의 집합이 암묵적으로 소개되었었는데, "사과들의 집합"의 개수를 세었던 앞의 예가 그러하다. 또한 "방 안에 있는 사람들의 집합"이든가 아니면 "뒷마당에 있는 나무들의 집합"을 말할 수도 있는데, 각각의 경우에 어떤 대상이 이들 모임의 각각에 속하는지 아닌지를 쉽게 판정할 수 있음을 가정한다. 그러나 우리는 주로 수학적 대상들의 집합을 다룰 것이며 이 집합들이 가지고 있는 어떤 성질들을 확정하려 한다. 따라서 우리는 집합에 관해 다음과 같은 방식으로 말할 것이다. "3보다 크지 않은 자연수들의 집합." (물론 이 집합의 원소들은 1, 2, 3이다.)

어떤 집합의 원소들을 분명하게 알 수만 있다면 이 집합을 가장 쉽게 묘사하는 것은 이들을 그냥 적어놓는 것이다. 이를 마치면 단 하나의 문자(보통은 대문자)를 사용하여 이 집합의 이름을 정하는 것이 관례이다. 그리고 다음과 같은 중괄호 안에 그 원소들을 나열하기만 하면 된다. 예를 들어 집합 S를 다음과 같이 나타낼 수가 있다.

(1) $S = \{1, 2, 3\}$

이는 S가 수 1, 2, 3을 원소로 하는 집합임을 뜻한다. (여기서 중괄호는 S가 하나의 집합이며 그 안에 들어 있는 기호들이 원소들임을 말해준다.) 따라서 등식 (1)은 S라는 이름을 가진 어떤 집합에 대한 정의이다.

이제 커다란 도약을 해보자. 다음 명제를 생각하라.

(2) S는 하나의 집합이다.

방금 시도한 우리의 도약은 어떤 특정한 집합 S를 정의하는 등식 (1)과 임의의 집합에 S라는 이름을 정해주는 문장 (2) 사이의 커다란 간격으로 이루어져 있다. (물론 우리는 S라고 이름 붙여진 두 집합이 같은 집합이라고 주장할 수는 없다. 우리 논의의 맥락은 (1)과 (2)가 서로 독립되어 있음을 말해주고 있다. 나는 문장 (2)가 보여주는 일반성을 강조하고 싶은데, 이는 문장 (2)를 "T는 하나의 집합이다"와 같은 문장으로 대치할 수 있음을 보이는 것으로 족할 것이다. 그러나 우리는 서로 다른 특정 대상들을 나타내기 위해 일반적으로 같은 기호를 사용한다는 수학에서의 공통적인 관례에 익숙해질 필요가 있다.) 문장 (2)에서 S에는 어떤 특정한 성질도 주어져 있지 않음에 주목하라. 만일 이를 굳이 언급하고자 한다면 그 집합이 다른 모든 집합에 공통인 성질들을 가지고 있음만을 가정할 수가 있다. 따라서 집합에 관해 지금 우리가 알고 있는 것들만으로 단지 S가 어떤 대상들의 모임이라고만 가정할 수가 있다. 하지만 우리는 그 대상들이 어떤 것들인지 또는 얼마나 많은지 아무 것도 알 수가 없다.

명제 (2)가 보여주는 일반성의 의미를 과소평가하지 말기 바란다. 이를— 그리고 수학적 대상에 관한 다른 비슷한 명제들도—이해한다는 것은 추상화가 무엇인지를 이해하기 시작했음을 말하는 것이며, 따라서 여러분은 이제 수학에 대한 이해의 첫걸음을 내딛은 것이다. 우리의 학습이 진전되면서 우리는 다음과 같은 비슷한 여러 명제들을 접하게 될 것이다. "n을 자연수라고 하자", "C를 원이라고 하자" 또는 "T를 삼각형이라고 하자" 등등이 그 것이다. 각각의 경우에 사용된 기호는 지시하고 있는 형태의 일반적인 대상을 나타내고 있다. 더 이상의 정보 없이, 우리는 $n = 6$이라든가, C의 반지름은 1 또는 T는 이등변삼각형 등과 같은 결론을 내릴 수는 없다. 만일 S가 (2)에서 주어진 것과 같이 임의의 집합이라면 원소로서 어떤 대상들을 포함하게 된다. (다른 어떤 조건이 없다면 우리는 항상 S를 수학적 대상들의 집합이라고 생각할 것이다.) 우리에게는 S의 **임의의 원소**를 가리키는 어떤 기호가 필요하다. 이 원소를 나타내기 위해 공통적으로 사용하는 문자는 x이다. 이를 우리는 다음과 같이 나타낸다.

$$x \in S$$

여기에 사용된 기호 $\in$는 그리스 알파벳의 다섯 번째 문자인 "엡실론(ε)"을 말한다. 그러나 $x \in S$와 같은 관계를 나타낼 때에는 다음과 같이 읽는다. "x는 S에 속한다." 또는 "x는 집합 S의 한 원소이다."

만일 "x는 S에 속하지 않는다"(즉, x는 S의 원소가 아니다)를 나타내고 싶다면 다음과 같은 기호를 사용한다.

$$x \notin S$$

따라서 이들을 (1)에 의해 주어진 집합 $S = \{1, 2, 3\}$의 예를 들어 설명하면 다음과 같다.

즉, $1 \in S$, $2 \in S$, $3 \in S$은 옳은 표현이지만, $6 \in S$는 옳은 표현이 아니다. (그러나 $6 \notin S$은 옳은 표현이다.)

종종 우리는 하나의 집합을 기술할 때에 중괄호 안에 그 원소들을 단순하게 나열하는 것보다 다른 방식으로 나타낼 때가 편리한 경우가 있다. 사실 이는 앞에서 집합 $S = \{1, 2, 3\}$를 "3보다 크지 않은 자연수들의 집합"으로 언급하였을 때 이미 행해졌다. 이에 대한 보다 정확한(그리고 일반적인) 설명은 다음과 같다. $P(x)$를 어떤 대상 x에 관한 명제라고 하자. 그러면 다음과 같은 기호를 사용할 것이다.

$$S = \{x \mid P(x)\}$$

이는 "S는 $P(x)$를 참이 되게 하는 모든 x들의 집합이다"와 같은 뜻이다.

예를 들어 $P(x)$가 "x는 3보다 크지 않은 자연수이다"는 명제일 수도 있다. 그렇다면 다음과 같다.

$$S = \{x \mid x는 \ 3보다 \ 크지 \ 않은 \ 자연수\}$$

따라서 다음 결과를 얻을 수 있다.

$$S = \{1, 2, 3\}$$

이들 두 가지 종류 집합 표기 중에서 두 번째 예로, 모든 짝수들로 구성된 집합 E를 생각해보자. E의 원소들은 수 2, 4, 6, 8, 10, … 등으로 구성되어 있다. 따라서 우리는 집합 E를 다음과 같이 나타낼 수가 있다.

$$E = \{2, 4, 6, 8, 10, 12 \cdots \}$$

여기에 사용된 세 개의 점은 중괄호 안에 나열된 수들이 같은 패턴으로 한없이 계속됨을 말해준다. 위의 표기에 대한 대안을 생각하려면 자연수 n 이 짝수일 필요충분조건이 $n=2m$임에 주목해야만 한다. 여기서 m은 물론 또 다른 자연수이다. ($m=0$이면 $n=0$이고, $m=1$이면 $n=2$, $m=2$이면 $n=4$, $m=3$이면 $n=6$ 등등이다.) 따라서 우리는 다음과 같이 나타낼 수가 있다.

(3) $$E = \{n \mid n=2m, \; m \text{은 자연수}\}$$

진도를 더 나가기 전에, 자연수들의 집합을 나타내는 기호가 필요하다. 이 집합을 나타내는 표준적인 기호는 $\mathbb{N}$으로, 우리는 이 책의 나머지 부분에서 이 기호를 계속 사용할 것이다. 그러므로 $\mathbb{N}$의 정의에 의해 다음이 성립한다.

$$\mathbb{N} = \{1, 2, 3, 4, 5, 6, \cdots \}$$

이 기호를 사용하여 (3)에 의해 주어진 짝수들의 집합을 다음과 같이 나타낼 수 있다.

$$E = \{n \mid n=2m, \; m \in \mathbb{N}\}$$

또는 좀 더 간명하게 다음과 같이 나타낼 수가 있다.

$$E = \{2m \mid m \in \mathbb{N}\}$$

이제 우리는 집합에 대한 직관적인 개념을 약간 확장해야 할 것 같다. 우리는 집합이 단순하게 "어떤 대상들의 모임"을 뜻하는 것으로 받아들였고, 암묵적으로 가정한 것은 각각의 주어진 집합에는 어떤 대상들이 ({6}과 같이 단 하나의 원소만 있는 집합도 있다) 존재하는 것이었다. 그러나 우리는 원소가 하나도 없는 집합의 존재 가능성도 열어두어야만 한다. 하나의 예로 다음을 보자.

$$T = \{n \mid n \in E, \ n = 7\}$$

이때 E는 (3)에 의해 주어진 짝수들의 집합을 나타내고 있으며 중괄호 내부에 있는 콤마는 "그리고"를 뜻한다. 따라서 집합 T는 7과 같은 모든 짝수들의 집합을 나타낸다. 하지만 7은 짝수가 아니므로 그러한 수는 존재하지 않는다. 따라서 T는 원소를 가지지 못한다.

원소가 없는 집합은 **공집합**이라고 부르며, 기호 ∅로 표기한다. (이는 그리스 알파벳의 25번째 문자인 파이(φ)가 아니라, 영어의 15번째 문자인 O의 변형 문자이다.) 그러므로 모든 x에 대하여 $x \in \varnothing$라는 명제는 거짓이며 반면에 모든 x에 대하여 $x \notin \varnothing$라는 명제는 참이다.

다음 개념—어떤 집합의 부분집합 개념—은 형식적으로 정의가 필요한 만큼 매우 중요하다.

정의 1 S와 T를 각각 집합이라고 하자. "T는 S의 부분집합이다"의 필요충분조건은 "$x \in T \Rightarrow x \in S$"이다. 그리고 우리는 이를 $T \subset S$로 나타낸다. 만일 $T \subset S$이고 $T \neq S$이면 T는 S의 진부분집합이라고 한다.

이 기회에 정의에 관한 일반적인 논의를 할 필요를 느낀다. **모든 정의는 필요충분조건의 형식**을 가진다. 우리 모두—수학자조차도—간혹 부주의해서 정의를 단지 "만일 ~이면"이라고만 쓰는 경우가 있다. 그러나 우리는 그것이 "만일 ~이면, 그리고 오직 그때에만"이라는 필요충분조건임을 이해해야만 한다. 예를 들어 다음과 같은 정의가 있다고 하자.

어떤 삼각형의 두 밑각의 크기가 같다면,
그 삼각형은 이등변삼각형이다.

이는 다음과 같은 명제로 해석해야만 한다.

어떤 삼각형의 두 밑각의 크기가 같다면,
그리고 오직 그 때에만 그 삼각형은 이등변삼각형이다.

그러므로 T가 S의 부분집합이라고 말하는 것은 x가 T에 속한다면 그 x는 반드시 S에 속함을 의미하는 것이다. 즉, T의 각 원소는 S의 원소이기도 하다. 정의에서 사용한 함의 추론의 대우 명제를 이용하면 다음과 같이 말할 수 있다.

만일 T가 S의 부분집합이다. ⇔
어떤 원소가 S에 속하지 않으면 T에도 속하지 않는다.

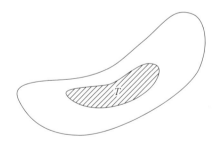

그림 17　T가 S의 부분집합이다.

종종 집합들을 평면 위의 도형으로 나타내어 시각화하는 것이 도움이 될 수도 있다. 이렇게 하면(그림 17) T가 S의 부분집합일 때, T는 S의 내부에 들어 있음을 보여야 한다.

우리는 다음 사실에 좀 더 주의깊게 주목해야만 한다.

설명 공집합은 모든 집합의 부분집합이다. 즉, S가 집합일 때, $\varnothing \subset S$이다.

위의 설명이 타당함을 보여주는 방식에는 적어도 두 가지 있다. 첫 번째는 정의에 의한 것으로 다음이 성립한다. 즉, $\varnothing \subset S$일 필요충분조건은 $\varnothing$의 각각의 원소가 또한 S의 원소라는 것이다. 그런데 $\varnothing$에는 원소가 없으므로 이 조건은 자동적으로 만족한다. 한편, $\varnothing$이 "S의 부분집합이 아니다"고 말하는 것은 $\varnothing$에 있는 어떤 원소가 S에는 속하지 않음을 의미한다. 그런데 $\varnothing$에는 원소가 없으므로 그런 원소는 없음을 말하는 것이며 따라서 $\varnothing \subset S$이다.

여기서 임의의 집합은 자기 자신의 부분집합이 됨을 주목하라. 즉 임의의 집합 S에 대하여 $S \subset S$이다. ("$x \in S$이면 $x \in S$이다"는 항상 참이다.)

만일 우리가 집합 S를 (1)에서 주어진 집합 $S=\{1, 2, 3\}$같은 특정 집합이라고 할 때, S의 부분집합은 모두 8개임을 보이는 것은 어렵지 않을 것이다. 그것들은 다음과 같다.

(4) $\varnothing,\ \{1\}, \{2\}, \{3\}, \{1, 2\}, \{1, 3\},\ \{2, 3\},\ \{1, 2, 3\}$

물론 위의 마지막 부분은 S 자신이다. 나머지 다른 것들은 집합 S의 진부분집합이다. (집합 S의 부분집합을 나열하면서 우리는 집합 $\{2, 1\}$을 넣지 않았다. 왜냐하면 이 집합은 $\{1, 2\}$에 들어 있는 원소들과 동일한 원소들을 가지고 있으므로 같은 집합이기 때문이다. 같은 방식으로 다음이 성립한다. {2, 3}={3, 2}이고 {1, 3}={3, 1}이다. {1, 2}와 {2, 1}을 함께 {1, 2, 3}의 부분집합으로 포함하는 것은 적절하지 않다. 이는 마치 역사상 위대한 작곡가 10명의 이름 속에 베토벤의 이름을 두 번 적는 것과 같은 이치이다.

(4)에 나타난 배열은 {1}⊂{1, 2, 3} 또는 {2}⊂{1, 2, 3}과 같이 표기하는 것, 그리고 S의 다른 부분집합들의 표기가 적절함을 보여준다. 또한 1∈{1, 2, 3}이지만 1⊂{1, 2, 3}라는 표현은 잘못된 것이다. (1은 집합 {1, 2, 3}의 부분집합이 아니다.) 사실상 만일 x가 임의의 집합 T의 원소라면 집합 {x}는 T의 부분집합이다. 따라서 {x}⊂T는 참이다. 그러나 x⊂T와 같은 표현은 잘못된 것이다. (하지만 x∈T라는 표현은 적절하다.)

애초에 사과 개수 세기의 예에서 우리는 어린아이가 손가락을 짚어가면서 집합 S={1, 2, 3}과 사과들의 집합인 T={a, b, c} 사이에 대응관계를 확정하는 것을 보았다. 이때의 대응관계는 S의 각 원소를 T의 각 원소에 또는 역으로 하나씩 결합시키는 것을 말한다. (사과를 소문자로 바꾸어 표기하는 이유는 잠시 후에 분명하게 밝혀질 것이다.)

정의 2 T와 S를 공집합이 아닌 집합이라고 하자. C를 x∈T라는 각각의 원소에 원소 y∈S를 결합시키는 대응 관계 또는 규칙이라고 하자. 더군다나 각각의 원소 y∈S가 C에 의해서 T의 원소 x에 오직 하나 결합한다고 하자. 이를 $y=C(x)$라고 표기하며 C를 T와 S사이의 일대일대응 관계라고 한다. (등식 $y=C(x)$는 "y는 x의 C와 같다"라고 읽는다.)

따라서 T와 S사이의 일대일대응인 C는 T에 있는 원소 x와 S에 있는 원소 $y=C(x)$를 짝짓는 것으로 볼 수 있다. 즉, T의 각 원소에 대하여 S의 원소를 오직 하나 결합시키거나 또는 역으로 결합시키는 것이다. 손가락을 짚으며 개수를 세는 어린아이의 경우 $S=\{1, 2, 3\}$과 $T=\{a, b, c\}$사이의 일대일대응 관계인 C를 확정한 것인데 이때의 결과는 순서쌍 $(a, 1)$, $(b, 2)$, $(c, 3)$이었다. $y=C(x)$라는 표기에 따르면 이는 $C(a)=1$, $C(b)=2$, $C(c)=3$이라고 나타내는 것과 동일하다. (이제 소문자로 바꾼 이유를 알 수 있을 것이다. 만일 소문자로 바꾸지 않았다면 마지막 등식은 $C(C)=3$과 같이 매우 이상한 표현이 되었을 것이다.) 이러한 일대일대응 관계에 의하여 어린아이는 직관적으로 두 집합 T와 S가 같은 개수의 원소를 가지고 있다는 결론을 내릴 수 있었다. 이를 통해 그 아이는 이미 집합 $\{1, 2, 3\}$에 세 개의 원소가 있음을 알고 있기 때문에 T에도 세 개의 원소가 있다고 주장할 수 있게 된 것이다. 따라서 책상 위에 있는 사과의 개수는 3개이다.

어린아이의 수 세기는 이런 식으로 진행된다. 물론 우리 모두도 그렇게 행한다. 내 책상 가까이에 있는 책장 선반 위에는 현재 열여덟 권의 책이 놓여 있다. 내가 이를 알 수 있었던 것은 하나씩 짚어가면서 세어보았기 때문이다. 책 한 권 한 권씩 짚어가며 숫자를 나열한 것이다. 1, 2, 3, 4, … , 17, 18. 결론적으로 나는 책장 위에 있는 책들의 집합과 자연수 집합의 부분집합인 $\{1, 2, 3, 4, …, 18\}$사이에 일대일대응 관계를 확립한 것이다. 따라서 두 집합에는 같은 개수의 원소가 존재한다. 따라서 열여덟 권이다.

우리는 이와 같은 수 세기를 다음 방식에 의해 일반화할 수가 있다.

정의 3 T와 S를 공집합이 아닌 집합이라고 하자. T와 S가 같은 개수의 원소를 가질 필요충분조건은 T와 S사이에 일대일대응 관계가 존재하는 것이다.

이 개념을 설명하기 위해 아서와 브렌트라는 두 어린아이를 관찰하여보자. 이들은 이제 갓 자라 올라온 푸른 잔디처럼 어린 쌍둥이이며 아직 개수를 셀 수 있는 능력이 없다. 그들은 부엌의 탁자를 놓고 서로 마주보며 앉아 있다. 아마도 오후 간식 시간인 것 같다. 아버지가 아이들 앞에 젤리빈이라는 과자를 한 움큼 놓자 아서와 브렌트는 의아한 표정을 짓더니 서로 눈을 마주치는 것이었다. 누가 더 많은 젤리빈을 가지게 될까를 고민하는 듯 말이다.

아서가 손을 앞으로 뻗으며 젤리빈 한 개를 집었다. 동시에 브렌트도 같은 동작을 취한다. 각자 손에 놓은 젤리빈 포장지를 뜯어내어 입 안에 넣고 씹으면서 삼킨다. 천천히 젤리빈을 씹으면서 거의 동시에 목구멍 넘어 삼키는 것이다. 그리고 다시 같은 동작을 반복한다. 즉, 젤리빈 한 개를 선택하고 입 안에 넣어 씹은 후에 삼킨다. 이러한 동작을 마치 거울을 보고 하는 것처럼 똑같이 시행한다. 젤리빈이 한 개씩 없어지면서 젤리빈의 개수는 점차 줄어든다. 마침내 이들 앞에는 젤리빈이 각자에게 한 개씩만 남아 있게 되었다. 한참 노려보다가 얼굴에 미소가 번지며 마지막 젤리빈을 집어든다. 이제 그들은 똑같은 개수의 젤리빈을 먹었다는 사실을 잘 알고 있다.

만일 아서가 처음에 가지고 있던 젤리빈을 집합 A라 하고, 브렌트의 것을 집합 B라고 하면 어린아이들이 젤리빈을 선택하고 먹었던 행위는 정확하게 집합 A의 원소와 집합 B의 원소를 하나씩 짝지은 것으로 A와 B의 원소들 사이에 일대일대응 관계를 형성한 것이다. 따라서 우리는 이제 집합 A와 B는 정의 3에 의해 같은 개수의 원소를 갖는다고 결론지을 수 있다.

만일 두 어린아이가 자연수들의 이름을 이미 알고 있다면 젤리빈을 하나씩 집어가며 짝짓는 것은 불필요한 일이었다. 단지 아서가 자신의 젤리빈 개수를 세어보기만 하면 되는 것이니까 말이다. 그는 이 일을 하기 위해 자신이 가지고 있는 젤리빈의 집합 A와 자연수 집합의 부분집합인 $\{1, 2, 3, \cdots, m\}$ 사이에 일대일대응 관계를 확정짓는 일종의 분류과정을 거치기만 하면 되는 것이다. 그러면 아서는 자신이 정확하게 m개의 젤리빈을 가지고 있음을 알게 된다. 브렌트도 같은 작업을 거쳐서 자신도 정확하게 m개의 젤리빈을 가지고 있음을 알게 된다. 그리고 나서 이제 그들은 각자 편안하게 앉아서 먹을 수 있는데, 왜냐하면 둘 중 누구도 젤리빈을 더 많이 가지지 않았다는 사실을 알기 때문이다.

사실상 우리가 아이들에게 수 세기를 가르치는 이유는, 그들이 어떤 대상들의 두 집합이 같은 개수의 원소를 가지고 있는지를 알고자 할 때 각각의 원소들을 일일이 짝을 짓는 (어쩌면) 매우 지루한 작업을 더 이상 하지 않도록 하기 위한 것이다. 이 개수들을 제대로 셀 수 있다는 것은 $\{1, 2, 3, \cdots, k\}$와 같은 자연수의 부분집합과 대응하는 것이라 할 수가 있다. 이 집합의 원소의 개수를 세어본다면 정확하게 k개이다. 자연수는 우리가 이름을 알고 있는 대상들의 집합을 보여준다. 우리는 머릿속으로 이 집합을 떠올리며 크기를 알고자 하는 다른 어떤 집합들의 원소들과 짝짓기를 시행할 수가 있다.

한편, 아서와 브렌트가 행하였던 직접 짝을 짓는 행동에는 깊은 뜻이 있는데, 우리는 이를 좀 더 주의 깊게 검토할 필요가 있다. 우선 만일 아서가 브렌트보다 먼저 자신의 젤리빈을 모두 소진하였다면, 그는 즉각 브렌트가 더 많은 젤리빈을 가졌다는 사실을 알게 된다. 브렌트도 자기 몫이 먼저 소진된다면 같은 결론에 도달할 것이다. 두 번째, 짝짓기 방식, 즉 집합 A와 B의 원소를 일대일대응시키는 방식은 이들 집합의 원소 개수를 결정하는 것에 관계없이 나름대로의 의미를 가진다. 아서와 브렌트는 아직 자연수를 배우지 않았기때문에 몇 개가 있는지 알 수가 없다. 좀 더 나이가 들 때까지 시간이 필요하며 교육을 받아야 하는데, 그 이후에야 비로소 젤리빈 개수 세기가 더 이상 그들에게 문제가 되지 않을 것이다. 아서는 자기 앞에 젤리빈 더미를 앞에다 놓았다. 브렌트도 그랬다. 그들이 좀 더 나이가 들면 자기가 가진 몫의 개수를 쉽게 셀 수 있을 것이며 이에 따라 젤리빈의 개수가 같다는 것을 재빨리 알 수 있을 것이다. 그러나 정의 3이 우리에게 알려주는 것은 두 집합 중에서 어느 집합이 더 많은 원소를 가지고 있는지 알기 위해 자연수를 언급할 필요가 없다는 사실이다. 정의 3은 아서와 브렌트가 비록 현실에서는 가능하지 않지만 무한히 많은 젤리빈을 가지고 있다 하더라도 적용될 수가 있다.

무한집합

정의 4 S를 집합이라고 하자. 만일 $S=\emptyset$이거나 S와 자연수 집합의 부분집합인 $\{1, 2, 3, \cdots, m\}$ 사이에 일대일대응 관계가 있다면, S를 유한집합이라고 한다.

집합 S가 유한집합일 때 "S에 들어 있는 원소의 개수"를 $n(S)$로 표기한다. 만일 $n(S)=m$이면 S는 1, 2, 3, $\cdots$, m과 일대일대응 관계에 놓을 수 있으며 이 경우 S를 $S=\{x_1, x_2, \cdots, x_m\}$으로 나타낸다. 이때 x는 S의 원소들을 말한다. 만일 S가 공집합이라면 원소가 하나도 없으므로 $n(\emptyset)=0$이다.

이 기호의 예로 $A=\{a, b, c\}$와 $B=\{1, 2, 3, \cdots, 35\}$를 생각해보자. 이때 $n(A)=3$이고 $n(B)=35$이다. 만일 T를 테네시 주에서 현재 자라고 있는 모든 나무들의 집합이라고 하면, T가 유한집합이므로 $n(T)$는 나름대로의 의미를 가진다는 점은 분명하다. 그러나 $n(T)$의 정확한 값은 알 수가 없다. (그 값이 무지무지하게 크다는 점은 의심의 여지가 없다.)

그런데 자연수의 집합인 $\mathbb{N}$을 보면 상황은 달라진다. 이 집합은 정의 4의 조건을 만족하지 않는다. ($1 \in \mathbb{N}$이므로 $\mathbb{N} \neq \emptyset$이다. $\mathbb{N}$이 $\{1, 2, 3, \cdots, m\}$과 같은 형태의 집합과 일대일대응 관계에 놓을 수 있다면, $\mathbb{N}$의 원소들을 $x_1, x_2, \cdots, x_m$으로 나타낼 수 있다. 그러나 만일 그렇다면 $\mathbb{N}=\{x_1, x_2, \cdots, x_m\}$가 성립한다. 이제 y를 $x_1, x_2, \cdots, x_m$ 중에서 가장 큰 원소라고 하면 y는 자연수의 집합 $\mathbb{N}$에서 가장 큰 원소가 됨을 알 수 있다. 그러나 이는 불가능하다. 왜냐하면 $y+1$이

y보다 더 큰 자연수이기 때문이다.) 그러므로 집합 $\mathbb{N}$은 유한집합이 아니다.

정의 5 S를 집합이라 할 때, S가 유한집합이 아니라면 S는 무한집합이라고 한다.

("무한" 개념에 관해 그렇게 신비스러운 점은 전혀 없다는 사실에 주목하라. 단순하게 말하여 정의 4를 만족하지 못하는 집합은 무한이다.)

무한집합의 또 다른 예는 짝수들의 집합인 $E=\{2,\,4,\,6,\,8,\,\cdots\}$이다. (집합 E가 유한이 아님을 증명하는 것은 $\mathbb{N}$이 무한집합임을 말하는 위의 추론과 유사하다.) 같은 방식으로 홀수들의 집합 $K=\{1,\,3,\,5,\,7,\,\cdots\}$도 무한집합이다. 우리는 기하학적으로 기술된 무한 집합의 무수한 예도 알고 있다. 예를 들어, 원 위에 있는 점들의 개수나 선분 위에 있는 점들의 개수가 그러하다. (하나의 선분 위에 놓여 있는 점들의 집합이 무한임을 알기 위해서는 그 선분 위에 있는 임의의 두 점 p와 q에 대하여 두 점의 중점인 r_1에 주목하자. 이때 p와 r_1의 중점인 점 r_2도 그 선분 위에 있으며, 이와 같은 작업을 계속할 수가 있다. 따라서 우리는 이 과정을 계속하면서 선분 위에 놓여 있는 점 $r_1,\,r_2,\,r_3,\,\cdots$ 들을 무한히 만들어낼 수가 있다. (그림 18을 보라.)

그림 18 하나의 선분 위에 놓여 있는 무한히 많은 점들

앞으로 우리는 이 책을 통해 무한집합의 여러 사례를 접하게 될 것이다. 이런 경우에 무한을 이해하는 데 있어 우리의 직관을 이용하는 것에 대해 조심스러울 필요가 있다. 유한 집합에 완벽하게 들어맞는 직관적 아이디어가 무한집합에서 적용되지 않는 경우가 있기 때문이다. 유한에서의 직관이 무한의 세계와 잘 어울리는 것은 아니다. 이 둘은 같이 병행할 수가 없다.

다음은 그 하나의 예이다.

S를 유한집합이라 하고 T는 그 진부분집합이라고 하자. T의 원소의 개수는 S보다 작다. (즉, $n(T)$는 $n(S)$보다 작다.) 자명하게 보이는 이 사실은 실생활에서 적용되는 "전체는 부분보다 크다"는 직관적인 공리와 완벽하게 들어맞는다. 그러나 이 공리가 무한집합에서는 더 이상 적용되지 않는다.

이를 살펴보기 위해서 자연수의 집합 $\mathbb{N}$과 그 진부분집합인 짝수들의 집합인 E를 생각해보자. 즉, $\mathbb{N}=\{1, 2, 3, 4, \cdots\}$이고 $E=\{2, 4, 8, \cdots\}$이다. 앞에서 $E=\{2m \mid m=1, 2, 3, 4, \cdots\}$임을 보았다. 이제 $\mathbb{N}$과 E 사이에 일대일 대응 관계 C를 $C(m)=2m(m=1, 2, \cdots)$에 의해 정의할 수가 있다. (이 대응 관계는 일대일대응이다. 왜냐하면 자연수 m 각각에 대하여 정확하게 오직 하나의 짝수인 $2m$을 짝지을 수가 있으며, 그 역도 성립한다. 이러한 대응 관계에 의해 생성되는 짝짓기는 그림 19에 묘사되어 있다.)

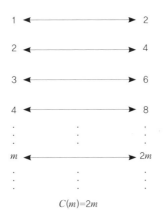

$$C(m)=2m$$

그림 19 자연수와 짝수 사이의 일대일대응 관계

내 짐작으로는, 정의 3(두 집합이 언제 같은 개수의 원소를 가지는가를 말해주는)이 유한집합에 적용되는 정확한 답을 직관적으로 제공하는 것에 동의했던 것 같다. 그렇다면 우리가 이를 무한 집합에도 적용되는 정확한 개념

으로 이 정의를 받아들이지 않을 이유는 없다. 우리는 단순하게—대응 관계 C에 의해—$\mathbb{N}$의 원소 하나에 E의 원소 하나를 짝지으면 된다. 이전에 아서와 브렌트가 행하였던 젤리빈 묶음을 이러한 집합으로 생각하면 되는 것이다. 어쨌든 우리는 E가 $\mathbb{N}$의 진부분집합임에도 불구하고 $\mathbb{N}$과 E는 같은 개수의 원소를 갖는다고 결론을 내릴 수 있다. 무한의 세계에서는 전체가 항상 그 부분을 초과하는 것은 아닌 것이다.

그러나 주어진 두 개의 무한집합 사이에 일대일대응 관계가 항상 존재하는 것으로 가정하여서는 안 된다. 지금까지 우리가 심각하게 다루었던 유일한 수는 자연수인 1, 2, 3, … 이었다. 잠시 후에 우리는 이들을 확장하여 유리수를 다룰 것이며 그리고 더 나아가 우리가 알고 있는 실수까지 확장할 것이다. 여기까지 나아가면 실수—$\mathbb{R}$로 표기할 것이다—는 자연수 $\mathbb{N}$을 진부분집합으로 하는 무한집합을 형성하고 있음을 알게 될 것이다. $\mathbb{N}$과 $\mathbb{R}$은 무한집합으로, $\mathbb{N} \subset \mathbb{R}$이며 $\mathbb{N} \neq \mathbb{R}$을 만족한다. 그러나 잠시 후에 알게 되겠지만 $\mathbb{N}$과 $\mathbb{R}$ 사이에는 일대일대응 관계가 성립하지 않는다. 이 사실로부터 이 두 집합이 모두 무한집합임에도 불구하고 $\mathbb{R}$은 $\mathbb{N}$보다 더 많은 원소를 가지고 있다는 결론을 내릴 수가 있다. 이 결론은 무한집합에 대한 또 다른 비직관적인 성질을 알려주고 있는데, 즉, 어떤 "무한"은 다른 "무한"보다 훨씬 더 크다는 점이다.

원이나 선분들과 같은 기하학에서의 무한 집합들도 비직관적인 결과들을 알려주고 있다. 예를 들어, 길이가 서로 다른 두 개의 선분 L_1과 L_2를 그림 20의 첫 번째 그림에서 관찰해보자. 다음 두 번째 그림에는 이 두 선분이 길이가 늘어나거나 줄어들지 않고 이동한 상태로 서로 수직으로 그려져 있다. 세 번째 그림에서는 각 선분들의 양 끝점들이 점선으로 연결되어 있다. 이제 L_1 위에 놓여 있는 임의의 점 q를 선택하여 점 q에서 점선에 평행한 선을 긋는다. 이 선과 L_2와의 교점은 L_2위에 놓여 있는 유일한 점 p이다. 선분 L_2

위의 임의의 점에서 시작하는 똑같은 과정을 반복하여도 점선에 평행한 선은 L_1위에 놓여 있는 유일한 점을 얻는 것으로 마무리 된다. 이러한 작업은 두 개의 선분 L_1과 L_2 위에 놓여 있는 점들 사이에 일대일대응 관계가 있음을 알려주고 있다. 그런데 이 결과는 두 선분의 길이가 아무리 다르다 하여도 성립한다. 즉, 길이가 1센티미터인 선분 위에 놓여 있는 점들의 개수는 지금 이 자리에서 하늘에 떠 있는 별까지 그은 선분 위에 놓여 있는 점들의 개수만큼이나 된다는 사실을 말해준다.

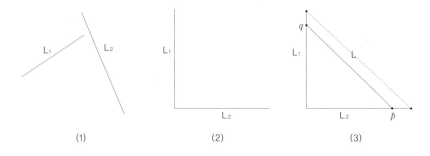

그림 20 서로 다른 두 선분들 사이의 일대일대응 관계

다시 한 번 강조하는데 이러한 분석 과정에 어떤 신비스러운 마술 같은 것은 전혀 사용하지 않았다. 분명한 것은 우리가 무한 개념을 다루었다는 것이고, 이는 정의 3, 4, 5에서 분명하고 단순하게 드러났다. "어떤 무한의 크기"에 관련된 위의 결과들은 놀랍기도 하며 비직관적이기는 하지만 모순되는 것은 결코 아니다. 이들은 정의에서 추론된 것이며 여름날 불어오는 산들바람처럼 부드럽고 편안한 것들이다. 이들을 지탱하는 기본 개념은 일대일대응의 개념으로 결국 어린아이가 젤리빈 개수를 세는 것과 하나도 다르지 않다. 아서와 브렌트는 우리들에게 두 집합 E와 ℕ이 같은 크기의 집합임을 알려주고 있다. 손을 뻗어 젤리빈 과자를 집은 후에 이를 씹는 행위를 통해 우리에게 알려준 것이다. 어린 아이의 입에서도 지혜는 나오게 마련이다.

러셀의 패러독스

이 책이 설정한 소박한 목표를 달성하기 위하여 우리는 지금까지 그러했던 것처럼 논리와 집합과 같은 것들을 직관적으로 그리고 순수하게 다룰 것이다. 이들 주제의 기저에 놓여 있는 무수히 많은 미묘함에 대하여 지나친 걱정을 할 필요도 없다. 밑바닥에 있는 바위를 만날 때까지 하나의 웅덩이를 깊이 파고들어 가지도 않을 것이다. 우리가 주로 할 것은, 앞으로 접하게 될 수학적 명제들을 충분히 쉽고 형식적으로 조작할 수만 있을 정도까지만 기호논리학과 집합론을 다룰 것이다. 지금까지 우리가 다루었던 집합과 논리─그리고 같은 기조 하에 계속 등장하는 것들─만으로도 충분하다.

그럼에도 불구하고 이들의 미묘함이 존재한다는 사실에 주목하는 것은 적절하다고 생각한다. 특히 패러독스라고 알려진 자기모순적인 명제들의 모임이 그것들이다. 다음 세 가지 예를 살펴보자.

널리 알려진 유명한 패러독스는 6세기 고대 그리스 철학자 에피메니데스의 말에서 인용한 것이다. 그는 "모든 크레타인들은 거짓말쟁이이다."고 말했다. 이 명제는 참일까? 만일 그렇다면 에피메니데스 자신도 크레타인이므로 그는 거짓말을 하고 있는 것이다. 따라서 이 명제는 거짓이 된다. 결론적으로 우리는 참이라고 하는 순간 곧 거짓이 되어버리는 성질을 가진 패러독스한 명제를 발견한 것이다.

그렇게 유명하지는 않지만 또 다른 예를 보자. 이는 개인적 경험에서 비롯된 것인데, 어느 날 나의 딸이 대학에서의 첫 해를 보내기 위해 짐을 꾸리고 있었다. 나는 딸의 방으로 들어서면서 말했다.

"대학에 들어가기 전에 네게 충고할 말이 있단다."

"그러실 것이라 생각했어요."

"교수들에 관한 것이야."

"물론이죠."

"교실 밖에서 듣는 교수의 말은 무조건 무시하거라."

내 딸은 기가 막히다는 듯이 나를 쳐다보았다.

"오 아버지! 아버지도 교수이고 우리는 지금 교실 밖에 있잖아요."

나는 아무 말도 할 수 없었다.

"아버지"라는 호칭은 내가 무엇인가 어처구니없는 멍청이 같은 말을 하였을 때 그 아이가 사용하는 단어이다. 내가 정말 그랬었나?

세 번째 예는 집합론에서 비롯된 것이다. 19세기 말에 접어들 무렵 버트런드 러셀은 수학의 논리적 기초라는 연구에 몰두하다가 패러독스에 이르게 되는 하나의 집합이 존재함을 깨닫게 되었다. 그 집합은 아래에 기술되어 있는데 우리는 러셀 경을 기리기 위해 이를 R이라는 이름으로 부를 것이다. 그리고 이와 관련된 논리적 어려움을 모두 함께 **러셀의 패러독스**라고 부른다. 하지만 우선 몇 가지 사전 작업이 필요하다.

일반적으로 하나의 집합은 그 자체의 원소가 될 수 없다. 예를 들어 콘서트에 참석하는 모든 사람들의 집합은 그 자체가 사람이라고 할 수 없다. 또한 책장 위에 있는 책들의 집합도 그 자체가 한 권의 책이라 할 수 없다. 내 주머니 안에 있는 열쇠들의 모임도 그 자체가 하나의 열쇠는 아니다. 반면에 자기 자신을 원소로 하는 집합이 존재할 수도 있다. 잉크로 쓰여진 모든 기호들의 집합은 그 자체가 하나의 기호이다. 모든 아이디어들의 집합도 하나의 아이디어이다.

처음에 나열한 집합들이 마지막 두 개보다 더 자연스럽게 보이므로 전자를 **보통집합**, 후자를 **특별한 집합**이라고 하자. 따라서 자신을 원소로 포함하지 않는 집합 S는 보통집합이다. 한편 자신을 원소로 포함하는 집합 T는 특별한 집합이다. 그러므로 S가 보통집합일 필요충분조건은 $S \notin S$이다. 그리고 T가 특별한 집합일 필요충분조건은 $T \in T$이다.

이제 R을 **모든 보통 집합들의 집합**이라고 하자. 그렇다면 R은 보통집합인가 아니면 특별한 집합인가? 우리는 각각의 가능성을 모두 점검해 보려한다.

이제 R이 보통집합이라고 하자. 그렇다면 정의에 의해 $R \notin R$이므로 보통집합이 된다. 그런데 R은 모든 보통집합들의 집합이므로 $R \in R$이라 할 수 있다. 따라서 $R \notin R \Rightarrow R \in R$이 성립한다.

이제 R이 특별한 집합이라고 하면 $R \in R$이다. 그런데 이 사실로부터 R의 원소들은 보통집합들이므로 $R \notin R$이다. 그러므로 $R \in R \Rightarrow R \notin R$이다.

위의 두 추론을 함께 고려하면 $R \notin R \Leftrightarrow R \in R$과 같이 매우 이상한 결론을 얻게 된다. 이것이 러셀의 패러독스이다.

러셀의 패러독스는 일반인들이 쉽게 이해할 수 있게 다음과 같이 변형되어 인구에 회자된다.

면도를 깨끗하게 하는 사람들의 마을에 한 이발사가 살고 있다. 굳이 정의를 내리자면, 이발사는 스스로 면도를 하지 않는 사람들만 면도를 해준다. 이발사 자신은 어떻게 면도를 할 수 있을까? 만일 그가 스스로 면도를 한다면 그는 이발사에 의해 면도를 하는 셈이다. 그렇다면 그는 스스로 면도를 하지 않는 사람이 된다. 반면에 그가 스스로 면도를 하지 않는다고 하면 이발사에 의해 면도를 해야만 한다. 그렇다면 이발사인 자신 스스로가 면도를 해야 하는 것이다. 그러므로 그가 면도를 하는 순간 그는 면도를 스스로 하지 않게 되며, 역으로 면도를 하지 않는 순간 그 자신이 스스로 면도를 하게 되는 것이다.

매우 재미있지 않은가? (하지만 나는 아직도 그 이발사가 매일 아침 거울을 보면서 무슨 생각을 할지 궁금하다.)

러셀의 패러독스를 해결하는 하나의 방안은 특별한 집합이 존재하지 않는다고 주장하기만 하면 된다. 즉, 우리가 집합이라는 단어를 말할 때에는 단순히 어떤 대상들의 모임을 뜻하는 것으로 생각하는 것이다. 물론 그 자신을 원소로 하는 집합을 떠올려서는 안 된다. 이 책에서는 이렇게 접근할 것이다. 즉, 임의의 집합 S에 대하여 $S \in S$는 항상 거짓이다. 즉, $S \notin S$가 **항상 참**이다. (이미 $S \subset S$임은 항상 참임을 기억하라. 어떤 집합이건 그 자신은 부분집합이다.)

이발사 마을의 패러독스에서 그런 이발사나 그런 마을이 존재하지 않는다고 주장하기만 하면 된다. 수학의 세계에서도 같은 주장을 펼치는 것이다. 그러한 마을은 마치 브리가둔(100년마다 한 번씩 나타난다는 스코틀랜드의 마을로 뮤지컬 영화로도 만들어졌다-역주)처럼 머리속에서나 상상할 수 있을 것이다.

불 대수

우리는 이미 앞에서 단순한 논리적 명제들이 연결사, 부정, 함의 추론, 그리고 다른 논리적 연산에 의해 좀 더 복잡한 복합명제로 결합될 수 있음을 보았다. 예를 들면 단순명제인 p와 q가 결합하여 $p \wedge q \Rightarrow p \vee \sim q$를 형성하는 것이다. 유사하게 집합에 대한 연산도 새로이 정의하여 새로운 집합을 만들어낼 수가 있다. 만일 이것이 가능하다면 집합론에 대한 법칙들을 모아 집합을 조작할 수 있는 대수(代數)를 만들어내는 규칙들을 형성할 수가 있다. 이러한 기본법칙들의 모임은 영국의 수학자였던 조지 불을 기념하여 **불 대수**라고 부른다. 그는 이와 같은 관점에서 집합론을 바라본 최초의 수학자들 중의 한 사람이었다. 여기서는 이들 연산과 이에 따르는 법칙들 중에서 가장 기본적인 것들만 검토할 것이다.

정의 6 S와 T를 집합이라고 하자. S와 T의 합을 $S \cup T$라고 표기하며 S에 속하거나 T에 속하는 모든 원소들의 집합으로 정의한다. S와 T의 교집합은 $S \cap T$라고 표기하며 S에도 속하고 T에도 속하는 모든 원소들의 집합으로 정의한다.

그러므로 이들은 다음과 같이 표기한다.

$$S \cup T = \{x \mid x \in S \text{ 또는 } x \in T\}$$
$$S \cap T = \{x \mid x \in S \text{ 그리고 } x \in T\}$$

물론 정의 6에서의 핵심 용어는 "또는"과 "그리고"이다. $S \cup T$의 정의에서 "또는"을 사용하는 것은 집합 $S \cup T$는 집합 S와 T를 모두 포함하므로 $S \cup T$는 집합 S나 T보다 더 큰 집합임을 알려준다. 같은 방식으로 $S \cap T$는 S나 T보다도 작은 집합이다. 이를 다음과 같이 정리로 나타낼 수 있다.

정리 1 (a) $S \subset S \cup T$ 그리고 $T \subset S \cup T$
(b) $S \cap T \subset S$ 그리고 $S \cap T \subset T$

증명 ($A \subset B$임을 증명하기 위해 우리는 정의 1에 따라 $x \in A \Rightarrow x \in B$임을 보여야만 한다.)
(1) $x \in S$라고 하자. 그러면 $x \in S$이거나 또는 $x \in T$이다. 따라서 $x \in S \cup T$이다. 그러므로 $S \subset S \cup T$이다. 같은 방식으로 $T \subset S \cup T$이다.
(2) $x \in S \cap T$라고 하자. 그러면 $x \in S$이고 그리고 $x \in T$이다. 따라서 $S \cap T \subset S$이고 그리고 $S \cap T \subset T$이다.

간단한 예를 들어보자. $S = \{2, 5, 7, 10\}$이고 $T = \{2, 7, 11\}$라고 하자. 그러면 $S \cup T = \{2, 5, 7, 10, 11\}$이고 $S \cap T = \{2, 7\}$이다.
이들 연산들은 실생활에서의 집합에도 적용된다. 다음 예를 들어보자.

$A=$"미적분학을 공부하는 리하이대학교 모든 학생들의 집합"

$B=$"리하이대학교 모든 여학생들의 집합"

그러면 아래가 성립한다.

$A\cup B=$"리하이대학교에서 미적분학을 공부하는 학생이거나 리하이대학
교 여학생의 집합"

$A\cap B=$"리하이대학교에서 미적분학을 공부하는 여학생들의 집합"

집합을 포함하는 어떤 특별한 상황에서 우리는 일반적으로 각각의 주어
진 집합이 어떤 **전체집합** U의 부분집합으로 생각하는 것이 보통이다. 전체
집합의 성격은 맥락 속에서 결정된다. 예를 들어 주어진 어떤 집합 S, T, V
가 각각 몇몇 자연수들을 포함하고 있다고 하자. 이때 이들 집합들은 $U=\mathbb{N}$
으로 구성되어 있는 전체집합의 부분집합으로 생각하는 것이 적절하다. 이
렇게 해석하면 주어진 집합들을 U라는 이름의 직사각형의 일부로 주어진
집합들을 그릴 수가 있다. 이와 같은 형태의 일반적인 그림을 그릴 수 있다
면 주어진 집합들은 종종 원의 내부 영역으로 나타낼 수가 있는데, 이와 같

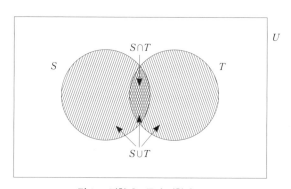

그림 21 집합 $S\cap T$와 집합 $S\cup T$

은 그림을 벤 다이어그램이라고 부른다. 두 집합 S와 T로 구성된 **벤 다이어그램**의 예가 그림 21에 나타나 있다. 집합 $S \cap T$는 두 겹으로 빗금 친 부분이며, 더 큰 집합 $S \cup T$는 빗금 친 부분으로 주어져 있다.

종종 우리는 특정 집합 S에 속하지 않는 원소들의 집합에 관심을 가지는 경우가 있다. 이 집합은 주어진 집합의 **여집합**이라고 한다. 실제로 어떤 집합의 여집합에 관한 두 가지 밀접하게 관련된 개념이 존재한다.

정의 7 S와 T를 어떤 전체집합 U의 부분집합이라고 하자.
(1) 집합 S에 관해 T의 여집합 (또는 S내에서 T의 여집합)은 $S \setminus T$로 나타내며 다음과 같이 정의한다.

$$S \setminus T = \{x \mid x \notin T \text{ 그리고 } x \in S\}$$

(2) 집합 T의 여집합은 $\sim T$로 표기하며 다음과 같이 정의한다.

$$\sim T = \{x \mid x \notin T \text{ 그리고 } x \in U\}$$

이때 $\sim T = U \setminus T$임에 주목하라.

$S \setminus T$에서 사용된 기호 $\setminus$는 지금까지 사용했던 "빼기 부호"를 의도적으로 흉내 낸 것이다. 따라서 $S \setminus T$는 "S 빼기 T"를 연상시킨다. $\sim T$에 사용된 "꾸불꾸불한 선"은 논리에서의 부정 기호와 같다. 따라서 "$\sim T$"를 "T에 있지 않은 원소들"이라 생각하라. (물론 그것이 무엇이든 간에 전체집합에는 속하게 되어 있다.)

$S \setminus T$와 $\sim T$에 대한 벤 다이어그램은 각각 그림 22와 그림 23에 나타나 있다.

예를 들기 위해 집합 $S = \{2, 5, 7, 10\}$와 $T = \{2, 7, 11\}$를 생각해보자. 전체 집합을 $U = \mathbb{N}$이라 하면 구하는 집합은 다음과 같다.

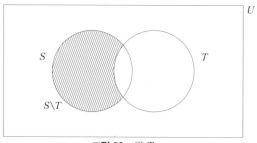
그림 22 $S \setminus T$

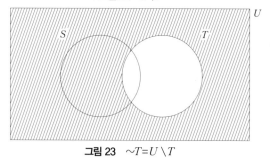
그림 23 $\sim T = U \setminus T$

$$S \setminus T = \{5, 10\}$$
$$\sim T = U \setminus T = \{x \mid x \in \mathbb{N},\ x \neq 2, 7, 11\}$$

(즉, $\sim T$는 "2, 7, 11을 제외한 모든 자연수들의 집합"이다.)

불 대수를 구성하는 기본 법칙들 대부분은 세 개의 기본 연산에 대한 정의에서 쉽게 유도된다. 이들 중 몇몇이 다음에 제시되어 있다.

정리 2　전체집합 U에 대하여, S와 T를 집합이라고 할 때 다음이 성립한다.

(i) $S \cup S = S$

(ii) $S \cap S = S$

(iii) $S \cup \varnothing = S$

(iv) $S \cap \varnothing = \varnothing$

(v) $S \cup T = T \cup S$

(vi) $S \cap T = T \cap S$

(vii) $\sim(\sim A) = A$

(viii) $A \cup (\sim A) = U$

(ix) $A \cap (\sim A) = \varnothing$

(x) $A \cap U = A$

증명((ⅰ), (ⅳ), 그리고 (ⅶ))

(ⅰ)
$$S \cup S = \{x \mid x \in S \text{ 또는 } x \in S\}$$
$$= \{x \mid x \in S\}$$
$$= S$$

(ⅳ)
$$S \cap \varnothing = \{x \mid x \in S \text{ 그리고 } x \in \varnothing\}$$
$$= \varnothing \, (x \in \varnothing \text{인 } x\text{는 존재하지 않으므로})$$

(ⅶ)
$$\sim A = \{x \mid x \notin A\}$$
$$\sim(\sim A) = \{x \mid x \notin (\sim A)\}$$
$$= \{x \mid x \in A\}$$

그 이유는 다음과 같다.

$x \notin (\sim A) \Leftrightarrow x$는 $\sim A$에 속하지 않는다.

$\qquad \Leftrightarrow x$는 A에 속하지 않는 원소들의 집합에 속하지 않는다.

$\qquad \Leftrightarrow x \in A$

따라서 $\sim(\sim A) = A$이다.

정리 2의 나머지 부분에 대한 증명은 연습문제로 남겨둔다. 벤 다이어그램을 적절하게 그릴 수 있다면 각 부분의 정확성을 검증할 수 있을 것이다.

다른 불 대수 법칙은 두 개 이상의 집합을 포함한다. 이들 중 몇몇은 다음에 제시되어 있다.

정리 3 A, B, C를 집합이라고 하면 다음이 성립한다.
(1) $A \cup (B \cup C) = (A \cup B) \cup C$
(2) $A \cap (B \cap C) = (A \cap B) \cap C$
(3) $A \cup (B \cap C) = (A \cup B) \cap (A \cup C)$
(4) $A \cap (B \cup C) = (A \cap B) \cup (A \cap C)$

증명 ((4)에 대한)
$x \in [A \cap (B \cup C)] \Leftrightarrow x \in A$ 그리고 $x \in (B \cup C)$
$\Leftrightarrow x \in A$ 그리고 ($x \in B$ 또는 $x \in C$)
$\Leftrightarrow (x \in A$ 그리고 $x \in B)$ 또는 ($x \in A$ 그리고 $x \in C$)
$\Leftrightarrow x \in A \cap B$ 또는 $x \in A \cap C$
$\Leftrightarrow x \in [(A \cap B) \cup (A \cap C)]$
따라서 $A \cap (B \cup C) = (A \cap B) \cup (A \cap C)$이다.

정리 3의 나머지 부분에 대한 증명은 연습문제로 남겨둔다.

정리 3의 (1)은 세 집합의 합집합을 구할 때 연산의 순서는 문제될 것이 없음을 말하고 있다. 합집합의 연산에 대한 이와 같은 성질을 **결합법칙**이라고 부른다. (2)는 ∩도 결합법칙이 성립하는 연산임을 말하고 있다. (3)은 ∪이 ∩에 관하여 **분배**됨을 말한다. (4)는 ∩이 ∪에 관하여 분배됨을 말하고 있다. ∪와 ∩의 연산 양식이 보통 연산인 덧셈과 곱셈의 그것과 매우 흡사함을 발견하였을 것이다. 이 유사성은 이후에 자연수의 집합 $\mathbb{N}$에 덧셈과 곱셈이라는 연산을 덧붙일 때에 보다 명확해질 것이다.

불 대수를 마치기 전에 드 모르간의 법칙이라고 알려진 두 가지 중요한 사실을 소개하고자 한다. 오거스터스 드 모르간은 1847년경에 이들을 발견한 유명한 영국인 수학자이다.

정리 4 (드 모르간의 법칙) A와 B를 집합이라고 하면 다음이 성립한다.
(i) $\sim(A\cup B)=(\sim A)\cap(\sim B)$
(ii) $\sim(A\cap B)=(\sim A)\cup(\sim B)$

증명 (i) $\qquad x\in[\sim(A\cup B)]\Leftrightarrow x\notin(A\cup B)$
$$\Leftrightarrow x\notin A \text{ 그리고 } x\notin B \quad (*)$$
$$\Leftrightarrow x\in(\sim A) \text{ 그리고 } x\in(\sim B)$$
$$\Leftrightarrow x\in[(\sim A)\cap(\sim B)]$$

따라서 $\sim(A\cup B)=(\sim A)\cap(\sim B)$이다. (위의 증명에서 $(*)$로 표기한 단계는 다음과 같이 설명할 수가 있다. $x\in(A\cup B)$가 성립할 필요충분조건은 $x\in A$ 또는 $x\in B$ 이다. 따라서 $x\notin(A\cup B)$가 성립할 필요충분조건은 $x\notin A$ 그리고 $x\notin B$ 이다.)

(ii)에 대한 증명은 연습문제로 남겨둔다.

정리 2, 3, 4의 모든 결과들은 벤 다이어그램에 의해 검증될 수 있다. 첫 번째 드 모르간의 법칙도 그림 24의 벤 다이어그램에 나타나 있다. 첫 번째 그림에는 $A\cup B$가 두 겹의 사선으로 표시되어 있고 이후에 $\sim(A\cup B)$는 대각선으로 빗금 친 부분을 말한다. 두 번째 그림에서는 빗금 친 부분이 A의 밖에 있는 부분과 B의 밖에 있는 부분에 속한 원소들을 말한다. 그런데 이는

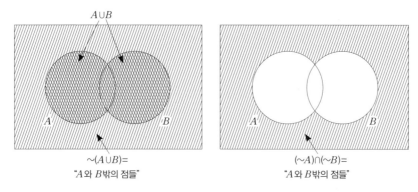

그림 24 $\sim(A \cup B)=(\sim A) \cap (\sim B)$

결국 $(\sim A) \cap (\sim B)$이다. 따라서 그림 24에 나타난 빗금 친 부분의 두 영역이 같음을 관찰할 수 있다는 사실에서 (i)이 성립됨을 검증할 수가 있다.

드 모르간의 법칙은 (i)과 (ii)을 각각 다음과 같이 진술함으로써 기억할 수가 있다.

"합집합의 여집합은 여집합들의 교집합이다."
"교집합의 여집합은 여집합들의 합집합이다."

마치 우스꽝스러운 대사처럼 들리지만 당신의 머릿속에 기억해두는 것이 좋을 것이다.

논리와 집합

지금쯤 정리 2, 3, 4에 나타난 불 대수의 증명이 주로 집합론의 연산을 적절한 논리적 언어로 번역하는 것이었음을 눈치챘을지도 모른다. 이 논리적 언어를 통해 연산이 정의되고 결국에는 그 개념을 다시 집합의 언어로 변화하게 되었지만 말이다. 예를 들어 $A \cap (\sim A)=\varnothing$(정리 2의 (ix))를 증명하기 위하여 우리는 다음과 같은 과정을 밟았다. 즉, $x \in A \cap (\sim A)$일 필요충분조건은

$x \in A$이고 $x \in (\sim A)$이다. 그러나 이는 $x \in A$이고 $x \notin A$일 때 그리고 오직 그 때에만 성립한다. 그러나 이러한 성질을 갖는 원소는 수학적 세계에는 존재하지 않는다. 따라서 $A \cap (\sim A) = \emptyset$이다. 따라서 이때의 증명에서는 오직 논리적 연산자인 **그리고**(and)와 **부정**(not)에 관한 적절한 해석만을 사용하였다.

결론적으로 **기호 논리학과 집합론 사이에는 기본적인 관련성이 존재할 수도 있다**는 가정을 자연스럽게 하게 된다. 실제로 그러한 관련성이 존재할 뿐만 아니라 매우 심도 있는 수준(어쩌면 당신의 관점에 따라 가장 높은 수준)에서 이 주제들이 등장하며 이들을 서로 구분할 수 없을 정도이다. 이 책의 목적에 비추어볼 때, 이 두 주제 사이의 형식적인 관련성을 더 이상 전개할 필요는 없을 것이다. 단지 하나의 집합 P와 하나의 논리적 명제 p를 관련짓는 단 하나의 방안을 비형식으로 이해하는 것만 필요하다. 이들을 관련짓는 것은 다음과 같다.

p를 하나의 논리적 명제 그리고 U를 p에 대한 모든 논리적 가능성들의 집합이라고 하자. 그러면 U의 부분집합 P는 p가 참이 되는 모든 가능성을 포함하게 되는데 우리는 이를 p의 **진리집합**이라고 부른다. 예를 들어 p를 다음과 같은 명제라고 하자.

n은 하나의 짝수이다.

여기서 기본적인 아이디어는 기호 n은 변수를 의미한다는 것이다. 즉, n은 그 값이 알려지지 않은 하나의 자연수이다. n의 어떤 값에 대해서 p는 참이 될 수 있지만, 다른 값에 대해서는 거짓이 될 수도 있다. 예를 들어, 만일 $n = 16$이면 p는 참이지만, 만일 $n = 9$이면 거짓이다. 이 명제는 $n \in \mathbb{N}$임을 말해주는데, 따라서 명제 p에 대한 모든 논리적 가능성들의 집합은 바로 집합 $\mathbb{N}$이다. 분명한 것은 p가 참일 필요충분조건은 n이 집합 $E=\{2, 4, 6,$ $\cdots\}$에 속하는 경우이다. 따라서 명제 p에 대한 진리집합 P는 E이다.

위의 초보적인 사례에서 p는 단순 명제였다. 그러나 진리집합의 개념은 복합명제에 대해서도 여전히 그대로 적용된다. 즉, 단순명제들을 어떤 논리적 연결사와 연산에 의해 서로 결합시킨 복합명제들에 대해서도 적용된다는 것이다. 예를 들어 함의추론 $p \Rightarrow q$를 생각해보자.

여기서 p와 q는 주어진 것이지만 미지의 명제로 간주한다. 그러나 그들은 그 어떤 것이나 다른 것에 관한 명제들이며 "어떤 것"에 대해서는 p가 참이고 다른 것에 대해서는 거짓이다(q에도 적용된다). 이전과 같이 U는 p와 q에 대한 모든 논리적 가능성들의 집합을 나타낸다고 하고, P와 Q를 각각 p와 q의 진리집합이라고 하자. 그러면 $p \Rightarrow q$에 대한 진리집합은 무엇일까?

우리는 $p \Rightarrow q$가 단 하나의 경우, 즉 p가 참이고 q가 거짓인 경우만을 제외하고 항상 참임을 알고 있다(그림 2를 보라). 따라서 $p \Rightarrow q$에 대한 진리집합은 U의 원소 중에서 P에 속하지만 Q에는 속하지 않는 모든 원소들을 뺀 원소들로 이루어져 있다. 즉, $(\sim P) \cup Q$에 속하는 원소들을 말한다. 따라서 $p \Rightarrow q$의 진리집합을 T로 나타내면, $T=U \backslash [P \cap (\sim Q)]$이다. 이는 다름 아닌 $\sim[P \cap (\sim Q)]$인데, 드 모르간 법칙(정리4) 중의 하나에 의해 $\sim P \cup (\sim(\sim Q))=(\sim P) \cup Q$로 변형할 수가 있다. 그러므로 $T=\sim P \cup Q$이다. 따라

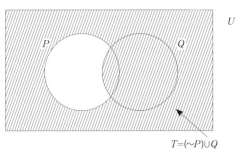

$T=(\sim P) \cup Q$

그림 25 $p \Rightarrow q$에 대한 진리집합

서 $p \Rightarrow q$에 대한 진리집합은 P의 밖에 있거나 Q의 내부에 있는 원소들로 구성된다. 이 진리집합을 벤 다이어그램으로 나타낸 것이 그림 25이다.

물론 위의 논의가 매우 짧고 추상적임을 인정하지 않을 수 없다. 하지만 나는 이 논의를 더 이상 전개할 의도는 없다. 여기서 당신이 파악해야 하는 개념은 어떤 집합—진리집합—을 어떤 특정한 논리적 명제와 결합할 수 있다는 것이다. 현 시점에서 이 문제에 특별히 신경 쓸 필요는 없다. 잠시 후— 이들 아이디어들이 필요한 특별한 경우에 언제라도—진리집합을 찾을 것이기 때문이다.

현재 우리는 집합과 논리 문제를 충분히 다루었다고 본다. 이제 수학적 분석에 착수해야만 한다. 이는 수학이 무엇으로부터 만들어졌는지에 우리의 관심을 전환할 필요가 있음을 의미한다. 이제 수를 살펴볼 때가 된 것이다.

셈을 넘어서

밀턴은 별들이 어떻게 춤을 추는지 궁금해 했다.

> 만일 태양이 세상의 중심이라면
> 다른 별들이 그의 매력에 빠져
> 태양을 중심으로 변화무쌍하게 춤을 추고 있다면
>
> ― 존 밀턴(영국 시인)

존 밀턴 시대에 무언가가 별들을 휘저어 놓았으며, 그리고 오늘날도 무엇인가가 계속해서 별들을 휘젓고 있다. 그는 무엇이 그들을 그렇게 만들었는지 궁금해 했으며, 우리들 대부분은―심지어 뉴턴과 아인슈타인 그리고 빅뱅론이라는 우주론까지도―아직도 경이롭게 생각하고 있다. 그러나 현실세계 별들의 회전운동은 현재 우리들의 관심사가 아니다. 우리의 두 눈은 다른 곳을 향해 있다. 우리는 수학적 진리를 추구한다. 우리는 무엇이 **수학적 세계**의 고정된 중심을 구성하고 있는지에 관심이 있다. 수학적 별들은 도대체 무엇을 중심으로 돌고 있단 말인가? 방정식은 어떻게 춤을 춘단 말인가? 어떤 불꽃이 수학적 진화를 자극하고 있단 말인가?

밀턴은 자기 세상의 중심에 관해서만 궁금증을 가지고 있었다. 우리는 그럴 필요가 없다. 수학적 세계의 저 깊은 심장의 중심이 잘 알려져 있기 때문이다. 이는 기호 $\mathbb{N}$으로 표기되며 그 이름은 "자연수들의 집합"이라고 한다. 자연수를 중심으로 수학적 세계는 바퀴처럼 굴러간다.

어린아이들은 물건의 개수를 셀 때 본능적으로 자연수 집합 $\mathbb{N}$의 원소들을 짚어나간다. 그리고 현재 우리는 그들보다 좀 더 많은 것을 셀 수 있을 뿐이다. 하지만 원소를 짚어나가는 것이 수학은 아니므로, 좀 더 나아가기 위해서 우리에게는 본능보다 더 예리한 그 무언가가 필요한다. 즉, 자연수에 대하여 정확하게 기술해야만 한다. 다행스럽게도 그 누군가가 이미 우리를 위해 이를 해놓았다. 그의 이름은 주제페 페아노(1858~1932)로, 그는 1889년 자연수를 완벽하게 기술하기 위해 다섯 개의 공리를 만들어 놓았던 것이다.

페아노 공리 : 자연수의 집합 $\mathbb{N}$은 다음 성질을 갖는다.
(A) $\mathbb{N} \neq \emptyset$이고 $\mathbb{N}$은 1이라고 부르는 원소를 가진다.
(B) 각각의 $x \in \mathbb{N}$에 대하여 x 계승자 $x' \in \mathbb{N}$이 유일하게 존재한다.
(C) 임의의 $x \in \mathbb{N}$에 대하여 $x' \neq 1$이다.
(D) 임의의 $x, y \in \mathbb{N}$에 대하여 $x' = y' \Rightarrow x = y$이다.

(전통적으로 x'은 "엑스 프라임(prime)"으로 읽는다. 이는 단순히 언어적 표기에 불과하다. 잠시 후 프라임이라는 어휘가 지금 사용하는 맥락과는 관련이 없으며 별도의 매우 중요한 의미가 있음을 알게 될 것이다. 마찬가지로 y'은 와이 프라임으로 읽는다. 일반적으로 기호 $x \neq y$는 x와 y가 같지 않음을 뜻한다.)

(E) $S \neq \emptyset$이고 $S \subset \mathbb{N}$이라고 하자. 그리고 다음을 가정하자.

$$(a)\ 1 \in S$$

$$(b)\ x \in S \Rightarrow x' \in S$$

이때 다음이 성립한다.

$$S = \mathbb{N}$$

이 책의 첫 부분에서 나는 수학의 모든 내용의 근원이라 할 수 있는 기본 원리를 언급한 적이 있다. 페아노 공리계(Peano axioms)는 그 중에서도 가장 기본적인 것이다. 이들 공리는 자연수들의 **본질**을 설명해주고 있다. 이러한 측면에서 그것들은 수학의 창세기 1장을 구성하고 있다고 할 수 있다. 이들 공리로부터—그리고 거의 대부분 이들로부터—자연수의 모든 성질을 (적절한 정의의 도움을 받아) 추론할 수 있으며, 그 후에 이들로부터 형성되는 좀 더 풍부한 수의 성질들이 추론된다. 이와 같은 전개는 에드문트 란다우가 쓴 《해석학 기초 *Foundations of Analysis*》에서 발견할 수 있다. 란다우 교수는 단 134쪽만에 독자들을 페아노 공리계에서 시작하여 자연수에서 정수로, 정수에서 유리수로 그리고 실수로, 최종적으로 복소수의 세계로 안내하고 있다. 란다우는 수학적 지식을 거의 사용하지 않아도 수 체계를 전개할 수 있도록 페아노 공리계를 제시하고 있다. 서문에서 저자는 독자들이 어떤 수학적 기능도 필요 없이 다만 논리적으로 사고할 수 있는 능력만 갖추면 된다고 주장하고 있다.

그러나 란다우의 추론은—이뿐만 아니라 페아노 공리계의 어떤 엄격한 전개도—독자들에게 상당한 수학적 교양을 요구하고 있다. (수학적 교양은 기능적인 것과는 다르다. 기능적 지식이란 얼마나 많은 수학적 지식을 알고 있느냐이다. 그러나 수학적 교양은 이를 얼마나 깊이 알고 있는가를 말한다.) 페아노 공리계는 매우 심오하며 초보자는 이에 대해 압박을 느낄 수 있다. 내가 보기에는 초보자가 얕은 물가에서부터 수영 연습을 하듯이 충분히 수학

학습을 한 후에야 란다우가 의도하는 바에 접근할 수 있을 것 같다. 영문학의 초보 교육을 위해 에즈라 파운드의 캔토스를 소재로 시작할 수는 없지 않은가. 유사한 이유로 우리는 페아노 공리계(수체계에 대한 란다우의 전개)를 다루지는 않을 것이다.

우리가 하려는 것은 지나치게 엄밀하거나 세밀해야 한다는 강박관념에서 벗어나 그와 같은 전개가 어떤 방향으로 갈 것인지를 알아내고 앞으로 나타나는 새로운 수들의 기본적인 성질을 진술하는 것이다. 그 후에 이들 성질들을 검토하고 그들로부터 무엇을 추론할 수 있는지를 살펴볼 것이다.

첫 번째로 페아노 공리계는 자연수들의 집합이 공집합이 아님을 말하고 있다. 즉 자연수의 집합 $\mathbb{N}$에는 하나의 원소가 존재한다는 것이다. 이 원소는 "1"이라는 이름을 가지고 있다. 나는 "$\mathbb{N}$에는 적어도 하나의 원소가 존재한다"라고 진술하고 싶은 유혹을 꾹 참고 있다. 페아노 공리계의 목적은 이 공리로부터 자연수들의 성질을 유도해내는 것이다. 그가 "$\mathbb{N} \neq \emptyset$"라고 표기하는 단계에서 "1"이라고 말하는 것은 아무런 의미도 없다. 뿐만 아니라 "1이라고 부르는 원소"라는 구절이 등장한 이후에도 "적어도 하나"라는 구절이 무엇을 뜻하는지 확실하지 않다. 왜냐하면 순서에 관해서 아직 어떤 것도 언급된 바가 없기 때문이다. 즉, 어떤 자연수가 다른 것보다 크다거나 작다고 말할 수 없기 때문이다. 이러한 이유들로, 공리에는 1~5까지가 아닌 A~E로 순서를 매겼다. 지금 우리에게 주어진 모든 것이 페아노 공리계라면 2, 3, 4, 5라는 기호가 무엇을 의미하는지 우리는 모른다는 뜻이다.

공리 B는 각각의 자연수는 **계승자**라고 부르는 또 다른 자연수와 유일하게 연결되어 있음을 말해준다. 특히 공리 A에서 주어진 수 1은 계승자 $1'$를 가지는데, 우리는 아직 그 이름에 대해서는 아는 바가 없다. 그런데 공리 C에 의해 1은 그 스스로가 어떤 자연수의 계승자도 아님을 알 수가 있다. 따라서 임의의 자연수 x에 대하여 $x'=1$은 성립하지 않는다. 공리 D의 대우명제(공리 D와 동치명제이다)는 $x \neq y \Rightarrow x' \neq y'$이다. 그러므로 서로 다른 자연수는 그 계승자가 같을 수 없다.

공리 E는 **수학적 귀납법의 공리**라고 부른다. 조만간 나는 이 공리를 형태는 다르지만 동일한 뜻을 가진 형식으로 표현할 것이며, 우리는 이것이 수학 연구에서 얼마나 많이 사용되는지 발견하게 될 것이다. 어떤 형태로든 간에 이 공리는 집합 S가 곧 자연수 전체 집합이 됨을 확신시켜주는 충분조건임을 제공한다. (귀납적 공리와 유사한 실물이 있다. 즉, 일렬로 무한히 배열한 도미노이다. 첫 번째 도미노를 쓰러뜨리면 모든 도미노가 쓰러지게 된다는 것이 공리 E의 의미이다.)

일단 페아노의 공리가 도입된다면 다음 단계는 자연수 집합 위에서 정의된 두 개의 연산을 도입하는 것과 순서의 개념을 정의하는 것이다. 순서 개념과 관련된 것은 "~보다 큰"과 "~보다 작은"이라는 익숙한 구절이다. 두 개의 연산 또한 익숙한 것으로—그러나 아마도 불완전하게 이해하고 있는—덧셈과 곱셈과 같은 학교 수학에서 사용되는 기호이다.

덧셈, 곱셈, 순서

덧셈은 계승자 개념에 의하여 페아노 공리계로부터 유도된다. 우선 임의의 자연수 n에 대하여 $n+1$이라는 제한된 개념을 **정의**한다. (문자를 바꾸어 사용한 이유는 다음 두 가지 때문이다. (i) 자연수를 표기할 때에는 x와 y보다 m과 n을 더 많이 사용한다. (ii) 수학 학습의 열쇠 중 하나는 문자를 바꾸어 사용해도 거부감이 없도록 하는 것이다. "$x \in \mathbb{N}$" 또는 "$n \in \mathbb{N}$"이라고 말하는 것은 수학적으로 다르지 않다. 그러나 후자가 더 많이 사용된다.) 따라서 정의는 다음과 같다.

(1) $$n+1 = n'$$

따라서 $n+1$은 n의 계승자인 자연수로 정의하는데, 그 존재는 공리 B에 의해 주어진다. 특히, 다음이 성립한다.

$$1+1=1'$$

우리는 공리 C에 의해 $1' \neq 1$ 임을 알고 있다. 즉, $1'$은 1과 다른 자연수이다. 이 자연수에 하나의 이름을 할당하자. 물론 그 이름은 2이다. 그러므로 정의에 의해 $1'=2$이며 따라서 다음이 성립한다.

$$1+1=2$$

정의 (1)을 새로운 자연수 2에 적용해보자. 그러면 다음이 성립한다.

$$2+1=2'$$

이 자연수에도 이름을 붙이고 싶다. 그런데 곤란한 상황이 발생한다. 공리 C에 의해 $2' \neq 1$임을 알고 있다. 하지만 2의 계승자가 2 자체가 될 수도 있지 않은가? 그러나 그와 같은 일은 절대로 일어나지 않는다. 임의의 자연수 $n \in \mathbb{N}$에 대하여 $n' \neq n$임을 보여주는 정리를 페아노 공리계로부터 직접 증명할 수 있기 때문이다. 따라서 한 자연수의 계승자는 항상 원래의 자연수와는 다른 수이다.

특히 $2' \neq 2$이며, 우리는 $2'$에 대해 1이나 2와는 다른 새로운 이름을 부여할 수 있게 되었다. 이제 이 수를 3이라고 부르자. 즉 다음이 성립한다.

$$2+1=3$$

이와 같은 방식으로 새로운 수 3, 4, 5, …등을 계속해서 도입할 수가 있는데, 이때 다음 등식이 성립한다.

$$2+1=2'=3,$$
$$3+1=3'=4,$$
$$4+1=4'=5,$$
$$\cdots$$

이제 $n+1=n'$의 특별한 경우와 같은 방식으로 임의의 자연수 n과 m에 대하여 덧셈의 개념을 정의할 때가 되었다. 자세한 것은 생략하고(다소 지루하다) 정의가 되었다고 간단히 가정하자. 게다가 일단 그 정의가 적절하게 기술되었다면 다음 정리가 증명될 수 있음도 받아들일 것이다.

정리 1 임의의 자연수 n, m, r에 대하여 다음이 성립한다.
(i) $m+n=n+m$
(ii) $n+(m+r)=(n+m)+r$

매우 잘 알려진 덧셈의 이 두 성질에는 이름이 있다. 명제 (i)은 자연수 덧셈의 **교환법칙**이라고 하고 명제 (ii)는 **결합법칙**이라고 한다. 등식 (i)과 (ii)는 각각 이 용어의 정의이다. 예를 들면 다음과 같다.

$$3+4=4+3$$
$$2+(3+4)=(2+3)+4$$

물론 우리는 첫 번째 식에서 양변의 합이 7과 같음을 알고 있으며, 두 번째 식에서 양변의 합은 숫자 9가 됨을 알고 있다. 두 번째 식에서 괄호는 연산의 순서를 말한다. 예를 들어 다음과 같다.

$$2+(3+4)=2+7$$
$$=9$$

$$(2+3)+4=5+4$$
$$=9$$

(나는 4+3=7, 2+7=9, 2+3=5, 그리고 5+4=9라는 사실을 이용하였는데, 이는 단순히 기억으로부터 되살린 것이다. 이들은 여기서 증명된 것이 아니다. 일반적으로 정리 1의 결론 (ii)가 말하는 것은 만일 $m+r$의 합을 구한 후에 이 값을 n에 더한다면 이 값은 우선 $n+m$을 계산하고 나서 그 결과를 r에 더한 값과 같다는 사실이다.)

우리의 목적을 위해 덧셈의 기본적인 세부사항까지 들춰낼 필요는 없다. 기억해야 할 중요한 점은 자연수들의 특성이 페아노 공리계에 의해 결정지어지는 수학적 대상이란 점이다. 이 공리는 하나의 자연수 n에 대하여 그 계승자인 n'의 개념을 말해주고 있다. 이는 임의의 두 자연수 n과 m의 덧셈의 정의로 이어지는데, 이때 $m=1$인 특수한 경우에 $n+m$은 $n+1=n'$이 된다. 그렇다면 우리는 덧셈 개념에 관련된 몇몇 정리를 이끌어낼 수 있는데 그 하나의 예가 정리 1이다. 정리 1의 증명에 대해서는 그리 걱정할 필요는 없다. 단지 그것이 증명되었음을 이해하기만 하면 된다.

그런데 우리는 정리 1과 이보다 더 확장된 풍부한 수 체계를 상당히 많이 이용하게 될 것이다. 사실상 여기서는 단순한, 그리고 종종 언급되었던 결과를 사용할 수 있을 것이다.

학교에 다니는 어린이들은 종종 자신들이 이해하지 못하는 개념의 난해함을 과장하는 경향이 있다. 내가 어렸을 때 알베르트 아인슈타인의 특수 상대성원리를 이해하는 사람은 지구상에 단 열 명밖에 되지 않는다고 들은 것이 기억이 난다. 또 하나는 들었던 것은—학교 친구뿐만 아니라 어른들로부터도 들었다—2+2=4를 증명한 사람은 아무도 없다는 사실이다. 정말 그렇다고 그들은 내게 이야기했었다. 아인슈타인에 관한 이야기에 대해서 나는 별로 신뢰하지 않았지만 그렇다고 이러저러한 방식으로 해결할 수 있는 것도 아니었다. 하지만 2+2=4라는 문제는 대단히 쉽다. 이를 해결하기 위해서 우리는 덧셈의 개념과 자연수 1, 2, 3, 4의 의미를 이해하고 정리 1이라고 부르는 위의 결과를 이용하기만 하면 된다.

정리 2 $2+2=4$

증명 $2+2=2+(1+1)$ ($1+1=1'=2$이기 때문에)

          $=(2+1)+1$ (정리 1에 의해서)

          $=3+1$ ($2+1=2'=3$이기 때문에)

          $=4$ ($3+1=3'=4$이기 때문에)

간단한 몇 줄로 증명이 완결되고 미스터리도 영원히 종지부를 찍는다. **둘에다 둘을 더하면 넷이 된다**는 것은 참인 명제이다. 그러나 이는 신의 손으로 쓰여졌거나 혹은 실세계의 특성 때문에 그런 것이 아니다. "2+2=4"라는 수학적 명제가 성립하는 이유는 그것이 페아노 공리계와 그 공리로부터 성립되는 다른 결론들로부터 유도될 수 있기 때문이다. 정리 2는 수학적 진리의 개념이 무엇인지를 잘 보여주고 있다. 우리는 그러한 결론들을 진지하게 생각해야 하는데, 그 이유는 다른 종류의 진리가 존재하지 않기 때문이다. 분명한 것은 내가 알고 있는 한 다른 종류의 수학적 진리는 없다는 사실이다.

또 다른 이유 때문에 정리 2를 좀 더 살펴볼 필요가 있다. 내 생각에, 이 정리는 다른 결론을 이해하도록 이끄는—완벽하게 이해될 수만 있다면—수학적 결론들 중의 하나이다. 예를 들어 다음 두 명제를 증명해야 된다고 하자.

$$(a)\ 9+1=10$$
$$(b)\ 6+4=10$$

정리 2만 이해한다면 두 명제의 차이를 인식할 수 있고 각각을 다루는 절차를 보여줄 수 있을 것이다.

등식 (a)를 보면 적절한 답은 다음과 같다. "증명할 필요가 없는 자명한 명제"이다. 정의에 의해 $9+1=9'$, 즉 9의 계승자이다. 그리고 $9'$의 이름은 10이다. 그러나 등식 (b)는 증명해야만 한다. 그러나 증명 방식은 정리 2의 증명과 유사하게 얻을 수 있다. 다음과 같이 기술하면 된다.

$$
\begin{aligned}
6+4 &= 6+(3+1)\\
&= (6+3)+1\\
&= (6+(2+1))+1\\
&= ((6+2)+1)+1\\
&= ((6+(1+1))+1)+1\\
&= (((6+1)+1)+1)+1\\
&= ((7+1)+1)+1\\
&= (8+1)+1\\
&= 9+1\\
&= 10
\end{aligned}
$$

위에서 6번째 줄은 6+4라는 수량을 "여섯에다 1들을 적절하게 붙여 넣는다"는 것으로 대치할 수가 있다. 괄호(정리 1을 반복 적용한 결과)들은 6에서 시작하여 9에서 끝나는 수들의 계승자를 적절히 연결하며 새로운 이름을 붙이도록 한다. 증명에서 이 단계는 매우 자연스러운 것으로, 어린 아이들이 손가락으로 6에서 출발하여 10까지 헤아리는 것과 같다.

물론 63+24＝87임을 증명하기 위해 이 과정을 반복하는 것 또한 지루한 일이다. (손가락으로 이 계산을 하는 것 또한 매우 지루한 일이다.) 학교에서 산수를 배우는 목적 중의 하나는 이를 행하기 위해 알고리즘을 배우는 것이며 덧셈 또한 덜 지루한 방식으로 하기 위한 것이다.

이쯤에서 자연수의 덧셈이 소위 **이항연산**의 한 예라는 사실을 언급해야겠다. (이 개념의 정확한 정의는 잠시 후에 등장한다.) 즉 여기서는 단지 두 자연수의 합이 세 번째 자연수를 만들어 낸다는 것만 언급하려고 한다. 하지만 "2+6+8"과 같은 표현이 극히 자연스럽다는 것을 잘 알고 있다. 이 문제는 어떻게 생각해야 하는 것인가?

문제는 2+6+8이라는 표현이—덧셈의 정의에서 보면—불확실하다는 사실에 있다. 이 식은 다음 둘 중 하나이다.

$$2+(6+8) \text{ 또는 } (2+6)+8$$

덧셈은 이항연산이므로 위의 전자나 후자 중 하나일 것이다. 다행히도 정리 1은 어떤 방식으로 해석하든 간에 두 식의 결과는 같다는 것을 말해주고 있다. 결론적으로 우리는 괄호를 사용하지 않고 2+6+8이라고 나타내며 우리가 원하는 순서에 따라 계산을 할 것이다.

유사하게 2+6+8+9와 같은 표현도 우리가 원하는 묶음으로 덧셈을 한다는 의미로 해석할 수가 있다. 정리 1을 자연스럽게 응용하여 묶음의 순서에 관계없이 같은 결과를 얻을 수 있다. 따라서 n_1, n_2, n_3, $\cdots$, n_k가 자연수라고 할 때 다음 식을 어떻게 계산할 수 있는지 알 수 있을 것이다.

$$m = n_1 + n_2 + n_3 + \cdots + n_k$$

m의 값을 결정하기 위해 당신은 원하는 순서대로 두 개씩 묶어 "우변에 있는 k개의 숫자"를 더하기만 하면 된다. 특히 정리 2의 여섯 번째 줄은 괄호 없이 다음과 같이 나타낼 수 있다.

$$6 + 4 = 6 + 1 + 1 + 1 + 1$$

덧셈에 이어서 페아노 공리계로부터 두 자연수를 결합하여 세 번째 수를 만들어내는 두 번째 연산을 추론하는 것이 가능하다. 이 두 번째 연산은 곱셈이라 부르며 점으로 표기하거나 그냥 문자를 나란히 나열하면 된다. 따라서 다음과 같이 나타낸다.

$$r = n \cdot m \text{ 또는 } r = nm$$

이때 r은 두 자연수 n과 m의 곱셈의 결과인 자연수를 말한다.

다시 한 번 우리는 정의와 기본적인 결론들의 세세한 사항은 생략할 것이다. 그 결론들 중 가장 기본적인 것 중의 하나는 다음과 같다.

정리 3 임의의 자연수 n, m, r에 대하여 다음이 성립한다.

(i) $nm = mn$

(ii) $n(mr) = (nm)r$

(iii) $n(m+r) = mn + nr$

(iv) $n \cdot 1 = n$

다시 한 번 우리는 증명을 생략할 것이다. 하지만 앞으로 정리 3을 자주 사용할 것이다.

등식(i)은 자연수의 곱셈에서 **교환법칙**이 성립함을 말하고 등식 (ii)는 **결합법칙**이 성립함을 말한다. 등식 (iii)은 곱셈과 덧셈이 관련됨을 말한다. 등식 (iii)에 나타난 성질은 **분배법칙**이라고 한다. 보다 정확하게 **자연수의 곱셈은 덧셈에 대하여 분배법칙이 성립한다**고 말할 수 있다.

(이 성질들은 덧셈과 곱셈이라는 연산의 경우 "교환법칙", "결합법칙", "분배법칙"을 정의하고 있다. 이미 앞에서 합집합과 교집합의 연산에서 이들 세 단어가 사용되었음을 기억할 것이다.)

분배법칙이 다음과 같이 확장될 수 있음을 아는 것은 어렵지 않다.

$$n(m+r+q) = nm + nr + nq$$
$$\text{또는} \; n(m+r+q+s) = nm + nr + nq + ns$$

즉, 곱셈에서의 분배법칙은 유한개의 어떠한 자연수들에 관해서도 성립한다는 것이다. (**유한**이라는 단어에 주목하라. 지금 단계에서는 $m = n_1 + n_2 + n_3 + \cdots$과 같이 덧셈을 무한히 계속해나가는 표현에 관해 언급하는 것은 의미가 없다.)

예를 들어, (iii)은 다음을 말하고 있다.

$$4(3+2) = 4 \cdot 3 + 4 \cdot 2$$

(물론, 이 결과가 성립함을 쉽게 알 수 있는데 그 이유는 학교에서 산수를 배

올 때 이 등식의 양변이 20과 같음을 배웠기 때문이다. 정리 3의 (iii)에서 강조한 것은 임의의 자연수 n, m, r에 대하여 $n(m+r)=mn+nr$이 성립한다는 것이다.)

덧셈과 같이 자연수의 곱셈도 이항연산, 즉 두 자연수의 짝과 새로운 세 번째 자연수와의 결합법칙이 성립한다. 그러나 정리 3의 (ii)에 의해 세 자연수의 곱을 $n \cdot m \cdot r$과 같이 표기해도 무방하다. 왜냐하면 다음 두 식이 같은 결과를 보여주기 때문이다.

$$n \cdot m \cdot r = n \cdot (m \cdot r)$$
$$\text{또는 } n \cdot m \cdot r = (n \cdot m) \cdot r$$

같은 방식으로 다음 등식도 자연수에 대해 성립한다.

$$m = n_1 \cdot n_2 \cdot n_3 \cdots \cdot n_k$$

(ii)를 확장하면 우변에 있는 숫자들을 우리가 원하는 대로 둘씩 짝을 지어 연산할 수가 있다. 더욱이 정리 3의 (i)은 우리가 그들의 순서를 거리낌 없이 바꿀 수 있게 해준다. 특히 다음 식이 성립한다.

$$n \cdot m \cdot r = m \cdot n \cdot r$$

자연수들의 곱은 다른 중요한 방식으로 덧셈과 관련이 있다. 예를 들어 $2 \cdot 6$을 계산한다고 하자. 우리는 그 답이 12임을 알고 있다. 하지만 우리는 다음과 같은 방식으로 이 계산을 할 수가 있다.

$$2 \cdot 6 = 6 \cdot 2 \qquad \text{(정리 3의 (i))}$$
$$= 6 \cdot (1+1) \qquad (1+1=1'=2)$$
$$= 6 \cdot 1 + 6 \cdot 1 \qquad \text{(정리 3의 (iii))}$$
$$= 6 + 6 \qquad \text{(정리 3의 (iv))}$$
$$= 12 \qquad \text{(산수)}$$

여기서 강조하고 싶은 부분은 네 번째 줄의 다음 식이다.

$$2 \cdot 6 = 6 + 6$$

따라서 2에다 6을 곱한다는 것은 6을 두 번 더하는 것과 같다. 같은 방식으로 다음 식도 정당화할 수 있다.

$$3 \cdot 6 = 6 \cdot 3$$
$$= 6 \cdot (1+1+1)$$
$$= 6 \cdot 1 + 6 \cdot 1 + 6 \cdot 1$$
$$= 6 + 6 + 6$$

결론적으로 3에 6을 곱하는 것은 6을 세 번 더하는 것과 같다. 일반적으로 다음을 증명할 수가 있다(여기서는 생략).

정리 4 n과 m을 자연수라 하면 다음과 같다.
$$n \cdot m = m + m + \cdots + m \ \text{ 그리고 } \ n \cdot m = n + n + \cdots + n$$

첫 번째 등식의 합에는 n개의 항이 있고, 두 번째 등식에는 m개의 항이 있다. 따라서 원한다면 $n \cdot m$을 계산할 때, 굳이 곱하기를 하지 않아도 된다. 단순히 m을 계속해서 n번 더하거나 또는 n을 계속해서 m번 더하면 된다. 어느 쪽을 택하든 간에 $n \cdot m$의 값을 얻을 수 있다. 이와 같은 의미에서 자연수의 곱셈과 덧셈은 그렇지 않아 보여도 서로 관련이 있다.

우리는 이미 앞에서 정리 3의 (iv)를 적용하여 $6 \cdot 1 = 6$임을 살펴보았지만 다른 방식으로 이를 검토하려 한다.

모든 자연수 $n \in \mathbb{N}$에 대하여 $n \cdot 1 = n$이며 또한 $n \cdot 1 = 1 \cdot n$ 이다

모든 자연수 $n \in \mathbb{N}$에 대하여 $n \cdot 1 = 1 \cdot n = n$이기 때문에 우리는 1을 자연수 $\mathbb{N}$에서 **곱셈의 항등원**이라 한다. (이것이 $\mathbb{N}$에서 곱셈의 항등원에 대한 정의이다.)

자연수 집합 $\mathbb{N}$에 덧셈의 항등원이 존재한다면, 즉 임의의 자연수 n에 대하여 $z + n = n + z = n$인 자연수 z가 존재한다면 정말 좋을 것이다. 하지만 그러한 자연수 z는 존재하지 않는다. 그리고 이는 자연수가 가장 초보적인 산술에서도 충분한 수의 세계가 되지 못하는 부분적인 이유이기도 하다. 즉, 우리는 이 상황을 대처하기 위해 보다 풍부한 수 체계를 만들어야만 한다. 그러나 이를 실현하기 전에 자연수 $\mathbb{N}$의 성질 하나를 더 들여다볼 필요가 있다. 하나의 자연수가 다른 자연수보다 더 크거나 작다는 것이 무엇을 의미하는지 점검할 것이다.

만일 자연수 n과 m에 대하여 $m = n + r$을 만족하는 자연수 r이 존재할 때, 우리는 m이 n보다 더 크다고 하며 $n < m$이라 나타낸다. 그러므로 $5 < 8$이 성립하는데 그 이유는 $8 = 5 + 3$이기 때문이다. 또한 임의의 자연수 $n \in \mathbb{N}$에 대하여, $n' = n + 1$이므로 $n' > n$이다.

$n < m$이면, 이를 $m > n$이라고도 표기하며 "n은 m보다 작다" 또는 "m은

n보다 크다"고 한다. 만일 $n < m$이거나 $n = m$이면 $n \leq m$이라고 쓴다. 이는 "n이 m보다 작거나 같다"고 읽는다. 같은 방식으로 $m \geq n$이면 "m은 n보다 크거나 같다"라고 읽는다. 그러므로 $5 \leq 8$은 참인 명제이다. 또한 $5 < 8$도 참인 명제이다. 후자가 전자보다 분명하기 때문에 더 선호한다.

이 개념은 자연수의 **순서화**를 말하는 것으로 하나의 수가 다른 수보다 크다는 직관적인 개념과 일치한다. 순서화에 관련된 두 가지 유용한 성질이 다음 정리에 나타나 있다.

정리 5 n, m, r이 자연수라고 하면 다음이 성립한다.

(i) $n < m$이고 $m < r \Rightarrow n < r$

(ii) $n < m \Rightarrow n + r < m + r$

증명

(i) $n < m$이고 $m < r$이라고 가정하자. 그러면 $m = n + q$이고 $r = m + s$인 자연수 q와 s가 존재한다. 따라서 다음이 성립한다.

$$
\begin{aligned}
r &= m + s \\
&= (n + q) + s \\
&= n + (q + s) \\
&= n + d
\end{aligned}
$$

이때 d는 $d = q + s$인 자연수이므로 $n < r$이 성립한다.

(ii) $n < m$이라 하자. 그러면 어떤 자연수 $t \in \mathbb{N}$에 대하여 $m = n + t$이다. 따라서 다음이 성립한다.

$$m+r=(n+t)+r$$
$$=n+(t+r)$$
$$=n+(r+t)$$
$$=(n+r)+t$$

따라서 $n+r<m+r$이다.

(i)에 표현된 부등호(<)의 성질은 **이행률**이라 한다. (이는 단순히 n이 m보다 작고 m이 r보다 작다면 n은 r보다 작다는 진술과 같다.) 요약하여, "<는 이행률을 따른다"고 말한다. (ii)는 <의 관계가 덧셈에서 보존된다고 진술할 수가 있다. 따라서 부등식의 양변에 같은 수를 더하여도 부등호는 변하지 않음을 말하는 것이다.

정리 5에서 부등호 <이 좀 더 약한 부등호인 ≤에 의해 대치되어도 계속해서 성립한다는 사실을 알아야 한다. ($n<m$이거나 $n=m$이면 $n\leq m$이라고 한다는 것을 기억하라.) 따라서 다음 식이 성립한다.

$$n\leq m \Rightarrow n+r\leq m+r$$
$$n\leq m \text{이고 } m\leq r \Rightarrow n\leq r$$

다음 이야기를 전개하기 이전에 가장 큰 자연수는 존재하지 않는다는 사실에 주목해보자.

정리 6 $\mathbb{N}$의 가장 큰 원소는 없다.

증명 $n\in\mathbb{N}$이라 하자. (즉, n은 임의의 자연수이다.)
그러면 $n'\in\mathbb{N}$이다. (페아노의 제 2공리)

하지만 $n'=n+1$이다. (덧셈의 정의)

따라서 $n+1\in\mathbb{N}$이고 $n<n+1$이다. ($<$의 정의에 의해)

따라서 n은 $\mathbb{N}$의 가장 큰 원소가 아니다.

그러나 n은 임의의 원소이므로 $\mathbb{N}$에 가장 큰 원소는 존재하지 않는다.

이 작은 증명은 두 가지 이유 때문에 주목받을만하다. (i)수학적으로 기본적인 개념인 공리, 정의 그리고 임의성에 관하여 언급하고 있다. (ii)자연수의 집합은 유한이 아님을 알리는 빠른 방법이다―이들은 한없이 계속된다―(우리는 이미 앞에서 이 무한집합임을 "증명"할 때 정리 6을 예견했었다.)

정수

자연수에는 덧셈에 관한 항등원 즉, 임의의 자연수 n에 대하여 $z+n=n+z=n$인 자연수 z가 존재하지 않는다는 사실을 이미 언급하였다. (예를 들면, $6+z=6$을 만족하는 자연수 z는 존재하지 않는다.) 이 결함을 보완하기 위하여, 우리는 자연수들에 새로운 원소를 하나 추가할 것인데, 그것은 정의에 의해 위의 성질을 만족하는 원소이다. 이 새로운 수를 0이라 나타내고 **영**이라고 읽는다. 이제 우리는 자연수들의 집합을 확장하여 좀 더 큰 집합 {0, 1, 2, 3, … }을 만들었다

그러나 아직도 몇몇 간단한 연산을 할 수 없는 경우도 있다. 예를 들어, 이 새로운 체계 내에서도 $x+6=5$와 같은 방정식의 해를 구할 수 없는 것이다. 즉, $x+6=5$를 만족하는 원소 x가 {0, 1, 2, 3, …}안에 존재하지 않는 것이다. (문제가 되는 것은 $x+6=6$의 경우 $x=0$이면 되지만 {1, 2, 3, … }안의 다른 원소 x는 항상 $x+6>x$이다.) 페아노 공리계는 그 결함을 보완할 수 있는 길을 열어주었다. 해야 할 것은 집합 {0, 1, 2, 3, … }에 새로운 수 -1, -2, -3, … 등을 추가하는 것으로 우리는 이를 **음수**라고 부른다.

다음으로 적절하게 정의를 내려서(여기서는 이를 생략한다), 덧셈의 개념을 $\mathbb{N}$에서 새로운 집합으로 확장할 수가 있다. 즉, 각각의 $n \in \mathbb{N}$에 대하여, 다음이 성립한다.

$$n + (-n) = (-n) + n = 0$$

더욱이 곱셈의 이항연산과 순서 기호인 <(또는 조금 약한 기호인 ≤)는 새로운 집합으로 확장할 수가 있다. 그러면 새로운 집합에 있는 임의의 두 원소에 대하여 합 $n+m$과 곱 $n \cdot m$을 형성할 수가 있으며, 각각의 연산은 그 집합에 속하는 또 하나의 수를 만들어낸다. 관계 <는 새로운 집합을 다음과 같이 순서화할 수 있다.

$$\cdots -3 < -2 < -1 < 0 < 1 < 2 < 3 < \cdots$$

이 모든 것이 이루어진 후에 우리는 다음 집합을 가지게 된다.

$$\mathbb{Z} = \{\cdots, -3, -2, -1, 0, 1, 2, 3, \cdots\}$$

이 집합 위에서 우리는 연산 +와 ·, 그리고 순서 관계 <를 적절하게 정의할 수가 있다. 집합 $\mathbb{Z}$는 **정수들의 집합** 또는 간단히 정수들(정수는 $\mathbb{Z}$의 원소이다)이라고 한다.

수 $-n$은 음의 정수 n 또는 더 간단하게 음수 n이라고 부른다. (다소 부적절하지만 종종 $-n$을 마이너스 n이라고도 부른다) 따라서 -6은 6의 음수이다. 이때 $\mathbb{Z}$는 자연수, 0, 그리고 음의 정수로 구성된 집합이다.

이제부터 자연수는 정수의 진부분집합을 형성한다. 순서 관계의 측면에서 보면 $\mathbb{N}$은 $\mathbb{Z}$의 원소들 중에서 0보다 큰 모든 원소들로 구성된다. 이 맥락에서 $\mathbb{N}$은 종종 **양의 정수**라 부르며 $\mathbb{Z}^+$로 표기한다. 따라서 다음과 같다.

$$\mathbb{N}=\mathbb{Z}^+=\{1,\ 2,\ 3,\ \cdots\}$$

정수들의 집합이 가지는 주요한 성질은 다음과 같이 길게 내려쓴 정리 속에 들어있는데, 여기서는 증명을 생략한다. 왜냐하면 **닫혀있음, 교환법칙, 결합법칙** 등등과 같은 어떤 용어들의 정의가 정리들이 표기된 괄호 안에 주어져 있기 때문이다.

(예를 들어, A(i)에서 임의의 두 정수들의 합은 그 자체가 정수임을 확인할 수가 있다. 수학자들은 이를 간단하게 "$\mathbb{Z}$는 덧셈에 관해 닫혀있다"고 말한다.)

정리 7 $\mathbb{Z}=\{\cdots,\ -3,\ -2,\ -1,\ 0,\ 1,\ 2,\ 3,\ \cdots\}$을 정수라고 하자.

A

(i) $m,\ n\in\mathbb{Z}\Rightarrow(m+n)\in\mathbb{Z}$ (정수 $\mathbb{Z}$는 덧셈에 관해 닫혀있다.)

(ii) $m,\ n\in\mathbb{Z}\Rightarrow m+n=n+m$ (덧셈의 교환법칙)

(iii) $m,\ n,\ r\in\mathbb{Z}\Rightarrow m+(n+r)=(m+n)+r$ (덧셈의 결합법칙)

(iv) $n\in\mathbb{Z}\Rightarrow n+0=n=0+n$ (0은 정수에서 덧셈에 관한 항등원)

(v) $n\in\mathbb{Z}\Rightarrow n+u=0=u+n$인 $n\in\mathbb{Z}$가 (u는 n에 대한 덧셈의 역원. $u=-n$)
    존재한다.

M

(i) $m,\ n\in\mathbb{Z}\Rightarrow m\cdot n\in\mathbb{Z}$ (정수 $\mathbb{Z}$는 곱셈에 관해 닫혀있다.)

(ii) $m,\ n\in\mathbb{Z}\Rightarrow m\cdot n=n\cdot m$ (곱셈의 교환법칙)

(iii) $m,\ n,\ r\in\mathbb{Z}\Rightarrow m\cdot(n\cdot r)=(m\cdot n)\cdot r$ (곱셈의 결합법칙)

(iv) $n\in\mathbb{Z}\Rightarrow n\cdot1=n=1\cdot n$ (1은 정수에서 곱셈에 관한 항등원)

D

(i) $m, n, r \in \mathbb{Z} \Rightarrow m(n+r)=mn+mr$　　　(곱셈은 덧셈에 관하여 배분법칙이 성립)

O

(i) $m, n, r \in \mathbb{Z} \Rightarrow (m>n, n>r \Rightarrow m>r)$　　(이행률)

(ii) $m, n, r \in \mathbb{Z} \Rightarrow (m>n \Rightarrow m+r>n+r)$　　(부등식의 양변에 같은 정수를 더하여도 부등호의 방향은 변하지 않는다.)

(iii) $m, n, r \in \mathbb{Z}, r>0 \Rightarrow (m>n \Rightarrow mr>nr)$　(부등식의 양변을 같은 양수로 곱하여도 부등호의 방향은 변하지 않는다.)

(iv) $m, n, r \in \mathbb{Z}, r>0 \Rightarrow (mr>nr \Rightarrow m>n)$　(부등식의 양변을 같은 양수로 나누어도 부등호의 방향은 변하지 않는다.)

　분명 정리 7에는 많은 정보가 담겨져 있다. 그러나 이들 대부분은 자연수 $\mathbb{N}$에 관한 명제들과 형식적으로 똑같은 명제들로 구성되어 있다. 더욱이 그 정리는 정수에서 확장된 좀 더 풍부한 수 체계를 만나게 되면 또 다시 비슷한 형식으로 재진술될 것이다. 결국 당신은 정리의 결론과 그 옆에 괄호 안에 정의된 용어들 모두에 익숙해지는 많은 기회를 가지게 될 것이다. 정리는 네 부분으로 나뉘어져 A, M, D와 O로 구분되어 있는데 각각의 표기는 덧셈(Addition), 곱셈(Multiplication), 분배법칙(Distributivity), 순서(Order)를 뜻한다. 따라서 A에 있는 것은 덧셈의 성질이고, M에 있는 것은 곱셈의 성질이다. D에 있는 단 하나의 결과는 곱셈의 분배법칙을 말하는 것으로 덧셈과 곱셈의 연산과 관련이 있다. O에 있는 진술은 순서 관계의 기본적인 성질과 그것이 덧셈과 곱셈에 어떻게 관련되어 있는지를 기술하고 있다. 정리 7의 어느 것도 증명하지 않을 것이다. 우리가 필요한 것은 단지 증명의 결과 그리고 그 정리는 증명될 수 있으며(실제로 초보적인 방식으로) 또한 증명의 각 단계를 한 단계 한 단계 거슬러 올라가다 보면 페아노 공리계에 이른다는 것에 대한 이해뿐이다. 정수에 관한 이 성질들은 어떤 비법도 아니고 높은 권위에 따른 것이 결코 아니다. 증명될 수 있기 때문에 성립하는 것일 뿐이다.

정리 7의 어떤 부분도 증명하지 않을 것이지만, 우리는 종종 그 정리의 몇 몇 간단한 결론들은 증명할 것이다. 다음은 그 하나의 예이다.

정리 8 n, m, $r \in \mathbb{Z}$이 정수라 하면 $n+r=m+r \Rightarrow n=m$이다.

증명 $n+r=m+r \Rightarrow$

$$(n+r)+(-r)=(m+r)+(-r)$$
$$\Rightarrow$$
$$n+(r+(-r))=m+(r+(-r)) \quad \text{(정리 7의 A(iii)에 의해 성립)}$$
$$\Rightarrow$$
$$n+0=m+0 \quad\quad\quad\quad \text{(정리 7의 A(v)에 의해 성립)}$$
$$\Rightarrow$$
$$n=m \quad\quad\quad\quad\quad\quad \text{(정리 7의 A(iv)에 의해 성립)}$$

의문이 생길 수 있는 첫 번째 단계를 제외하고는 증명이 완성되었다. 이 단계는 등식의 양변에 같은 정수(여기서는 $-r$)을 더하는 것에 대한 타당성을 입증하는 것이다. 이 과정은 자명하게 성립한다. 만일 우리가 정리 8의 특유한 기호를 없앤다면 이는 결국 덧셈의 정의에 따라 성립하는 $u=w \Rightarrow u+v=w+v$과 다르지 않음을 인식할 수 있기 때문이다.

정리 8은 **소거 법칙**의 한 형태를 보여주고 있다. 즉, 만일 $n+r=m+r$이라 면, 양변에서 r을 제거하여 결국 $n=m$을 얻게 되는 것이다. 이와 같은 법칙 은 다양하게 응용되고 있다. 그 중 첫 번째는 정리 7의 A(iv)에서 언급한 항등원의 유일성에 관한 것이다.

우리는—정수 집합의 정의에 의해—A(iv)에서 주장하는 역할을 0이 담당하고 있음을 잘 알고 있다. 즉, 0은 정수에 있어 덧셈의 항등원이다. (바로 이 점 때문에 A(iv)의 증명이 하찮은 것이 되어 버렸다.) 그렇다면 또 다른 항등원이 존재하는가의 의문이 남는다. 즉, $n+w=n$을 만족하는 또 다른 원소가 $\mathbb{Z}$안에 존재한다는 말인가? 다른 말로 한다면, $\mathbb{Z}$안에 있는 항등원은 유일한 원소인가?

정리 9 $\mathbb{Z}$안에 덧셈에 대한 항등원은 유일하다.

증명

가정에 의해	$n+w=n$
또한	$n+0=n$
따라서	$n+w=n+0$
그러므로	$w+n=0+n$
정리 8에 의해	$w=0$

이로써 증명이 완결되고, 이에 따라 우리는 다음과 같이 말할 수 있다. 정수에는 덧셈에 관한 항등원이 유일하게 존재하며, 우리는 이를 0이라고 한다.

비슷하게 정리 7의 A(v)에서 살펴본 덧셈에 관한 역원도 유일하게 존재함을 보일 수 있다.

정리 10 $n \in \mathbb{Z}$이라 할 때 다음을 만족하는 u와 v가 존재한다고 하자.
$$n+u=0 \text{ 그리고 } n+v=0$$
그러면 $u=v$가 성립한다.

증명 $n+u=0$이고 $n+v=0$이므로 $n+u=n+v$이다.

정리 8에 의해서 $u=v$가 성립한다.

정리 9와 정리 10에 등장하는 "유일성"의 두 개념에 차이가 있음에 주목하라. 정리 9는 $n+z=n$을 만족하는 z가 각각의 $n\in\mathbb{Z}$에 대하여 $\mathbb{Z}$안에 단 하나의 원소만 존재함을 확신시켜 준다. 우리는 이 z를 "영"이라 부르고 $z=0$으로 나타낸다. 따라서 0은 $\mathbb{Z}$안에 정해진 단 하나의 원소로 $n\in\mathbb{Z}$에 대하여 $n+0=n$을 만족하고 있다. 따라서 원소 0은 n에 **의존하지 않는다**. 즉, 0은 **상수**이다. 반면에 정리 7의 A(v)에 등장하는 덧셈에 관한 역원인 u는 주어진 정수 n에 따라 달라진다. 즉, 각각의 n에 대하여 $n+u=0$을 만족하는 $\mathbb{Z}$의 원소인 정수 u가 존재하게 된다. 따라서 덧셈의 역원인 u는 n이 변할 때 같이 변하는 변수이다. 이러한 종속관계는 $u=-n$라는 식에서 알 수 있다.

정리 10에서 덧셈에 관한 역원이 유일하게 존재한다는 사실은 $\mathbb{Z}$의 각 원소가 오직 하나의 덧셈에 관한 역원만 가짐을 뜻하는 것이다. 즉, 만일 v가 $n+v=0$을 만족하면 $v=-n$이 성립한다는 점이다.

정리 7의 A(v)에 대하여 또 다른 점을 지적할 필요가 있다. 임의의 정수 n에 대한 덧셈의 역원이 존재하며 이를 $-n$으로 나타낸다고 하였다. 그래서 특히 1의 덧셈에 관한 역원은 -1, 2의 역원은 -2, 3의 역원은 -3 등으로 나타내게 된다. 이러한 표기는 전혀 새로운 것이 아니다. 우리가 음의 정수를 도입한 것은 자연수에 대한 덧셈의 역원이라는 목적을 위해서였기 때문이다. 그러나 A(v)가 말하는 것은 임의의 정수 n에 대한 덧셈의 역원을 $-n$으로 나타낸다는 것이었다. 특히 -1의 덧셈에 대한 역원은 $-(-1)$이다. 같은 방식으로 $-(-2), -(-3), -(-4), \cdots$ 등이 각각 $2, 3, 4, \cdots$ 등의 역원인 것이다.

이러한 표현은 처음에 언뜻 보면 매우 이상하게 여길 수도 있다. 다음에 나열되는 수들은 이어지는 좌우의 세 점들을 적절하게 해석한다면 모든 정수들을 모아놓은 것이기 때문이다.

$$\cdots, -3, -2, -1, 0, 1, 2, 3, \cdots$$

위의 배열 어느 곳에서도 $-(-1)$이나 $-(-2)$와 같은 기호는 나타나지 않는다. 그렇다면 우리는 이 수들을 어느 곳에서 찾을 수 있단 말인가? 정리 7의 A(v)에 따르면, 이들은 어디에선가 나타나야만 한다.

그러나 걱정할 필요는 없다. 왜냐하면 $-(-1)=1$, $-(-2)=2$, $-(-3)=3$ 등이 성립하기 때문이다. 일반적으로 임의의 정수 n에 대하여 $-(-n)=n$이다. 더군다나 이러한 재미있는 사실에 대한 증명도 우리가 쉽게 할 수 있다. 증명은 쉽지만 약간 기교적이다. 다음을 주의 깊게 관찰하라.

정리 11 $n \in \mathbb{N}$에 대하여 $-(-n)=n$이다.

증명 정리 7의 A(v)에 의해 $n+u=0$인 $u \in \mathbb{Z}$가 존재한다.
그러나 $u=-n$ 이다. ($-n$은 정리 7의 A(v)에 등장하는 u의 이름이다.)
따라서 $n+(-n)=0$이다.
그러므로 $(-n)+n=0$ (덧셈의 교환법칙)
따라서 n은 정리 10에 의해 $(-n)$의 유일한 덧셈의 역원이다.
그러므로 다음이 성립한다.

$$n=-(-n) \ (-(-n)\text{은 } -n\text{의 덧셈의 역원에 대한 이름이다.})$$

위의 증명의 열쇠는—미묘한 부분이기도 하지만—마지막 단계에 있다. 즉,

$(-n)+n=0$에서 $n=-(-n)$으로의 이행이다. 이를 좀 더 일반적인 상황에서 생각하는 것이 좋을 것 같다. 정수 p, q에 대하여 만일 $p+q=0$가 성립하면 우리는 q가 p의 덧셈에 대한 역원임을 알고 있으며 $q=-p$라고 쓴다.

(정리 7의 A(v)에 의해서) 그런데 $p+q=0$에서 $q+p=0$이 성립하는데, 두 번째 식에서 우리는 $p=-q$임을 알고 있다. 만일 우리가 p를 $-n$으로 대치하고 q를 n으로 대치한다면 $(-n)+n=0$이므로 $p+q=0$가 성립함을 알 수 있다. 그러면 $q=-p$은 $n=-(-n)$가 되는 것이다.

0을 제외하고는 각각의 정수는 덧셈의 역원이 자기 자신과 다르다는 사실에 주목하라. 0은 그 자신이 자체의 역원이기도 하다. 왜냐하면 $0+0=0$이기 때문이다. 따라서 $-0=0$이다. ($0+0=0$은 정리 7의 A(iv)에 의해 성립한다. A(v)에 의해 $-0=0$이다.)

우리는 이제 곱셈의 몇몇 성질들을 덧셈의 역원 개념과 연계시킬 수 있게 되었다.

정리 12 n을 임의의 정수라고 하자. 그러면 다음이 성립한다.

(A) $n \cdot 0 = 0$

(B) $n(-1) = -n$

증명

(ⅰ) $0+0=0$

따라서 $n \cdot (0+0) = n \cdot 0$

그러므로 곱셈의 분배법칙에 의해 $n \cdot 0 + n \cdot 0 = n \cdot 0$이다.

그런데 $n \cdot 0 = n \cdot 0 + 0$이므로 $n \cdot 0 + n \cdot 0 = n \cdot 0 + 0$이다.

따라서 정리 8에 의해서 $n \cdot 0 = 0$이 성립한다.

(ⅱ)

$$n+n(-1)=n \cdot 1+n(-1) \qquad \text{(정리 7, M(iv))}$$
$$=n(1+(-1)) \qquad \text{(분배법칙)}$$
$$=n \cdot 0 \qquad \text{(−1은 1의 덧셈에 대한 역원)}$$
$$=0 \qquad \text{((A)에서 방금 증명하였다.)}$$

그러면 $n+n(-1)=0$에 의해서 $n(-1)=-n$ (정리 7, A(v))이다.

정수의 곱셈은 교환법칙이 성립하므로 다음 식도 성립한다.

$$(-1)n=-n$$

따라서 n의 덧셈에 대한 역원은 세 가지로 타나낼 수 있는데 모두 같은 것들이다. 즉 $-n$, $(-1)n$, $n(-1)$이 그것들이다. 예를 들면, $-6=6(-1)=(-1)6$이다.

우리는 이미 자연수의 덧셈과 곱셈이 서로 연계되어 있음에 주목했었다. 즉, n을 m으로 곱한다는 것은 n을 반복해서 m번 더하는 것과 같다는 의미로 해석하였다. 특히 $3 \cdot 2=3+3$, 또는 $3 \cdot 2=2+2+2$라 할 수 있다. 덧셈과 곱셈에 대한 이러한 관계는 정수에도 적용된다. 예를 들어, $3(-2)=(-2)+(-2)+(-2)=-6$이다. 그러나 $(-3)(-2)$는 어떻게 해석할 수 있을까? 분명한 것은 -3을 반복해서 -2번 더할 수는 없다는 것이다. 물론 -2를 반복해서 -3번 더할 수도 없다. 그렇다면 $(-3)(-2)$와 같은 표현을 어떻게 해석해야 할 것인가? 물론 우리는 $(-3)(-2)$가 존재하며 그것도 정수라는 사실을 알고 있다. ($\mathbb{Z}$는 정리 7 M(i)에 의해 곱셈에 관해 닫혀있다) 그렇다면 도대체 어떤 정수란 말인가?

학교에서 아이들은 $(-3)(-2)=6$임을 "배운다". 그들은 이를 다음과 같은 규칙의 특별한 경우라고 생각한다. 즉, "두 음의 정수의 곱은 항상 양수이다". 그들은 그저 이 규칙을 들었을 뿐이다. 이 규칙에 의심을 품을 지도 모르지만 말이다.

하지만 말했다고 하여 가르쳤다고 할 수는 없다. 더군다나 그런 것은 결코 수학이 아니다. 다행스럽게도 우리는 좀 더 나은 위치에 있다. $(-3)(-2)=6$ 과 같은 문제를 해결할 수 있는 충분한 기제를 가지고 있기 때문이다. 여기에 그 한 가지 방안이 있다.

$$n = 3 \cdot 2 + 3(-2) + (-3)(-2)$$

n에 식에는 세 정수의 "합"이 포함되어 있고 덧셈은 이항연산임에도 불구하고 이 식이 확정되지 않은 것은 아니다. 왜냐하면 결합법칙에 의해 어떤 순서로 덧셈을 행한다 하더라도 같은 답을 얻을 수 있기 때문이다. 이 식을 다음과 같이 나타내자.

$$n = 3 \cdot 2 + [3(-2) + (-3)(-2)]$$

(우리는 종종 괄호 밖을 대괄호나 중괄호를 사용하여 나타낸다. 여기서는 대괄호를 사용하였다.) 따라서 다음과 같이 나타낼 수 있다.

$$
\begin{aligned}
n &= 3 \cdot 2 + (-2)[3 + (-3)] \\
&= 3 \cdot 2 + (-2) \cdot 0 \\
&= 3 \cdot 2 + 0 \\
&= 3 \cdot 2
\end{aligned}
$$

또한

$$n = [3 \cdot 2 + 3 \cdot (-2)] + (-3)(-2)$$
$$= 3[2 + (-2)] + (-3)(-2)$$
$$= 3 \cdot 0 + (-3)(-2)$$
$$= 0 + (-3)(-2)$$
$$= (-3)(-2)$$

두 식 모두 n을 나타내므로 같다는 결론을 내릴 수 있다. 따라서 다음이 성립한다.

$$3 \cdot 2 = (-3) \cdot (-2)$$

이 작은 논의에서 두 가지 사실을 지적할 필요가 있다. 첫 번째 각 단계들은 우리가 참인 것으로 가정할 수 있는 정리 7에 의해서 또는 정리 7로부터 증명되어진 결론들에 의해서 타당하다고 알려져 있는 조작을 포함한다. 두 번째는 정수 3과 2가 여기서는 어떤 특별한 역할을 하지 않는다는 사실이다. 분명한 것은 임의의 정수 p와 q에서 같은 논의를 할 수 있다는 사실이다.

정리 13　p와 q를 임의의 정수라 하자. 그러면 $(-p)(-q) = p \cdot q$이다.

증명　$n = pq + p(-q) + (-p)(-q)$라 하자. 그러면
$$n = pq + [p(-q) + (-p)(-q)]$$
$$= pq + (-q)[p + (-p)]$$
$$= pq + (-q) \cdot 0$$
$$= pq + 0$$
$$= pq$$

또한

$$n=[pq+p(-q)]+(-p)(-q)$$
$$=p[q+(-q)]+(-p)(-q)$$
$$=p\cdot0+(-p)(-q)$$
$$=0+(-p)(-q)$$
$$=(-p)(-q)$$

그러므로 $pq=(-p)(-q)$이다.

(증명의 각 단계의 타당화 과정은 위에서 특수한 사례를 다루었을 때와 유사하므로 연습문제로 남겨둔다.)

정리 13의 증명은 첫 단계 이후에 쉽고 즉각적으로 추론될 수 있다. 그러나 증명의 첫 번째 문장은 좀 느닷없이 등장한 것 같다. 도대체 $n=pq+p(-1)+(-p)(-q)$이라는 수는 어디서 나온 것인가? 누가 그렇게 쓸 수 있단 말인가? "모자 속에서 없었던 토끼를 꺼내는 것"과 같이 어디서 나온 것인지 짐작도 할 수 없는 식에 의존하지 않는 두 번째 증명을 보여주면 아마도 그러한 결점—외관상 정말 그런 것처럼—은 사라질 것이다.

정리 13의 두 번째 증명 p와 q를 임의의 정수라 하자. 임의의 정수 n에 대하여 정리 12 (B)에 의해 다음이 성립한다.

$$n(-1)=-n$$

따라서 만일 $n=-1$이면 $(-1)(-1)=-(-1)$ 이다.

그러므로 정리 11에 의해 다음과 같다.

$$(-1)(-1)=1$$

이제 다시 정리 12에 의해 다시 다음을 얻을 수 있다.

$$(-p)(-q) = [(-1)p][(-1)q]$$
$$= [(-1)(-1)][pq]$$
$$= 1 \cdot pq$$
$$= pq$$

위 증명의 끝에서 세 번째 줄에는 곱셈의 결합법칙과 교환법칙이 동시에 사용되었음에 주목하라. 일반적으로 실제 수학자들은 각각의 단계 하나하나가 타당한지 확인하는 작업 없이 정수들을 조작한다. 앞으로 우리도 곱셈을 다루면서 좀 편안하게 진행할 것이다. 특정 계산에 있어 각각의 단계를 일일이 타당화하지는 않을 것이다. 그러나 우리는 충분한 이해도 원하기 때문에 필요하다면 적절하게 엄격한 증명을 할 것이다.

예를 들어, 다음 방정식이 주어져 있다고 하자.

$$4 + x + 9 = 2$$

우리는 즉각 답 $x = -11$을 구할 수 있다. 그러나 누군가가 요구한다면 다음과 같이 증명을 만들 수 있다.

$$4 + x + 9 = 2 \Rightarrow x = -11$$

증명 $4 + x + 9 = 2 \Rightarrow (4 + x) + 9 = 2$

$\Rightarrow (x + 4) + 9 = 2$ (덧셈의 교환법칙)

$\Rightarrow x + (4 + 9) = 2$ (덧셈의 결합법칙)

$\Rightarrow x + 13 = 2$

$$\Rightarrow (x+13)+(-13)=2+(-13)$$
$$\Rightarrow x+[13+(-13)]=-11$$
$$\Rightarrow x+0=-11$$
$$\Rightarrow x=-11$$

공교롭게도 위의 증명에서 마지막 세 단계는 우리가 학교에서 "이항"이라고 부르는 규칙으로 쉽게 일반화될 수 있는 것이다. 즉, **등식의 한 변에 있는 항은 부호를 반대로 하여 다른 변으로 옮길 수 있다는** 규칙이다.

이를 형식화한 것이 다음 정리이다.

정리 14 x와 a가 정수라면 다음이 성립한다.

$$x+a=0 \Rightarrow x=-a$$

증명 $\quad x+a=0 \Rightarrow (x+a)+(-a)=0+(-a)$
$$\Rightarrow x+[a+(-a)]=-a$$
$$\Rightarrow x+0=-a$$
$$\Rightarrow x=-a$$

앞으로 이러한 형식적인 단계를 계속 밟아가지는 않을 것이다. 어떤 특별한 상황에서 우리가 원하는 경우가 발생하면 단순히 이항을 하면 된다. 예를 들어 다음과 같다.

$$x+4=0 \Rightarrow x=-4$$
$$x+(-5)=0 \Rightarrow x=-(-5)=5$$

한편, 등식 $x+(-5)=0$은 $x-5=0$와 같은 형태로 등장한다.

두 번째 등식—일반적인 **뺄셈**으로 나타난—은 정의에 의해 앞의 식과 같은 식이다. 따라서 일반적으로 다음 두 식은 같은 식이다.

$$x-a=b \text{ 와 } x+(-a)=b$$

그런데 이들은 모두 다음과 같다.

$$x=a+b$$

한편, 우리가 정수를 다루고 있지만, 이전에 익숙했던 n, m, p, q, ⋯ 라는 문자 대신에 x를 사용하고 있음에 주목하기 바란다. 문자의 변경은 단순히 관례상 벌어진 것으로, 전통적으로 x는 미지수를 나타내고 있다. 결론적으로 방정식에 나타나는 기호나 정수는 x로 표현하는 것이 자연스럽다. 이제 등식을 적절하게 조작하여 x의 값을 구하면 된다. 예를 들면, $x-5=0$는 $x=5$가 된다. x에 대한 이 값은 방정식 $x=5$의 **해**라고 한다. 이 값을 결정하기 위해 필요한 매우 단순한 조작이 방정식 풀이 과정이다. 하지만 문자의 표현이 해를 구하는데 있어 아무런 역할을 하지 않는다는 것을 이해해주기 바란다. 방정식 $n-5=0$는 모든 면에서 $x-5=0$와 동치이다. 첫 번째 방정식의 해는 $n=5$이고 두 번째 방정식의 해는 $x=5$이다. 즉, 어떤 문자를 사용했는가를 제외하고는 어떤 차이를 발견할 수가 없다.

정수에서는 여러 가지 산술이 가능하다. 집합 $\mathbb{Z}$안에서 덧셈과 곱셈이라는 연산을 수행할 수 있으며 정리 6에 의해 일련의 이 연산들의 결과는 다시 또 다른 정수로 귀결된다. 게다가 $n-m$을 다음과 같이 정의할 수 있다.

$$n - m = n + (-m)$$

이 경우에 뺄셈이라는 세 번째 연산을 $\mathbb{Z}$위에서 정의한 셈이다. 이에 따라 $\mathbb{Z}$안에서 $x+a=b$라는 형태의 방정식을 해결할 수 있게 되었다. 그 해는 $x = b-a$로 두 개의 동일한 조작 중 어느 하나에 의해 얻은 것이다. 즉, $-a$를 방정식 $x+a=b$의 양변에 더하거나 a라는 수를 등식의 우변으로 이항하는 것이다. 후자의 경우 그 수는 $-a$가 된다. 세 가지 연산을 함께 묶어 방정식의 해를 구할 수 있으므로 정수의 구조는 매우 건실한 것으로 볼 수 있다.

하지만 아직 완벽하다고는 할 수 없다. 정수들만으로는 많은 제약이 뒤따르기 때문이다. 예를 들어 $2x=1$과 같은 매우 단순한 방정식조차 해결할 수 없다. 즉, $2x=1$을 만족하는 정수는 존재하지 않는다. (이를 직접 검증할 수가 있다. $2 \cdot 0 = 0$이다. 따라서 $x=0$은 해가 아니다. 만일 $x \geq 1$이라면 $2x \geq 2$가 된다. 따라서 $2x=1$을 만족하는 정수는 존재하지 않는다. 그리고 만일 $x \leq -1$이면 $2x \leq -2$가 된다. 따라서 $2x=1$을 만족하는 음의 정수는 존재하지 않는다.) 그러므로 이와 같은 형태의 방정식의 해를 구하고자 한다면 더 많은 수들이 필요하다. 우리는 이렇게 필요한 수를 **유리수**라고 부를 것이다.

유리수

여기서 사용된 단어 "유리(rational)"는 "비(ratio)"를 의미하는데, 형식적으로 유리수란 두 정수의 비로 나타낼 수 있는 수를 말한다. 유리수의 예는 $\frac{2}{3}$ 또는 $-\frac{5}{7}$이다. 일반적으로 유리수는 $\frac{n}{m}$의 형태를 취하는데, 이때 n과 m은 정수이다. 그리고 이후에 나오겠지만 우리는 m이라는 수에 대해 $m \neq 0$이라는 제약을 둘 것이다. 그리고 일반적으로 $\frac{n}{m}$을 **분수**라고 한다. 이때 n을 분수의 **분자**, m을 **분모**라 한다. (컴퓨터 자판의 입력을 쉽게 할 수 있도록 종종 $\frac{n}{m}$ 대신에 n/m이라고 표기할 수도 있다. 이 둘은 똑같은 수이다.)

정수에서 유리수로의 논리적 확장은 자연수에서 정수를 구축한 것과 비슷한 길을 따라 전개된다. 우리는 그 확장의 세세한 부분보다는 일반적인 성질과 기본 결과에만 관심을 가질 것이다.

페아노 공리계는 하나의 유리수를 정수들의 순서쌍 (n, m)이라는 정의로 이끈다. 이때 두 번째 요소는 절대로 0이 아니다. 그렇다면 덧셈과 곱셈 연산도 그러한 순서쌍으로 구성된 집합 위에서 정의할 수가 있다. 각각 $+$와 $\cdot$로 표기된 연산들을 검토하고 기본성질들을 확정할 것이다. 전통적인 표기에 따르기 위해 일단 순서쌍 (n, m)은 $\frac{n}{m}$라는 분수 기호를 따를 것이다. 이제 덧셈과 곱셈의 성질은 이 새로운 기호의 관점에서 다시 기록될 것이다. 또한 **겉으로 보기에는 다른 분수이지만 실제로는 같은 유리수가 되는 조건**을 전개 과정에서 발견할 것이다. 즉, 두 분수 $\frac{n}{m}$과 $\frac{p}{q}$가 같은 분수를 나타낼 수도 있다. 즉, $nq = mp$를 만족하면 이런 현상이 빚어진다. 이로써 첫 번째로 중요한 정의를 다음과 같이 할 수 있다.

정의 1 m, n, p, q를 정수라 하자. 이때 $m \neq 0$이고 $q \neq 0$이다. 그러면 다음이 성립한다.

$$\frac{n}{m} = \frac{p}{q} \Leftrightarrow nq = mp$$

예를 들어 $\frac{2}{3} = \frac{10}{15}$인데, 그 이유는 $2(15) = 30 = 3(10)$이기 때문이다.

위의 정의에서 등호를 이중으로 사용하였음에 주목하라. 이 정의는 다음과 같이 진술할 수가 있다.

만일 $\frac{n}{m} = \frac{p}{q}$일 때 그리고 오직 그때에만 $nq = mp$이 성립한다.

이는 매우 자명하게 보일 수도 있지만 필요충분조건을 나타내는 "등호"가 서로 다른 의미를 가지고 있음을 이해해야만 한다. 좌변에서 사용된 등호 "="는 **정의되는 것의 기호**를 뜻한다. 반면에 우변에서 사용된 등호 "="는 지금까지 사용된 **정수 사이의 등호**를 뜻한다. 따라서 두 유리수가 같은 값을 갖는다는 점을 나타내기 위해 좌변에서의 "상등"을 표기하는 새로운 기호를 도입하는 것이 적절할 수도 있다. 그러나 그렇게 하면 관례상 사용하던 기호를 버리는 것이고 기호만 복잡해질 수도 있다. 따라서 이중 함의에 사용되는 두 기호에 대해서 같은 기호를 사용할 것이다. 우변에는 지금까지 사용하던 뜻의 등호이고 좌변에는 새로이 정의된 같음을 의미하는 등호이다.

애초에 우리는 자연수에서의 같음을 의미하는 기호, 그리고 정수에서 사용되는 기호가 가지는 의미를 직관적으로 이해할 수 있었다. 특히 임의의 정수 p, q에 대하여 다음을 직관적으로 이해하였다.

$$p = p$$
$$p = q \Rightarrow q = p$$
$$p = q,\ q = r \Rightarrow p = r$$

같음에 관한 이 성질들은 각각 **대칭성, 반사성, 이행성**으로 알려져 있다. 수학의 엄밀성을 유지하며 발전하기 위해서는 이 성질들도 신중하게 검토되어야 한다. (어쩌면 처음에 정의로써 주어졌을 수도 있다.)

그런데 지금 우리는 새로운 대상(유리수)과 새로운 등호(정의 1에 주어진)를 다루고 있으므로 위의 성질이 그대로 성립하는지 또는 성립하지 않는지를 물어보는 것은 자연스러운 현상이다. 다행스럽게도 그 답은 "그렇다"이다. 이에 대한 증명은 쉽지만 우리의 주목을 끌 정도로 불가사의하다.

s와 t을 유리수라고 하자. 이때 어떤 정수 a, b, c, d에 대하여 ($b \neq 0$이고 $d \neq 0$) 다음과 같이 놓는다.

$$s = \frac{a}{b} \ \text{그리고} \ t = \frac{c}{d}$$

따라서 다음과 같이 말할 수 있다.

$$s = t \Rightarrow \frac{a}{b} = \frac{c}{d}$$

$\Rightarrow ad = bc$ (정의 1)

$\Rightarrow da = cb$ (정수곱셈의 교환법칙)

$\Rightarrow cb = da$ (정수의 상등에서 반사성)

$\Rightarrow \frac{c}{d} = \frac{a}{b}$

$\Rightarrow t = s$

따라서 정의 1에 의해 유리수도 상등에 관한 보통 성질로부터 반사성을 그대로 간직할 수 있도록 하였다. (관점에 따라서는 허용했다고 볼 수 있다. 위의 정의에서 함의는 실제로 이중함의라는 사실에 주목하라.) 유리수의 상등이 대칭성과 이행성을 가진다는 점을 입증하는 것은 연습문제로 하겠다.

학교에서 유리수는 **분수**라고 하며, 아이들에게 분모와 분자를 0이 아닌 공통인 수로 약분을 할 수 있다고 말한다. 예를 들어 다음과 같다.

$$\frac{6}{10} = \frac{2 \cdot 3}{2 \cdot 5} = \frac{3}{5}$$

이와 같은 처리가 가능한 것은 상등에 관한 위의 정의에서 쉽게 추론할 수가 있다. 이를 살펴보기 위해 a, b, $c\,(b \neq 0,\ c \neq 0)$를 정수라고 하자. 이때 다음이 성립한다.

$$\frac{a \cdot c}{b \cdot c} = \frac{a}{b}$$

그 이유는 $(a \cdot c) \cdot b = (b \cdot c) \cdot a$이 성립하기 때문인데, 이는 첫 번째 등식의 상등성에 대한 정의이다. 이제 공통 인수인 $c \neq 0$을 $(a \cdot c)/(b \cdot c)$에서 적절하게 소거하자.

$b \neq 0$, $c \neq 0$라는 조건을 다음 등식에 적용하고 있음에 주목하라.

$$\frac{a \cdot c}{b \cdot c} = \frac{a}{b}$$

여기서 $b \neq 0$임이 자명해야 하는데, 만일 그렇지 않다면 a/b는 유리수가 될 수 없다. (정의에 의해, r이 유리수일 때에만 $r = \frac{a}{b}$이고, 이때 a, $b \in \mathbb{Z}$ 그리고 $b \neq 0$이다. 우리는 잠시 후에 유리수의 분모가 0이 아니어야 하는 이유에 대해 알아볼 것이다.)

또한 $c \neq 0$도 성립해야 하는데, 만일 그렇지 않으면 $a \cdot c/b \cdot c$의 분모가 0이 될 것이며 따라서 ac/bc는 그 자체가 유리수가 될 수 없다. 즉, $c = 0$은 $b \cdot c = b \cdot 0 = 0$이 되기 때문이다. 이 사실은 다음과 같이 진술될 수 있을 만큼 중요하다.

정리 15 이제 $n \in \mathbb{Z}$이라 하자. 그러면 $n \cdot 0 = 0$이 성립한다.

증명 $n \cdot 0 = n \cdot 0 + 0$
그리고 $n \cdot 0 = n \cdot (0+0)$ 이다.
따라서 다음이 성립한다.

$$n \cdot 0 + 0 = n \cdot (0+0)$$
$$= n \cdot 0 + n \cdot 0$$

그러나 우리는 정리 8에서 $n \cdot 0 + 0 = n \cdot 0 + n \cdot 0 \Rightarrow 0 = n \cdot 0$라는 사실을 이

미 알고 있다.

유리수의 전개에 관한 페아노 공리계의 다음 단계는 이들 새로운 수들의 덧셈과 뺄셈에 관한 적절한 정의를 내리는 것이다.

정의 2 $s = \dfrac{n}{m}$ 이고 $t = \dfrac{p}{q}$ 인 유리수라고 하자. 그러면 $s+t$ (덧셈)과 $s \cdot t$ (곱셈)은 다음과 같이 정의된다.

(i) $s + t = \dfrac{n \cdot q + m \cdot p}{m \cdot q}$

(ii) $s \cdot t = \dfrac{n \cdot p}{m \cdot q}$

다음 단계로 넘어가기 전에 정리 2의 두 가지 성질에 초점을 두어 보자. 무엇보다는 이는 **정의**이다.

증명은 필요하지 않다. 식 (i)과 (ii)는 바로 유리수에 관한 덧셈과 뺄셈의 의미를 기술하고 있다. 따라서 두 유리수를 더하거나 곱하고자 한다면, 정의 2는 그 방법을 알려주는 것이다. 두 번째, 위의 정의는 덧셈과 곱셈 기호의 이중적 사용을 (상등에 관한 정의 1에서와 같이) 포함하고 있다. s, t는 유리수이고, 수 m, n, p, q는 모두 정수들($m \neq 0$ 그리고 $q \neq 0$)이다. 결론적으로 (i)의 우변에 있는 "+"기호는 보통 정수의 덧셈을 타나낸다. 그러나 (i)의 왼쪽에 있는 "+" 기호는 지금 정의되는 새로운 연산을 말한다. 이와 유사하게 (i) 과 (ii) 두 식의 우변에 있는 "점"은 보통의 정수 곱셈을 뜻하지만, (ii)의 좌변에 나타난 기호 "·"는 이 식에 의해 정의되는 새로운 곱을 나타내고 있다.

당신도 알다시피, 종종 정수들의 곱셈은 $n \cdot m = nm$ 과 같이 나란히 두 문자를 나열하여 나타내기도 한다. 이러한 관습은 유리수에서도 유지된다. 물론 명확하게 하기 위해 괄호가 사용될 수도 있지만. 따라서 (i)과 (ii)는 각각 다음과 같이 쓸 수 있다.

$$\frac{n}{m} + \frac{p}{q} = \frac{n \cdot q + m \cdot p}{m \cdot q}$$
그리고 $\left(\dfrac{n}{m}\right)\left(\dfrac{p}{q}\right) = \dfrac{n \cdot p}{m \cdot q}$ 이다.

예를 들어 다음과 같다.

$$\frac{2}{3} + \frac{4}{9} = \frac{2 \cdot 9 + 3 \cdot 4}{3 \cdot 9}$$
$$= \frac{18 + 12}{27}$$
$$= \frac{30}{27}$$

$$\left(\frac{2}{3}\right)\left(\frac{4}{9}\right) = \frac{2 \cdot 4}{3 \cdot 9}$$
$$= \frac{8}{27}$$

우리는 이에 앞서서 덧셈과 곱셈을 자연수의 집합 $\mathbb{N}$위에서 **이항 연산**이라고 언급한 적이 있다. 특히 이는 n, m이 자연수일 때 $n+m$도 유일한 하나의 자연수임을 의미한다. 이는 다음 두 가지 사실을 알려주고 있다. (a) $\mathbb{N}$은 덧셈에 관하여 닫혀있다. (b) 두 자연수의 합은 **유일하게 결정되는 하나의 자연수**이다. 이와 비슷한 명제가 자연수의 집합 $\mathbb{N}$위의 곱셈에서도 성립한다.

게다가 우리가 자연수의 집합 $\mathbb{N}$에서 정수의 집합 $\mathbb{Z}$로 확장하였을 때, $\mathbb{Z}$위에서도 덧셈과 곱셈은 이항연산이었음을 보았다. 정의 2로부터 덧셈과 곱셈이 유리수의 집합 위에서도 이항연산임을 **증명**하는 것은 어려운 것이 아니다. 일반적으로 유리수의 집합은 기호 $\mathbb{Q}$로 나타낸다. 따라서 다음과 같다.

$$\mathbb{Q} = \{ \frac{n}{m} \mid n, \ m \in \mathbb{Z}, \ m \neq 0 \}$$

위의 표기에 따르면, 이항연산에 관한 위의 논의는 특히 다음과 같이 나타낼 수 있다.

$$s,\ t\in\mathbb{Q}\Rightarrow(s+t)\in\mathbb{Q}\ \text{그리고}\ s\cdot t\in\mathbb{Q}$$

(따라서 $\mathbb{Q}$ 는 덧셈과 곱셈에 관하여 **닫혀**있다.)

$n/1$과 같은 형태의 특별한 유리수들은 정수처럼 보이는데, 실제로도 그러하다. 즉, 유리수 $n/1$을 n이라는 정수와 같다고 볼 수 있으며, 이들 수에 대한 덧셈과 곱셈의 표현은 정수의 그 개념들과 일관되게 사용할 수 있다. 이 상등 관계를 일반적인 등호를 사용하여 다음과 같이 나타낸다.

$$\frac{n}{1}=n\ \text{(모든 정수 } n \text{에 대하여)}$$

예를 들어 정수 6을 유리수 6/1로, 정수 7을 유리수 7/1로 생각할 수가 있다. 따라서 다음과 같이 생각하면 된다.

$$\frac{6}{1}=6\ \ \text{그리고}\ \frac{7}{1}=7$$

덧셈에 대한 설명은 정수의 합인 6+7=13이 다음과 같은 유리수의 합과 같음을 말해준다.

$$\frac{6}{1}+\frac{7}{1}=\frac{6\cdot1+7\cdot1}{1\cdot1}$$
$$=\frac{6+7}{1}$$
$$=\frac{13}{1}$$

왜냐하면 $\frac{13}{1}=13$이기 때문이다. 따라서 이들을 정수로 생각하여 보통의 6+7로 계산하거나 또는 유리수 6/1과 7/1로 생각하여 유리수 $\mathbb{Q}$안에서 정의된 덧셈에 의해 계산하여도 차이가 없다. 정수 13을 유리수 13/1과 같다고 여기기 때문에 결과에 차이가 없는 것이다.

곱셈도 유사하다.

$$(6)(7)=42$$
$$\left(\frac{6}{1}\right)\left(\frac{7}{1}\right)=\frac{42}{1}$$

그런데 $\frac{42}{1}=42$이다. 따라서 두 계산은 다르지 않다.

기술적으로 유리수 $n/1$은 정수들의 순서쌍 $(n,\ 1)$로 나타낼 수 있는데, 이는 매우 익숙한 분수의 형식을 별도로 표기한 것이다. 이는 유리수 $n/1$과 정수 n이 동일한 수학적 대상이 아님을 의미하는 것이다. 그러나 $n/1=n$로 확인되고 연산의 결과도 일관성 있는 것으로 보아 이들을 같은 것으로 여길 수도 있다. 앞으로 우리는 이러한 동일시를 필요하다고 여길 때에는 언제든 앞뒤로 오가며 사용할 것이다. 따라서 우리는 정수의 집합을 유리수 집합의 진부분집합으로 생각할 것이다. (모든 유리수가 정수가 아니므로, 예를 들어 13/15는 정수가 아니므로 $\mathbb{Z}$는 진부분집합이다.) 따라서 다음과 같이 쓸 수 있다.

$$\mathbb{Z}\subset\mathbb{Q} \text{ 그러나 } \mathbb{Z}\neq\mathbb{Q}$$

특히 0과 1은 $\mathbb{Q}$의 원소로 생각할 수 있다. 왜냐하면 0=0/1이고 1=1/1이기 때문이다.

이 정수들은 (정리 7에 의해) $\mathbb{Z}$위에서 각각 덧셈과 곱셈의 항등원으로 행동하므로 좀 더 큰 집합인 $\mathbb{Q}$위에서도 같은 역할을 할 것으로 기대된다. 그리고 사실 그러하다. 증명은 다음과 같이 매우 간단하다.

증명 $\frac{n}{m}\in\mathbb{Q}$이라 하면 다음이 성립한다.

$$\frac{n}{m} + 0 = \frac{n}{m} + \frac{0}{1}$$

$$= \frac{n \cdot 1 + n \cdot 0}{m \cdot 1}$$

$$= \frac{n}{m}$$

또한 다음도 성립한다.

$$\frac{n}{m} \cdot 1 = \frac{n}{m} \cdot \frac{1}{1}$$

$$= \frac{n \cdot 1}{m \cdot 1}$$

$$= \frac{n}{m}$$

$\mathbb{Q}$위에서 덧셈과 곱셈 모두 교환법칙이 성립하므로 (이 사실도 정의에서 쉽게 유도할 수가 있다), 우리는 이 두 개의 작은 계산을 다음과 같이 요약할 수가 있다.

$r \in \mathbb{Q}$이라 하면 다음이 성립한다.

$$r + 0 = 0 + r = r$$

$$r \cdot 1 = 1 \cdot r = r$$

(여기서 $r \in \mathbb{Q}$이라면 어떤 m, $n \in \mathbb{Z}$과 $m \neq 0$에 대하여 $r = \frac{n}{m}$이다.)

다음으로 넘어가기 전에 0과 1을 다음과 같이 나타낼 수 있음에 주목하자.

$$0 = \frac{0}{1} = \frac{0}{n}$$

그리고

$$1 = \frac{1}{1} = \frac{n}{n}$$

이때 임의의 $n \in \mathbb{Z}$에 대하여 $n \neq 0$이다. ($\frac{0}{1} = \frac{0}{n}$인데, 그 이유는 $0 \cdot n = 1 \cdot 0$이기 때문이다. 또한 $\frac{1}{1} = \frac{n}{n}$이며 그 이유는 $1 \cdot n = n \cdot 1$이기 때문이다.)

이전의 기호였던 <과 ≤도 정수에서의 대소 관계를 나타내는 것과 같은 방식으로 일관성을 가지고 유리수 집합 ℚ위에서도 확장될 수 있다. 일단 이것이 완성되면 (자세한 것은 생략한다) 같은 분모를 가지는 특정 유리수 쌍에 대하여 다음이 성립한다고 말할 수 있다.

(I) $$\frac{a}{b} < \frac{c}{b} \Leftrightarrow a < c$$

여기서 우변은 정수에서 적용되었던 일반적인 "~보다 작다"의 기호이다. 따라서 6<9이므로 $\frac{6}{7} < \frac{9}{7}$이라 할 수 있다. 같은 방식으로 다음 부등식도 성립한다.

(J) $$\frac{a}{b} \leq \frac{c}{b} \Leftrightarrow a \leq c$$

이와 같은 부등식 관계인 (I)와 (J)는 분모가 같은 유리수에게만 적용되므로 매우 제한적인 것 같이 보인다. 그러나 "통분"이라는 기술에 의해 이들을 확장할 수가 있는데 이에 따라 임의의 두 유리수 사이의 대소 관계도 확장할 수가 있다. 예를 들어 유리수 2/3와 12/15를 비교해보자. 어느 것이 큰 수인가? (이들은 같은 유리수가 아니다. 왜냐하면 (2)(15)≠(3)(12), 즉 30≠36이기 때문이다.)

$$\frac{2}{3} = \frac{2}{3} \cdot 1$$
$$= \frac{2}{3} \cdot \frac{5}{5} \quad (1 = \frac{n}{n}, \text{ 임의의 정수 } n \neq 0)$$
$$= \frac{2 \cdot 5}{3 \cdot 5}$$
$$= \frac{10}{15}$$

그런데 (I)에 의해 10<12이므로 $\frac{10}{15} < \frac{12}{15}$이다.

그러므로 $\frac{2}{3} < \frac{12}{15}$이다.

두 번째 예로 $\frac{-6}{13}$과 $\frac{-5}{12}$를 비교해보자.

$$\frac{-6}{13} = \frac{-6}{13} \cdot 1$$
$$= \frac{-6}{13} \cdot \frac{12}{12}$$
$$= \frac{-72}{156}$$

그리고

$$\frac{-5}{12} = \frac{-5}{12} \cdot 1$$
$$= \frac{-5}{12} \cdot \frac{13}{13}$$
$$= \frac{-65}{156}$$

따라서 $-72 < -65$이므로 $\frac{-6}{13} < \frac{-5}{12}$이다.

위의 비교에서 사용한 기술은 일반적으로 유리수 n/m과 p/q는 첫 번째 분수에 $q/q = 1$을, 두 번째 분수에는 $m/m = 1$을 각각 곱하면 분모가 같아진다는 원리에 따른 것이다. 이는 다음과 같다.

$$\frac{n}{m} = \frac{n}{m} \cdot 1$$
$$= \frac{n}{m} \cdot \frac{q}{q}$$
$$= \frac{nq}{mq}$$

그리고

$$\frac{p}{q} = \frac{p}{q} \cdot 1$$
$$= \frac{p}{q} \cdot \frac{m}{m}$$
$$= \frac{p \cdot m}{qm}$$

그러므로 (I)가 말하는 것은 다음과 같다. $\dfrac{nq}{mq} < \dfrac{pm}{mq}$ 의 필요충분조건은 $nq < pm$ 이다.

정수 $\mathbb{Z}$위에서와 같이 $\mathbb{Q}$위에서도 $s < t \Leftrightarrow t > s$와 같이 나타낼 수 있다. (예를 들어, $\dfrac{6}{7} < \dfrac{9}{2}$이므로 $\dfrac{9}{2} > \dfrac{6}{7}$이다) 따라서 위의 부등식은 모두 "$<$" 대신에 "$>$"를 대치하여 바꾸어 표기할 수도 있다.

약간의 노력만 들인다면, 이제는 덧셈, 곱셈 그리고 $\mathbb{Q}$위에서의 순서에 관한 기본 성질들을 확정지을 수가 있을 것이다. 일단 기본 정의들이 형성된다면 유리수의 전개 경로는 누군가를 사랑하는 것과는 달리 순탄하게 이어지게 되어있다. 하지만 지금까지 우리가 해 왔던 것과 그리고 독자들에게 연습문제로 남겨놓은 것을 제외하고는 세세한 것들을 생략할 것이다. 그 대신에 정수에 관해서 행했던 정리 7과 같이 $\mathbb{Q}$의 기본 구조를 밝히는 다음 정리들을 증명 없이 받아들일 것이다.

정리 16 $\mathbb{Q}$를 유리수의 집합이라고 하면 다음이 성립한다.

A

(ⅰ) $x, y \in \mathbb{Q} \Rightarrow (x+y) \in \mathbb{Q}$ ㅤㅤㅤㅤㅤ ($\mathbb{Q}$는 덧셈에 관해 닫혀있다.)

(ⅱ) $x, y \in \mathbb{Q} \Rightarrow x+y=y+x$ ㅤㅤㅤㅤ (유리수의 덧셈은 교환법칙이 성립한다.)

(ⅲ) $x, y, z \in \mathbb{Q} \Rightarrow x+(y+z)=(x+y)+z$ㅤ (유리수의 덧셈은 결합법칙이 성립한다.)

(ⅳ) $x \in \mathbb{Q} \Rightarrow x+0=0+x=x$ ㅤㅤㅤㅤ (0은 $\mathbb{Q}$에서 덧셈에 대한 항등원이다.)

(ⅴ) $x \in \mathbb{Q}$이면 $w \in \mathbb{Q}$가 존재하여 ㅤ (w는 x에 대한 덧셈의 역원이다. 우리는 이를

ㅤㅤ$x+w=w+x=0$을 만족한다. ㅤㅤㅤ $w=-x$로 나타낸다.)

M

(ⅰ) $x, y \in \mathbb{Q} \Rightarrow x \cdot y \in \mathbb{Q}$ ㅤㅤㅤㅤㅤㅤ ($\mathbb{Q}$는 곱셈에 관해 닫혀있다.)

(ⅱ) $x, y \in \mathbb{Q} \Rightarrow x \cdot y=y \cdot x$ ㅤㅤㅤㅤ (유리수의 곱셈은 교환법칙이 성립한다.)

(ⅲ) $x, y, z \in \mathbb{Q} \Rightarrow x \cdot (y \cdot z)=(x \cdot y) \cdot z$ ㅤ (유리수의 곱셈은 결합법칙이 성립한다.)

(iv) $x \in \mathbb{Q} \Rightarrow x \cdot 1 = 1 \cdot x = x$ (1은 $\mathbb{Q}$에서 곱셈에 관한 하나의 항등원이다.)

(v) $x \in \mathbb{Q}$, $x \neq 0$이면 $v \in \mathbb{Q}$가 존재하여 (v는 x에 대한 곱셈의 역원이다. 우리는 이를
$x \cdot v = v \cdot x = 1$를 만족한다. $v = x^{-1}$로 나타낸다.)

D

(i) $x, y, z \in \mathbb{Q} \Rightarrow x(y+z) = xy + xz$ (곱셈은 덧셈에 관해 분배법칙이 성립한다.)

O

(i) $x, y, z \in \mathbb{Q}$, $x > y$, $y > z \Rightarrow x > z$ (">"의 이행성)

(ii) $x, y, z \in \mathbb{Q}$, $x > y \Rightarrow x + z > y + z$ (덧셈에 의해 보존되는 ">")

(iii) $x, y, z \in \mathbb{Q}$, $z > 0$, $x > y \Rightarrow xz > yz$ (부등식의 양변을 같은 양의 유리수로 곱하
여도 부등호의 방향은 변하지 않는다.)

(iv) $x, y, z \in \mathbb{Q}$, $z > 0$, $xz > yz \Rightarrow x > y$ (부등식의 양변을 같은 양의 유리수로 나누
어도 부등호의 방향은 변하지 않는다.)

정리 7이 다시 반복되는 느낌을 받을 수도 있다. 정리 7은 정수의 덧셈과 곱셈의 기본적인 성질들을 기술하고 정리 16은 유리수에 대한 그것들을 기술하였다. 그러나 정수들($n = n/1$이므로)은 유리수의 한 부분집합을 구성한다. 작은 집합에서 성립하였던 기본 성질들이 그대로 유지되도록 보다 큰 집합이 선택되었다면 덧셈과 곱셈이라는 연산을 정의할 필요도 없다. 우리가 원하는 것은 초기의 수학자들이 덧셈과 곱셈을 다음과 같이 정의하였던 이들 성질들을 그대로 $\mathbb{Q}$에서도 적용시키는 것이다.

$$\frac{m}{n} + \frac{p}{q} = \frac{mq + np}{nq} \text{ 그리고 } \frac{m}{n} \cdot \frac{p}{q} = \frac{mp}{nq}$$

예를 들어, 처음에 우리는 $\mathbb{Q}$위에서 덧셈을 다음과 같이 정의할 수도 (정의W)있었다.

$$\frac{m}{n} + \frac{p}{q} = \frac{m+p}{n+q}$$

물론 이 경우에도 $n+q \neq 0$이라는 조건은 충족되어야 한다. 하지만 이 정의는 정수 위에서 성립하였던 덧셈 성질이 유지되지 않는다. 예를 들어 다음을 보라.

$$1+2 = \frac{1}{1} + \frac{2}{1} = \frac{3}{2}$$

정의 (W)에 따르면 다음과 같다.

$$\frac{1}{2} + \frac{1}{2} = \frac{1+1}{2+2} = \frac{2}{4} = \frac{2 \cdot 1}{2 \cdot 2} = \frac{1}{2}$$

이 황당한 결과는 정의 (W)가 엉터리임을 말해준다. 따라서 우리는 유리수 덧셈의 정의로 이를 채택할 수 없다고 결론을 내렸던 것이다. (W)를 잘 살펴보고, 그것이 왜 잘못되었는가를 충분히 이해한 후에 머릿속에서 영원히 지워버리는 것이다. 올바른 정의는 (C)에 주어져 있다. 정의 (W)는 잘못된 것이다.

집합 $\mathbb{Q}$의 원소들이 정리 16에 x, y, $\cdots$, z와 같이 하나의 문자들로 제시되어 있음에도 불구하고 각각의 유리수는 실제로 $x = n/m\,(m \neq 0)$과 같은 분수의 형태로 표기된 정수들임을 기억해야만 한다. 그리고 이 기호는 정리 7과의 유사성을 더 뚜렷하게 드러내 보여주기도 한다. 그러나 정리 16에 있는 결과를 해석하는 과정에서 우리는 종종 "분수 표기"로 되돌아갈 것이다. 더군다나 정리 7에는 들어 있지 않은 M(v) 부분을 보면, 특히 분수 표기가 필요하다.

정리 7에서와 같이 정리 16에 들어 있는 결과들은 A, M, D, 그리고 O와 같은 분류로 구분되어 있다. 다시 반복하지만 A는 "덧셈"을, M은 "곱셈"을, D는 "분배법칙"을, 그리고 O는 "순서(크기)"를 뜻한다. 괄호 안에 들어 있는 해설은 정리 7과 같은 방식으로 각각의 결과가 의미하는 구절을 언어로 나타낸 것이다. 이 정리에서 M(v) 부분은 0이 아닌 유리수 각각에 대하여 "곱셈의 역원"에 대한 개념을 언급하고 있다.

당신은 주어진 정수 n에 대하여 그러한 정수가 존재하지 않음을 기억할 것이다. 사실상 유리수의 세계로 확장하는 가장 큰 이유 중의 하나가 곱셈의 역원이 존재하지 않기 때문이다. M(v) 부분은—원하는 성질 중에서 유리수가 가지지 못한 것이 무엇이건 간에—이와 같은 특정한 결핍이 없다는 뜻이다.

M(iv)에 따르면, 유리수 1은 ℚ안에서 곱셈에 관한 항등원의 역할을 한다. 그런데 유리수 1은 동시에 정수 1(1=1/1)인데, 정리 7에 의해 ℤ에 대한 곱셈의 항등원이기도 하다. 1은 ℚ내에서 **곱셈에 관한 유일한 항등원**이다. 다음은 이를 증명한 것이다.

증명　이제 u를 ℚ에 속하는 원소로 곱셈에 관한 또 다른 항등원이라고 하자. 그러면 다음이 성립한다.

$$1 \cdot u = u \quad \text{(1은 곱셈에 관한 항등원이므로)}$$

또한 다음도 성립한다.

$$1 \cdot u = 1 \quad (u \text{는 곱셈에 관한 항등원이므로})$$

따라서 $1 = u$이다.

그러므로 곱셈에 관한 항등원은 유일하다. 이제부터 우리는 M(iv)에서 괄호 안에 있는 단어 "하나의(a)"를 "유일한(the)"으로 바꾸어 진술할 것이다. 흡사하게 "ℚ에서의 덧셈에 관한 역원"을 언급할 수가 있는데, 오직 하나, 즉 0밖에 존재하지 않기 때문이다.

또한 M(iv)에서 각각의 $x \neq 0$에 대한 곱셈의 역원도 유일하다. 그 증명은 다음과 같다.

$x \in \mathbb{Q}$, $x \neq 0$이라고 하자. 곱셈에 관한 x의 역원이 u와 v, 두 개가 존재한다고 하자. 그러면 다음과 같이 나타낼 수 있다.

$$x \cdot u = 1 \text{ 그리고 } x \cdot v = 1$$
$$\text{따라서 } x \cdot u = x \cdot v \text{이다.}$$

그러므로 다음과 같다.

$$u \cdot (x \cdot u) = u \cdot (x \cdot v)$$
$$\text{그러면 } (u \cdot x) \cdot u = (u \cdot x) \cdot v \text{이므로 } 1 \cdot u = 1 \cdot v \text{이다.}$$
$$\text{따라서 } u = v \text{이다.}$$

M(iv)와 M(v)에 덧붙이는 단어인 "유일하게"는 다음과 같이 해석할 필요가 있다. 즉, $\mathbb{Q}$에 곱셈에 관한 항등원이 유일하게 존재한다는 뜻은, 임의의 $x \in \mathbb{Q}$에 대하여 $x \cdot 1 = 1 \cdot x = x$를 만족하는 유리수 1이 오직 하나 있음을 뜻하는 것이다. 또한 곱셈에 관한 역원이 유일하게 존재한다는 뜻은, 임의의 $x \in \mathbb{Q}$에 대하여 $x \cdot v = v \cdot x = 1$을 만족하는 유리수 v가 오직 하나뿐임을 뜻하는 것이다. 항등원 1의 유일성은 모든 x에 적용된다. 하지만 앞으로 보겠지만, 역원 v는 x가 어떤 유리수인가에 달려 있다.

사실상 유리수 $x = \dfrac{n}{m}$의 곱셈에 관한 역원은 수 $v = \dfrac{m}{n}$이다. 곱셈에 관한 역원이 유일하다는 사실을 알고 있으므로, 증명은 매우 쉽다.

증명 $x = \dfrac{n}{m}$, $v = \dfrac{m}{n}$이라 하자. (물론, $n, m \in \mathbb{Z}$이고, $n \neq 0$, $m \neq 0$이다.) 이때 다음이 성립한다.

$$x \cdot v = \left(\frac{n}{m}\right) \cdot \left(\frac{m}{n}\right)$$
$$= \frac{nm}{mn}$$

$$= \frac{m\,n}{m\,n}$$
$$=1$$

따라서 v는 곱셈에 관한 x의 역원이다. (우리는 $v \cdot x=1$임을 증명할 필요까지는 없다. 그 이유는 A(ii)에 의해 $x \cdot v=v \cdot x$임을 확신할 수 있기 때문이다.)

M(v)에 붙어있는 해설에 따르면, $v=x^{-1}$이라고 나타낼 수 있다. 따라서 다음과 같다.

$$\left(\frac{n}{m} \right)^{-1}= \frac{m}{n}$$

그러므로 0이 아닌 분수의 곱셈에 관한 역원은 쉽게 구할 수가 있다. 즉, **분모와 분자를 바꾸기**만 하면 된다. 유리수에서 0이라는 문제에 주목할 때가 되었다. 다음 두 가지 질문에 답해보자.

(i) 유리수 x를 $x= \frac{n}{m}$으로 정의할 때 $m \neq 0$이라는 제약을 두는 이유는 무엇인가?

(ii) M(v)에서 유리수 에 대한 곱셈의 역원이 존재하기 위해 $x \neq 0$이라는 조건이 필요한 이유는 무엇인가?

다음에 제시되는 두 개의 정리를 이용한다면 이 의문들은 쉽게 해결할 수가 있다.

정리 17 a와 b가 정수라고 하자. $b \neq 0$이라고 하면 다음이 성립한다.

$$\frac{a}{b}=r \Leftrightarrow a=br$$

증명 우선 $\frac{a}{b}=r$이라고 가정하자.
그러면 $b \cdot \frac{a}{b}=br$이다.
따라서 $\frac{ba}{b}=br$이다.

공통인수를 제거하면 $a=br$이다.

그러므로 $\dfrac{a}{b}=r \Rightarrow a=br$이다.

이제 $a=br$이라고 하자. $b \neq 0$이므로 b^{-1}이 존재한다. 따라서 다음이 성립한다.

$$b^{-1}a=b^{-1}(br)$$
$$=(b^{-1}b)r$$
$$=1 \cdot r$$
$$=r$$

그런데 $b^{-1}=\dfrac{1}{b}$이다. 따라서 $\left(\dfrac{1}{b}\right) \cdot a=r$ 또는 $\dfrac{a}{b}=r$이다.

따라서 $a=br \Rightarrow \dfrac{a}{b}=r$이다.

그러므로 $\dfrac{a}{b}=r \Leftrightarrow a=br$이다.

정리 18 r을 임의의 유리수라고 하면, $0 \cdot r=0$이다.

증명 증명은 정수에서 증명하였던 정리 12(A)와 그 형식이 같으므로 연습문제로 남겨두자.

이제 위의 질문 (i)으로 돌아가 보자. $x=\dfrac{n}{m}$를 임의의 유리수라고 하면 정리 16에 의해 다음과 같이 나타낼 수 있다.

$$x=\dfrac{n}{m} \Leftrightarrow mx=n$$

따라서 만일 $m=0$이라고 하면, 다음이 성립한다.

$$x=\dfrac{n}{0} \Leftrightarrow 0 \cdot x=n$$

그런데 $0 \cdot x = 0$이므로 $x = \dfrac{n}{0} \Leftrightarrow n = 0$

결론적으로, $x = \dfrac{n}{m}$이라는 유리수 표현에서 만일 $m=0$이라고 하면 반드시 $n=0$이어야 한다고 추론된다. 그리고 이 사실로부터 $x = \dfrac{0}{0}$이 성립한다.

그러나 정리 17에서는 다음이 성립한다.

$$x = \frac{0}{0} \Leftrightarrow x \cdot 0 = 0$$

그런데 정리 17에 의해 임의의 유리수 x에 대하여 $0 \cdot x = 0$이 성립한다. 따라서 x는 잘 정의된 유리수가 아니다. 이와 같은 논의는 $x = \dfrac{n}{m}$이라는 유리수 표현에서 $m=0$이 될 수 없음을 보여준다. 때때로 수학자는 $n \neq 0$일 때, $x = \dfrac{n}{0}$인 경우와 $x = \dfrac{0}{0}$인 경우를 구별하기도 한다. 전자는 **불능**(정의되지 않음)이라고 후자는 **부정**(정해지지 않음)이라고 한다. 이 둘은 모두 부적절한 것이며, 설명을 위해 $\dfrac{n}{0}$과 $\dfrac{0}{0}$이라고 표기했음에도 불구하고 앞으로 이와 같은 표기는 절대로 사용하지 않는 것이 상책이다.

질문 (ii)에 대한 답은 정리 18에서 쉽게 얻을 수 있다. 임의의 유리수 r에 대하여 $r \cdot 0 = 0$이므로, $v \in \mathbb{Q}$에 대하여 $v \cdot 0 = 1$은 절대로 성립하지 않는다. 따라서 0에 대한 곱셈의 역원은 절대로 존재하지 않는다.

조작

만일 당신이 유리수 n/m을 분수로 생각하고 있다면, 어쩌면 학교에서 들었던 "a/b는 정수 a를 정수 b로 나눈 것"이라는 표현을 떠올릴 수도 있을 것이다. 유리수의 정의에 있어 나눗셈 개념이 전혀 언급된 적이 없었으므로 이러한 표현이 불필요하다는 것을 제외하고는 잘못된 것은 전혀 없다. 그러나 우리는 x/y라는 (수의 집합이 아닌) 형식의 기호들의 집합을 확장하면서 동시에 나눗셈 개념을 도입할 것이다.

정의 3 x, $y(y \neq 0)$을 유리수라고 하자.

$z = \dfrac{x}{y}$ 라고 표기할 때, z는 x를 y로 나눈 것이다 $\Leftrightarrow yz = x$

정리 17은 x, y, $z(y \neq 0)$가 정수이면 이 성질이 항상 성립함을 우리에게 말해준다. 따라서 새로운 정의는 이전에 행했던 것과 일관성을 가지고 있음을 알 수 있다. 하지만 정의 3은 xy라는 형태의 좀 더 복잡한 표기를 할 수 있도록 하며 이에 대해 정확한 의미를 제시한다.

예를 들어 다음과 같이 나타낼 수 있다.

$$2 = \frac{\frac{1}{2}}{\frac{1}{4}}$$

왜냐하면 $\dfrac{1}{4} \cdot 2 = \dfrac{1}{2}$ 이기 때문이다. (여기서 $x = \dfrac{1}{2}$, $y = \dfrac{1}{4}$, $z = 2$이다.)

정의 3에서 $y \neq 0$이라는 조건이 필요함을 즉각 알 수 있을 것이다. 그 필요성은 정리 17이후에 언급된 논의처럼 형식적인 방식으로 추론된다. $y = 0$일 때는 x가 어떤 정수라 하더라도 x/y라는 기호에 어떤 의미도 주어질 수가 없다. (앞의 논의에서 x가 임의의 정수인 경우에도 같은 결론에 도달할 수 있다.) 이 모든 사실을 종합하면 다음과 같은 강철같이 굳건한 규칙을 세울 수 있다.

0으로 나누기는 절대로 있을 수 없다.

0으로 나누기는 절대로, 절대로 시도하지 말라. 항상 문제가 발생할 것이며 종종 걷잡을 수 없는 불행한 사태에 직면하게 될 것이다. (이 장의 끝부분에서 이를 볼 수가 있다.)

이제 우리는 유리수 x, y에 대하여 x/y라는 형태의 기호를 빠르고 적절하게 조작할 수 있게 하는 많은 규칙을 마련할 때가 되었다. (이 규칙들은

"대수학(代數學)"라는 이름하에 중학교에서 가르치는 과목의 내용을 구성하고 있다.) 대부분의 규칙들은 정리 16과 이 장의 다른 부분에서도 등장한다. 그리고 이들 규칙으로부터 다른 규칙들도 나온다. 예를 들어 정의 3에 다음 규칙들을 알 수 있다.

$$\frac{\frac{a}{b}}{\frac{c}{d}} = r \Leftrightarrow \frac{a}{b} = \frac{c}{d} \cdot r$$

그런데 이로부터 다음 사실들도 성립한다.

$$\frac{a}{b} \cdot d \cdot c^{-1} = \frac{c}{d} \cdot r \cdot d \cdot c^{-1}$$

또는

$$\frac{a}{b} \cdot d \cdot \frac{1}{c} = \frac{c \cdot c^{-1}}{d} \cdot d \cdot r$$

또는

$$\frac{a}{b} \cdot \frac{d}{c} = r$$

(여기서 특히 $c^{-1} = \frac{1}{c}$, $c \cdot c^{-1} = 1$, $\frac{d}{d} = 1$을 이용하였다.) r에 대한 두 표현을 같다고 놓으면 다음이 성립한다.

$$\frac{\frac{a}{b}}{\frac{c}{d}} = \frac{a}{b} \cdot \frac{d}{c}$$

이는 우리에게 매우 익숙한 다음 규칙이다.

하나의 분수를 다른 분수로 나누려면 분모에 있는 분수를 거꾸로 하여 곱한다.

그 하나의 예가 다음과 같다.

$$\frac{\frac{1}{2}}{\frac{1}{4}} = \frac{1}{2} \cdot \frac{4}{1} = \frac{4}{2} = 2$$

우리는 이미 앞에서 분수를 더하기 위한 방법으로 사용되었던 "통분"이라는 기술을 적용할 수가 있다. 즉, 다음과 같이 통분을 이용하는 것이다.

$$\frac{a}{b} + \frac{c}{d} = \frac{a}{b} \cdot 1 + \frac{c}{d} \cdot 1$$
$$= \frac{a}{b} \cdot \frac{d}{d} + \frac{c}{d} \cdot \frac{b}{b}$$
$$= \frac{ad}{bd} + \frac{cb}{bd}$$
$$= \frac{ad+cb}{bd}$$

물론 여기서 사용한 기법은 덧셈으로 되어있는 각각의 분수에 1을 곱하는 것이다. 그런데 여기서 1을 분수로 변환할 때 공통분모가 나올 수 있도록 하였다. 덧셈의 정의가 동일한 답을 빨리 낸다고 하여 이 기술이 두 유리수의 합에 적용이 된다면 아무것도 얻을 수 없다. 하지만 a, b, c, d가 유리수들의 복잡한 결합된 형태인 경우에 $\frac{a}{b} + \frac{c}{d}$ 라는 분수의 합에 이 기법이 적용된다. (다음에 있는 예 E를 참고하라.) 더욱이 이 기법은 항이 두 개 이상의 항이 있는 경우에도 확대 적용할 수가 있다. 다음은 그 하나의 예이다.

$$\frac{1}{2} + \frac{1}{3} + \frac{1}{4} = \frac{1}{2} \cdot \frac{3}{3} \cdot \frac{4}{4} + \frac{1}{3} \cdot \frac{2}{2} \cdot \frac{4}{4} + \frac{1}{4} \cdot \frac{2}{2} \cdot \frac{3}{3}$$
$$= \frac{12}{24} + \frac{8}{24} + \frac{6}{24}$$
$$= \frac{26}{24}$$
$$= \frac{13}{12}$$

($\frac{13}{12} = 1 + \frac{1}{12}$ 이므로 $1\frac{1}{12}$과 같이 표기하기도 한다. 그러나 $\frac{13}{12}$과 같은 형식을 더 선호하며 $1\frac{1}{12}$과 같은 표현은 수학에서 거의 등장하지 않는다.)

정수의 **뺄셈** 개념과 매우 흡사한 유리수 **뺄셈** 개념을 도입한다면 기호를 조작하는 과정은 매우 손쉽게 이루어질 것이다. 따라서 r, $s \in \mathbb{Q}$에 대하여 다음과 같이 나타낸다.

$$r - s = r + (-s)$$

따라서 다음 사실이 성립하는데 이에 대한 증명은 생략한다.

$$r - s = t \Leftrightarrow r = s + t$$
$$r > s \Leftrightarrow r - s > 0$$

더욱이 정리 16은 정리 7에서 정수의 집합 $\mathbb{Z}$에서 성립하였던 것과 유사한 결론들이 유리수 집합 $\mathbb{Q}$에서도 성립함을 보여준다. 이는 다음과 같다.

$$-\left(-\frac{a}{b}\right) = \frac{a}{b}$$

$$\left(-\frac{a}{b}\right)\left(-\frac{c}{d}\right) = \left(\frac{a}{b}\right)\left(\frac{c}{d}\right)$$

$$\frac{-\dfrac{a}{b}}{-\dfrac{c}{d}} = \frac{\dfrac{a}{b}}{\dfrac{c}{d}} = \frac{ad}{bc}$$

$$-\frac{a}{b} = \frac{-a}{b} = (-1)\frac{a}{b}$$

$$x - \left(-\frac{a}{b}\right) = x + \frac{a}{b}$$

이 사실들은 직접 추론할 수 있는데 그 세세한 것들에 집착하지는 않을 것이다. 설명을 위해 첫 번째 항목에 대한 증명을 여기 제시하였다.

정리 19 $x = a/b$를 유리수라고 하면 다음이 성립한다.

$$-(-x)=x$$

증명 정리 16 A(v)에 따르면, $w=-x$는 $x+w=0$을 만족하는 (유일한) 유리수이다. 그러나 이 식에서 알 수 있는 또 하나의 사실은 x가 w에 대한 덧셈의 역원이라는 점이다. 따라서 $x=-w$이고, 이에 따라 $x=-w=-(-x)$이다.

규칙들의 목록은 계속되지만 이를 모두 제시하는 것은 별 의미가 없다. 방정식을 풀거나 식을 간단하게 정리하는 특별한 경우에 필요한 조작 단계들이 정의와 기본 정리들로부터 유도될 수 있다. 새로운 규칙들은 언제나 기존에 있었던 규칙들로부터 만들어질 수 있다. 물론 이미 배워 알고 있는 것들은 언제나 적용이 가능하다. 다음은 그 몇 가지 예이다.

예 A 다음 값을 구하라.

$$\frac{\frac{1}{2}+\frac{1}{3}}{\frac{1}{12}}$$

풀이

$$\frac{\frac{1}{2}+\frac{1}{3}}{\frac{1}{12}}=\frac{\frac{3}{6}+\frac{2}{6}}{\frac{1}{12}}=\frac{\frac{5}{6}}{\frac{1}{12}}$$

$$=\frac{5}{6}\cdot\frac{12}{1}=\frac{5}{6}\cdot6\cdot2$$

$$=5\cdot2=10$$

예 B 다음 값을 구하라.

$$\frac{\frac{-4}{-2-(-6)}}{\frac{2(-2)}{3(-2+6)}}$$

풀이

$$\frac{\dfrac{-4}{-2-(-6)}}{\dfrac{2(-2)}{3(-2+6)}}=\frac{\dfrac{-4}{-2+6}}{\dfrac{-4}{3\cdot 4}}=\frac{\dfrac{-4}{4}}{-\dfrac{1}{3}}$$

$$=\frac{-1}{-\dfrac{1}{3}}=(-1)\left(-\frac{3}{1}\right)=3$$

예 C $n, m \in \mathbb{Z}$이라고 하자. 다음 식을 p/q의 형태로 바꾸어라.

$$\frac{\dfrac{n}{n+1}-\dfrac{m}{m+1}}{1-\dfrac{m+1}{n+1}}$$

풀이

$$\frac{\dfrac{n}{n+1}-\dfrac{m}{m+1}}{1-\dfrac{m+1}{n+1}}=\frac{\left(\dfrac{n}{n+1}\right)\left(\dfrac{m+1}{m+1}\right)-\left(\dfrac{m}{m+1}\right)\left(\dfrac{n+1}{n+1}\right)}{\left(\dfrac{n+1}{n+1}\right)-\left(\dfrac{m+1}{n+1}\right)}$$

$$=\frac{\dfrac{n(m+1)-m(n+1)}{(n+1)(m+1)}}{\dfrac{(n+1)-(m+1)}{(n+1)}}$$

$$=\frac{(nm+n-mn-m)}{(n+1)(m+1)}\cdot\frac{(n+1)}{(n+1-m-1)}$$

$$=\frac{(n-m)}{(n+1)(m+1)}\cdot\frac{(n+1)}{(n-m)}$$

$$=\frac{1}{m+1}$$

(분모가 0이 되지 않도록 $n \neq -1$, $m \neq -1$, $n \neq m$이라는 조건이 반드시 필요하다.)

예 D 방정식 $-3x+2=0$의 해를 구하여라.

풀이
$$-3x+2=0 \Rightarrow$$
$$-3x=-2 \Rightarrow$$
$$(-3)x=-2 \Rightarrow$$
$$x=\frac{(-2)}{(-3)}=\frac{2}{3}$$

(이는 일차방정식의 일반형인 $ax+b=0$의 특수한 경우이다. 만일 $a \neq 0$이면 그 해는 $x=-b/a$이다.)

예 E   방정식 $\frac{1}{5x}-x=\frac{2-15x}{15}$의 해를 구하여라.

풀이
$$\frac{1}{5x}-x=\frac{2-15x}{15} \Rightarrow$$
$$x\left(\frac{1}{5x}-x\right)=x\left(\frac{2-15x}{15}\right) \Rightarrow$$
$$\frac{x}{5x}-x^2=\frac{2x-15x^2}{15} \Rightarrow$$
$$15\left(\frac{1}{5}-x^2\right)=2x-15x^2 \Rightarrow$$
$$3-15x^2=2x-15x^2 \Rightarrow$$
$$3=2x \Rightarrow$$
$$x=\frac{3}{2}$$

(여기서 $x \cdot x = x^2$이라는 표준적인 기호를 사용하였다.)

이 장을 마무리하기 전에, 마지막 예에서 나왔던 $x \cdot x = x^2$라는 표기에 대하여 좀 더 자세하게 살펴보자. 이는 다음과 같이 자연스럽게 일반화할 수가 있다.

$$x^1=x$$
$$x^2=x \cdot x$$

$$x^3 = x \cdot x \cdot x$$

$$\cdots$$

$$x^n = x \cdot x \cdot x \cdots x$$

마지막 식에서 우변에는 모두 n개의 항이 들어 있다. 그리고 $x^0 = 1$로 정의하고, x의 음의 지수는 $x^{-n} = \dfrac{1}{x^n}$로 정의하는 것이 편리하다. $(n=1, 2, 3, \cdots)$

이와 같은 표기법과 유리수의 성질로부터 우리는 다음 사실을 얻을 수 있다. $x, y \in \mathbb{Q}$에 대하여

$$x^n \cdot x^m = x^{n+m}$$

$$x^n / x^m = x^{n-m}$$

$$(x^n)^m = x^{nm}$$

이는 우리에게 매우 친근한 **지수법칙**이다. (지수법칙은 다음과 같이 정의로부터 쉽게 유도할 수 있다.)

$$\frac{x^5}{x^3} = \frac{x \cdot x \cdot x \cdot x \cdot x}{x \cdot x \cdot x} = x \cdot x = x^2 = x^{5-3}$$

수학적 분석에 점점 더 깊이 개입함에 따라 지수 법칙을 광범위하게 사용할 것이다. 현 시점에서는 다음 두 개의 유용한 항등식을 언급하고자 한다.

$$(x+y)^2 = x^2 + 2xy + y^2$$

$$(x-y)(x+y) = x^2 - y^2$$

두 번째 항등식은 다음과 같이 증명할 수 있다.

$$(x-y)(x+y) = (x+(-y))(x+y)$$

$$=x(x+y)+(-y)(x+y)$$
$$=x^2+xy-xy-y^2$$
$$=x^2-y^2$$

0으로 나눌 때마다 발생하는 걷잡을 수 없는 불행의 바다를 설명하기 위해 두 번째 항등식을 이용할 수 있다. 크로네커는 하느님이 우리에게 자연수를 선물한 것으로 굳게 믿었다. 어쩌면 그럴 수도 있겠지만 나는 잘 모르겠다. 그러나 우리에게 다음과 같은 11번째 계명이 주어져 있다고 믿을 준비는 되어 있다.

0으로 나누지 말지어다.

이를 범하면 사망에 이를 것이다.

이제 내가 어떻게 죄를 범하는지 두 눈을 뜨고 똑똑히 목격하여라.

x, y를 0이 아닌 유리수라고 하고 $x=y$로 놓자. 그러면 다음이 성립한다.

$$x=y \Rightarrow x^2=xy$$
$$\Rightarrow x^2-y^2=xy-y^2$$
$$\Rightarrow (x-y)(x+y)=y(x-y)$$
$$\Rightarrow x+y=y$$
$$\Rightarrow x+x=x$$
$$\Rightarrow 2x=x$$
$$\Rightarrow 2=1$$

그러므로 2=1이다.

만일 이것이 참이라면 내 한 몸은 이미 불행의 바다 위에 던져진 것이다.

따라서 1+1=2+1 즉, 2=3이다. 그리고 나면 3=4, 4=5와 같이 쭉 계속된다. 이는 하느님이 크로네커에게 선물한 모든 수가 다 똑같게 될 때까지 계속된다. 그런데 2=1이므로 2−1=1−1 또는 1=0이 된다. 따라서 자연수들 모두가 같게 되며 0이 되는 것이다.

차가운 바닷물이 일어난다. 그리고 모두가 0이 된다. 무(無)가 된다. 공허가 밀려온다. 1이 무가 된다면,

이런, 이 세계 그리고 그 안에 있는 모든 것이 무이다.
세상을 덮고 있는 하늘도 무이다. 보헤미아도 무이다.
내 아내도 무이다. 무가 아닌 것도 무이다.
만일 이것이 무이라면.

— 셰익스피어의 《겨울밤이야기》 중에서

네 번째 강의

수론

1787년 칼 프리드리히 가우스의 나이는 열 살이었다. 당시 그는 학교에서 산수를 배우고 있었는데, 어느 날 선생님이 1부터 100까지의 자연수의 합을 구하라는 문제를 내었다. 가우스를 제외한 모든 학생들은 $1+2+3+ \cdots +100$까지 열심히 계산을 하기 시작했다. 하지만 가만히 앉아서 깊은 생각에 잠겨 있던 가우스는 숫자 1, 2, 3, $\cdots$, 100을 다음과 같이 두 줄로 정돈하여 배열할 수 있다는 사실을 발견하였다.

1	100
2	99
3	98
⋮	⋮
49	52
50	51

옆으로 나란히 배열되어 있는 두 수들을 묶으면 (1, 100), (2, 99), $\cdots$, (50, 51)이다. 각각의 순서쌍들을 합하면 똑같이 101이고 이것들이 모두 50개이다. 따라서 $1+2+3+ \cdots +100$까지의 합은 $(50) \cdot (101) = 5050$이 되

는 것이다. 가우스는 이 모든 것들을 머릿속에서 계산하였다. 그의 공책에는 답: 5050이라는 것 이외에는 아무 것도 쓰여 있지 않았다.

가우스는 후에 많은 사람들이 가장 위대한 수학자라고 여기는 인물이 되었다. 그가 수학에 공헌한 업적이 너무나 많아서 일일이 열거할 수 없을 정도라는 말은 결코 상투적인 표현이 아니다. 그는 당대의 모든 수학적 지식을 섭렵한 후에 그 지식을 확장하여 새로운 수학을 창조하였기 때문이다. 그의 왕성한 활동은 수론, 실해석학, 복소수해석학, 특수함수 그리고 미분기하 등 수학의 모든 영역에 미쳤다. 그의 관심과 연구는 천문학과 물리학의 수학적 측면에 국한되지 않고 실용적인 측면까지 망라하는 것이었다. 조지 시몬즈는 가우스를 가장 위대한 수학자라 부르며 그를 다음과 같이 묘사했다.

> 그는 여러 측면에서 보통의 천재들이 이룩한 업적을 능가하였기 때문에 사람들은 가끔 그가 자신보다 우월한 다른 어떤 종족에 속하는 것은 아닐까라는 섬뜩한 느낌을 가지게 된다.

가우스와 같은 인물을 제외한 "보통의 천재들"이라는 어구는 결코 모순되는 표현이라고 할 수 없다. 가우스의 첫 번째—어쩌면 그의 작품 중 가장 위대하다고 할 수 있는—걸작은 유명한 《수 연구 *Disquisitiones Arithmeticae*》이다. 모두 7장으로 구성되어 있는 이 책에서 가우스는 수론에 관한 페르마의 주제를 형식화하고 엄밀하게 다듬어 놓았다. 이 책은 수론을 당시 수학의 다른 분야들과 동등한 격의 지위를 얻게 하는데 일조하였다. 즉, 페르마와 다른 사람들이 남겨놓은 단편적인 사실들을 탐구 가치가 있는 하나의 일관된 주제로 바꾸어 놓은 것이다.

《수 연구》에서 가우스는 복소변수 이론을 이용하여 수론에 강력한 해석학적 기교를 사용할 수 있게 하였다. 이를 통해 다른 방식으로는 접근조차

할 수 없었던 수많은 결론을 이끌어 내었는데, 그것은 정수라는 이산적이고 울퉁불퉁한 영역과 해석학이라는 연속적이고 부드러운 영역 사이에 심오하고 기초적인 연결 고리가 되었다. 가우스는 수론을 '고등 산술'이라고 하였는데, 우리는 이쯤에서 산술 형식의 몇몇 기본적인 사실에만 우리의 논의를 한정할 수밖에 없다. 그리고 나서 대수(代數)라고 불리는 수학의 다른 영역으로 향하는 산술의 성질을 간단히 검토하려 한다.

소수(素數)

30이라는 수를 살펴보자. 초등 산수를 배운 우리는 $30 = 6 \cdot 5$임을 알고 있다. 그런데 $6 = 2 \cdot 3$이다. 따라서 우리는 다음과 같이 나타낼 수 있다.

$$30 = 2 \cdot 3 \cdot 5$$

학교에서 이와 같은 과정을 **소인수분해**라고 한다. 30이 주어지면 이를 "육과 오의 곱"으로 분해하는 것이다. 다음에 6을 다시 "이와 삼의 곱"으로 분해한다. 이에 따라 우리는 $30 = 2 \cdot 3 \cdot 5$라는 결과를 얻는 것이다. 하지만 이 과정은 여기서 끝난다. 왜냐하면 2, 3, 5는 어떤 수로도 더 이상 분해되지 않기 때문이다. 그러한 자연수를 **소수**라고 부른다. 즉, 2, 3, 5는 소수의 예이다. $30 = 2 \cdot 3 \cdot 5$이라는 표현은 30을 소수들의 곱으로 표기한 것이다.

분명한 사실은 우리가 이 과정을 어떤 자연수에 대해서도 반복할 수 있다는 점이다. 예를 들어 385이라는 수를 보자. 시행착오를 통해 385의 약수들을 찾아 $385 = (35)(11)$과 같이 나타낼 수 있다. 그런데 $35 = 5 \cdot 7$이다. 따라서 다음과 같이 385를 소수들의 곱으로 나타낼 수가 있다.

$$385 = 5 \cdot 7 \cdot 11$$

임의의 자연수에 대하여 이와 같은 표기가 가능하다는 것을 정확하게 표현한 명제가 존재하는데, 우리는 이를 **산술의 기본 정리**라 부른다. 우리가 이 장에서 다룰 주제 중 하나는 이 정리를 만들어내고 이 아이디어를 둘러싼 논의를 전개하는 것이다. 이를 위해 우선 약수와 소수의 개념을 매우 신중하게 다루어야 한다.

정의1 n과 d를 0이 아닌 정수라 하자. n을 d로 나눌 때 나머지가 0이면($d \mid n$라고 쓴다), 오직 그때에 한해서만 $n = dq$인 정수 q가 존재한다.

설명 위의 정의로부터 정수 q(만일 존재한다면)는 0이 될 수 없다는 사실이 즉각적으로 추론된다. (왜냐하면 $n \cdot 0 = 0$이기 때문이다. 그러나 $n \neq 0$이다.) 또한 $d \neq 0$이다. 따라서 다음이 성립한다.

$$d \mid n \Leftrightarrow n = dq$$
$$\frac{n}{d} = q$$

따라서 $d \mid n$(즉, n는 d로 나누어떨어진다)이고, 그러면 또 오직 그때에 한해서만 유리수 $\frac{n}{d}$는 정수 q이다.

이때 사용된 기호 d와 q는 각각 우리에게 익숙한 용어인 **제수**와 **몫**이다. 만일 $d \mid n$가 거짓이라면(즉, $n = dq$인 정수 q가 존재하지 않으면) $d \nmid n$라고 표기한다. (여기서 $x \neq y$가 "x는 y와 같지 않음"을 의미하듯이, $d \nmid n$은 "n은 d로 나누어떨어지지 않는다"를 뜻한다.)

각각의 정수는 항상 1과 자기 자신 n을 약수로 갖는다. 왜냐하면 $n = 1 \cdot n$이기 때문이다.

또 다른 예를 들면, $2 \mid 36$이다. 왜냐하면 $36 = (2)(18)$ 또는 $\frac{36}{2} = 18$이기

때문이다. 또한 $5 \mid 55$이다. 왜냐하면 $55 = (5)(11)$ 또는 $\frac{55}{5} = 11$이기 때문이다. 그러나 $5 \mid 19$는 거짓이다. 왜냐하면 $19 = 5q$인 정수 q가 존재하지 않기 때문이다. 다시 말하여 $\frac{19}{5}$는 정수가 아니다. 따라서 $5 \nmid 19$이다.

위의 정의에 이어진 설명은 "n을 d로 나누면 나누어 떨어진다"는 개념이 유리수 $\frac{n}{d}$가 정수 q와 같다는 개념과 일치함을 보여준다. 사실상 정의 1은 오직 정수의 곱만을 포함하고 있다. 이런 의미로, 나눗셈은 단순히 **곱셈의 또 다른 표현**이라고 할 수 있다. 그러므로 우리는 유리수를 언급하지 않고도 $d \mid n$의 개념을 논할 수 있다. 그러나 유리수에 관하여 이미 알고 있는 상황이므로 우리는 주저하지 말고 이들을 이용할 것이다.

나눗셈의 개념에 관한 두 가지 성질이 정의로부터 즉각 추론된다.

정리 1 (i) $d \mid n$ 그리고 $d \mid m \Rightarrow d \mid (n+m)$

  (ii) $d \mid n \Rightarrow d \mid nm$ ($m \neq 0$인 임의의 정수에 대하여)

증명 (A) $d \mid n \Rightarrow n = dq_1$ ($q_1 \neq 0$인 어떤 $q_1 \in \mathbb{Z}$에 대하여)

  $d \mid m \Rightarrow m = dq_2$ ($q_2 \neq 0$인 어떤 $q_2 \in \mathbb{Z}$에 대하여)

따라서 다음이 성립한다.

$$n + m = dq_1 + dq_2$$
$$= d(q_1 + q_2)$$

그러므로 정의 1에 의해 $d \mid (n+m)$이다.

(B) (ii)의 증명은 연습문제로 남겨둔다.

(i)의 증명은 다음과 같이 유리수의 개념을 이용하여 쉽게 밝힐 수 있다.

$$d \mid n \Rightarrow \frac{n}{d} \text{ 는 정수}$$

$$\text{그리고 } d \mid m \Rightarrow \frac{m}{d} \text{ 는 정수}$$

$$\text{따라서 } \frac{n}{d} + \frac{m}{d} \text{ 는 정수이다.}$$

$$\text{그런데 } \frac{n}{d} + \frac{m}{d} = \frac{n \pm m}{d} \text{ 이다.}$$

그러므로 $d \mid (n+m)$이다.

같은 증명으로부터 다음이 성립함에 주목하자.

$$d \mid n \text{ 그리고 } d \mid m \Rightarrow d \mid (n-m)$$

따라서 다음과 같이 나타낼 수 있다.

$$d \mid n \text{ 그리고 } d \mid m \Rightarrow d \mid (n \pm m)$$

나눗셈 개념의 관점에서 소수에 관한 정확한 정의는 다음과 같다.

정의 2　정수 p가 소수임은 다음과 동치이다.

(A) $p \geq 2$ 그리고

(B) $d \mid p$, $d > 0 \Rightarrow d = 1$ 또는 $d = p$

소수가 아닌 1보다 큰 정수는 **합성수**라고 한다. 예를 들어, 5는 자기 자신과 1 이외에는 양의 약수가 없으므로 소수이다. (정의 1에 의해, $5 = (-1)(-5)$이므로 5는 (-1)과 (-5)를 약수로 갖는다. 그러나 음의 약수는 소수의 정의에서 아무런 역할도 하지 않는다.)

모든 짝수는 2를 약수로 가지므로, 자연수 2는 유일한 짝수인 소수이다. 자연수 1은 기술적인 이유로 소수의 집합에서 제외한다. **처음 10개의 소수들은 다음과 같다.**

$$2, 3, 5, 7, 11, 13, 17, 19, 23, 29$$

(위에서 고딕체로 강조한 문장은 이후에 전개될 명제를 예고한다. 즉, **소수의 개수는 무한하다**는 명제이다. 따라서 만일 우리가 위에서 처음 10개만이 아닌 모든 소수들을 나열하고자 한다면 29라는 숫자 다음에 콤마를 붙이고 다음에도 계속된다는 것을 뜻하는 세 개의 점을 붙여야 할 것이다.)

에라토스테네스의 체

앞으로 우리가 보겠지만 소수의 개수는 무한임에도 불구하고 어떤 특정한 자연수가 소수인지 또는 아닌지를 결정하는 것은 정말로 어려운 문제이다. 예를 들어, $n \geq 2$인 자연수가 주어진다면, n의 약수를 찾기 위해 $2, 3, \cdots,$ $n-1$이라는 수를 하나씩 차례로 검증하는 매우 단순하고 비효율적인 방법을 사용할 수도 있을 것이다. 운이 좋다면 초기에 약수를 발견할 것이다. 이런 경우에 우리는 검증 절차를 종료하고 n이 더 이상 소수가 아니라고 결론을 내릴 수 있다. 하지만 만일 n이 소수라면 그래서 어떤 지름길도 찾을 수 없다면 $2, 3, \cdots, n-1$ 각각이 n의 약수가 될 수 있다는 가정 하에 일일이 검증을 해야 할 것이다. 이와 같은 순진한 방식은 모두 $n-2$단계를 필요로 한다. ($2, 3, \cdots, m$에는 $m-1$개의 수가 존재한다.)

예를 들어 $n = 79$라고 하자. 이때 가능한 약수들은 $2, 3, 4, \cdots, 78$이다. 이들을 하나씩 검증하고 각각의 단계에서 1분씩 소요된다고 할 때 전체 걸리는 시간은 77분이나 된다. $n = 79$는 매우 작은 수이므로, 77분은 필요한 시간보다 과도하게 추측된 것일지도 모른다. 어쨌든 이러한 엉성한 과정을 통해 79가 소수라는 사실이 입증된다.

한편, 만일 n이 큰 수라면 문제는 그리 간단하지가 않다. 예를 들어 자연수 $m = 2^{64}$을 생각해보자. m이 소수가 아님은 분명하다. 왜냐하면 $m =$

$2 \cdot 2^{63}$이므로 m은 짝수(2보다 큰)라는 결론을 내리게 된다. 그러나 $n=m+1$인 홀수 n을 생각해보자. n은 소수인가?

이 경우에 $n=2^{64}+1$의 약수인지 아닌지 일일이 검증하는 순진한 방법이 있다. 이때 검증해야 할 숫자들은 다음과 같다.

$$2, 3, 4, \cdots, 2^{64}$$

우리는 n의 약수가 가능한지 이들 수를 일일이 검증해야만 한다. 어쩌면 "작은" 약수를 찾아내어 이 과정을 빠른 시간 내에 마칠 수도 있다. 그러나 만일 n이 소수라면, 그래서 이 일을 빠른 시간 내에 약수를 발견하기 어렵다면, 우리는 어쩔 수 없이 2와 2^{64} 사이에 있는 각각의 수를 검증하면서 한 걸음씩 나아갈 수밖에 없을 것이다. (분명한 사실은 $2^{64} \nmid 2^{64}+1$이다.) 이를 위해 얼마나 많은 시간이 필요로 할까?

이제 초성능 인간 계산기인 C를 생각해보자. 그가 어떤 수를 약수인지 아닌지 검증하는데 수 하나에 1분씩 걸린다고 하자. $2, 3, 4, 5, \cdots, 2^{64}$에는 모두 $2^{64}-1$개의 수가 있으므로 인간 계산기 C는 이 일을 완성하는데 최악의 경우 $t=2^{64}-1$분이 걸릴 것이다. 이 시간은 도대체 몇 년이나 될까? 이때 걸리는 시간의 하한값을 대강 추측해 볼 필요가 있다. 단위를 분으로 하여 $t=2^{64}-1$분이라 하였다. 그렇다면 다음 식이 성립한다.

$$\begin{aligned}
t &= 2^{64}-1 \\
&> 2^{63} \\
&= 2^{60+3} \\
&= 2^{60} \cdot 2^3 \\
&= 8 \cdot 2^{60}
\end{aligned}$$

$$=8 \cdot 2^{(4)(15)}$$
$$=8 \cdot (2^4)^{15}$$
$$=8 \cdot (16)^{15}$$
$$>8 \cdot (10)^{15}$$

인간 계산기인 C는 이 일을 완성하는 데에 적어도 $8 \cdot (10)^{15}$분이 걸린다. 이 시간을 햇수로 단위를 환산하면 다음과 같다.

$$t > 8 \cdot (10)^{15}\text{분}$$
$$= 8 \cdot (10)^{15}\text{분}\left[\frac{1\text{시간}}{60\text{분}}\right]\left[\frac{1\text{일}}{24\text{시간}}\right]\left[\frac{1\text{년}}{365\text{일}}\right]$$
$$= \frac{8 \cdot (10)^{15}}{(60)(24)(365)}\text{년}$$

(두 번째 식에서 꺾쇠 괄호 안에 있는 항들의 값은 1이므로 단위 "년"을 제외하고는 모두 소거된다.) 이를 대강 어림잡으면 다음과 같다.

$$t = \frac{8 \cdot (10)^{15}}{(60)(24)(365)}\text{년}$$
$$= \frac{8 \cdot (10)^{15}}{6 \cdot 10 \cdot 3 \cdot 8 \cdot 365}$$
$$= \frac{(10)^{14}}{6 \cdot 3 \cdot 365}$$
$$> \frac{(10)^{14}}{6 \cdot 3 \cdot 400}$$
$$= \frac{(10)^{14}}{6 \cdot 3 \cdot 4 \cdot (10)^2}$$
$$= \frac{(10)^{12}}{72}$$
$$> \frac{(10)^{12}}{100}$$
$$= (10)^{10}\text{년}$$
$$= 10,000,000,000\text{년}$$

위의 식에 의해 시간을 크게 감축했음에도 불구하고, 인간 계산기인 C는 자신의 일을 완수하는 데에 상당한 시간을 필요로 한다. 설혹 우리가 C를 수백만 배나 빠른 시간 내에 계산할 수 있는 컴퓨터로 대치한다 하여도 최악의 시나리오의 경우 걸리는 시간은 적어도 다음과 같다.

$$T = \frac{10^{10}}{10^6} = 10^4년$$
$$= 10,000년$$

아무리 좋은 성능의 컴퓨터도 오래 가지는 못할 것이다. 내가 가진 소형 계산기가 실제 값을 구해보았는데 다음과 같았다.

$$t = 35,096,540,000,000년$$

그리고

$$T = 35,096,540년$$

따라서 실제 값은 어림잡은 하한값보다 훨씬 높다. 하지만 실제 상황에서는 최악의 시나리오의 경우에도 $n = 2^{64}+1$라는 값이 적용되지 않는다. 사실상 인간 계산기인 C는 그런 시간이 필요한 것이 아니라 살아 있는 동안에 그 일을 마칠 수가 있다. 우리의 수 n은 **페르마 수**의 한 사례이다. 이들 수는 다음과 같이 주어진다.

$$F_m = 2^{(2^m)} + 1, \ m = 0, \ 1, \ 2, \ 3, \ \cdots$$

만일 $m = 6$이라면 다음과 같이 된다.

$$F_6 = 2^{2^6} + 1 \ 또는 \ F_6 = 2^{64} + 1$$

F_6은 합성수로, 가장 작은 약수는 274,177이라고 알려져 있다. 따라서 인간 계산기가 $F_6=n$의 약수를 찾기 위하여 순진하게 작은 수부터 검증하기 시작한다면 274,177분(약 6개월)이 지나서야 비로소 이 수가 합성수라는 사실을 발견하게 될 것이다. 고성능 컴퓨터라면 2초도 걸리지 않고 한 번 깜빡거리고 나서 이 일을 마칠 수 있다.

물론 보통 상황에서는 소수인지를 판가름하기 위해 위에서 언급한 순진한 방법을 구사하지 않는다. 특별한 여러 가지 기술이 고안되었는데, 특히 현대적인 컴퓨터에 적용될 수 있는 효율적인 방법들이 다양하게 존재한다. 이 방법들의 다수는 복잡한 수학을 필요로 한다. 그러나 몇몇은 초보적인 수학만 요구하는 경우도 있다. 단순한 기법으로 가장 오래된 것은 **에라토스테네스의 체**라는 방법으로, 기원전 276~194년에 살았던 고대 그리스 수학자의 이름을 딴 것이다.

이 방법은 만일 n이 합성수라면 약수가 존재하는데, 그 약수의 제곱은 n보다 크지 않다는 사실에 기초한 것이다. 다음과 같은 가정을 해보자.

$$n=ab, \ a,b\in\mathbb{N}$$

그러면 다음이 성립한다.

$$n^2=a^2b^2$$

따라서 $a^2\leq n$ 또는 $b^2\leq n$이다. (그렇지 않으면 $a^2>n$ 이고 $b^2>n$이 되어 $a^2b^2>n\cdot n=n^2$이 된다.) 결론적으로 합성수 n과 약수 d의 관계는 $d^2\leq n$과 같다.

이쯤에서 "n의 약수가 d라면 그 약수는 n의 제곱근보다 클 수 없다. 즉 $d\leq\sqrt{n}$"라고 간단하게 언급하는 것이 편리하다—그리고 관례이기도 하다—. 여기서 $\sqrt{n}$은 n의 제곱근을 나타내는 학교 수학의 기호이다. 하지만 우리는 아직 $\sqrt{n}$ 을 정의하지 않았다. 그리고 $\sqrt{n}$ 은 피타고라스를 다루면서 곧 배우겠지만, 현재 우리가 마음대로 사용할 수 있는 수의 집합에 속하지 않는다. 즉, $\sqrt{n}$ 는 유리수가 아니다. 하지만 실수일 것이라는 기대를 해도 무방하기 때문에 $\sqrt{n}$ 은 식 $(\sqrt{n})^2=n$ 을 만족하는 것으로 정의할 수 있다. 그러면 우리는 에라토스테네스의 체를 다음과 같은 명제로 기억할 수 있을 것이다.

합성수 n 은 $d \leq \sqrt{n}$ 을 만족하는 약수 d 를 갖는다.

예를 들어, $n=79$ 인 수를 다시 보자. $8^2=64<79$ 이고 $9^2=81>79$ 임에 주목하라. 여기서 $\sqrt{79}$ 는 8과 9 사이에 존재한다. 즉, $8<\sqrt{79}<9$ 이다. ($\sqrt{79}$ 는 유리수가 아니다.) 그러므로 $\sqrt{79}$ 를 초과하지 않는 가장 큰 자연수는 8이다. 따라서 $\sqrt{79}$ 가 소수인지 아닌지를 판정하기 위해서 우리는 가능한 약수 2, 3, 4, 5, 6, 7, 8로 검증할 필요가 있다. 이들 중 어느 것도 79를 나누었을 때 나머지가 0이 되지 않으므로 결국 79는 소수라는 결론을 얻는다.

수학적 귀납법

앞에서 언급한 페아노의 다섯 번째 공리는 자연수 n 의 계승자 n' 의 개념을 포함하고 있다. 그러나 우리는 임의의 $n \in \mathbb{N}$ 에 대하여 $n'=n+1$ 임을 알고 있다. 이에 따라 제 5공리를 약간 변형하여 다음과 같이 나타낼 수도 있다.

수학적 귀납법의 원리 : $S \subset \mathbb{N}$ 일 때, 만일
- $1 \in S$ 이고
- $n \in S \Rightarrow (n+1) \in S$ 이면, $S=\mathbb{N}$ 이다.

위의 형식은 페아노의 제 5공리에서 계승자의 개념을 덧셈의 개념으로 바

꾸어 놓은 것으로 귀납법의 원리는 변함이 없다. 따라서 도미노를 무한히 세워놓은 다음에 연속적으로 쓰러뜨리는 것에 비유한 것이 여기에도 적용된다. 또 다른 적절한 비유는 긴 사다리이다. 이는 성경 창세기에서 야곱이 꿈에서 보았던 하늘까지 닿아있어 천사들이 오르락 내리락 하는 사다리를 말한다.

사다리에는 여럿의 계단이 있는데 이를 각각의 자연수라고 하자. 이제 수학적 귀납법에 따라 그 사다리의 계단을 밟고 올라간다고 하자. R을 사다리에 있는 계단들의 집합이라고 하자. 귀납법 원리의 명제 (1)은 올라가 딛을 수 있는 첫 번째 계단이 있음을 확신한다. 명제 (2)는 어떤 특정한 계단을 밟으면 바로 다음 계단을 딛고 올라설 수 있다는 점을 말한다. 귀납법 원리의 결론은 $R=\mathbb{N}$이라는 사실이다. 따라서 일단 그러한 사다리가 있다면 모든 계단을 올라갈 수 있음을 말하는 것이다. 원한다면 베르셰바(성경에 나오는 중요한 성소로 하갈, 이삭, 야곱, 엘리야에게 하느님이 나타난 곳–역주) 근처의 천사들처럼 하늘나라에 이를 수도 있다. 그러나 조심해야만 한다. 로버트 프로스트의 자작나무를 타는 소년처럼 다시 돌아오고 싶을지도 모르니까. 그런 경우에는 당신 마음대로 할 수 있다. 수학적 귀납법은 내려오는 것에 대해서 어떤 언급도 하지 않았으니까.

수학적 귀납법의 원리는 자연수에 대하여 성립하는 결과들을 확정지을 때 매우 강력한 도구를 새로운 형태로 제공해준다. 예를 들어 다음 식을 보자.

(a) $$1+2+3+4+ \cdots +n = \frac{n(n+1)}{2}$$

이 식이 $n=1, 2, 3, 4$에 대하여 성립한다는 사실은 쉽게 검증할 수가 있다. ($n=4$일 때, $1+2+3+4=10=\frac{20}{2}=\frac{4 \cdot 5}{2}$이다.) $n=100$이면 다음 식이 성립한다.

$$1+2+3+4+\cdots+100=\frac{(100)(101)}{2}$$
$$=5{,}050$$

가우스의 어린 시절 일화에서 이 식이 옳음을 이미 확인한 바 있다.

이러한 검증 작업은 위의 식이 모든 $n\in\mathbb{N}$에 대하여 성립한다는 **추측**을 가능하게 한다. 바로 이러한 경우에 우리는 수학적 귀납법을 적용하여 증명할 수가 있다.

$S=\left\{n\,|\,n\in\mathbb{N},\ \text{그리고}\ 1+2+3+\cdots+n=\dfrac{n(n+1)}{2}\right\}$라고 하자. ($S$는 이 식이 성립하는 자연수들의 집합이다.)

(1) $1\in S$이다. 왜냐하면 $1=\dfrac{1\cdot(1+1)}{2}$이기 때문이다.

(2) $n\in S$라고 하자. 그러면 다음 식이 성립한다.
$$1+2+3+\cdots+n=\frac{n(n+1)}{2}$$
따라서 다음 식도 성립한다.
$$1+2+3+\cdots+n+(n+1)=\frac{n(n+1)}{2}+(n+1)$$
$$=(n+1)\left(\frac{n}{2}+1\right)$$
$$=(n+1)\left(\frac{n+2}{2}\right)$$

그러므로 $1+2+3+\cdots+(n+1)=\dfrac{(n+1)[(n+1)+1]}{2}$이고, 이 등식에 의해 $(n+1)\in S$이다. 그러므로 $n\in S\Rightarrow(n+1)\in S$이다.

그렇다면 수학적 귀납법의 원리에 의해 $S=\mathbb{N}$을 확정할 수가 있다. 그러므로 다음 등식은 모든 자연수 n에 대하여 성립한다.

(a) $$1+2+3+\cdots+n=\frac{n(n+1)}{2}$$

가우스는 열 살의 나이에 $1+2+3+\cdots+100=5050$임을 계산하기 위해

등식 (a)를 사용했는지도 모른다. 하지만 그것은 사실이 아니다. 이 등식을 사용한다는 것은 암기에 의한 것이라 할 수 있는데, 가우스는 그보다 더 복잡한 무엇인가를 행하였다. 그가 사용한 것은 추론이었다.

우리는 등식 (a)가 $n = 1, 2, 3, \cdots$에 대하여 성립함을 추측할 수 있었는데, 그 이유는 여러 개의 n값에 대하여 그 타당성을 이미 **관찰**하였기 때문이다. 그러고 나서 우리는 수학적 귀납법의 원리라는 수단에 의해 그 타당성이 모든 자연수에 대하여 성립함을 **증명**할 수가 있었다. 그러나 여기서 그와 같은 도약에 대하여 조심해야만 한다. 수학은 과학이 아니기 때문이다. 수학적 결과는 관찰이 아니라 증명에 의해 확립된다. 따라서 우리는 증명을 완료하여만 만사형통임을 확인할 수가 있다. 관찰은 그 자체만으로는 아무 것도 알려줄 수 없다. 다음 등식을 생각해보자.

$$p = n^2 + n + 41$$

이 등식을 1에서 39까지의 n값에 대하여 검증해보자.

$$n = 1 \Rightarrow p = 1^2 + 1 + 41 = 43$$
$$n = 2 \Rightarrow p = 2^2 + 2 + 41 = 47$$
$$n = 3 \Rightarrow p = 3^2 + 3 + 41 = 53$$
$$\cdots$$
$$n = 39 \Rightarrow p = 39^2 + 39 + 41 = 1601$$

$n = 1, 2, \cdots, 39$에 대하여 모든 p값들을 그림 26에 목록으로 제시해 놓았다. 이 결과들인 $43, 47, 53, \cdots, 1601$들을 검토해 볼 때, 이들 모두가 소수들임을 알게 되면 깜짝 놀랄 것이다. (작은 값들인 $43, 47, \cdots, 97$들은 분

명하게 소수이다. 다른 것에 대해서는 에라토스테네스의 체를 이용하면 밝혀질 수가 있다.) 이러한 사실들, 그리고 관찰 결과들은 다음과 같은 추측으로 이어진다.

n	p	n	p	n	p
1	43	14	251	27	797
2	47	15	281	28	853
3	53	16	313	29	911
4	61	17	347	30	971
5	71	18	383	31	1033
6	83	19	421	32	1097
7	97	20	461	33	1163
8	113	21	503	34	1231
9	131	22	547	35	1301
10	151	23	593	36	1373
11	173	24	641	37	1447
12	197	25	691	38	1523
13	223	26	743	39	1601

그림 26 $p=n^2+n+41$

$p=n^2+n+41$으로 주어진 수 p는 모든 자연수 $n \in \mathbb{N}$에 대하여 소수이다.

상당히 그럴 듯하다. 그림 26은 이 추측이 $n=1, 2, \cdots, 39$에 대하여 성립함을 보여준다. 그러나 수학적 진리는 **증명** 여부에 달려있지 **증거**만으로는 부족하다. 실제로 이 추측은 **거짓**이다. 이를 알아보기 위해 $n=40$이라고 하자.

$$p=40^2+40+41$$
$$=40(40+1)+41$$
$$=40 \cdot 41+41$$
$$=41 \cdot (40+1)$$
$$=41 \cdot 41$$
$$=41^2$$

따라서 이 값은 **소수가 아니다.**

더욱더 큰 문제점은—그러나 별로 흥미를 끌지는 못하지만—관찰만으로는 실수를 범할 수도 있다는 사실이다. 다음과 같이 정의된 수 r을 생각해 보자.

$$r = (n-1)(n-2)(n-3) \cdots (n-10000)$$

$n = 1, 2, 3, \cdots, 10000$인 경우에 $r = 0$이 됨은 자명하다. (각각의 경우에 인수가 0이 된다.)

관찰에 의한 사례가 10000개나 되는 매우 풍부한 증거가 되므로, 실용적인 사람이라면 모든 자연수 $n \in \mathbb{N}$에 대하여 $r = 0$이라는 결론을 내릴 수도 있다. 그러나 수학자나 시인 모두가 그리 실용적인 사람은 아니다. 여기서 단순히 $n = 10001$이라고만 하면 어떤 인수도 0이 되지 않기 때문에 다음 사실이 성립한다.

$$r = (10001-1)(10001-2) \cdots (10001-10000)$$
$$\neq 0$$

그러므로 결국 실용적으로 내려진 결론은 거짓으로 판명되는 것이다.

순서 정렬원리

자연수 집합에는 최솟값인 원소가 있는데 그 수는 다름 아닌 1이다. 만일 n이 1 이외의 임의의 자연수라면, $n > 1$이다. 그러나 정수의 집합에서는 유사한 명제가 성립하지 않는다. $0 > -1 > -2 > \cdots$ 이므로 $\mathbb{Z}$에는 최솟값을 갖는 원소가 존재하지 않는다. 비슷하게 $\mathbb{Q}$에도 최솟값인 원소가 존재하지 않는다.

이러한 형태의 논의는 우리가 부분집합에 대해 알아보면 점점 흥미진진하게 되며 점점 중요하게 된다. 다음과 같은 유리수 집합의 부분집합을 생각해보자.

$$S=\{q \,|\, q\in\mathbb{Q},\, 1<q\}$$

즉, S의 원소들은 1을 넘는 유리수들이다. 따라서 수 1은 S의 하한으로, S의 각 원소는 모두 1보다 크다. 하지만 S의 최소 원소는 존재하지 않는다.

이를 확인하기 위하여 q를 S의 임의의 원소라고 하자. 이때 $q\in\mathbb{Q}$이고, $q>1$이다. 이제 $r=\dfrac{1+q}{2}$이라고 하자. 그러면 r은 유리수이고 1과 q의 평균 값이므로 다음이 성립한다.

$$1<r<q$$

이 사실은 우리에게 다음 두 가지를 말해준다. 즉, $r\in S$과 $r<q$이다. 따라서 S의 임의의 수(예를 들어, q)에 대하여, S의 원소 중에 **더 작은 수**(예를 들어, r)가 존재한다. 그러므로 S에는 **최소인 원소가 존재하지 않는다.**

따라서 공집합이 아닌 모든 유리수 집합의 부분집합에 최소인 원소가 존재하는 것은 아니다. 하한이 존재하는 부분집합들도 조차—S도 그러했다—최솟값이 존재하지 않을 수도 있다. (물론, 다른 많은 부분집합에는 최소인 원소가 존재하는 것도 사실이다. 예를 들어 집합 $R=\{q \,|\, q\in\mathbb{Q}$ 그리고 $1\le q\}$과 $T=\left\{\dfrac{1}{2},\, \dfrac{1}{3},\, \dfrac{1}{4}\right\}$가 그러하다.)

자연수에서는 더 멋진 상황이 벌어진다. 더 정확하게 말하면, 자연수에 대해서는 순서 정렬원리가 적용된다는 점이다. 이는 다음과 같다.

$S\subset\mathbb{N}$이고 $S\neq\varnothing$이라고 하자. 그러면 $m\in S$이 존재하여 다음을 만족한다.

$$n\in S\Rightarrow m\le n$$

이에 대하여 몇 가지 논의할 사안을 다음에 정리하였다.

- 이 원리에 따르면, 공집합이 아닌 자연수의 임의의 부분집합에는 최소인 원소가 존재한다.
- 자연수 집합 $\mathbb{N}$의 임의의 부분집합 S에는 하한이 있다. 즉, $n \in S \Rightarrow 1 \leq n$이다. 따라서 하한의 존재성에 대한 가정은 언급할 필요가 없다.
- $S \neq \emptyset$이라는 가정도 필요 없다. 왜냐하면 공집합에는 아치볼드 매클리시의 세상 끝의 서커스 천막과 같이 그 무엇도 그 어떤 것도 존재하지 않기 때문이다. $\emptyset$에 최소인 원소는 결코 존재할 수가 없다.
- 공집합이 아닌 $\mathbb{N}$의 여러 다양한 부분집합들을 구성함으로써 이 원리의 자명함을 여러분 스스로 확인할 수가 있다. 원한다면 시도해보라. 최소인 원소가 없는 어떤 부분집합도 만들 수 없을 것이다.

이상과 같은 논의로부터 자연수에 대한 순서 정렬원리의 타당성에 대한 증거들을 확인할 수가 있다. 그러나 우리는 증거만으로 만족할 수 없다. 수학적 진리는 증명을 필요로 하기 때문이다. 가장 표준화된 증명은 수학적 귀납법의 원리를 이용한다. 이 증명은 우리가 지금까지 검토하였던 다른 무엇보다도 복잡하기 때문에 여기서는 이를 생략할 것이다.

자연수에 대한 순서 정렬원리는 음이 아닌 정수의 부분집합까지 쉽게 확장할 수가 잇다. 즉, 만일 $\mathcal{U}$가 $\{0, 1, 2, 3, \cdots\}$의 공집합이 아닌 부분집합이라고 하면, $\mathcal{U}$에는 최소인 원소가 존재한다. (만일 $0 \in \mathcal{U}$이면 0이 최소인 원소이다. 그렇지 않으면 $\mathcal{U} \subset N$이고 따라서 최소 정렬화 원리에 의해 최소인 원소가 존재한다.) 우리는 매우 긴 나눗셈의 과정을 정당화하는 정리에 관해 논의할 때 이와 같이 확장된 최소 정렬원리를 이용할 것이다.

나눗셈 알고리즘

학교에서 학생들은 긴 나눗셈 과정을 기계적으로 배운다. 모방과 반복을 통해 그들은 주어진 정수를 제수라고 부르는 또 다른 정수로 나누는 기능을 익히게 된다. 이 과정—주로 시행착오가 따르는—은 유한번의 단계를 거치면 마무리되고 몫과 나머지라는 두 개의 정수를 생성하게 된다.

이렇게 유한 번의 단계를 거쳐 해를 구하는 과정을 수학자들은 **알고리즘**이라고 부른다. 학교에서 어린이들은 기계적으로 느리고 이해도 못한 채 나눗셈 알고리즘을 따라하는 셈이다. 어린이들이 나눗셈을 하는 행위는 결코 즐거운 일도 아니고 그렇다고 교육적인 행위도 아니다. 더군다나 조지 엘리엇의 《사일러스 마너 *Silas Marner*》를 읽으면서 문학을 멀리하는 아이들보다 더 많은 아이들이 나눗셈을 배우면서 수학을 멀리하게 된다.

물론 학생들이 긴 나눗셈 풀이법을 배울 필요가 있을지도 모른다. 그러나 수학자의 관점에서 볼 때 나눗셈을 하여 답을 얻는 것보다도 몫과 나머지가 존재한다는 사실을 아는 것이 더 중요하다. 그 존재성은 다음과 같은 정리에 의해 보장된다.

나눗셈 알고리즘 : a도 정수이고 $d > 0$도 정수라고 하자. 이때 다음을 만족하는 정수 q와 r이 유일하게 존재한다.

$$0 \leq r < d, \ a = qd + r$$

(이때 정수 q와 r을 각각 a를 d로 나누는 과정에서의 몫과 나머지라고 부른다.)

직관적으로 검토(증명에는 이르지 못하지만)를 한다면 정수 a와 r이 존재한다는 사실을 매우 빨리 확인할 수가 있다. 다음 정수들의 배열을 보자.

$$\cdots < -3 < -2 < -1 < 0 < 1 < 2 < 3 < \cdots$$

양의 정수 d로 각각 전체를 곱하면 다음 식을 얻는다.

$$\cdots < -3d < -2d < -d < 0 < d < 2d < 3d < \cdots$$

a는 정수이므로 이는 d의 배수들 중의 하나, 즉 $a = qd$이거나 또는 qd와 $(q+1)d$ 사이의 어느 곳인가에 자리를 잡는다. 즉, $qd < a < (q+1)d$이다.

우선 첫 번째 경우에 $a = qd + 0$이다. 즉, $r = 0$이다. 두 번째 경우에는 $a = qd + r$인데 이는 두 가지로 나누어 구분할 수가 있다.

(ⅰ) $a > qd$이기 때문에 $r > 0$이다.
(ⅱ) $a < (q+1)d = qd + d$이기 때문에 $r < d$이다.

이 두 경우를 함께 다음과 같이 나타낼 수 있다.

$$a = qd + r, \ 0 \le r < d$$

좀 더 엄격한 증명을 위해서는 자연수에 대한 순서 정렬원리가 필요하다. 그 증명은 매우 지루하고 유일성에 대한 증명보다도 훨씬 쉬우므로 생략할 것이다. 나눗셈 알고리즘은 예를 들어 $0 \le r < 14$인 정수 r과 q가 다음 성질을 만족하면서 유일하게 존재함을 보증하고 있다.

$$920 = q(14) + r$$

이미 학교에서 다음과 같은 식에 의해 q와 r을 구하는 것을 배웠다.

$$
\begin{array}{r}
65 \\
14\overline{)920} \\
84 \\
\hline
80 \\
70 \\
\hline
10
\end{array}
$$

따라서 $920=(65)(14)+10$이다.

최대공약수

학교에서 어린이들은 나눗셈과 관련된 최대공약수라는 개념을 만난다. 이 개념은 주어진 두 개의 양의 정수를 하나의 수와 결합하는 것이다. 예를 들면, 양의 정수 8과 36을 생각해보자. 8의 양의 약수들은 1, 2, 4, 8이다. 36의 양의 약수들은 1, 2, 3, 4, 6, 9, 12, 18, 36이다. 이 두 목록에 나열된 수들 중 공통인 수는 1, 2, 4이다. 이들 중 가장 큰 수인 4를 8과 36의 **최대공약수**(greatest common divisor)라고 한다. 그리고 이를 다음과 같이 표현한다.

$$gcd(8, 36)=4$$

이를 보다 정확하게 하기 위해 다음과 같은 정의를 내린다.

정의 3 a와 b를 둘 다 0이 아닌 정수라고 하자. 이때 다음 조건을 만족하는 양의 정수 d를 a와 b의 최대공약수라고 하며 $d=gcd(a,\ b)$로 나타낸다.

(i) $d\,|\,a$ 이고 $d\,|\,b$

(ii) $m\,|\,a$ 이고 $m\,|\,b \Rightarrow m \le d$

위의 정의에서 $a=0$이고 $b=0$인 경우는 제외하였는데, 그 이유는 $m \in \mathbb{Z}$인 각각의 m에 대하여 $m \,|\, 0$이므로 최대공약수의 개념이 의미가 없기 때문이다. 정의에서 a와 b 모두 음수임을 허용하고 있음에도 불구하고 정수 d는 양수임을 요구한다. 따라서 $d=gcd(a, b)$를 결정하는 과정에서 a와 b의 음의 정수를 고려할 필요는 없다. 예를 들어 8의 약수들은 1, -1, 2, -2, 4, -4, 8, -8이고, 36의 약수들은 1, -1, 2, -2, 3, -3, 4, -4, 6, -6, 9, -9, 12, -12, 18, -18, 36, -36이다. 만일 우리가 기호 $\pm n$을 양수 n 또는 음수 n을 나타내는 것으로 놓으면, 위의 목록은 각각 ± 1, ± 2, ± 4, ± 8과 ± 1, ± 2, ± 3, ± 4, ± 6, ± 9, ± 12, ± 18, ± 36으로 나타낼 수 있다. 공통인 약수들은 1, 2, 4이다. 이들 중 가장 큰 수인 4는 우리가 앞에서 8과 36의 양의 약수들만 살펴보았을 때와 같이 그대로 존재한다.

다음 정리는 $d=gcd(a, b)$의 존재를 확립시켜주면서 동시에 d를 a와 b의 일차식으로 나타낼 수 있음을 보여준다. 이에 대한 증명은 자연수에 대한 순서 정렬화 원리를 불러내어 다시 한 번 이 원리와 그의 짝인 수학적 귀납법의 기본적인 역할을 되새기게 한다. 하지만 너무나 복잡하기 때문에 여기에 증명을 제시하지는 않을 것이다.

정리 2 a와 b를 둘 다 0이 아닌 정수라 하자. 이 때 $d=gcd(a, b)$가 존재하며, 어떤 정수 m과 n에 대하여 $d=ma+nb$가 성립한다.

이 아이디어를 좀 더 전개하기 전에 최대공약수에 대한 우리의 정의가 그렇게 썩 표준화될 만한 기준을 제시하지 않았음을 지적해야겠다. 실제로 정의 2는 다음과 같이 표준화할 수 있다.

$$d = gcd(a, b) \Leftrightarrow \begin{cases} d > 0 \\ d \,|\, a \text{ 그리고 } d \,|\, b \\ m \,|\, a \text{ 그리고 } m \,|\, b \Rightarrow m \leq d \end{cases}$$

우리는 위의 표준적 정의에서 우변의 세 번째 줄에 나타난 함의 추론을 다음과 같이 다시 나타낼 수가 있다.

$$m \,|\, a \text{ 그리고 } m \,|\, b \Rightarrow m \,|\, d$$

수학자들은 대개 표준화된 정의를 선호하는데, 이는 그 정의가 순서 개념을 포함하지 않고 있으며 따라서 "무엇보다 크다"라는 개념이 아닌 "약수"의 개념을 포함하는 보다 일반적인 상황으로 확장할 수 있기 때문이다. 나는 개인적으로 "|"에 대한 정의를 선호하는데, 그 이유는 "최대공약수"라는 구절에 반영되리라 기대되는 순서 개념을 포함하고 있기 때문이다. 그러나 선택은 취향의 문제이다. 정수의 경우에 이들은 모두 동등하다. (우리는 여기서 증명 때문에 괴로워 할 필요는 없다.)

정리 2는 수학자들이 **존재** 정리라고 부르는 하나의 예이다. 그 결론은 $d = gcd(a, b)$의 존재를 보장하며 a와 b의 일차식으로 나타낼 수 있음을 주장한다. 그러나 정리2가 최대공약수를 어떻게 구할 수 있는가에 대해서 말해주지는 않는다. 이를 위해 우리는 수학자들이 구성적이라고 부르는 형태를 갖춘 정리가 필요하다. 즉, 우리에게 필요한 것은 $d = gcd(a, b)$를 결정하기 위한 단계별 절차이다.

이러한 형태를 갖춘 절차가 고대 그리스에 존재하였는데, 그 이름은 유클리드의 알고리즘(비록 유클리드 이전에 있었지만)이라고 한다. 유클리드의 알고리즘에 관한 기본 아이디어는 다음과 같다.

주어진 두 정수가 있을 때, 큰 수를 작은 수로 나누어 몫과 나머지를 얻는다. 나머지가 양수이면, 앞서 실행하였던 나눗셈의 제수를 나머지로 나눈다. 이러한 과정을 나머지가 0이 될 때까지 계속한다. 마지막에 얻은 0이 아닌 나머지가 두 정수의 최대공약수이다.

위의 절차를 실행하여 얻어진 수가 최대공약수임을 증명하기 위해서는 나머지 알고리즘을 이용하기만 하면 된다. 그러나 이는 매우 지루한 절차이므로 여기서는 생략하도록 하겠다.

예 102와 16의 최대공약수를 구하여라.
그 과정을 체계적으로 정리하면 다음과 같다.

$$
\begin{array}{r}
6 \\
16\overline{)\,102} \\
96 \\
\hline
\end{array}
$$

$$
\begin{array}{r}
2 \\
6\overline{)\,16} \\
12 \\
\hline
\end{array}
$$

$$
\begin{array}{r}
1 \\
4\overline{)\,6} \\
4 \\
\hline
\end{array}
$$

$$
\begin{array}{r}
2 \\
2\overline{)\,4} \\
4 \\
\hline
0
\end{array}
$$

마지막의 0이 아닌 나머지는 $r_3 = 2$이다. 따라서 $2 = gcd(102, 16)$이다.
위의 절차를 식으로 나타내면 다음과 같다.

$$102 = 6(16)+6$$
$$16 = 6(2)+4$$
$$6 = 4(1)+2$$
$$4 = 2(2)+0$$

마지막 식으로부터 위의 절차를 차례로 정리하면 다음 식을 얻을 수 있다.

$$2=6-4(1)=6-4$$
$$=6-[16-6(2)]=3(6)-16$$
$$=3[102-6(16)]-16$$
$$=3(102)-19(16)$$

그러므로 정리 2에서 밝힌 바와 같이 다음을 얻을 수 있다.

$$2=gcd(102, 16)=3(102)+(-19)(16)$$

유클리드의 알고리즘을 논의하는 과정에서 양수에만 제한을 한다고 하여 문제가 될 것은 없는데, 그 이유는 $gcd(a, b)=gcd(-a, -b)$가 성립하기 때문이다. 예를 들어, $gcd(-102, -16)=gcd(102, 16)=2$라고 할 수 있다. 물론 두 정수의 최대공약수가 1이 될 수도 있다.

예 $d=gcd(112, 15)$를 구하여라.

풀이 유클리드의 알고리즘을 적용한다.

$$\begin{array}{r} 7 \\ 15 \overline{)\ 112} \\ \underline{105} \end{array}$$

$$\begin{array}{r} 2 \\ 7 \overline{)\ 15} \\ \underline{14} \end{array}$$

$$\begin{array}{r} 7 \\ 1 \overline{)\ 7} \\ \underline{7} \end{array}$$

$$0$$

그러므로 $d = gcd(112,\ 15) = 1$이다. 따라서 이를 식으로 나타내면 다음과 같다.

$$112 = 7 \cdot (15) + 7$$
$$15 = 7(2) + 1$$
$$7 = 1(7)$$

이를 통해 다음을 얻을 수 있다.

$$1 = 15 - 7(2)$$
$$1 = 15 - [112 - 7(15)](2)$$
$$1 = 15(15) - (2)(112)$$
$$1 = 15(15) + (-2)(112)$$

위의 마지막 식의 형태는 $1 = M(15) + N(112)$과 같다.

이와 같은 식을 만나게 되면, 우리는 주어진 두 정수가 **서로소**(relatively prime)라고 한다.

정의 4 a와 b를 둘 다 0이 아닌 정수라고 하자. 만일 $gcd(a, b)=1$가 성립하면 그리고 오직 그 때에 한해서만 a와 b가 서로소라고 한다.

그러므로 112와 15는 서로소이다. (그러나 이들 모두가 소수는 아니다.)

만일 a와 b가 서로소이면 $gcd(a, b)=1$이고, 따라서 정리 2에 의해, 어떤 정수 m과 n에 대하여 $1=ma+nb$가 성립한다.

한편, 어떤 정수 m과 n에 대하여 $1=ma+nb$가 성립한다고 하자. 이때 $d=gcd(a, b)$이면, $d|a$이고, $d|b$이다. 따라서 정리 1의 (i)과 (ii)에 의하여 $d|(ma+nb)$가 성립한다. 따라서 $d|1$이다. d는 양의 정수이므로, 이는 $d=1$임을 뜻한다.

이상의 논의는 다음 정리의 증명을 대신한 것이다.

정리 3 a와 b를 둘 다 0이 아닌 정수라고 하자. 만일 $gcd(a, b)=1$가 성립하면(즉, a와 b가 서로소이면) 그리고 오직 그 때에 한해서만 어떤 정수 m과 n에 대하여 $1=ma+nb$가 성립한다.

주어진 정리에서 매우 쉽게 추론되는 결론을 종종 따름 정리라고 한다. 다음은 그 예이다.

따름 정리 1 $a, b, s \in \mathbb{Z}, a \neq 0$이라고 하자. $gcd(a, b)=1$이라고 가정하자. 만일 $a|sb$이면, $a|s$이다.

증명 정리 3에 의해 어떤 정수 m과 n에 대하여 다음이 성립한다.

$$1=ma+nb$$

따라서 $s=s(ma+bn)$이거나 $s=sma+sbn$이다.

$a|sb$이므로 $a|sbn$이다(정리 1(ii)). 또한 $a|sma$이다. 따라서 $a|(sma+sbn)$이다(정리 1(i)). 그러므로 $a|s$이다.

이 결론을 초보적인 수준에서 재조명하면 다음 결과를 얻을 수 있다.

따름 정리 2 p가 소수라 하고 $p|ab$라고 하자. 그러면 $p|a$ 또는 $p|b$이다.

증명 일단 $p|a$가 성립한다고 하자. 그리고 $p|b$가 아니라고 하자. 그러면 $gcd(a, b)=1$이다. (p의 약수들은 p, $-p$, 1, -1밖에 없다.) 따라서 따름정리 1에 의해 $p|b$이다.

따름 정리 2의 예를 보기 위해 $189=7(27)$임에 주목하자. 그러므로 $7|189$이다. 그런데 한편으로 $189=9(21)$이기도 하다. 따름 정리 2에 따라 $7|9$이거나 또는 $7|21$중의 하나임을 보증할 수 있다. ($7|21$임은 자명하다.)

만일 p가 소수가 아니라면 따름 정리 2가 성립하지 않음을 주목하라. 예를 들어, $16|8(20)$이지만 그렇다고 하여 $16|8$도 아니고 $16|20$도 아니다.

따름 정리 2는 셋 이상의 정수들의 곱에도 확장하여 적용할 수가 있다. 예를 들어, $p|(ab)c$이고 p가 소수라고 하자. 그러면 따름 정리 2에 의해 $p|(ab)$이거나 $p|c$이다. 만일 $p|c$가 아니라고 하면, $p|(ab)$이어야 한다. 따름 정리 2를 이용하면, 다시 $p|a$이거나 또는 $p|b$를 얻게 된다. 이 모두를 종합하여 다음 사실을 추론할 수 있다.

$$p \text{가 소수이고 } p|abc \Rightarrow p|a \text{ 또는 } p|b \text{ 또는 } p|c$$

이 주장은 세 개 이상의 정수의 곱에도 자연스럽게 확장하여 적용할 수가 있다. 증명은 연습문제로 남겨둔다.

따름 정리 3 $a_1, a_2, a_3, \cdots, a_n$을 0이 아닌 정수라 하고 이때 n은 자연수
이다. 만일 p가 소수라 하면, 다음이 성립한다.

$$p \mid a_1 a_2 a_3 \cdots a_n \Rightarrow p \mid a_1 \text{ 또는 } p \mid a_2 \cdots \text{ 또는 } p \mid a_n$$

합동식의 개념은 가우스와 《수 연구》로 거슬러 올라간다.

정의 5 a, b, $m(m>0)$을 정수라 하자. $m \mid (a-b)$이 성립할 때 a와 b는
m을 나머지로 하는 합동이라 말하고 $a \equiv b \bmod m$라고 표기한다. 즉 이 식
이 성립할 필요충분조건은 다음과 같다.

$$a-b = km, \ k \in \mathbb{Z}$$

다음은 이 정의의 예들이다.

$$13 \equiv 8 \bmod 5 \quad (13-8 = 1 \cdot 5 \text{이므로})$$
$$26 \equiv 4 \bmod 2 \quad (26-4 = (11)2 \text{이므로})$$
$$60 \equiv 88 \bmod 7 \quad (60-88 = (-4)7 \text{이므로})$$

임의의 두 정수는 1을 나머지로 하는 합동이므로 $(a-b = (a-b) \cdot 1)$, 나
머지 m의 합동이라고 말할 때, 종종 $m \neq 1$이라는 조건이 필요할 때도 있다.
위의 정의 5에서 $m>0$이라는 조건에 주목하라. 따라서 우리는 일반적으로
$m>1$인 경우만 다룰 것이다.

합동에 관한 기본적인 몇몇 성질들은 정의로부터 매우 쉽게 추론이 가
능하다. 특히 합동은 보통 등식과 마찬가지로 더하거나 곱하는 것이 가능

하다.

정리 5 a, b, c, d, $m\,(m \geq 1)$을 정수라 하면 다음이 성립한다.

(i) $a \equiv b\,\mathrm{mod}\,m$ 그리고 $c \equiv d\,\mathrm{mod}\,m \Rightarrow (a+c) \equiv (b+d)\,\mathrm{mod}\,m$

(ii) $a \equiv b\,\mathrm{mod}\,m$ 그리고 $c \equiv d\,\mathrm{mod}\,m \Rightarrow ac \equiv bd\,\mathrm{mod}\,m$

증명

(i)

$a \equiv b\,\mathrm{mod}\,m$

$c \equiv d\,\mathrm{mod}\,m \Rightarrow m\,|\,(a-b)$ 그리고 $m\,|\,(c-d)$

$\quad \Rightarrow a-b = k_1 m,\ c-d = k_2 m$ (어떤 $k_1,\ k_2 \in \mathbb{Z}$에 대하여)

$\quad \Rightarrow (a-b)+(c-d) = k_1 m + k_2 m$

$\quad \Rightarrow (a+c)+[(-b)+(-d)] = (k_1+k_2)m$

$\quad \Rightarrow (a+c)-(b+d) = (k_1+k_2)m$

$\quad \Rightarrow m\,|\,[(a+c)-(b+d)]$

$\quad \Rightarrow a+c \equiv (b+d)\,\mathrm{mod}\,m$

(ii)

앞의 (i)에서와 같이

$a \equiv b\,\mathrm{mod}\,m,\ c \equiv d\,\mathrm{mod}\,m \Rightarrow a-b = k_1 m$

$\qquad\qquad\qquad\qquad\qquad c-d = k_2 m$ (어떤 $k_1,\ k_2 \in \mathbb{Z}$에 대하여)

따라서 $a = k_1 m + b$ 그리고 $c = k_2 m + d$ 으로 나타낼 수 있다.

그러므로 다음이 성립한다.

$$ac = (k_1 m + b)(k_2 m + d)$$

$$=k_1k_2m^2+k_1md+bk_2m+bd$$

따라서 $ac-bd=(k_1k_2m+k_1d+bk_2)m$이다.

이는 $m\,|(ac-bd)$이므로, $ac\equiv bd\bmod m$이 성립한다.

예를 들어, $10\equiv 2\bmod 4$이고 $15\equiv 3\bmod 4$이므로, $4\,|(10-2)$ 그리고 $4\,|(15-3)$이다. 따라서 정리 5에 의해 $10+15\equiv(2+3)\bmod 4$ 그리고 $(10)(15)\equiv 2\cdot 3\bmod 4$이다. (이 합동식들은 각각 $25\equiv 5\bmod 4$ 그리고 $150\equiv 6\bmod 4$임을 주장하고 있으므로 직접 매우 간단히 검증할 수가 있다.)

여기서 $r\equiv r\bmod m$이므로 다음과 같은 추론을 쉽게 할 수 있음에 주목하라.

따름 정리 4 임의의 정수 r에 대하여 다음이 성립한다.

$$a\equiv b\bmod m\Rightarrow a+r\equiv(b+r)\bmod m,\ ar\equiv br\bmod m$$

이는 합동식의 양변에 임의의 정수를 더하거나 곱할 수도 있음을 의미한다. 예를 들어, $10\equiv 2\bmod 4$일 때, 임의의 정수 r에 대하여 $10+r\equiv(2+r)\bmod 4$이고 $10r\equiv 2r\bmod 4$가 성립한다는 것이다.

만일 우리가 정리 5의 (ii)에서 $c=a$이고 $d=b$이면 다음을 얻을 수 있다.

$$a\equiv b\bmod m\Rightarrow a\cdot a\equiv b\cdot b\bmod m$$

따라서 다음이 성립한다.

$$a\equiv b\bmod m\Rightarrow a^2\equiv b^2\bmod m$$

이 주장을 계속하면 다음 식도 성립한다.

$$a\equiv b\bmod m\Rightarrow a^3\equiv b^3\bmod m$$

이러한 관찰을 통해 다음 사실을 얻을 수 있다.

따름 정리 5 $a \equiv b \bmod m$ 이고 $n \in \mathbb{N} \Rightarrow a^n \equiv b^n \bmod m$

(a, $b \in \mathbb{Z}$이고 $a \equiv b \bmod m$일 때)

위의 따름 정리는 n에 대하여 귀납적으로 증명할 수 있으므로 생략한다. 예를 들어, 이 따름 정리가 의미하는 것은 $10 \equiv 4 \bmod m$이므로 $10^6 \equiv 2^6 \bmod 4$ 또는 $1,000,000 \equiv 64 \bmod 4$이다.

합동식의 개념과 관련하여 나눗셈 알고리즘은 매우 중요한 역할을 하고 있다. 이를 알아보기 위해 a, $m(m > 0)$을 정수라 하자.

나눗셈 알고리즘은 다음을 주장하고 있다.

$$a = mq + r, \; 0 \leq r < m$$

그러므로 $a - r = mq$이고 따라서 $a \equiv r \bmod m$이다.

이는 임의의 정수와 그 자신을 m으로 나누었을 때 얻어지는 나머지가 나머지 m에 의해 합동임을 알려주고 있다. 하지만 이때 가능한 나머지들은 오직 0, 1, 2, 3, $\cdots$, $m-1$밖에 없다. 이 나머지들은 다음 정리의 증명을 제공해준다.

정리 6 a와 $m(m > 0)$을 정수라고 하자. 그러면 a는 나머지 m에 의해 정수들 0, 1, 2, 3, $\cdots$, $m-1$ 중의 오직 하나와 합동이다.

예를 들어 만일 $m = 4$라고 하면 가능한 나머지는 0, 1, 2, 3이다. 따라서 $a \in \mathbb{Z}$일 때 다음 중 오직 하나만이 성립한다.

$$a \equiv 0 \bmod 4$$

$$a \equiv 1 \bmod 4$$
$$a \equiv 2 \bmod 4$$
$$a \equiv 3 \bmod 4$$

정리 6은 정리 7과 같이 확장할 수가 있다.

정리 7 a, b, $m(m>0)$을 정수라고 하면
$a \equiv b \bmod m \Leftrightarrow a$, b는 m으로 나누었을 때 나머지가 같다.

증명 a와 b를 m으로 나누었을 때 나머지가 같다고 하자. 그러면 어떤
$q_1, q_2, r \in \mathbb{Z}(0 \leq r < m)$에 대하여 다음이 성립한다.
$$a = q_1 m + r$$
$$b = q_2 m + r$$
따라서 다음 식이 성립한다.
$$a - b = (q_1 m + r) - (q_2 m + r)$$
$$= q_1 m - q_2 m$$
$$= (q_1 - q_2) m$$
그러므로 $a \equiv b \bmod m$이다.

이는 오른쪽에서 왼쪽으로의 함의 추론만 증명한 것이다. 반대 방향의 함의 추론은 연습문제로 남겨둔다.

정리 5는 나머지 m의 합동식이 보통의 일반적인 등식과 똑같이 변형될 수 있음을 알려주고 있다. 그 유사성은 등식 개념에 속하는 기본 성질을 분리하고자 할 때 더 깊은 관계에 놓인다. 이 기본성질들은 각각 반사성, 대칭성, 추이성이라는 이름을 갖는다.

$$a = a \qquad \text{(반사성)}$$
$$a = b \Rightarrow b = a \qquad \text{(대칭성)}$$
$$a = b, \ b = c \Rightarrow a = c \qquad \text{(추이성)}$$

다음에 이어지는 어렵지 않은 사실은 이 성질들이 합동식에도 그대로 적용되고 있음을 알려준다.

정리 8 a, b, c, $m(m>0)$을 정수라고 하면 다음 식이 성립한다.

(i) $a \equiv a \bmod m$ (반사성)

(ii) $a \equiv b \bmod m \Rightarrow b \equiv a \bmod m$ (대칭성)

(iii) $a \equiv b \bmod m, \ b \equiv c \bmod m \Rightarrow a \equiv c \bmod m$ (추이성)

증명 (i) $a - a = 0 = m \cdot 0$이므로 $a \equiv a \bmod m$이다.

(ii) $a \equiv b \bmod m \Rightarrow m \,|\, (a-b)$

         $\Rightarrow m \,|\, (b-a)$

         $\Rightarrow b \equiv a \bmod m$

(iii) $a \equiv b \bmod m, \ b \equiv c \bmod m \Rightarrow m \,|\, (a-b), \ m \,|\, (b-c)$

         $\Rightarrow m \,|\, [(a-b)+(b-c)]$ (정리 1의 (i))

         $\Rightarrow m \,|\, (a-c)$

         $\Rightarrow a \equiv c \bmod m$

가우스 자신은 합동에 대한 기호로 "$\equiv$"를 선택하였다. 그가 이 기호를 선택한 이유는 바로 합동의 개념과 등식의 기본 개념 사이의 유사성 때문이었다. 정리 5와 정리 8은 이 유사성의 많은 부분을 설명해준다.

실제로 등호와 합동은 둘 다 모두 보다 더 일반적인 그 무엇의 특별한 경우이다. 그 무엇이란 바로 **동치관계**이다.

동치관계

우리가 보통 사용하는 등호는 관계를 나타내는 하나의 사례로 생각할 수 있다. 예를 들어, "두 정수 m과 n이 관계를 가질 필요충분조건은 $m=n$이다"라고 말할 수 있다. 같은 방식으로 나머지 m에 대하여 합동은 두 정수 사이의 또 다른 관계를 제공한다. "a와 b가 관계를 가질 필요충분조건은 $a \equiv b \bmod m$이다"고 말할 수 있기 때문이다.

이들 두 관계는 서로 다르며($m=1$인 경우를 제외하고), 등호를 나타내는 기호는 $=$를, 합동을 나타내는 기호는 $\equiv$를 각각 사용하고 있다. 더군다나 다른 많은 관계들도 있을 수 있다. 하나의 예로 "a와 b가 관계를 가질 필요충분조건은 $a>b$이다"에서와 같은 "~보다 큰"과 같은 관계를 생각할 수가 있다. 이는 정수(또한 유리수)에 대한 또 다른 관계를 정의하며 우리는 이를 $>$라는 기호로 나타낸다.

만일 우리가 관계에 대한 일반적인 개념을 검토하고자 한다면, 이를 나타내는 일반적인 기호가 필요하다. 수학적 문헌에는 대여섯 개의 기호가 등장하는데, 우리는 우선 이들 중 가장 널리 사용되는 것 하나를 선택할 것이다. 우리는 $a \sim b$라는 기호를 사용하여 a와 b가 어떤 고정된—그러나 어쩌면 알려지지 않은—결합 규칙에 의해 관계를 맺고 있음을 나타낼 것이다.

일반적으로 하나의 관계 $\sim$는 주어진 집합 S의 두 원소에서 정의된다. 여기서 주요 아이디어는 a, $b \in S$가 주어졌을 때, $a \sim b$가 성립하거나 성립하지 않는다는 것이다. (후자의 경우는 $a \nsim b$라고 표기한다). 그러나 종종 언어 사용에 대하여 다소 신경질적인 반응을 보이지 않는다면 "$\sim$를 집합 S의 두 원소 사이에 정의된 관계"라 하지 않고 "$\sim$를 집합 S위에서의 관계"로 말할 것이다.

간혹 관계 개념을 실생활의 사례를 들어 설명할 수도 있다. 예를 들어 P 를 생존하는 모든 사람들의 집합이라고 하자. P 위에서 관계 ~를 다음과 같이 정의 한다.

$$p \sim q \Rightarrow p와 \ q는 생물학적으로 같은 어머니를 갖는다.$$

이 규칙은 P 위에서의 관계를 적절하게 정의하고 있는데, 그 이유는 어떤 두 사람의 경우에도 어머니가 같거나 또는 그렇지 않거나 둘 중의 하나이기 때문이다.

이와 같이 어떤 기본적인 성질을 공유하고 있는 특별한 관계를 **동치관계**라고 부른다.

정의 6 ~를 공집합이 아닌 집합 S 위에서 정의된 관계라고 하자. 이때 ~가 다음 조건을 만족한다면 동치관계이다. 집합 S의 임의의 원소 a, b, c에 대하여

(1) $a \sim a$ (~는 반사성)
(2) $a \sim b \Rightarrow b \sim a$ (~는 대칭성)
(3) $a \sim b, \ b \sim c \Rightarrow a \sim c$ (~는 추이성)

예를 들면 다음과 같다.

- 등호는 위의 정의에 의해 공집합이 아닌 집합 위에서의 동치관계이다.
- 나머지 m의 합동은 정리 8에 의해 $\mathbb{Z}$ 위에서 동치관계이다.
- "~보다 크다"는 $\mathbb{Z}$ 위에서 상등관계가 아니다. 그 이유는 반사와 대칭을 만족하지 않기 때문이다. ($a > a$는 결코 성립하지 않고 $a > b$로부터

$b > a$가 함의되지 않는다. 그러나 이 관계는 추이를 만족한다.)

- "~의 어머니이다"는 모든 사람들의 집합 위에서 정의되는 동치관계가 아니다. (특히, 이는 반사가 아니다. "p는 p의 어머니이다"는 명제는 성립하지 않는다.)

동치관계는 주어진 집합을 **동치류**라고 하는 부분집합들로 멋지게 분해할 수가 있다.

정의 7 ~를 집합 S위에서 정의되는 동치관계라고 하자. 임의의 원소 $x \in S$에 대하여 $C(x) = \{y \mid y \in S, \ y \sim x\}$라고 하면 집합 $C(x)$는 x에 의해 결정되는 동치류이다.

따라서 동치류 $C(x)$는 동치관계 ~에 의해 x와 관련되는 집합 S의 모든 원소들로 구성된다. 하나의 예로 $S = \mathbb{Z}$이며 ~를 $\mathbb{Z}$ 위에서 다음과 같이 정의된 관계라 하자.

$$x \sim y \Leftrightarrow x \equiv y \bmod m$$

이때 $x, \ y \in \mathbb{Z}$이고 m은 고정된 0이 아닌 정수이다. 우리는 이렇게 정의된 ~가 동치관계임을 알고 있다(정리 8). 여기서 다음 집합은 정수 x와 나머지 m에 대한 합동인 정수들의 집합이다.

$$C(x) = \{y \mid y \equiv x \bmod m\}$$

특별한 경우를 알아보기 위해 $m = 3$이라 하자. 이때 $C(x) = \{y \mid y \equiv x \bmod 3\}$이다. 한 눈에 이들 동치류들은 각각의 $x \in \mathbb{Z}$에 대하여 무한개가 존재하는 것처럼 보인다. 하지만 실제로는 그렇지 않다. 이를 알아보기 위하여 $C(0)$, $C(1)$, $C(2)$를 보자.

$$C(0)=\{y\,|\,y\equiv 0\,\mathrm{mod}\,3\}=\{\cdots, -6, -3, 0, 3, 6, \cdots\}$$
$$C(1)=\{y\,|\,y\equiv 1\,\mathrm{mod}\,3\}=\{\cdots, -5, -2, 1, 4, 7, \cdots\}$$
$$C(2)=\{y\,|\,y\equiv 2\,\mathrm{mod}\,3\}=\{\cdots, -4, -1, 2, 5, 8, \cdots\}$$

여기서 집합 $C(0)$, $C(1)$, $C(2)$들은 각각 다음과 같이 다시 표현할 수가 있다.

$$C(0)=\{\cdots, -9, -6, -3, 0, 3, 6, 9, \cdots\}$$
$$C(1)=\{\cdots, -8, -5, -2, 1, 4, 7, 10, \cdots\}$$
$$C(2)=\{\cdots, -7, -4, -1, 2, 5, 8, 11, \cdots\}$$

각각의 정수는 이들 집합 중의 어느 하나에 속하게 된다. 따라서 다음이 성립한다.

$$\mathbb{Z}=C(0)\cup C(1)\cup C(2)$$

더욱이 각각의 정수는 이들 집합 중의 오직 하나에만 속하게 된다. 따라서 $C(0)\cap C(1)=\varnothing$, $C(0)\cap C(2)=\varnothing$, $C(1)\cap C(2)=\varnothing$이다. 이는 $C(0)$, $C(1)$, $C(2)$들 중 어느 둘을 짝지어도 서로 분리되어 있음을 의미한다. 수학자들은 이를 간단하게 다음과 같이 말한다. 집합 $C(0)$, $C(1)$, $C(2)$는 서로소이다.

결국 외견상 $C(-2)$, $C(-1)$, $C(0)$, $C(1)$, $C(2)$, $\cdots$과 같이 무한히 많은 개수들로 이루어진 동치류들은 서로 겹쳐지게 되어 다음 세 개로 압축되는 것이다.

$$C(0),\ C(1),\ C(2)$$

그리고 이들은 정확하게 3으로 나누었을 때 얻어지는 있을 수 있는 나머지들에 의해 결정되는 동치류이다. 정리 7은 다른 것들에 대한 정리이다. 예를 들어, $C(33)=C(0)$인데, 그 이유는 33과 0을 3으로 나누었을 때 똑같이 나머지가 0으로 같기 때문이다. 같은 방법으로 $C(26)=C(2)$, $C(19)=C(1)$ 등을 알 수 있다.

이상의 논의는 나머지 3의 합동인 경우를 다룬 것이다. 이는 m이 양의 정수일 때, 나머지 m의 합동인 일반적인 경우까지 자연스럽게 확장할 수가 있다. (이를 기호로 설명하는 것은 성가신 작업이므로 생략하기로 한다.)

결론은 나머지 m의 합동인 경우에 동치류가 다음과 같다는 것이다.

$$C(0),\ C(1),\ C(2),\ \cdots,\ C(m-1)$$

그리고 다시 한 번 확인하는 사항은 다음이다.

$$\mathbb{Z}=C(0)\cup C(1)\cup C(2)\cup\cdots\cup C(m-1)$$

그리고 물론 이들 동치류는 서로소이다. 따라서 이 상황에서 이들 동치류에 특별한 이름을 부여할 것이다.

정의 8　m을 양의 정수라고 하자. 그리고 ∼을 $\mathbb{Z}$위에서 주어진 다음과 같은 동치관계라고 하자.

$$x\sim y \Leftrightarrow x\equiv y\bmod m$$

$C(x)=\{y\,|\,y\equiv x\bmod m\}$를 x에 의해 결정되는 동치류라고 하면, 동치류 $C(0),\ C(1),\ C(2),\ \cdots,\ C(m-1)$들은 나머지 m의 잉여류라고 부른다.

위에서의 논의는 이들 m개의 잉여류가 동치류 전체를 구성하고 있으며 $\mathbb{Z}$를 서로소인 관계로 분할하고 있음을 보여준다. 이와 같이 특수한 사례의 중요성 때문에 잉여류에 대한 특수한 기호를 부여하는 것이 편리할 것이다. 가끔 문헌에 등장하는 다소 불완전한 기호로 다음과 같은 것이 있다.

$$[n] = \{\kappa \mid \kappa \in \mathbb{Z},\ \kappa \equiv n \bmod m\}$$

(여기서 불완전하다고 한 것은 기호 $[n]$안에는 정수 m이 부재하기 때문이다. 이 수가 등장하지 않기 때문에 우리는 맥락을 살펴보면서 고정된 정수 m의 나머지인 합동을 다루고 있음을 이해해야만 한다. 보다 더 좋은 기호—상용화 되지는 않았지만—는 $[n]_m$이다. 동치류 $C(x)$에 대한 일반적인 기호에도 유사한 결함이 있는데, 그 이유는 상등 관계인 ~가 등장하지 않기 때문이다.)

이제 새로운 기호를 사용하여—그리고 앞서 주어진 정수 $m>0$과 함께—다음을 얻을 수 있다.

$$\mathbb{Z} = [0] \cup [1] \cup [2] \cup \cdots \cup [m-1]$$

물론 이 경우에 잉여류들은 서로소이다.

이제 공집합이 아닌 임의의 집합 S, 집합 S위에 정의된 동치관계, 그리고 동치류인 $C(x) = \{y \mid y \in S,\ y \sim x\}$의 일반적인 상황으로 돌아가 보자. 다음 정리는—일반적인 상황에서도—동치류들이 S를 서로소인 집합들로 분할하고 있음을 보여준다. 정리를 기술하기에 앞서, (보조정리라고 불리는) 다음과 같은 선행결과가 필요하다.

보조정리 1 ~를 공집합이 아닌 집합 S위에서의 동치관계라고 하자. $x, y \in S$이고 $C(x)$와 $C(y)$를 각각 x와 y에 의해 결정되는 동치류라고 하자. 그러면 다음 중 하나가 성립한다.

$$C(x) = C(y)\ \text{또는}\ C(x) \cap C(y) = \varnothing$$

(따라서 임의의 두 동치류는 서로 같거나 또는 그렇지 않은 경우라면 공통인 원소를 가지지 않는다.)

증명 $C(x) \cap C(y) = \varnothing$ 이라면 증명이 된 것이다. 따라서 $C(x) \cap C(y) \neq \varnothing$ 라고 하자. 그러면 $z \in C(x) \cap C(y)$인 $z \in S$가 존재한다. 즉, $z \in C(x)$이고 $z \in C(y)$이다.

그러나 $z \in C(x) \Rightarrow z \sim x$ ($C(x)$의 정의에 의해)와 $z \in C(y) \Rightarrow z \sim y$ ($C(y)$의 정의에 의해)가 성립한다.

따라서 $(z \sim x$이고 $z \sim y) \Rightarrow (x \sim z$이고 $z \sim y)$ ($\sim$의 대칭성)

$$\Rightarrow x \sim y \qquad\qquad (\sim\text{의 추이성})$$

이제 $z \in C(x)$라고 하자. 그러면 $C(x)$의 정의에 의해 $z \sim x$이다. 그러나 위에서 $x \sim y$이었다. 그러므로 $\sim$의 추이성 때문에 $z \sim y$가 성립한다.

따라서 $z \in C(x) \Rightarrow z \in C(y)$가 성립한다.

그런데 이는 $C(x) \subset C(y)$을 의미한다.

같은 방식으로 $C(y) \subset C(x)$가 성립함을 보일 수 있다. ($z \in C(y)$에서 시작하여 각 단계를 반복하면 된다.)

따라서 $C(x) = C(y)$가 성립하여 증명을 완결할 수 있다.

정수, 그리고 나머지 m의 합동에 의해 결정되는 상등관계에 대한 앞선 사례에서, 동치류는 잉여류인 $[0], [1], \cdots, [m-1]$임을 보았다. 이들은 모두 m개밖에 없으므로 이들의 합—결국에는 $\mathbb{Z}$임이 판명되었지만—이 다음과 같음을 알 수 있다.

$$\mathbb{Z} = [0] \cup [1] \cup \cdots \cup [m-1]$$

그러나 임의의 집합 S와 알려지지 않은 미지의 상등관계 $\sim$인 경우에, 과연 동치류 $C(x)$가 유한개만 존재하는지 확신할 수는 없다. 그러므로 있을 수 있는 이들 모두 무한개의 합집합을 나타내는 새로운 기호가 필요하다. 그러한 기호 중의 하나가 $\cup_{x \in S} C(x)$로서, 이는 정확하게는 다음과 같은 의미를 가진다.

$$\cup_{x \in S} C(x) = \{y \mid y \equiv C(x), \text{ 어떤 } x \in S \text{에 대하여}\}$$

앞에서 약속한 정리는 이 합집합이 S를 완벽하게 채울 수 있음을 보증한다.

정리 9 $\sim$를 공집합이 아닌 집합 S의 동치관계라고 하자. $C(x)$는 $x \in S$에 대응하는 동치류를 말한다. 이때 다음이 성립한다.

$$S = \cup_{x \in S} C(x)$$

그리고 임의의 두 동치류는 같거나 또는 서로소이다.

증명 보조정리 1이 있으므로 다음을 증명하기만 하면 된다.

$$S = \cup_{x \in S} C(x)$$

각각의 $C(x)$는 S의 원소들만 존재하기 때문에 다음 사실은 분명하다.

$$\cup_{x \in S} C(x) \subset S$$

이제 $w \in S$라 하자. 그러면 $\sim$의 반사성에 의해 $w \sim w$이다. 따라서 $w \in C(w)$로 주어진 합집합에 있는 집합 중의 하나에 속한다.

따라서 $w \in \cup_{x \in S} C(x)$이다.

그러면 다음이 성립한다.

$$S \subset \cup_{x \in S} C(x)$$

그러므로 $S = \cup_{x \in S} C(x)$이 되어 증명을 완결할 수 있다.

그림 27은 이 증명을 눈으로 보여주는데, 집합 S를 직사각형으로 그리고

동치류들은 대각선 조각들임을 그림에 제시하였다. 그림 안에 그려진 세 개의 점들은 그러한 조각들이 무한히 존재할 수 있음을 암시한다.

　실생활의 한 보기로 하나의 도시를 생각해보자. 이 도시의 시민 각각은 자기 집에 살고 있다고 하자. P를 도시에 살고 있는 시민 전체의 집합이라고 하자. 집합 P 위에 다음과 같은 관계를 정의한다.

$$p \sim q \Leftrightarrow \text{"}p \text{와} \ q \text{는 같은 집에 살고 있다.''}$$

　$\sim$의 반사성, 대칭성, 추이성을 확인하여 동치관계임을 보이는 것은 어렵지 않다. 각각의 p에 대하여 동치류는 p와 같은 집에 살고 있는 사람들로 구성된다. 여기서 그림 27의 빗금 친 부분들은 그 도시의 집을 뜻하며, 각각의 집에는 그의 가족들로 구성되어 있다.

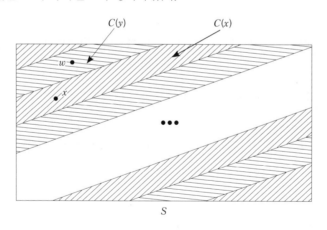

그림 27　하나의 집합을 동치류로 분할하기

　공교롭게도 정리 9는 하나의 집합을 그러한 집합들의 합으로 임의로 분할하였을 때 주어진 집합 위에서 동치관계를 뜻할 수 있다는 역명제의 타당성을 보여준다. 이 역명제의 정확한 진술과 그에 대한 증명은 시간만 낭비할 것이다.

군

대수라고 하는 학교 과목은 주로 수를 나타내는 기호들을 적절하게 조작하는 규칙들로 대부분 구성되어 있다. 어떤 아이가 자신은 대수를 좋아하지 않는다고 말하는 것은, 기호 조작을 좋아하지 않는다고 말하는 것과 같다. 그러나 이는 수학자들이 대수라고 부르는 것과는 다르다. 수학자가 말하는 대수는 대체로 정수나 유리수와 같이 우리에게 익숙한 수들의 기본 성질들을 추상화하고 일반화하는 것을 포함하는 아이디어와 기능으로 구성된 수학적 세계의 일부이다. **수론**은 정수에 대한 연구이고 **대수학**은 정수가 가지고 있는 성질의 일반화에 대한 연구이다.

예를 들면, 우리는 3장의 정리 7로부터 정수 덧셈의 기본 성질들에 대해 알게 되었다. 즉, 임의의 두 정수의 합은 또 하나의 정수이고, 덧셈의 교환법칙과 결합법칙이 성립하며 덧셈에 대한 역원이 존재한다는 사실 말이다. 이들 성질을 임의의 집합으로 직접 일반화하는 것이 군이라고 하는 기본적인—그리고 진실로 대수적인—대상이다.

정의 9 $\star$을 하나의 집합 G에 대한 이항연산이라고 하자. (이는 임의의 x, $y \in G \Rightarrow x \star y \in G$이고 $x \star y$는 오직 하나로 결정됨을 뜻한다.) G가 연산 $\star$과 함께 다음 성질을 만족하면 우리는 G 또는 $(G, \star)$를 군이라고 한다.

(i) $x, y, z \in G \Rightarrow x \star (y \star z) = (x \star y) \star z$ ($\star$에 대한 결합법칙이 성립한다.)

(ii) 다음 성질을 만족하는 $e \in G$가 존재한다.

모든 $x \in G$에 대하여 $e \star x = x \star e = x$ (e는 항등원이다)

(iii) 각각의 $x \in G$에 대하여 다음 성질을 만족하는 $x^{-1} \in G$가 존재한다.

$$x \bigstar x^{-1} = x^{-1} \bigstar x = e \quad (x\text{는 역원을 갖는다.})$$

(iv) 그리고 만일 다음이 성립하면 G는 가환군 또는 아벨군(노르웨이의
수학자 닐스 헨리크 아벨의 이름을 따옴)이라 부른다.

$$x, y \in G \Rightarrow x \bigstar y = y \bigstar x \quad (\bigstar\text{에 대한 교환법칙이 성립한다.})$$

3장의 정리 7은 정수가 덧셈에 관하여, 즉 $(\mathbb{Z}, +)$가 군임을 말하고 있다.
같은 방식으로 3장의 정리 16A는 $(\mathbb{Q}, +)$가 군임을 알려준다. 자연수는 덧
셈에 관해 군을 형성하지 못하는데, 그 이유는 특히 집합 $\mathbb{N}$에 덧셈에 관한
역원이 존재하지 않기 때문이다.

군을 나타내는 기호는 한 송이의 꽃처럼 단순하고 순수해 보인다. 그러나
이러한 단순성은 일종의 속임수이다. 교활한 뱀은 숨어있기 마련이다. 정글
속에 숨어 기어 다니는 뱀과 같이 대수학의 하위 분야인 **군론**에는 심오하고
어려운 문제들이 숨어 있다. 그 정글의 숲은 매우 어둡고 깊숙하다. 만일 당
신이 군론을 연구하는 학자가 되고 싶다면 무엇보다 용감해야 한다.

예를 들어, 최근에 해결된 하나의 문제에는 유한개의 원소로 이루어진 군
들만 포함하고 있는데, 이 군에는 덧셈에서 **단순군**이라고 부르는 매우 아름
다운 성질을 포함하고 있다. 단순하니까 쉬울 것이라 예상할 수도 있다. 그
러나 어떤 문제 하나는—소위 분류 문제—그 해결을 위해 수십 명의 수학자
들이 들러붙어서 연구 논문을 작성해야 하는데 그 양만 하더라도 대략 수
천 쪽에 달하는 어마어마한 작업이다. 이에 비하면 달 위에 인간을 착륙시
키는 것은 그리 커다란 업적이라 할 수는 없을 것이다.

우리는 여기서 군론을 계속 논하지는 않을 것이다. 대신에 연습문제를 하
나 둘 풀이하고 그리고 수론과 대수학의 관련성을 보여주는 단 하나의 의미
있는 사례로 만족하고자 한다.

정수의 집합 $\mathbb{Z}$와 하나의 고정된 정수 $m>0$을 생각해보자. 이전과 같이

$[\kappa]$를 $\kappa \in \mathbb{Z}$에 의해 결정되는 나머지의 잉여류를 나타낸다고 하자. 즉, 다음과 같다.

$$[\kappa] = \{n \mid n \equiv \kappa \bmod m\}$$

우리는 정확하게 $[0]$, $[1]$, $\cdots$, $[m-1]$ 즉 m개의 잉여류가 존재함을 알고 있다. 이들 모두의 집합을 R_m으로 표기하자. 따라서 다음과 같다.

$$R_m = \{[0], [1], [2], \cdots, [m-1]\}$$

이 R_m 위에 이항연산 $\star$을 다음과 같이 정의한다.

$$[\kappa] \star [\ell] = [\kappa + \ell]$$

따라서 연산 $\star$은 κ를 포함하는 잉여류와 ℓ을 포함하는 잉여류로부터 $\kappa + \ell$를 포함하는 잉여류를 만들어낸다. 그러한 연산은 R_m 위에서의 이항연산인데, 그 이유는 그것이 **잘 정의되었다는 가정** 하에 $[\kappa + \ell]$ 또한 R_m의 원소가 되기 때문이다.

하나의 예를 들어 이를 설명해보자. $m = 3$인 특수한 경우를 생각해보자. 이때 다음과 같다.

$$R_m = R_3 = \{[0], [1], [2]\}$$

다음은 위의 연산을 적용한 결과이다.

$$[1] \star [2] = [1+2]$$
$$= [3]$$

그러나 $[1]$과 $[2]$는 달리 표기할 수가 있다. 예를 들면 다음과 같다.

$$[1] = [10] \, (10 \equiv 1 \bmod 3)$$
$$[2] = [29] \, (29 \equiv 2 \bmod 3)$$

그러므로 다음과 같이 좀 다르게 보이는 답을 얻게 된다.

$$[1] \star [2] = [10] \star [29]$$
$$= [39]$$

이 결과가 일치하지 않으면 연산 $\star$은 잘 정의되었다고 할 수 없다. 다행스럽게도 이들은 같은 결과인 것으로 판명된다.

$$[39] = [3]$$

왜냐하면 $39 \equiv 3 \bmod 3 (39 \in [39]$, $39 \in [3]$이고 두 동치류는 서로소이거나 아니면 서로 일치한다)이기 때문이다. 실제로 $[39] = [3] = [0]$이기 때문에 $[1] \star [2] = [0]$이 되는데 이는 R_3의 원소이기도 하다.

보다 일반적인 상황인 R_m에서도 위의 연산은 똑같이 잘 작동된다. 우선 $[\kappa] = [\kappa_1]$ 그리고 $[\ell] = [\ell_1]$라고 가정하면 다음이 성립한다.

$$[\kappa] \star [\ell] = [\kappa + \ell]$$

그런데 다음 사실도 함께 성립한다.

$$[\kappa] \star [\ell] = [\kappa_1] \star [\ell_1]$$
$$= [\kappa_1 + \ell_1]$$

그리고 다시 두 결과는 다음과 같이 일치한다.

$$[\kappa] = [\kappa_1] \Rightarrow \kappa \equiv \kappa_1 \bmod m$$
$$[\ell] = [\ell_1] \Rightarrow \ell \equiv \ell_1 \bmod m$$

그러므로 정리 5(i)에 의해 다음을 얻는다.

$$\kappa + \ell \equiv (\kappa_1 + \ell_1) \bmod m$$

따라서 $\kappa + \ell \in [\kappa_1 + \ell_1]$이다. 하지만 $(\kappa_1 + \ell_1) \in [\kappa + \ell]$이므로 다음을 얻을 수 있다.

$$[\kappa + \ell] \cap [\kappa_1 + \ell_1] \neq \varnothing$$

그러므로 $[\kappa + \ell] = [\kappa_1 + \ell_1]$이다.

이상의 논의는 다음 사실을 증명한 것이다.

보조정리 2 $m \in \mathbb{Z}$, $m \neq 0$이고 $R_m = \{[0], [1], [2] \cdots, [m-1]\}$을 나머지 m의 정수들의 잉여류 집합이라고 하자. 이때 다음과 같이 정의한 ★은 R_m 위에서의 이항연산이다.

$$[\kappa] \bigstar [\ell] = [\kappa + \ell]$$

보조정리 2를 다른 표기로 나타내는 것이 편리하다(이는 관례에 따르는 것이기도 하다.). 다음과 같이 두 가지를 바꿀 것이다.

(a) $[\kappa]$를 $\overline{\kappa}$로 바꾸어 놓는다.

(b) ★를 +로 바꾸어 놓는다.

첫 번째의 대치는 나머지 m의 잉여류에 대한 또 다른 기호를 도입하는 것을 말한다. 원래 κ를 포함하는 동치류를 $C_{(\kappa)}$로 표기하였는데, 주어진 동치류가 나머지 m에 대하여 합동일 때 우리는 이를 $[\kappa]$로 대치하였다. 이 경우에 $[\kappa]$는 m에 의해 결정되는 잉여류가 되었다. 이제 대수적 상황임을 강조하기 위하여 우리는 $[\kappa] = \overline{\kappa}$로 나타낸다.

이러한 변화를 통해 ★을 +로 바꾸어 놓는 변화와 함께 보조정리 2는 다음과 같이 변형할 수가 있다.

보조정리 2A $m \in \mathbb{Z}$, $m \neq 0$이고 $R_m = \{\overline{0}, \overline{1}, \overline{2}, \cdots, \overline{m-1}\}$을 나머지 m의 정수들의 잉여류 집합이라고 하자. 이때 다음과 같이 정의한 +는 R_m 위에서의 이항연산이다.

$$\overline{\kappa} + \overline{\ell} = \overline{\kappa + \ell}$$

우리는 하나의 기호가 다른 의미로 사용되는 사례를 다시 한 번 접하게 되었다. $\overline{\kappa} + \overline{\ell} = \overline{\kappa + \ell}$라는 표기에서 좌변의 기호는 정의된 새로운 연산을 말한다. 반면에 우변에 있는 +기호는 일반적인 정수의 덧셈을 뜻한다.

다시 한 번 $m = 3$의 경우를 생각해보면 다음을 얻는다.

$$R_m = R_3 = \{\,\overline{0},\,\overline{1},\,\overline{2}\,\}$$

그리고 특히 다음 사실도 성립한다.

$$\overline{0} + \overline{1} = \overline{1}$$

$$\overline{1} + \overline{2} = \overline{3} = \overline{0}$$

$$\overline{2} + \overline{2} = \overline{4} = \overline{1}$$

그리고 $m = 5$일 때는 다음과 같다.

$$R_m = R_5 = \{\,\overline{0},\,\overline{1},\,\overline{2},\,\overline{3},\,\overline{4}\,\}$$

이때 가능한 합은 다음과 같다.

$$\overline{1} + \overline{3} = \overline{4}$$

$$\overline{2} + \overline{3} = \overline{5} = \overline{0}$$

$$\overline{3} + \overline{4} = \overline{7} = \overline{2}$$

R_3

+	$\overline{0}$	$\overline{1}$	$\overline{2}$
$\overline{0}$	$\overline{0}$	$\overline{1}$	$\overline{2}$
$\overline{1}$	$\overline{1}$	$\overline{2}$	$\overline{0}$
$\overline{2}$	$\overline{2}$	$\overline{0}$	$\overline{1}$

R_5

+	$\overline{0}$	$\overline{1}$	$\overline{2}$	$\overline{3}$	$\overline{4}$
$\overline{0}$	$\overline{0}$	$\overline{1}$	$\overline{2}$	$\overline{3}$	$\overline{4}$
$\overline{1}$	$\overline{1}$	$\overline{2}$	$\overline{3}$	$\overline{4}$	$\overline{0}$
$\overline{2}$	$\overline{2}$	$\overline{3}$	$\overline{4}$	$\overline{0}$	$\overline{1}$
$\overline{3}$	$\overline{3}$	$\overline{4}$	$\overline{0}$	$\overline{1}$	$\overline{2}$
$\overline{4}$	$\overline{4}$	$\overline{0}$	$\overline{1}$	$\overline{2}$	$\overline{3}$

그림 28 R_3와 R_5에 대한 덧셈표

그림 28은 R_3와 R_5에서의 덧셈표이다.

이상과 같은 지금까지의 논의들은 수론과 군론을 연결하기 위한 준비 작업이었다.

정리 10 $m \in \mathbb{Z}$이고 $m \neq 0$이라 하자. 그리고 $R_m = \{\,\overline{0},\,\overline{1},\,\overline{2},\,\cdots,\,\overline{m-1}\,\}$

을 나머지 m의 정수들의 잉여류들의 집합이라 하자. R_m 위에서 +을 다음과 같이 정의한다.

$$\overline{\kappa}+\overline{\ell}=\overline{\kappa+\ell}$$

그러면 $(R_m,\ +)$은 가환군이다.

증명 보조정리 2에 의해 +은 R_m 위에서 이항연산이다. 이제 정의 9의 다른 조건들을 하나하나 점검해 갈 것이다.

(i) $\overline{\kappa},\ \overline{\ell},\ \overline{r} \in R_m \Rightarrow \overline{\kappa}+(\overline{\ell}+\overline{r})=\overline{\kappa}+\overline{\ell+r}$
$$=\overline{\kappa+\ell+r}$$
$$=\overline{(\kappa+\ell)+r}$$
$$=\overline{\kappa+\ell}+\overline{r}$$
$$=(\overline{\kappa}+\overline{\ell})+\overline{r}$$

따라서 +에 대한 결합법칙이 성립한다.

(ii) $\overline{\kappa} \in R_m$라 하면 다음이 성립한다.
$$\overline{\kappa}+\overline{0}=\overline{\kappa+0}=\overline{\kappa}=\overline{0}+\overline{\kappa}=\overline{\kappa+0}=\overline{0}+\overline{\kappa}$$

따라서 R_m은 항등원 $\overline{0}$을 갖는다.

(iii) $\overline{\kappa} \in R_m$이면 $\overline{(-\kappa)} \in R_m$이다. 그리고 다음이 성립한다.
$$\overline{\kappa}+\overline{(-\kappa)}=\overline{\kappa+(-\kappa)}=\overline{0}$$
$$\overline{(-\kappa)}+\overline{\kappa}=\overline{(-\kappa)+\kappa}=\overline{0}$$

따라서 $\overline{\kappa}$는 역원 $\overline{(-\kappa)}$을 갖는다. 그러므로 $(R_m,\ +)$은 군이다.

(iv) $\overline{\kappa},\ \overline{\ell} \in R_m$이라 하면 다음이 성립한다.
$$\overline{\kappa}+\overline{\ell}=\overline{\kappa+\ell}=\overline{\ell+\kappa}=\overline{\ell}+\overline{\kappa}$$

그러므로 $(R_m,\ +)$은 가환군이며, 이로써 정리는 증명되었다.

정의 9에 따르면 $\bar{\kappa}$의 역원에 대한 적절한 기호는 $\bar{\kappa}^{-1}$이다. 그러나 이 군에서의 연산은 덧셈이므로 $\bar{\kappa}$의 $-\bar{\kappa}$로 나타내는 것이 관례이다. 정리 10의 증명은 다음 사실을 보여준다.

$$-\bar{\kappa} = \overline{(-\kappa)}$$

예를 들어, R_3의 경우에 $(-2) \equiv 1 \bmod 3$이므로 $-\bar{2} = \overline{(-2)} = \bar{1}$이다.

정리 10의 명제에 이르는 각 단계들과 이에 대한 증명의 세세한 부분들이 매우 초보적임을 인정할 것이다. 그럼에도 불구하고 최종 결과인 군 $(R_m, +)$는 상당한 복잡성을 내포하고 있다. 집합 R_m은 다른 집합 즉 잉여류들인 $\bar{0}, \bar{1}, \cdots, \overline{m-1}$을 자신의 원소로 하고 있다. 특히 R_m은 정수의 개념, 수학적 귀납법, 순서 정렬과 나눗셈, 동치관계, 그리고 나머지 m에 대한 합동 개념들을 요한다. 이에 덧붙여 그 결과인 $(R_m, +)$이 가환군이 되도록 새로운 이항연산을 정의 하였다. 결론적으로 R_m은 정의된 이항연산과 함께 소위 아벨군이라고 하는 수많은 수학적 대상들 모두가 가지고 있는 공통 성질을 공유한다. $(R_m, +)$으로 여겨지는 모든 것들이 평범한 아이디어는 결코 아니다.

분명한 것은 정리 10의 한 줄 한 줄 모두가 매우 단순하다는 점이다. 사실 햄릿도 그러하다.

이 절을 마감하면서 R_m 위에서 곱셈이라는 이항연산을 다음과 같이 정의할 수 있음에 주목하자.

$$\bar{\kappa} \cdot \bar{\ell} = \overline{\kappa\ell}$$

다시 한 번 우리는 이 연산이 잘 정의되었는지 점검할 필요가 있다. 하지만 그 증명은 보조정리 2의 증명과 유사하므로 자세한 것은 생략한다. (우리에게 필요한 것은 정리 5(ii)이다.)

예를 들어, R_3에서 다음이 성립한다.

$$R_3$$

$\cdot$	$\bar{0}$	$\bar{1}$	$\bar{2}$
$\bar{0}$	$\bar{0}$	$\bar{0}$	$\bar{0}$
$\bar{1}$	$\bar{0}$	$\bar{1}$	$\bar{2}$
$\bar{2}$	$\bar{0}$	$\bar{2}$	$\bar{1}$

$$R_5$$

$\cdot$	$\bar{0}$	$\bar{1}$	$\bar{2}$	$\bar{3}$	$\bar{4}$
$\bar{0}$	$\bar{0}$	$\bar{0}$	$\bar{0}$	$\bar{0}$	$\bar{0}$
$\bar{1}$	$\bar{0}$	$\bar{1}$	$\bar{2}$	$\bar{3}$	$\bar{4}$
$\bar{2}$	$\bar{0}$	$\bar{2}$	$\bar{4}$	$\bar{1}$	$\bar{3}$
$\bar{3}$	$\bar{0}$	$\bar{3}$	$\bar{1}$	$\bar{4}$	$\bar{2}$
$\bar{4}$	$\bar{0}$	$\bar{4}$	$\bar{3}$	$\bar{2}$	$\bar{1}$

그림 29 R_3와 R_5에 대한 곱셈표

$$\bar{1} \cdot \bar{2} = \bar{2}$$
$$\bar{2} \cdot \bar{3} = \bar{6} = \bar{0}$$

그리고 R_5에서는 다음이 성립한다.

$$\bar{2} \cdot \bar{3} = \bar{6} = \bar{1}$$
$$\bar{3} \cdot \bar{3} = \bar{9} = \bar{4}$$

그림 29는 R_3와 R_5에 대한 곱셈표이다.

R_m에 대한 이항연산이 결합법칙과 교환법칙이 성립함을 직접 점검할 수 있을 것이다. 더욱이 R_m에는 다음과 같은 $\bar{1}$이라는 항등원이 존재한다.

$$\bar{1} \cdot \bar{\kappa} = \overline{1 \cdot \kappa} = \bar{\kappa} = \overline{\kappa \cdot 1} = \bar{\kappa} \cdot \bar{1}$$

그러나 $(R_m, \cdot)$은 군이라 할 수 없는데, 그 이유는 $\bar{0}$에 대한 곱셈의 역원이 존재하지 않기 때문이다.

되돌아가기

앞에서 우리는 소수 2, 3, 5, 7, 11, 13, …들을 살펴보았다. 다음과 같은 두 가지 사실을 확인하기 위해 이 주제로 다시 돌아가 보자.

(1) 1보다 큰 모든 자연수들은 소수들의 곱으로 나타낼 수 있는데, 그 방식은 유일하다.

(2) 소수의 개수는 무한개이다.

이들 각각의 기원은 B.C. 300년 고대 그리스까지 거슬러 올라가는데, 유클리드의 유명한 작품인 원론(Elements)에 등장한다. 첫 번째 결론—산술의 기본 정리라고 알려져 있다—은 Ⅶ권의 31번 명제와 Ⅷ권의 기원전 14번 명제에 등장한다. 이에 대한 유클리드의 증명은 오늘날에도 수학의 우아함을 보여주는 고전적인 사례로 남아있다. 이제 이를 간략하게 살펴보자.

앞에서 우리는 다음과 같은 예를 들면서 기본 정리를 생각해 보았다.

$$30 = 2 \cdot 3 \cdot 5$$
$$385 = 5 \cdot 7 \cdot 11$$

즉, 합성수 30과 385는 각각 소수들의 곱으로 나타낼 수가 있다.

그런데 이러한 표현에서 종종 소수인 약수들이 반복되기도 한다. 예를 들면 다음과 같다.

$$360 = 2 \cdot 2 \cdot 2 \cdot 3 \cdot 3 \cdot 5$$
$$294 = 2 \cdot 3 \cdot 7 \cdot 7$$

우리는 이를 지수를 이용하여 다음과 같이 나타낸다.

$$360 = 2^3 \cdot 3^2 \cdot 5$$
$$294 = 2 \cdot 3 \cdot 7^2$$

소수는 1과 자기 자신을 제외하고는 양의 약수를 갖지 않는다. 그러나 "소수들의 곱"이라는 구절이 홀로 존재하는 소수까지를 포함하는 것으로 해석한다면 기본정리가 주장하는 것은 1보다 큰 모든 정수들이 위와 같이 나타낼 수 있음을 의미하는 것이다. 이를 보다 정확하게 표현하면 다음과 같다.

정리 11 산술 기본 정리

$n \in \mathbb{N}$, $n > 1$이라 하면, 다음 식을 만족하는 $m \in \mathbb{N}$과 소수 $p_1, p_2, \cdots, p_m$

이 존재한다.

$$n = p_1 \cdot p_2 \cdot, \cdots, \cdot p_m$$

더욱이 약수들의 순서를 고려하지 않는다면 이러한 표현방식은 오직 하나 뿐이다.

증명 $n \in \mathbb{N}$, $n > 1$이라 하자. 만일 n이 소수이면, 정리의 첫 번째 부분은 참이다.

이제 n이 소수가 아니라 하자. 집합 S를 $1 < d < n$를 만족하는 자연수 n의 모든 약수들 d의 집합이라고 하자. 즉, 다음과 같다.

$$S = \{d \mid d \in \mathbb{N}, \, d|n, \, 1 < d < n\}$$

n은 합성수이므로 $S = \varnothing$이다. 따라서 자연수에 대한 순서 정렬 이론에 의해, S의 최소 원소인 p_1이 존재한다. 이때 p_1은 소수이어야 한다. (만일 p_1이 소수가 아니라면 $p_1|n$이기 때문에 $n = p_1 \cdot q_1$이다. 또한 p_1은 합성수이기 때문에 $p_1 = rq_2$이다. 따라서 $n = rq_2 q_1$이다. 그러므로 $r \in S$이고, $r < p_1$이다. 하지만 p_1은 S의 최소 원소라 하였기 때문에 이는 불가능하다.)

따라서 다음이 성립한다.

$$n = p_1 q_1 \; (p_1 \text{은 소수이고}, \; 1 < q_1 < n)$$

만일 q_1이 소수이면, n은 소수들의 곱으로 나타낸 것이다.

만일 q_1이 합성수라면 위의 논의를 반복하여 (n 대신에 q_1을 놓으면 된다) 다음을 얻을 수 있다.

$$q_1 = p_2 q_2 \; (p_2 \text{은 소수이고}, \; 1 < q_2 < q_1)$$

따라서 $n = p_1 p_2 q_2$이다.

만일 q_2가 소수이면 증명이 끝난다. 그렇지 않으면 위의 논의를 반복하여 다음을 얻는다.

$$n = p_1 p_2 p_3 q_3 \; (q_3 \text{는 소수이고}, \; 1 < q_3 < q_2)$$

이러한 과정은 유한번의 단계를 거치면 종결될 것이다. 그 이유는 q_1, q_2, q_3, …가 모두 양의 정수이고 $q_1 > q_2 > q_3 > \cdots > 1$이기 때문이다.

마침내 이를 종결하게 되면 다음을 얻을 수 있다.

$$n = p_1 p_2 p_3 \cdots p_m$$

이때 p_1, p_2, …, p_m은 모두 소수이다. 따라서 n은 소수들의 곱으로 나타낼 수 있다.

유일성을 증명하기 위해 두 가지 표현방식이 존재한다고 하자. 즉, 다음과 같이 가정하자.

$$n = p_1 p_2 \cdots p_m$$

$$n = r_1 r_2 \cdots r_k$$

이때, p_1, p_2, …, p_m과 r_1, r_2, …, r_k 각각은 모두 소수이다. 일반성을 잃지 않으면서 우리는 $m \leq k$을 가정할 수 있다.

이때 다음이 성립한다.

(*) $p_1 p_2 \cdots p_m = r_1 r_2 \cdots r_k$

따라서 $p_1 | r_1 r_2$, …, r_k인데, 그 이유는 $p_1 | p_1 p_2$, …, p_m이기 때문이다. 그러므로 〈따름정리 2〉에 이어지는 논의를 통해, $p_1 = r_i$(어떤 $i = 1$, 2, …, k에 대하여)이다. 이제 p_1과 r_i을 등식(*)의 양변에서 소거할 수 있다. 이 과정을 (*)의 좌변에 있는 모든 p들이 우변에 있는 r중에서 m개가 소거될 때까지 m번 반복한 후에 다음 결과를 얻는다.

(**) $1 = s_1 s_2 \cdots s_{k-m}$

s_1, s_2, …, s_{k-m}은 모든 p를 소거한 후에 남아있는(만일 그렇다면) r을 의미한다. 이제 다음과 같이 나타낼 수 있다.

(***) $1 = 1 \cdot (s_1 s_2 \cdots s_{k-m})$

그러나 $s_j > 1$이므로 p_1, p_2, …, p_m이 모두 소거된 후에 아무것도 남아있지 않은 경우가 아니라면 (***)은 성립할 수가 없다. 그러므로 $k = m$이고,

$n = p_1 p_2 \cdots p_m$에 있는 p들과 $n = r_1 r_2 \cdots r_k$에 있는 r들은 일대일대응으로 같게 된다.

그러므로 위의 표현방식은 유일하며, 이에 따라 증명이 완결되었다.

수학책에는 정리 11의 결론이 종종 다음과 같이 표현되는 경우가 있다.

$$n = p_1{}^{m_1} p_2{}^{m_2} \cdots p_m{}^{m_k}$$

이때 각각의 p_j는 소수들이며, $k \in \mathbb{N}$이고 m_j는 양의 정수들이다. 이러한 표현은 소수 p_1, p_2, $\cdots$, p_m들이 모두 다르며 같은 소수들을 함께 묶어서 지수 형식으로 곱을 나타내었음을 보여준다. 즉, 다음과 같이 나타낸 것이다.

$360 = 2 \cdot 2 \cdot 2 \cdot 3 \cdot 3 \cdot 5$을 $360 = 2^3 \cdot 3^2 \cdot 5$으로 나타낸 것이다.

산술 기본 정리는 소수들이 2에서 시작되는 자연수들의 기본 요소들을 구성하고 있음을 말해준다. 따라서—산술 기본 정리의 관점에서 볼 때—1과 함께 소수들은 자연수들보다 더 "자연스러운" 수들이다. "하느님이 자연수를 창조하였다"고 말한 크로네커가 어쩌면 틀렸을 수도 있다. 아마도 하느님이 창조한 수들은 다음과 같은 것들일 수도 있다.

$$1, 2, 3, 5, 7, 11, 13, 17, 19, 23, \cdots$$

어쩌면 기원전 300년 경에 유클리드가 **원론**에서 자연수를 창조했는지도 모른다.

어쨌든 산술의 기본 정리로부터 다음 사실이 명백하게 추론된다.

따름 정리 4 1보다 큰 정수는 모두 어떤 소수에 의해 나누어떨어진다.

따름 정리 4는 정리 12에 대한 유클리드의 우아한 증명의 열쇠를 제공하고 있다.

정리 12 소수의 개수는 무한하다.

증명 소수들이 유한 개 존재하여 p_1, p_2, p_3, ···, p_n이외에는 소수가 없다고 가정하자. 그리고 $m = p_1 p_2 p_3 \cdots p_n + 1$이라 하자.

따름 정리 4에 의해 m은 어떤 소수에 의해 나누어떨어진다. 이 소수가 p_1이 될 수는 없다. 왜냐하면 $p_1 | p_1 p_2$, ···, p_n이기 때문이다. 만일 $p_1 | m$이면 $p_1 | (m - p_1 p_2, \cdots, p_n)$이다. 따라서 $p_1 | 1$이다. 그러한 $p_1 > 1$이기 때문에 이는 불가능하다. 같은 논리를 적용하여 p_2, p_3, ···, p_n 중의 어느 것도 m의 약수가 아님을 보일 수 있다. 이는 p_1, p_2, ···, p_n이 모든 소수라는 가정에 모순이다.

그러므로 소수의 개수는 무한대이다.

실제로 이 증명에는 별로 말이 필요 없다. 맥베스는 운명적인 누이의 예언에 대하여 다음과 같이 말했다.

이 초자연적인 유혹은
잘못된 것일 수도 있고 잘 된 것일 수도 있다.
– 셰익스피어의 《맥베스》중에서

증명을 위하여 수학자는 다음과 같이 단순하게 표현하고 말할 수 있을 지도 모른다.

$$m = p_1 p_2 p_3 \cdots p_n + 1$$
이 초자연적인 수는

소수일 수도 있고 아닐 수도 있다.

   분위기만 적절하게 조성되면, 유클리드의 증명은 벨벳 망토를 두른 마녀처럼 당신을 놀라게 할 수 있을 것이다.

추측

고전적인 수론에는 온갖 추측과 열린 문제들로 가득 차 있다. 이들 중 상당수가 오래전부터 있었던 것으로 이를 해결하는 자에게는 수학적인 명성이 부여되기도 한다. 다음은 세 개의 열린 문제이다.

(1) **쌍둥이 소수**: 만일 p가 소수이면 $p+1$은 오직 $p=2$일 때만 소수이다. (2를 제외한 모든 소수 p는 홀수이다. 따라서 $p+1$은 짝수이므로 소수가 될 수 없다.) 그러나 p와 $p+2$는 소수일 수 있다. 예를 들면, 3과 5, 5와 7, 11과 13, 17과 19이다. 이렇게 둘씩 짝지어 소수인 것들을 쌍둥이 소수라고 부른다. 그렇다면 쌍둥이 소수들은 몇 개나 존재할까? 이는 아무도 모르는 사실이다. 어쩌면 무한개가 있을 수도 있다. 이에 대한 증명은 존재하지 않는다.

(2) **완전수**: 자연수 n이 자신을 제외한 모든 약수들의 합이면 이를 완전수라고 한다. 예를 들면 다음과 같다.

$$6=1+2+3$$
$$28=1+2+4+7+14$$

그 다음의 완전수 두 개는 496과 8128이다. 완전수는 모두 몇 개나 될까? 또 다른 완전수가 존재할까? 이 또한 알고 있는 사람이 아무도 없다.

(3) **골드바흐의 추측**: 1749년에 크리스티안 골드바흐는 다음과 같은 추측을

내놓았다. 4보다 큰 모든 짝수는 두 개의 홀수인 소수의 합으로 나타
낼 수 있다. 다음은 그 예들이다.

$$6 = 3+3$$
$$8 = 3+5$$
$$10 = 3+7 = 5+5$$
$$12 = 5+7$$

컴퓨터를 사용하여 6과 어마어마하게 큰 수(기술이 발달하면서 이 값은 계
속 증가하고 있다) 사이의 모든 짝수들에 대해 골드바흐의 추측을 검증하여
보았다. 그러나 우리가 앞서 논의했듯이 이는 수학이 아니다. 증명을 하거나
아니면 반례를 내놓아야 골드바흐의 추측의 진위가 판명된다. 이를 발견한
다면, 수학적 불멸성에 대한 당신을 몫을 주장하고도 남을 것이다.

실수와 허수

역사의 그늘진 과거로 돌아가면 피타고라스의 희미한 모습을 어렴풋이 볼 수 있다. 그의 인생은 잘 알려지지 않았지만 우리는 그가 기원전 550년경 크로톤이라 불리는 이탈리아 남부에 위치한 고대 그리스의 한 도시에 유명한 학파를 결성하였다는 사실을 잘 알고 있다. 또한 플라톤이 태어나기 이전에 이미 플라톤식 철학을 수립했으며 유클리드보다 두 세기나 앞서 공리적 수학을 실행에 옮겼다는 사실을 우리는 잘 알고 있다. 그에 관한 세세한 일화는 거의 알려지지 않았지만 그의 영향력이 얼마나 지대하였는지는 너무나도 분명한 사실이다. 조지 시몬스는 수학과 과학의 창시자가 피타고라스라고 주장하였다. 윌 듀란트도 이에 다음과 같이 동의하였다.

> 현재 우리가 알고 있는 모든 측면에서 볼 때 유럽 과학과 철학의 창시자는 피타고라스이다. 그는 그 누구보다도 위대한 업적을 남겼다.

하지만 그가 완전무결한 사람이 아니었다는 점을 말해두고 싶다. 그의 독특한 성향과 금욕적인 신앙생활을 강요당할 수밖에 없었던 이 학파의 학생들은 과학적 정확성과 종교적 도그마가 기이하게 뒤섞인 교육과정을 따라가야만 했다. 적어도 초기에는 이들의 수학적 개념조차도 자신이 신봉하는 종교의 영향을 받았다. 피타고라스학파에게 있어 수는 우주의 본질을 구성하는 요체였다. 그들은 수에 대한 원리가 만물의 원리라고 믿었다. 이 경우에 그들이 말하는 수란 정수를 뜻하며 결국 정수들의 비로 나타낼 수 있다는 것이다. 그들이 내건 "만물은 수이다"라는 구호는 현재 우리의 언어로 다시 진술한다면 "만물은 유리수이다"로 바꾸어 표현하는 것이 더 정확하다.

특히, 피타고라스학파는 모든 측정값들을 유리수만으로 나타낼 수 있다고 믿었다. 자신들이 믿는 신이 이 세상을 결코 다른 방식으로 만들었을 리가 없다는 것이다. 따라서 길이가 L인 임의의 선분도 그런 식으로 측정할 수 있다고 생각하였다. 즉, 누구든지 측정의 단위 분수—그 길이를 $\frac{1}{m}$이라 부르자—를 발견하여 어떤 선분이건 한쪽 끝에서 다른 끝까지 이 값들을 충분히 늘어놓으면 하나의 선분을 완벽하게 채울 수 있다는 주장을 펼쳤다. 만일 이 단위들 n개를 모아 하나의 선분을 채울 수 있다면 $L=n(\frac{1}{m})$이 되는 것이다. 그런데 이 결과는 다음과 같이 나타낼 수 있으며 주어진 선분의 길이는 결국 하나의 유리수로 나타낼 수 있다는 뜻이 된다.

$$L = \frac{n}{m}$$

측정 때문에 빚어진 살인

불행하게도—적어도 피타고라스학파에게—가능한 모든 길이를 $L=\frac{n}{m}$로 표현할 수 있다는 주장은 틀린 것이다. 모든 선분의 길이를 유리수로 나타낼 수 있는 것이 아니기 때문이다. 피타고라스학파는 자신들만의 고상한 수학적 정교함을 이용하여 이 사실을 발견하기에 이르렀다. 그들은 유리수만으로 이 우주를 설명하기에는 충분하지 않으며, 따라서 이에 적합한 수를 만들어내야만 한다는 필요성을 느끼고는 매우 우쭐했을 것이다. 하지만 이

놀라운 발견은 자신들의 어리석은 종교적 관념과 충돌하게 되는 전혀 예상치 못했던 불상사를 낳게 되었고, 결국 이 새로운 지식이 얼마나 위험한 것인지 알게 된 그들은 무척이나 낙담하기에 이르렀다. 전해오는 이야기에 따르면 피타고라스학파의 한 사람인 히파수스라는 사람이 다른 사람들과 함께 배에 타고 있을 때 이 사실을 발견했다고 한다. 히파수스는 망연자실하게 되었고, 결국 그의 동료들은 그를 바다 한 가운데에 던져 버렸다고 한다. 보이지 않으면 생각나지 않을 것이라는 격언을 떠올리는 일화이다.

이 이야기에 대한 수학적 관심은 두 부분으로 나누어진다. 첫 번째는 그 유명한 피타고라스 정리이며, 두 번째는 히파수스 인생의 말로이다.

세 변의 길이가 각각 a, b, c인 직각삼각형을 생각해보자. c는 빗변의 길이이다. 이때 다음이 성립한다.

$$a^2 + b^2 = c^2$$

증명 그림 30에서 보는 바와 같이 한 변의 길이가 $a+b$인 정사각형을 만든다. 그림 30에 나타난 것처럼 정사각형의 변 위에 각 꼭짓점에서 길이가 각각 a와 b인 점을 정한다. 이 점들을 연결하면 모양이 똑같은 삼각형 4개가 만들어진다. 이러한 작도는 한 변의 길이가 $a+b$인 정사각형을 4개의 직각삼각형과 한 변의 길이가 c인 하나의 정사각형으로 분할한다.

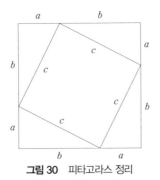

그림 30 피타고라스 정리

이미 기하학을 배웠기 때문에, 우리는 큰 정사각형의 넓이가 $(a+b)^2$이고 작은 정사각형의 넓이는 c^2이며, 4개의 직각삼각형은 각각 넓이가 $\frac{1}{2}ab$임을 알고 있다. 그런데 큰 정사각형의 넓이는 작은 정사각형 한 개의 넓이와 네 개의 직각삼각형 넓이를 더한 합과 같다. 따라서 다음이 성립한다.

$$(a+b)^2 = c^2 + 4\left(\frac{1}{2}ab\right)$$
$$(a+b)(a+b) = c^2 + 2ab$$
$$a^2 + ab + ba + b^2 = c^2 + 2ab$$
$$a^2 + 2ab + b^2 = c^2 + 2ab$$

그러므로 $a^2 + b^2 = c^2$이다.

($(a+b)^2 = a^2 + 2ab + b^2$이라는 공식은 자주 등장하므로 기억하는 것이 좋다.)

피타고라스 자신이 스스로 증명하였을지도 모르는 이 정리를 알게 된 피타고라스학파 사람들은 주어진 임의의 정사각형에서 대각선의 길이가 얼마인지 구하려고 했을 것이다. 왜냐하면 주어진 임의의 정사각형은 하나의 대각선에 의해 두 개의 직각삼각형으로 멋지게 분할되고 있기 때문이다. 특히 한 변의 길이가 1인 정사각형이 주어져 있을 때, 대각선의 길이를 d라고 하면 (그림 31) 다음이 성립한다.

$$d^2 = 1^2 + 1^2$$
$$d^2 = 2$$

따라서 피타고라스는 자신의 손으로 제곱하여 2가 되는 길이의 대각선을 작도한 것이다. 이 선분의 존재에 대해서는 누구도 의심할 수 없었을 것이다. 자신이 만든 수학이 그렇게 말하고 있었으니까. 그리고 그는 자신의 종교적 신념에 의해 d를 어떤 유리수로 나타낼 수 있다고 믿고 있었다.

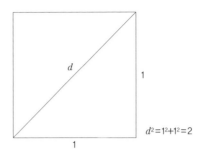

그림 31 길이의 제곱이 2인 대각선

여기까지는 좋았다. 그런데 히파수스가 등장하여—살인이 빚어진 배에 동승했다고 말하는 편이 더 나을지도 모르겠다—피타고라스가 행했던 똑같은 수학적 엄밀성으로 $d^2=2$이면 d는 결코 유리수가 될 수 없음을 증명하였던 것이다. 그가 행한 것을 기록하면 다음과 같다.

정리 1 $d^2=2$를 만족하는 유리수 d는 존재하지 않는다.

증명 d가 유리수라고 하자. 우리는 한 유리수의 분자와 분모를 공통인 수에 의해 약분할 수 있음을 알고 있다. 따라서 약분을 수행하여 $n,\ m \in \mathbb{Z}$이 더 이상 공통 인수를 가질 수 없게 되어 다음과 같은 표현이 가능하다고 가정할 수 있다.

$$d=\frac{n}{m}$$

여기서 $n,\ m \in \mathbb{Z}(m \neq 0)$이고 $gcd(n,\ m)=1$이다. 따라서 다음을 얻을 수 있다.

$$d^2=2 \Rightarrow \left(\frac{n}{m}\right)^2=2$$
$$\Rightarrow n^2=2m^2$$
$$\Rightarrow 2|n^2$$

그러므로 n^2은 짝수이다. 그런데 홀수의 제곱은 항상 홀수이므로 n은 짝수이어야만 한다. (만일 r이 홀수이면, 어떤 $q \in \mathbb{Z}$에 대하여 $r=2q+1$로 나타낼 수가 있다. 그러면 $r^2=(2q+1)^2=4q^2+4q+1=2(2q^2+2q)+1=2Q+1$이 되어 홀수이다.)

따라서 $2|n$이고, 어떤 $s \in \mathbb{Z}$에 대하여 $n=2s$이다. 그러면 다음이 성립한다.

$$n^2=2m^2 \Rightarrow (2s)^2=2m^2$$
$$\Rightarrow 4s^2=2m^2$$
$$\Rightarrow 2s^2=m^2$$
$$\Rightarrow 2|m^2$$

그러므로 m^2은 짝수이고, 앞에서의 논의와 같이 m은 짝수이어야 한다. 그러므로 $2|m$이다. 하지만 이는 앞에서 우리가 가정하였던 $gcd(n, m)=1$에 모순이다. 그러므로 d는 유리수가 아니다.

피타고라스와 그의 제자들은 결국 진퇴양난에 봉착하였다. 명쾌하게 정의된 수 d가 바로 앞에 존재하고 있다. 우리의 종교적 신념에 따르면 d가 유리수이어야 하지만 우리의 수학은 그렇지 않음을 말해주고 있지 않은가. 이를 어떻게 처리해야 할 것인가?

피타고라스학파는 이 딜레마를 유언비어라고 간단히 일축하기로 결정하였다. 그리고 이를 발설한 자를 살해하였고, 잠시 동안 서로 협력하여 그의 메시지를 감추었던 것이다. 그리하여 현대판 정치 세계에서 사용하는 개념인 은폐라는 것의 한 선례를 고대 세계에 남겼던 것이다. 하지만 이 사실은 그 후에 수학에서 신비주의가 사라지게 되자 히파수스의 정리라는 용어로 정리되었다. 버트런드 러셀은 피타고라스학파가 제곱하여 2가 되는 불분명한 수의 근사값을 구하는 방법까지 개발하였다고 우리에게 전한다.

　정리 1의 아름다움은 그 중요성—유리수를 넘어서는 또 다른 수의 필요성—뿐만 아니라 그 우아함에 있으므로 이를 주목할 필요가 있다. 설명하는 글을 제외하면 전체 증명은 다음과 같이 단 다섯 줄만으로 구성되어 있다.

> $\left(\dfrac{n}{m}\right)^2 = 2$ 라고 가정하자. 이 때 $n, m \in \mathbb{Z}$ 이고 $gcd(n, m) = 1$ 이다.
>
> 그러면 $n^2 = 2m^2$ 이고, 따라서 $2 \mid n^2$ 이면 $2 \mid n$ 이다.
>
> 그러므로 어떤 $r \in \mathbb{Z}$ 에 대하여 $n = 2r$ 이다.
>
> 이로부터 $4r^2 = 2m^2$ 이고, 따라서 $2 \mid n^2$ 이며 $2 \mid m$ 이다.
>
> 그러나 $2 \mid n$ 이고 $2 \mid m$ 이므로 이는 $gcd(n, m) = 1$ 에 모순이다.

　하디는 자신의 책 《어느 수학자의 변명》에서 위의 결과와 유클리드가 증명한 소수의 무한성을 "최고의 고급 수학"의 모범적 사례로 제시하였다. 여기서 그는 다음과 같이 언급하였다.

> 이들 각각은 처음에 발견되었을 때와 마찬가지로 변함없이 신선
> 하고 중요한 의미를 지니고 있다. 이천 년 동안 그 어느 부분에
> 단 하나의 수정도 없이 존재하고 있다는 뜻이다.

실수 직선

정리 1에 나오는 수 d 는 $d^2 = 2$ 라는 성질을 가지고 있으며 대각선의 길이이므로 $d > 0$ 이다. 따라서 d 는 제곱하면 2가 되는 양수이다. 그와 같은 수—만일 존재한다면—를 2의 양의 **제곱근**이라 하고 이를 $d = \sqrt{2}$ 로 표기한다. 이러한 용어를 사용하여 정리 1의 명제는 다음과 같이 다시 진술할 수가 있다.

$$\sqrt{2} \text{ 는 유리수가 아니다.}$$

정리 1이 언급하고 있는 것은, 우리가 간단한 방정식인 $x^2=2$를 풀고자 할 때, 즉 $\sqrt{2}$ 의 값을 결정하고자 한다면 유리수의 집합을 너머서 다른 그 어딘가에서 찾아야 한다는 사실이다. 유리수의 집합 $\mathbb{Z}$에서는 $\sqrt{2}$ 를 찾을 수가 없기 때문이다.

이 상황을 기하학적으로 살펴보자. 그림 32는 어떤 점들이 찍혀 있는 하나의 직선을 나타내고 있다. (임의로 선택한) 하나의 점을 0이라 정하고 이를 원점이라 부르자. 단위 길이를 임의로 편리하게 선택하여 정수 1을 원점의 오른쪽에 정한다. 이 길이를 연속적으로 나타내어 정수 2, 3, 4, …등을 오른쪽 너머에 표시한다. 같은 방법으로 원점의 왼쪽에 -1, -2, -3, …등을 정한다.

그림 32 유리수 직선

그림 32에는 $\dfrac{1}{2}$, $\dfrac{5}{2}$, $-\dfrac{5}{2}$ 등과 같은 다른 유리수들도 나타나 있다. 물론 이 유리수들도 원점으로부터 오른쪽과 왼쪽에 나름대로의 거리를 가지고 위치하는 것이다. 그러므로 임의의 유리수를 이 직선 위의 어느 정해진 위치에, 즉 양의 유리수는 원점의 오른쪽에 그리고 음의 유리수는 원점의 왼쪽에 정할 수가 있다.

더욱이 유리수들은 직선 위에서 매우 조밀하게 놓여진다. 이는 다음과 같은 의미이다.

$p<q$인 p, $q\in\mathbb{Q}$가 있다고 하자. 그리고 $r_1=\dfrac{p+q}{2}$ 이라 하자.

그러면 $r_1\in\mathbb{Q}$이며, 이는 p와 q의 평균값으로 이 두 수의 사이에 존재한다. 즉, $p<r_1<q$이다. ($p<q\Rightarrow p+q<2q\Rightarrow\dfrac{p+q}{2}<q$가 성립하므로 $r_1<q$이

다. 같은 방법으로 $p < r_1$이다.)

이제 $r_2 = \dfrac{p+r_1}{2}$ 라 하면 r_2는 p와 r_1 사이에 존재한다. 이 방식을 계속하면 $r_1, r_2, r_3, r_4, \cdots$와 같은 유리수들의 무한수열을 얻을 수 있다. 이들은 다음 성질을 만족한다.

$$q > r_1 > r_2 > r_3 > \cdots > p$$

그러므로 임의의 두 유리수 사이에는 무한히 많은 유리수들이 존재한다.

그림 33 유리수의 조밀성

그러나 유리수들이 아무리 촘촘하게 모여 있다고 해도 그림 33의 직선을 완전히 채울 수는 없다. 수많은 구멍이 아직도 여백으로 남아있기 때문이다. 특히 정리 1이 의미하는 것은 원점으로부터 오른쪽으로 거리가 정확하게 d가 되는 점, 즉 $d^2 = 2$에 해당하는 유리수가 존재하지 않다는 사실이다. 다시 말해 원점으로부터의 거리가 $\sqrt{2}$ 인 유리수는 존재하지 않는다는 것이다.

물론 그 밖에도 여러 다른 구멍들이 아직 남아 있다. 정리 1과 같은 방식에 의해 $r^2 = 3$인 유리수 r이 존재하지 않음을 증명할 수가 있다. 즉 $\sqrt{3}$ 은 유리수가 아니다. 같은 방식으로 $\sqrt{5}$, $\sqrt{7}$, $\sqrt{11}$, $\cdots$등도 유리수가 아니다. 그리고 이 사실로부터 $\dfrac{\sqrt{2}}{2}$, $\dfrac{1}{2} + \sqrt{3}$ 과 같이 결합 형태의 수들도 유리수가 될 수 없음을 알 수 있다. 그러므로 그림 33의 직선을 오직 유리수만으로 채운다면, 절개 수술 자국처럼 수많은 구멍이 나 있을 수밖에 없다.

이 시점에서 기술적 관점에서 볼 때, 우리가 $\sqrt{2}$ 와 같은 수를 언급하는 것은 별 의미가 없다. 현재 우리 앞에 놓인 수들은 오직 유리수의 집합인 $\mathbb{Q}$이며 $\sqrt{2}$ 는 유리수가 될 수 없다. 따라서 엄밀하게 논의를 계속한다면 $d^2=2$를 만족하는 새로운 수 d를 창조해야 하고 이에 따라 새로운 수의 세계를 확장해야만 할 것이다. 그런데 이러한 정밀한 확장 과정은 수를 구성하는 페아노 프로그램의 다음 단계를 이루고 있다. 이러한 단계를 거치고 나서야 비로소 그림 30에 제시된 직선 위에 있는 모든 구멍들을 채울 수 있을 것이다. 즉, $\frac{5}{2}$ 와 같은 유리수들로 채우고 나서 그 후에 $\sqrt{2}$ 와 같은 새로운 수들로 채우는 것이다. 이 새로운 수들을 **실수**라 부르는데, 그 후에 비로소 그림 32의 직선은 그림 34의 직선인 **실수 직선**으로 거듭나게 되는 것이다.

그림 34 실수 직선

실제로 실수를 유리수로부터 구성하는 것은 우리가 이 책에서 실행했던 것보다 훨씬 높은 복잡성을 요구하기 때문에 더 이상 자세하게 논의하지는 않을 것이다. 하지만 그 기본 개념은 유리수 수열의 극한값으로 새로운 수들을 정하여 집합 $\mathbb{Q}$에 끼워 넣는 것으로 구성될 것이다. 이 과정을 시작하기 전에 **수열**과 **극한값**의 개념을 정확하게 정의할 필요가 있다. 그러나 우리는 단 하나의 사례를 직관적으로 논의하는데 그칠 것이다.

우리는 이미 정리 1로부터 $d^2=2$를 만족하는 $d\in\mathbb{Q}$가 존재하지 않음을 알고 있다. 이 때문에 그림 32의 직선에 구멍이 하나 존재하게 된다. 따라서 실수를 구성하는 과정의 일부는 그러한 수를 그림 32에 제시된 실수 직선 위의 어느 곳에 위치할 것인가를 결정하는 것이 주 내용이다. $1^2=1<2$이고 $2^2=4>2$이므로 d는 1과 2 사이에 위치할 것이다. 이렇게 계속하여 근삿값을 정해가면서 다음과 같이 문제를 해결하고자 한다.

이제 $c_1=1.4$ 그리고 $d_1=1.5$라고 하자. $c_1, d_1\in\mathbb{Q}$이 성립하는 이유는 1.4

$=\frac{14}{10}$ 이고 $1.5 = \frac{15}{10}$ 임에 주목하라. 이때 다음이 성립한다.

$$c_1^2 = (1.4)^2 = 1.96 < 2$$
$$d_1^2 = (1.5)^2 = 2.25 > 2$$

따라서 d는 c_1과 d_1 사이에 있다. 그러므로 $c_1 < d < d_1$ 또는 $1.4 < d < 1.5$ 가 된다.

이제 $c_2 = 1.41$ 이고 $d_2 = 1.42$ 라 하자. 다시 한 번 c_2, $d_2 \in \mathbb{Q}$ 인데, 그 이유 는 $c_2 = \frac{141}{100}$ 이고 $d_2 = \frac{142}{100}$ 이기 때문이다. 그리고 다음이 성립한다.

$$c_2^2 = (1.41)^2 = 1.9881 < 2$$
$$d_2^2 = (1.42)^2 = 2.0164 > 2$$

이는 $1.4 < d < 1.42$ 가 성립함을 말한다.

이와 같은 방식을 반복하면(적절한 시행착오를 거치면서) 다음과 같은 유리 수들의 무한수열을 얻을 수 있다.

(a)   1, 1.4, 1.41, 1.414, 1.4142, ⋯

이들 각각은 제곱하였을 때 2보다 작은 유리수가 된다. 그런데 제곱수들 의 수열은 다음과 같이 점점 2에 한없이 가까이 간다.

                1, 1.96, 1.9881, 1.999396, 1.99996164, ⋯

따라서 우리는 2의 제곱근을 수열 (a)의 극한값으로 만들어진 **무한 소수** 로 정의할 수가 있다. 이는 다음과 같이 나타낼 수 있다.

$$d = \sqrt{2} = 1.41421356\cdots$$

이 과정은 수열과 극한의 개념이 정확하게 정의되고 난 후에야 의미가 있을 것이다. 더군다나 이와 같이 수를 형성하는 프로그램이 일반성을 충분히 가지기 위해서는 $d=\sqrt{2}$ 를 만드는 것뿐만 아니라 $r^2=3$과 $\ell^2=5$를 만족하는 r이나 ℓ과 같은 수들이 나타내는 거리를 표현할 수 있어야만 한다. 왜냐하면 이 수들도 그림 32의 유리수 직선에 존재하는 구멍들의 위치에 존재하기 때문이다. 이 모든 것을 달성하는 것은 결코 작은 과제가 아니며, 솔직하게 말해 이 책의 범위를 훨씬 벗어나는 일이다. 그러나 앞에서의 논의는 그 일을 행하는 방법의 진수를 설명해준다. 이 모든 것이 완수되었을 때 우리 앞에는 새로운 수들의 집합이 펼쳐질 것이다. 우리는 이들을 실수라고 부른다. 그리고 이 수들—유리수와 무리수—이 모두 함께 그림 32에 제시되어 있는 유리수 직선 위의 모든 구멍들을 완벽하게 채워줄 수 있을 것이다. 그 결과에 의해 만들어진 직선은 각각의 점에 정확하게 대응되는 실수들을 가질 수 있게 되었다. 그림 34는 이 새로운 실수 직선인 것이다.

실수의 연산

실수들의 집합은 전통적으로 $\mathbb{R}$이라는 기호로 표기한다. 종종 그림 34에 나타난 실수 직선은 단순하게 수직선이라 부르기도 한다. 이를 만들어가는 방식에 의해, $\mathbb{R}$은 각각의 유리수를 하나의 원소로 포함하고 있다. 따라서 $1 \in \mathbb{R}$이고 $\frac{5}{2} \in \mathbb{R}$이다. 그러나 지금까지 보았듯이, $\mathbb{R}$에는 $\sqrt{2}$ 와 $\sqrt{3}$ 과 같이 $\mathbb{Q}$에 속하지 않는 많은 원소들이 존재한다. 따라서 우리는 다음과 같이 진부분집합들의 포함관계를 정리해볼 수 있다.

$$\mathbb{N} \subset \mathbb{Z} \subset \mathbb{Q} \subset \mathbb{R}$$

$\mathbb{R}$이 구성되는 방식은 새로운 집합이 그것의 부분집합인 $\mathbb{Q}$의 덧셈, 곱

셈, 그리고 순서의 성질이 그대로 적용될 수 있게 한다. 일단 $\mathbb{R}$에 대한 적절한 정의가 내려지면, 3장의 정리 16과 형식적으로 동일한 하나의 정리를 증명할 수 있을 것이다. 즉, 정리 16에 있는 각각의 명제들을 보다 큰 집합인 $\mathbb{R}$에 대한 유사한 명제들로 대치할 수 있을 것이다. 이제 우리에게 필요한 것은 기호 $\mathbb{Q}$가 등장할 때마다 기호 $\mathbb{R}$로 대치하는 것만 남게 된다.

정리 2 3장에 있는 정리 16의 명제와 결론은 실수 $\mathbb{R}$에 대해서도 성립한다.

3장의 정리 16과 위의 정리 2 사이에 존재하는 동일한 형식 때문에 $\mathbb{R}$과 $\mathbb{Q}$가 동일하다고 추론하여서는 안 된다. 예를 들어, 우리는 집합 $\mathbb{Q}$가 $\mathbb{R}$의 진부분집합임을 잘 알고 있다. 또한 $\mathbb{R}$에는 $c > 0$일 때 방정식 $x^2 = c$의 해가 항상 존재하는 것도 잘 알고 있다. 그리고 그 해는 $x = \pm\sqrt{c}$ 이다. (정리 1은 $c = 2$와 같은 단순한 경우조차 집합 $\mathbb{Q}$에는 적용되지 못함을 주장하는 것이다.) 그런데 실수들은 유리수와 전혀 다르게 구별되는 성질을 가지고 있다. 바로 실수는 완전하다는 것이다.

이러한 **완비성** 개념에 대한 본질적인 논의는 우리의 한계를 벗어나지만, 다음과 같이 개략적인 것만은 설명할 수 있을 것이다.

어느 수 집합에 속하는 각각의 수열이 그 집합에 속하는 원소에 수렴할 때 그 집합은 **완비성을 갖추었다**고 한다.

예를 들어, $\mathbb{Q}$의 수열들인 1, 1.4, 1.41, 1.414, 1.4142, ⋯ 는 $d^2 = 2$를 만족하는 수 d에 가까이 가는 것처럼 보인다. 하지만 그러한 수는 $\mathbb{Q}$에 존재하지 않는다. 따라서 $\mathbb{Q}$는 **완비성을 갖추지 못했다.**

그러나 $d=\sqrt{2}$ 이고 $\sqrt{2}\in\mathbb{R}$이므로 똑같은 수열이지만 $\mathbb{R}$에서는 수렴하고 있음을 알 수 있다. 따라서 그와 같은 수열 각각이 $\mathbb{R}$에 속하는 하나의 원소에 수렴하기 때문에 $\mathbb{R}$은 **완비성을 가지고 있다**고 한다.

이 책에서는 더 이상 논의를 전개하지 않기 때문에, 현재로서는 정리 2에 기술한 성질들과 완비성의 개념이 실수를 특징짓는다고 해 두자. 사실 이 모든 조건들을 만족하는 집합은 수학의 세계에서 실수 이외에는 존재하지 않는다. 이러한 의미에서 실수는 유일하다고 결론 내릴 수 있다.

유리수에 대한 연산 기법을 알려준 3장의 정리 16과 똑같이, 정리 2도 $\mathbb{R}$의 원소들에 대한 연산을 비슷하게 할 수 있게 해준다. 하지만 제곱근을 다룰 때에는 조심해야만 한다. 예를 들어 $\mathbb{R}$에서는 방정식 $x^2=y$의 해를 항상 구할 수 없기 때문이다. 이는 다음 정리로부터 유도된다.

정리 3 만일 $x\in\mathbb{R}$, $x\neq0$이라면 $x^2>0$이다.

증명 만일 $x>0$이면 정리 2의 O(iv) ($x\cdot0=0$는 유리수의 경우에서와 같이 그대로 성립한다. 증명도 똑같다.)에 의해 $x\cdot x>x\cdot0$이거나 $x^2>0$이다. 만일 $x<0$이면 $x=-a(a>0)$이다. 따라서 $x^2=(-a)(-a)=a^2>0$이다. ($(-a)(-b)=ab$는 유리수에서 그랬던 것처럼 실수에서도 성립한다.)

$0^2=0\cdot0$이므로 정리 3은 우리에게 다음 사실을 알려준다. 즉, $x\in\mathbb{R}$이면 $x^2\geq0$이다. 따라서 $y<0$일 때 $x^2=y$를 만족하는 실수 x는 존재하지 않는다. 특히 $x^2=-1$을 만족하는 실수 x는 존재하지 않는다.

결론적으로 $\sqrt{a}$ 라는 기호는 실수 $\mathbb{R}$에서 오직 $a\geq0$일 때만 의미가 있다.

게다가 $\sqrt{a}$ 그 자체는 정의에 의해 항상 양수이거나 0이다. 요약하면 $\sqrt{0} =$ 0이고, $a>0$일 때에만 $\sqrt{a}$ 는 $(\sqrt{a})^2=a$ 을 만족하는 유일한 양의 실수이다.

특히 $\sqrt{4}=2$인데, 그 이유는 $2>0$이고 $2^2=4$이기 때문이다. 그런데 만일 $x^2=4$이면 $x=\pm\sqrt{4}=\pm2$임에 주목하라.

$$x^2=4 \Rightarrow x^2-4=0$$
$$\Rightarrow (x-2)(x+2)=0$$
$$\Rightarrow x-2=0 \text{ 또는 } x+2=0$$
$$\Rightarrow x=2 \text{ 또는 } x=-2$$

마지막 줄 앞의 추론이 성립하는 것은 다음 이유 때문이다.

$$u, w\in\mathbb{R}\text{이고 } u\cdot w=0 \Rightarrow u=0 \text{ 또는 } w=0$$

이는 정리 2의 M(v)에 따른 것이다. 앞의 계산은 다음과 같이 확장할 수가 있다.

정리 4 $y\in\mathbb{R}$이고 $y>0$라 하자. $w^2=y$이면 $w=\pm\sqrt{y}$ 이다.

증명 $w^2=y \Rightarrow w-y=0$
$$\Rightarrow (w-\sqrt{y})(w+\sqrt{y})=0$$
$$\Rightarrow w-\sqrt{y}=0 \text{ 또는 } w+\sqrt{y}=0$$
$$\Rightarrow w=\sqrt{y} \text{ 또는 } w=-\sqrt{y}$$

따라서 방정식 $w^2=y$는 $y>0$일 때, 두 개의 해 $w=\pm\sqrt{y}$ 가 존재한다.

(두 번째 추론에 등장하는 인수분해는 $w^2 - u^2 = (w-u)(w+u)$의 특별한 경우이다.)

만일 우리가 계산을 한 번 더 확장한다면 유명한 다음 정리를 얻을 수 있다.

정리 5   이차방정식의 근의 공식: $a,\ b,\ c \in \mathbb{R}$, $a>0$이고 $b^2-4ac \geq 0$이라고 하자. 이때 $ax^2+bx+c=0$이면 다음이 성립한다.

$$x = \frac{-b \pm \sqrt{b^2-4ac}}{2a}$$

증명 $ax^2+bx+c=0 \Rightarrow ax^2+bx=-c$

$$\Rightarrow a\left(x^2 + \frac{b}{a}x\right) = -c$$

$$\Rightarrow x^2 + \frac{b}{a}x = -\frac{c}{a}$$

$$\Rightarrow x^2 + \frac{b}{a}x + \frac{b^2}{4a^2} = -\frac{c}{a} + \frac{b^2}{4a^2}$$

$$\Rightarrow \left(x + \frac{b}{2a}\right)\left(x + \frac{b}{2a}\right) = \frac{b^2}{4a^2} - \frac{c}{a}$$

$$\Rightarrow \left(x + \frac{b}{2a}\right)^2 = \frac{b^2}{4a^2} - \frac{c}{a} \cdot \frac{4a}{4a}$$

$$\Rightarrow \left(x + \frac{b}{2a}\right)^2 = \frac{b^2-4ac}{4a^2}$$

$$\Rightarrow x + \frac{b}{2a} = \pm\sqrt{\frac{b^2-4ac}{4a^2}}$$

$$\Rightarrow x + \frac{b}{2a} = \frac{\pm\sqrt{b^2-4ac}}{2a}$$

$$\Rightarrow x = -\frac{b}{2a}\frac{\pm\sqrt{b^2-4ac}}{2a}$$

$$\Rightarrow x = \frac{-b \pm \sqrt{b^2-4ac}}{2a}$$

밑에서부터 네 번째 추론은 정리 4와 다음 사실로부터 유도된다.

$$w = x + \frac{b}{2a} \ \text{그리고} \ y = \frac{b^2-4ac}{4a^2}$$

밑에서부터 세 번째 추론은 $\sqrt{\dfrac{u}{v}}=\dfrac{\sqrt{u}}{\sqrt{v}}$ ($u \geq 0$과 $v>0$)라는 사실을 이용하였다. (증명은 연습문제로 남겨둔다.) 수학자들은 증명에 있어 네 번째 줄의 양 변에 $\dfrac{b^2}{4a^2}$을 더하는 기술을 "완전제곱식"을 만들기 위한 것이라고 한다.

식 $p(x)=ax^2+bx+c$와 같은 형태의 표현을 **이차다항식**이라고도 한다. $p(x)=0$이 되게 하는 x를 다항식의 **근**(또는 **해**)이라고 한다. 이차방정식은 어떤 조건 하에서 해가 되는 특정한 값을 구할 수 있도록 알려 준다. (방정식 $ax^2+bx+c=0$은 **이차방정식**이라 부른다.)

예를 들어 식 $p(x)=2x^2-9x-5$을 보자. 이때 $a=2$, $b=-9$, $c=-5$이다. 따라서 다음과 같이 나타낼 수가 있다.

$$
\begin{aligned}
p(x)=0 &\Rightarrow 2x^2-9x-5=0 \\
&\Rightarrow x=\frac{-(-9)\pm\sqrt{(-9)^2-4(2)(-5)}}{2(2)} \\
&\Rightarrow x=\frac{9\pm\sqrt{81+40}}{4} \\
&\Rightarrow x=\frac{9\pm\sqrt{121}}{4} \\
&\Rightarrow x=\frac{9\pm11}{4} \\
&\Rightarrow x=\frac{9+11}{4} \text{ 또는 } x=\frac{9-11}{4} \\
&\Rightarrow x=5 \text{ 또는 } x=-\frac{1}{2}
\end{aligned}
$$

이차식에서 $a>0$이라는 조건은 이보다 조금 약한 조건 즉, $a \neq 0$으로 대치할 수가 있다.(만일 $a<0$이면 방정식 $ax^2+bx+c=0$의 양변에 (-1)을 곱하면 된다.)

만일 $a=0$이면 이 식은 $bx+c=0$라는 일차식이 되어, 그 해는 $x=-\dfrac{c}{b}$이다.($b \neq 0$) 그러나 $b^2-4ac \geq 0$은 매우 중요하다. 만일 $b^2-4ac<0$이면

$\sqrt{b^2-4ac}$ 은 실수가 아니다. (정리 3) 따라서 만일 $b^2-4ac<0$이면 이차방정식은 실수 $\mathbb{R}$에서 해를 구할 수가 없다. 이때 식 b^2-4ac는 이차방정식 $ax^2+bx+c=0$의 **판별식**이라고 부른다. (이것이 판별식의 정의이다.)

셀 수 없는 무한

실수 $\mathbb{R}$을 구축하는 방법으로부터 각각의 실수는 무한 소수에 의해 표현될 수 있음을 알 수 있었다. 역으로 임의의 무한 소수는 하나의 실수를 나타낸다. 예를 들면 다음과 같다.

$$2 = 2.000$$
$$\frac{1}{2} = .5 = .5000\cdots$$
$$\frac{1}{3} = .333\cdots$$
$$\sqrt{2} = 1.41421356\cdots$$

이와 같은 표현은 정수에서는 분명하다. 다른 유리수는 나눗셈을 길게 연속적으로 행하여 소수 표현을 얻을 수 있다. 그런데 $\sqrt{2}$와 같은 무리수를 소수로 표현하기 위해서는 연속적인 어림과정을 필요로 한다. 각각의 유리수를 소수로 확장하여 표현한다면 소수점 어디에선가 일련의 0들로 마무리되거나 그렇지 않은 경우에는 같은 숫자가 무한히 반복되는 패턴으로 마무리 된다. 예를 들면 다음과 같다.

$$\frac{1}{2} = .5000\cdots$$
$$\frac{1}{3} = .333\cdots$$
$$\frac{13}{7} = 1.857142857142857142\cdots$$

더욱이 위와 같이 같은 숫자가 반복되는 소수는 모두가 유리수임을 보일 수 있다. 따라서 무리수 각각에 대한 소수 표현에서는 같은 숫자가 무한이 반복되는 패턴을 발견할 수가 없다.

여기서 매우 미묘한 문제가 발생하는데, 우리는 이를 기술적으로만 다룰 것이다. 즉, **실수를 소수로 확장하는 표현이 유일하지 않다**는 문제이다. 소수점 이하에서 발생하는 일련의 0들은 무한히 계속되는 9들로 대치할 수 있는데, 그 예는 다음과 같다.

$$1 = 1.0000\cdots \quad 그리고 \quad 1 = .99999\cdots$$

이들 두 가지 표현방식의 차이는 다음과 같다. 즉, 전자는 소수점 이하 어디에서 마치던 간에 정확하게 1이 되는 유한소수인 반면에, 후자는 어디에서 마치던 간에 항상 1보다 작게 되는 실수가 된다는 점이다. 예를 들면 다음과 같다.

$$1 = .999\cdots \quad 그러나 \quad 1 > .99999이다.$$

그럼에도 불구하고 후자인 $1 = .999\cdots$에 있는 세 개의 점이 그 다음에도 9가 무한히 계속되는 현상을 나타내는 것으로 해석하는 한 이 둘은 정확하게 같은 값이다. 즉 실수 $.999\cdots$는 정확하게 1이며, 이는 결코 어림한 값이 아니다.

이에 대한 엄격한 증명은 이 책의 범위를 벗어나는데, 그 이유는 실수의 완비성을 복잡하게 응용해야 하기 때문이다. 하지만 만일 우리가 이 무한소수를 보통 소수처럼 다룰 수 있다고 가정한다면(이는 정확하게 참이다) 우리 스스로 그 타당성을 확인할 수 있을 것이다.

이제 $x = .9999\cdots$라고 하자.

그러면 $10x = 9.999\cdots$이다.

따라서 다음이 성립한다.

$$10x - x = 9.999\cdots - .9999\cdots$$

$$=9$$

그러므로 $9x=9$ 또는 $x=1$이다.

즉, $1=.999\cdots$이다.

이와 같이 우리가 소수점 이하에서 0으로 끝나는 실수를 9로 끝나는 실수로 표현하려면, 이후 자릿값들도 9로 바꾸어야 할 것이다. 예를 들면 다음과 같다.

$$6.243000\cdots=6.242999\cdots$$

하지만 만일 우리가 미리 그 중에 하나의 표현만을 선택한다면 각 실수는 단 하나의 소수 표현을 가지며, 역으로 각각의 확장된 소수는 단 하나의 실수를 나타낸다고 할 수 있다. 특히, x가 $0<x<1$인 실수라면 x는 다음과 같이 단 하나의 형태로 표현할 수가 있다.

$$x=.b_1b_2b_3\cdots(b_k \text{은 } 0, 1, 2, \cdots, 9 \text{ 중의 하나})$$

자 이제 이와 같은 설명을 뒤로 하고, 우리는 2장에서 행했던 약속을 지킬 때가 온 것 같다. 즉, 무한집합인 $\mathbb{N}$과 $\mathbb{R}$사이에는 일대일 대응 관계가 존재하지 않음을 증명하겠다는 약속 말이다.

정리 6 자연수의 집합과 실수의 집합 사이에는 일대일 대응 관계가 존재하지 않는다.

증명 집합 $\mathbb{R}$이 너무 크다는 것을 보여주어 그러한 대응관계가 존재하지 않음을 보일 것이다. 그리고 우리는 다음과 같이 정의된 그것의 진부분집합

$S(S \subset \mathbb{R})$마저도 그 자체로 $\mathbb{N}$과 일대일 대응을 하기에는 너무 크다는 사실을 보임으로써 이를 완성할 것이다.

$$S = \{x \mid x \in \mathbb{R}, \ 0 < x < 1\}$$

이 방식은 게오르크 칸토어의 유명한 대각선 논의를 이용한 것이다.

먼저 집합 S와 $\mathbb{N}$ 사이에 일대일 대응 관계가 존재한다고 하자. 이는 집합 S의 원소를 다음과 같이 자연수 1, 2, 3, … 에 따라 배열할 수 있음을 의미한다.

$$x_1, x_2, x_3, \cdots$$

이제 S의 원소들을 세로로 배열하여 각각의 x_k를 단 하나의 확장된 소수로 나타낼 것이다. (이를 나타내는 기호가 부족할 수 있기 때문에 이중 첨자를 활용해야만 한다.) 즉, 다음과 같이 나열할 것이다.

$$x_1 = .a_{11}a_{12}a_{13}\cdots$$
$$x_2 = .a_{21}a_{22}a_{23}\cdots$$
$$x_3 = .a_{31}a_{32}a_{33}\cdots$$
$$\cdots$$

이때 각각의 자릿값 a_{nm}은 0, 1, 2, …, 9 중의 어느 하나이다. 이제 y를 다음과 같이 정의된 실수라 하자.

$$y = .b_1b_2b_3\cdots$$

여기서 각각의 b_k는 0, 1, 2, … , 9 중의 어느 하나이지만 $b_1 \neq a_{11}$, $b_2 \neq a_{22}$,

$b_3 \neq a_{33}$이다. 그러면 다음이 성립한다.

$$y \in \mathbb{R} \text{ 이고 } 0 < y < 1$$

하지만 $y \neq x_1$인데, 그 이유는 소수 첫 번째 자릿값이 x_1의 확장된 소수에서 첫 번째 자릿값과 다르기 때문이다. 또한 $y \neq x_2$인데, 그 이유는 두 번째 자릿값이 x_2의 두 번째 자릿값과 다르기 때문이다. 같은 방식으로 $y \neq x_3$, $y \neq x_4 \cdots$이다. 따라서 y는 분명히 S의 원소이지만, 위에서 나열한 S의 그 어떤 값과도 일치하지 않는다.

결론적으로 $\mathbb{N}$과 S 사이에는 일대일 대응이 존재할 수가 없다. 어떤 방식을 구사하여 서로를 대응시키려 하더라도 적어도 하나의 원소는 밖으로 튀어 나오기 때문이다. 그러나 S는 $\mathbb{R}$의 진부분집합이다. 그러므로 $\mathbb{R}$에는 적어도 S의 원소의 개수만큼 같은 개수의 원소가 들어있다. 따라서 두 집합 $\mathbb{N}$과 $\mathbb{R}$ 사이에는 일대일 대응 관계가 존재하지 않는다. 이로써 정리는 증명되었다.

자연수의 집합과 일대일 대응 관계에 놓을 수 있는 임의의 집합을 셀 수 있다는 의미에서 **가산집합**이라고 부른다. 정리 5는 다음과 같이 진술될 수 있다.

실수의 집합은 셀 수 없다.

정리 6은 실제로 집합 $S = \{x \mid x \in \mathbb{R}, 0 < x < 1\}$이 가산집합이 아님을 보여준다. S는 구간이라고 부르는 실수의 부분집합의 한 예이고 그림 34에 제시된 실수 직선에서는 길이가 1인 선분에 포함된다. 우리는 2장에서 임의의 두 선분이 같은 개수의 점을 가지고 있음을 알고 있다. 따라서 다음이 성립한다.

각각의 구간 $I=\{x\mid x\in\mathbb{R},\ a<x<b\}$은 비가산인데,
이때 비가산은 "셀 수 없음"을 의미한다.

그렇다면 집합 $\mathbb{Q}$는 어찌된 것인가? 유리수의 집합은 자연수의 집합과 실수의 집합 사이에 놓여있다. 즉, $\mathbb{N}\subset\mathbb{Q}\subset\mathbb{R}$이다. $\mathbb{N}$은 가산이고 $\mathbb{R}$은 비가산이다. 그렇다면 $\mathbb{Q}$는 얼마나 큰 것일까?

$\mathbb{Q}$는 가산이고 따라서 $\mathbb{N}$과 같은 개수의 원소들을 포함하고 있음이 밝혀졌다. 이 사실을 증명하는 하나의 방안은 $\mathbb{Q}$의 원소들을 이중으로 무한히 배열하는데, 첫 행은 분모가 1인(약분된 형태로) 유리수들 전체로, 두 번째 행은 분모가 2인 유리수들 전체로, ⋯ 등등과 같이 하는 것이다. 증명의 두 번째 단계는 이러한 이중의 무한 배열이 x_1, x_2, x_3, ⋯으로 나타낼 수 있음을 보이는 것이다. 자세한 것은 연습문제로 남겨둔다.

π 그리고 e

그림 34를 보면 두 수 π와 e가 실수 직선 위에 있는 점임을 보여준다. 이들 수는 수학과 수학의 응용 분야에서 매우 중요한 역할을 하므로 특별히 눈여겨 볼 가치가 있다. π는 그중에서도 가장 잘 알려져 있는데 우선 이 수에 대하여 알아보도록 하자.

정의에 의해 원은 주어진 점 P로부터 일정한 거리 r에 있는 점들의 집합이다. 이 주어진 점을 원의 중심이라 하고 일정한 거리를 그 원의 **반지름**이라고 부른다. 따라서 원의 반지름 r은 어떤 실수이다. 수 $d=2r$은 원의 **지름**으로 알려져 있다. (그림 35를 보라.)

이제 반지름의 길이가 r_1과 r_2이고, 지름의 길이가 각각 $d_1=2r_1$과 $d_2=2r_2$인 임의의 두 원을 보자. 한 원의 둘레의 길이 개념은 우리에게 (적어도 직관적으로) 알려져 있다고 가정하자. 따라서 우리는 길이의 개념을 원에도

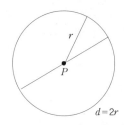

그림 35 반지름이 r이고 지름이 d인 원

적용할 수 있다고 가정한다. 즉, 한 원의 둘레는 그 주위를 한 번 움직이는 점들의 자취가 그리는 일반적인 길이와 같다고 하는 것이다. 이제 C_1과 C_2를 각각 두 원의 둘레의 길이라고 하자. (그림 36을 보라.)

그림 36에 제시된 원들은 순전히 임의로 선택된 것들이다. 즉, 하나의 원

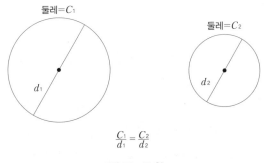

그림 36 두 원

은 호수와 같이 매우 큰 원일 수가 있고, 다른 하나는 동전 크기만 할 수도 있다. 그러나 그 크기가 어떻든 간에 다음 정리(이는 증명하지 않을 것이다)는 어떤 원에도 적용되는 놀라울 정도로 공통된 성질 즉 원의 둘레의 길이와 지름의 길이는 비례한다는 사실을 알려준다.

정리 7 d_1, C_1과 d_2, C_2를 각각 주어진 두 원의 지름과 원 둘레라고 하자. 그러면 다음이 성립한다.

$$\frac{C_1}{d_1} = \frac{C_2}{d_2}$$

따라서 임의의 원의 둘레 C와 그의 지름 d의 비는 원 C 또는 d에 따라 변하지 않는다. 전 세계의 수학자들은 이 상수 값을 그리스 알파벳의 16번째 문자인 π로 표기한다. 따라서 다음과 같다.

$$\frac{C}{d} = \pi$$

그러므로 정의에 의해 수 π는 **임의의 원의 둘레의 길이에 대한 그 지름과의 비**이며, 이 비는 정리 7에 의해 항상 일정한 상수이다. 이 정의는 종종 다음과 같은 항등식으로 표기되기도 한다.

$$C = \pi d \text{ 또는 } C = 2\pi r$$

원이 잘 정의된 하나의 수학적 대상이 되기 훨씬 전에, 인류는 이미 실생활에서 이에 대한 근삿값을 연구하기 시작했다. 초기 이들 근삿값들(어쩌면 모래 위에 말뚝을 박고 단단하게 동여맨 줄 끝을 잡아 손가락으로 그린 그림에서 구하였을 것이다)로부터 원의 둘레와 지름의 어림값들을 구했을지도 모른다. 고대의 실용적인 기하학자들은 $\frac{C}{d}$의 값이 항상 일정함을 발견하였고 그 값을 구하고자 하였다. π값에 대한 초기 측정값 중의 하나는 3이었다.

현재 우리는 π가 무리수이며 따라서 유한소수나 순환하는 무한소수로 나타낼 수 없음을 잘 알고 있다. 이를 소수로 표현하면 다음과 같다.

$$\pi = 3.14159265358979323846\cdots$$

이 값은 현재 소수점 이하 수천 자리까지 알려져 있다. (이 글을 쓰고 있는 동안 내 앞에 놓인 컴퓨터는 소수점 이하 만 자리까지의 값을 출력해 놓았다.)
그러나 우리가 알고 있는 수학에 따르면, 이는 무한하게 반복되어 이어지는
숫자가 아니다. 그 누구도 그 숫자들을 완벽하게 알 수 없을 것이다.

어떤 면에서 e는 수학에서 π를 보완하는 역할을 담당하고 있다. 이 둘은
종종 수학 공식, 특히 수준 높은 해석학 공식이나 방정식에 나란히 함께 등
장한다. 예를 들면 e와 π는 둘 다 우리에게 잘 알려진 정규분포곡선—확률
과 통계 영역에서 매우 주도적인 역할을 하는 종 모양의 곡선—을 나타내
는 공식에서 볼 수 있다. 그러나 e는 초등수준의 기하학적 해석에서는 찾아
보기 어려운데, 이는 π가 원의 둘레와 관련하여 자주 등장하는 것과 대조
적이다. π와는 달리 e를 적절히 정의하기 위해서는 실수의 완비성에 들어맞
는 어떠한 형태가 필요하다. 표준적인 방법은 적절한 유리수 수열의 극한값
($\sqrt{2}$를 정의한 것처럼)으로 정의하는 것이다.

다음 수열을 생각해보자.

(b) $\qquad (1+1)^1, \left(1+\dfrac{1}{2}\right)^2, \left(1+\dfrac{1}{3}\right)^3, \left(1+\dfrac{1}{4}\right)^4, \cdots, \left(1+\dfrac{1}{n}\right)^n \cdots$

여기서 $x_n = \left(1+\dfrac{1}{n}\right)^n$은 이 수열의 일반항이다. 따라서 천 번째 항은 $x_{1,000}$
$= \left(1+\dfrac{1}{1,000}\right)^{1,000}$이고, 백만 번째 항은 $x_{1,000,000} = \left(1+\dfrac{1}{1,000,000}\right)^{1,000,000}$이다.

내 소형 계산기는 수열 (b)의 여섯항에 대하여 다음과 같은 값을 제시하
고 있다.

$$x_1 = (1+1)^1 = 2$$
$$x_2 = \left(1+\dfrac{1}{2}\right)^2 = 2.25$$
$$x_3 = \left(1+\dfrac{1}{3}\right)^3 = 2.3704$$
$$x_4 = \left(1+\dfrac{1}{4}\right)^4 = 2.4414$$
$$\cdots$$

$$x_{1,000} = \left(1+\frac{1}{1,000}\right)^{1,000} = 2.71692$$

$$\cdots$$

$$x_{1,000,000} = \left(1+\frac{1}{1,000,000}\right)^{1,000,000} = 2.71882805$$

이 수열의 10억 번째 항은 다음과 같다.

$$x_{1,000,000,000} = \left(1+\frac{1}{1,000,000,000}\right)^{1,000,000,000} = 2.718281827$$

따라서 이 수열은 그 값이 대략 2.7182인 실수에 수렴하는 것 같이 보인다. 실제로 이 수열은 엄격한 수학적 의미에서 수렴하고 있으며, 그 극한값을 e로 표기한 것이다. 수학자들은 이 모든 것을 다음과 같이 나타내며 이를 "n이 한없이 커질 때 $\left(1+\frac{1}{n}\right)^n$의 극한값은 e이다."라고 읽는다.

$$e = \lim_{n \to \infty}\left(1+\frac{1}{n}\right)^n$$

수 e는 레온하르트 오일러 이후에 무리수임이 알려졌고 결국 e는 끝이 없으며 반복되는 마디도 없는 수가 되었다. 그러나 e에 대한 소수 확장은 매우 정확하게 계산되어 왔다. 소수점 이하 처음 15자리까지 계산한 결과는 다음과 같다.

$$e = 2.718281828459045\cdots$$

잠시 후에 우리는 해석학의 상당 부분에 **실변수 함수**의 개념이 포함되어 있음을 알게 될 것이다. 종종 어떤 함수가 주어졌을 때 그 함수는 자신의 **도함수**와 결합하는 경우가 있다. 도함수 개념은 미적분학과 미적분학에서 파생된 모든 수학의 중심에 자리 잡고 있다. 페르마가 접선 개념의 이해를 탐구할 때 그는 실제로 도함수에 대한 희미한 아이디어와 씨름하고 있었다. 뉴턴이 속도와 가속도 개념을 수학적 형태로 나타내고자 할 때 마침내 어떤 함수의 도함수라 불리는 새로운 수학적 대상을 창조할 수 있었다.

수 e가 수학적으로 중요한 의미를 가지는 이유 중의 하나는 도함수에 대한 그것의 역할 때문이다. 어떤 함수의 도함수는 또 다른 하나의 함수이다. (예를 들어, 함수 $f(x)=x^2$의 도함수는 함수 $g(x)=2x$이다.) 따라서 다음과 같은 질문이 자연스럽게 나올 수 있다. "어떤 함수가 자신의 도함수와 같은 경우는 언제인가?"

이 질문에 대한 답은 놀랍게도 수 e를 포함한다. 수학 세계 전체를 놓고 볼 때, 자신의 도함수와 같은 함수는 **지수 함수**인 e^x의 배수가 유일하다.

복소수

최초의 우리 인류에게 수학이란 세는 것이 전부였다. 그러다가 손가락으로 짚으며 "1, 2, 3, $\cdots$, n"이라고 말하게 되었다. 이제 우리 앞에 놓여 있는 수는 너무나 많아져서 더 이상 셀 수 없을 정도가 되었으며, 이 많은 수가 하나의 직선을 완벽하게 채울 수 있는 상황에까지 이르렀다.

실수는 우리에게 매우 풍부한 수학적 구조를 제공하고 있다. 즉, 두 개의 이항 연산, 순서정렬, 그리고 임의의 수열이 수렴할 때 그 극한값도 원소로 하고 있음을 확신시켜주는 완비성 등이 그것이다. 완비성에 의해 $\sqrt{2}$, 그리고 e와 같은 무리수들이 구축될 수가 있었다. 그리고 이항 연산과 순서 정렬의 멋진 관계가 풍부하게 존재하는 덕분에 정수와 유리수만으로는 할 수 없었던 산술과 대수적 연산들이 가능하게 되었다. 우리는 실수로 인해 상당히 많은 양의 수학을 할 수 있게 된 것이다. 그러나 이것만으로는 아직 충분하지가 않다. 페아노 공리에서 시작하여 실수까지 이르게 한 과정이 아직 끝난 것은 아니다. 마지막 단계가 남아 있다.

우리는 정리3에 의해 만일 x가 임의의 실수이면 $x^2 \geq 0$임을 알고 있다. 따라서 실수 내에서는 다음 방정식의 해를 구할 수가 없다.

$$x^2=-1$$

왜냐하면 제곱하여 음이 되는 실수는 존재하지 않기 때문이다. 더군다나 이차방정식 $ax^2+bx+c=0$의 해는 오직 $b^2-4ac \geq 0$일 때만 구할 수 있게 되었다. 만일 $b^2-4ac<0$이면 이차방정식의 해는 존재하지 않게 되는데, 우리는 이 사실이 임의의 실수 x에 대하여 $x^2 \geq 0$이라는 조건으로부터 나오는 것임을 알고 있다. 그러므로 만일 판별식이 음인 경우에 이차방정식의 해(그리고 고차방정식의 해를 포함하여)를 구하고자 한다면, 우리의 수 체계를 좀 더 확장해야만 할 것이다. 특히 제곱하여 −1이 되는 수학적 실체를 창조해야만 하는 것이다. 그 확장이 적절하게 수행된다면, 그리고 덧셈과 곱셈에 관한 정의가 적절하게 확립이 된다면, 우리는 복소수를 얻게 된다.

이들 수의 전개를 진지하게 설명하기에는 이 책의 범위를 벗어나 너무 멀리 돌아가야만 한다. 더군다나 복소수와 그 중요한 의미 있는 응용에까지 관련된 흥미 있는 성질들을 이해하려면 이 책에서 논하는 주제를 넘어서는 수학적 기법과 기능을 섭렵해야 한다. 따라서 우리는 이를 만들어내는 과정과 이 수들을 대충 훑어보는 것에 그치는 것으로 만족하고자 한다.

복소수를 소개하는 하나의 방식은 다음과 같이 실수들의 모든 순서쌍들의 집합에서 시작하는 것이다.

$$\mathbb{C}=\{(x, y)\,|\,x, y \in \mathbb{R}\}$$

이제 우리는 $\mathbb{C}$위에서 덧셈과 곱셈이라는 연산을 다음과 같이 정의할 수가 있다.

(c) $\qquad (x_1, y_1)+(x_2, y_2)=(x_1+x_2, y_1+y_2)$

(d) $\qquad (x_1, y_1)(x_2, y_2)=(x_1 x_2 - y_1 y_2, x_1 y_2 + x_2 y_1)$

(덧셈과 곱셈에 대한 기호가 이중으로 사용된 것에 다시 한 번 주목하라.)

이 연산들 모두 그 결과가 다시 또 다른 실수들의 순서쌍이 되었다. 그러므로 이는 다시 또 하나의 $\mathbb{C}$의 원소가 된 것이다. 따라서 덧셈과 곱셈은 $\mathbb{C}$ 위에서 이항연산이라고 말할 수 있다. 정의에 의해 덧셈과 곱셈은 각각 교환법칙과 결합법칙이 성립하며 덧셈에 관한 곱셈의 분배법칙도 성립함을 직접 증명할 수가 있다.

다음 단계는 실수 x에 대하여 $(x, 0)$이라는 형태가 $\mathbb{C}$의 원소로서 존재함을 확인하는 것이다. 따라서 우리는 다음과 같이 나타낼 수가 있다.

$$(x, 0)=x$$

위로부터 $\mathbb{C}$와 $\mathbb{R}$ 위에서의 덧셈과 곱셈이라는 연산이 **일관성**을 가질 수 있음을 알게 된다. 다시 말하여 $(x, 0)$과 $(y, 0)$을 더하거나 곱할 수 있는데, 이는 $\mathbb{C}$의 원소로도 가능하고 또한 $\mathbb{R}$의 원소로도 가능하다는 것이다. 예를 들면 다음과 같다.

$$(x, 0) \cdot (y, 0)=(xy-0 \cdot 0, 0 \cdot y+x \cdot 0)$$
$$=(xy, 0)$$

위의 연산은 $\mathbb{C}$위에서 행하여진 곱셈이다. 그러나 이는 곧 다음과 같이 나타낼 수 있는데, 이는 $\mathbb{R}$위에서 행해진 곱셈이다.

$$(xy, 0)=xy$$

물론 덧셈에 관한 연산도 비슷한 결론을 내릴 수 있다.

이를 통해 우리는 $\mathbb{R}$을 $\mathbb{C}$의 (진)부분집합으로 생각할 수 있다.

$$\mathbb{R} \subset \mathbb{C}$$

임의의 원소는 종종 하나의 문자 z로 표기할 수가 있다. 즉, $z = (x, y)$이다. $\mathbb{C}$의 특정한 원소인 $(0, 1)$은 모든 곳에서(전기공학을 제외하고는) 기호 i로 표기한다. 따라서 정의에 의해 다음과 같다.

$$i = (0, 1)$$

이때 다음 결론을 얻을 수 있음을 관찰하라.

$$
\begin{aligned}
i^2 &= i \cdot i \\
&= (0, 1) \cdot (0, 1) \\
&= (0 \cdot 0 - 1 \cdot 1, \ 1 \cdot 0 + 0 \cdot 1) \\
&= (-1, 0)
\end{aligned}
$$

그러나 우리의 표기에 따르면, $(-1, 0) = -1$이다. 그러므로 다음과 같다.

$$i^2 = -1$$

따라서 복소수 집합 $\mathbb{C}$는 제곱하여 -1이 되는 원소를 가지고 있다.

이제 정리2의 A와 M에 형식적으로 동일한 하나의 정리가 $\mathbb{C}$위에서도 성립함을 진술하고 증명할 것이다. 이 경우에 덧셈의 항등원은 $0 = (0, 0)$이고 곱셈의 항등원은 $1 = (1, 0)$이다. 그리고 (x, y)의 덧셈의 역원은 단순하게

$(-x, -y)$로 나타낼 수가 있다. $(x, y) \neq (0, 0)$인 경우 곱셈의 역원은 다음과 같다.

$$\left(\frac{x}{x^2+y^2}, \frac{-y}{x^2+y^2} \right)$$

(증명은 앞에서와 같이 그대로 수행할 수 있으며, 이는 연습문제로 남겨둔다.)

복소수는 표기를 바꾸기만 하면 좀 더 조작하기 용이할 것이다. $z = (x, y)$를 $\mathbb{C}$의 임의의 원소라고 하여 다음과 같이 나타내어 보자.

$$z = (x, y) = x + iy$$

이 새로운 표기에 따라 i^2을 -1로 대치하기만 하면—교환법칙, 결합법칙, 그리고 분배법칙을 이용하여—복소수에 대한 연산을 다음과 같이 순전히 형식적으로만 다룰 수가 있다.

다음은 곱셈에 대한 증명이다.

$$(x_1, y_1) \cdot (x_2, y_2) = (x_1 x_2 - y_1 y_2, x_2 y_1 + x_1 y_2)$$
$$= (x_1 x_2 - y_1 y_2) + i(x_2 y_1 + x_1 y_2)$$

이를 형식화 하면 다음과 같이 나타낼 수 있다.

$$(x_1 + iy_1) \cdot (x_2 + iy_2) = x_1 x_2 + x_1 i y_2 + i y_1 x_2 + i^2 y_1 y_2$$
$$= (x_1 x_2 - y_1 y_2) + i(x_2 y_1 + x_1 y_2)$$

(두 결과는 동일하다.)

하나의 예로, $z_1 = 2+i$, $z_2 = 3+6i$라고 하자. 이때 다음이 성립한다.

$$z_1 + z_2 = (2+i) + (3+6i)$$
$$= 5+7i$$
$$z_1 z_2 = (2+i)(3+6i)$$

$$=2 \cdot 3 + 2 \cdot 6i + i \cdot 3 + i \cdot 6i$$
$$=6 - 6 + 15i$$
$$=0 + 15i$$
$$=15i$$

$z = 0 + iy = iy$과 같은 형태의 복소수는 **허수**라고 부른다. 그 용어는 르네 데카르트(1596~1650)로 거슬러 올라가는데, 그가 $i = \sqrt{-1}$ 를 "허상 속에 존재한다"고 하였기 때문이다. 데카르트만이 아니라 많은 수학자들이 수 i의 존재에 대해 회의적이었는데, 19세기 들어서야 비로소 이 수의 존재성이 합리적으로 인정받게 되었다. 그러나 그 용어는 그대로 전해 내려왔고 이에 따라 $15i$와 같은 수들은 계속 "허상"이라는 뜻을 가질 수밖에 없었다.

수학적 의미에서 어떤 수가 다른 수보다 더 허구적이라든가 더 실제적이란 뜻을 가질 수는 없다. 왜냐하면 모든 수가 관념적인 아이디어로 상상의 산물에 지나지 않기 때문이다.

요약하면, 복소수 집합 $\mathbb{C}$는 $x,\ y \in \mathbb{R}$일 때 $z = x + iy$와 같은 형태의 원소들로 구성되어 있다. 이 수들은 i^2이 등장할 때마다 -1로 대치하기만 하면 덧셈과 곱셈을 앞에서 언급한 바와 같이 형식적으로 수행할 수가 있다. 정리 2의 A와 M의 형식과 똑같은 하나의 정리가 $\mathbb{C}$위에서도 성립한다. (O는 $\mathbb{C}$ 위에서 성립하지 않는다. 복소수에서 대소를 논할 수 없기 때문이다. 즉, $3+2i$가 $6-4i$보다 크거나 작다고 말할 수 없다.) 실수는 이제 $z = x + i \cdot 0 = x$의 형태인 복소수이다. 따라서 우리는 진부분집합의 다음 관계를 결론내릴 수가 있다.

$$\mathbb{N} \subset \mathbb{Z} \subset \mathbb{Q} \subset \mathbb{R} \subset \mathbb{C}$$

복소수 그리고 복소 변수의 함수와 결합된 이론은 19세기 수학에서 가장 각광을 받았던 분야이다. 가우스, 오귀스탱 코시, 칼 바이어슈트라스, 그리고 게오르크 리만 등과 같은 거물들이 이 분야의 수학이론을 발전시키는데 주목하였던 것이다.

복소해석학은 그 자체의 가치 때문에 그리고 미분방정식, 수론, 푸리에 급수와 다변수 함수론 등과 같은 다른 분야의 수학에 응용할 수 있다는 사실 때문에 오늘날에도 발전을 거듭하고 있다. 고전적인 이론은 사라지지 않는다. 위대한 수학자의 업적은 그 깊이와 아름다움으로 여전히 우리를 사로잡고 있다.

1748년 레온하르트 오일러는 임의의 실수 x에 대하여 다음 식이 성립함을 증명하였다.

$$e^{ix} = \cos x + i \sin x$$

등식의 우변에 있는 함수는 코사인과 사인으로 알려진 보통의 삼각함수이다. 만일 여기서 $x = \pi$라고 하면 다음 식이 성립한다.

$$e^{i\pi} = \cos \pi + i \sin \pi$$

그런데 삼각함수 이론에서 $\cos \pi = -1$이고 $\sin \pi = 0$이다. 따라서 다음과 같다.

$$e^{i\pi} = -1$$

그러므로 다음 결론을 내릴 수 있다.

(e) $$e^{i\pi} + 1 = 0$$

방정식 (e)의 아름다움을 손상시키지 않고 이에 대해 내가 무엇을 말할 수 있겠는가? 사실만을 말한다면 방정식 (e)에는 다음과 같은 것들이 들어있다.

- 수학에서 가장 중요한 다섯 개의 수 : 1, 0, e, π 그리고 i
- 가장 중요한 관계 : 등호
- 가장 중요한 세 가지 연산 : 덧셈, 곱셈, 그리고 거듭제곱

더욱이 방정식 (e)에는 그 밖의 불필요한 장식이 전혀 없다. 마치 로버트 프로스트의 시처럼 숨이 막힐 정도로 전혀 꾸밈이 없다. 오일러가 이 식을 보고 기록한 것은 "놀랍다"라는 한 마디였다. 현대의 수학자인 허브 실버맨은 "수학 전체를 통틀어 가장 아름다운 방정식"이라고 묘사했다.

물론 방정식 (e)는 복소 해석론 분야에 속한다. 그곳에는 아름다움이 가득하다. 수학 전체를 통과하는 햇볕 사이로 우아함이 흐르고 있다. 그러나 밤이 되면 집에 다시 돌아와 잠을 청해야 하는데, 그 집은 복소수로 만들어진 집이다.

수 기계

"해석학"이란 미적분학의 정신을 이어받아 미적분학을 포함하고 있는, 보다 높은 수준의 수학적 세계라고 말할 수가 있다. 실수와 복소수는 이 학문이 자라날 수 있는 토양을 제공해 준다. 이 분야는 고전적인 미분방정식과 현대적인 함수 해석론을 모두 아우르는 범위에 걸쳐있지만 하나의 본질을 공유하고 있는데, 이는 각각 **함수**라고 부르는 수학적 기계들을 공통적으로 사용하고 있기 때문이다.

함수의 개념은 다른 대부분의 수학적 개념이 그러하듯이 집합의 관점에서 정확하게 진술될 수 있다. 그러나 해석학자들 스스로는 함수를 좀 더 역동적인 무언가로 생각하고 있다. 그들은 일반적으로 함수란 어느 집합에 있는 수들을 다른 집합에 있는 수로 변환시키는 하나의 기계 장치라고 생각한다. 우리도 함수를 이런 방식으로 다룰 것이다. 그리고 이 경우에 주로 두 집합이 각각 실수 집합인 상황으로 국한할 것이다. 따라서 여기서의 함수는 해석학자들이 **실변수의 실수값을 갖는 함수**라고 부르는 것을 뜻한다.

정의1　A와 B를 공집합이 아닌 집합이라고 하자. f는 집합 A의 각 원소에 집합 B의 원소 하나씩만을 결합시키는 규칙이라고 하면, 우리는 다음과 같이 표기하며 f를 집합 A에서 집합 B로의 함수라고 부른다.

$$f:A{\rightarrow}B$$

만일 f가 $x{\in}A$에 원소 $y{\in}B$를 결합하면, 이를 다음과 같이 나타낸다.

$$y=f(x)$$

이때 우리는 $f(x)$를 x에서 f의 함수값이라고 부른다. (기호 $f(x)$는 "x의 f" 라고 읽는다.) 우리는 x를 독립변수, y를 종속변수라 부른다. 집합 A는 f의 정의역이라고 하고, 다음과 같이 나타내며, f는 A 위에서 정의된다고 한다.

$$D(f)=A$$

집합 $\{y\,|\,y=f(x),\,x{\in}A\}$는 f의 치역이라고 하고, 다음과 같이 나타낸다.

$$R(f)=\{y\,|\,y=f(x),\,x{\in}D(f)\}$$

그림 37은 A와 B가 임의의 집합이고 함수 f가 주어진 원소 $x{\in}A$에 $y{\in}B$를 연결하는 일반적인 상황을 보여준다. f의 정의역은 (정의에 의해) 집합 A 전체이다. 집합 B의 빗금친 부분집합은 f의 치역을 나타내고 $R(f)$는 집합 B 전체가 아닐 수 있음을 말해준다.

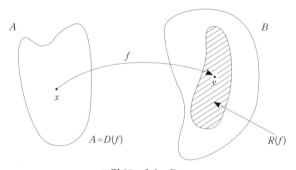

그림 37 $f:A{\rightarrow}B$

그림 38은 하나의 함수가 f라는 이름을 가진 빗금친 상자 모양을 가진 하나의 기계로 작동하고 있음을 보여주고 있다. 한쪽 끝에 x를 넣으면 다른 한 쪽 끝에서 $y=f(x)$가 튀어나오는 것이다. x를 선택하는 집합이 f의 정의

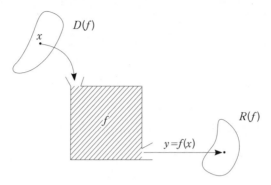

그림 38 f라는 이름을 가진 기계

역이다. 기계에 의해 만들어져 나오는 y들의 집합은 f의 치역이다.

다음 두 가지 예를 들어보자.

예 1 $A=B=\mathbb{R}$이고 $f(x)=\pm x^2$이라고 하자. 이때 $f(2)=\pm 2^2=\pm 4$이다. 그러므로 f라는 규칙은 $\mathbb{R}$ 위에서의 함수를 정의할 수 없다. 그 이유는 $\mathbb{R}$에 있는 하나의 원소에 오직 하나의 수만을 연결하고 있지 않기 때문이다. ($f(2)$는 두 개의 다른 값 4와 −4이다.)

예 2 $A=B=\mathbb{R}$이고 $f(x)=x^2$이라고 하자. 이때 f는 각각의 원소 $x\in\mathbb{R}$을 단 하나의 원소 $y\in\mathbb{R}$에 $y=f(x)=x^2$의 규칙에 따라 결합한다. 따라서 f는 $\mathbb{R}$에서 $\mathbb{R}$로의 함수이며 다음과 같이 나타낸다.

$$f:\mathbb{R}\to\mathbb{R}$$

이 함수의 정의역은 다음과 같다.

$$D(f)=\mathbb{R}$$

그런데 치역은 다음과 같다.

$$R(f)=\{y\,|\,y=x^2,\ x\in\mathbb{R}\}$$

이는 5장의 정리 3에 의해 $x^2\geq 0\ (x\in\mathbb{R})$이다. 따라서 $R(f)\neq\mathbb{R}$이다. (실제

로 $R(f)=\{y|y\in\mathbb{R},\ y\geq0\}$이다.)

예 2에서 $f(2)=4$이고 $f(-2)=4$임에 주목하라. (실제로 모든 $x\in\mathbb{R}$에 대하여 $f(-x)=x^2=f(x)$가 성립한다.) 따라서 하나의 함수가 두 개의 서로 다른 원소 $x\in A$를 같은 값 $y\in B$로 바꿀 수 있다. 그러나 하나의 $x\in A$를 (정의에 나오는 유일성에 의해) B에 있는 두 개의 서로 다른 원소(또는 그 이상)로 바꿀 수는 없다.

우리는 이러한 결과가 빚어지지 않는 상황을 구별할 수 있기를 바란다. 즉 f가 두 개의 서로 다른 x를 같은 y로 보내지 않는 상황이 그것이다. 그리고 우리는 $R(f)=B$가 되는 경우도 구별하고자 한다. 이는 다음 정의로 이어진다.

정의 2 $f:A\rightarrow B$이라고 하자. (즉, f는 A에서 B로의 함수이다.)
(a) 다음 조건을 만족하면 f는 B **위로의** 함수라고 한다.
$$R(f)=B$$
(b) 다음 조건을 만족하는 함수 $f:A\rightarrow B$는 일대일 함수라고 한다.
$$x_1,\ x_2\in A일\ 때\ f(x_1)=f(x_2)\Rightarrow x_1=x_2$$

따라서 f의 치역이 집합 B를 완전히 뒤덮으면 함수 f는 B 위로의 함수인 것이다. 또 $f:A\rightarrow B$가 일대일이라는 의미는 A의 서로 다른 어떤 두 원소도 f에 의해 B의 같은 원소에 대응되지 않음을 의미한다. 예 2의 함수 $f:\mathbb{R}\rightarrow\mathbb{R}$은 $\mathbb{R}$ 위로의 함수라고 말할 수 없는데, 그 이유는 (특히) $f(x)=x^2=-1$을 만족하는 원소 $x\in\mathbb{R}$가 존재하지 않기 때문이다. 더군다나 이 함수는 일대일도 아니다. 그 이유는 $f(-2)=4=f(2)$이지만 $2\neq-2$이기 때문이다.

그러나 만일 우리가 예 2의 함수를 조금 수정하여 집합 B를 $\{y|y\geq0\}$으

로 변형한다면 다음과 같은 현상이 빚어진다.

예3 $g:\mathbb{R}\to\{y\,|\,y\geq0\}$를 다음과 같이 정의하자.

$$\text{모든 } x\in\mathbb{R}\text{에 대하여 } g(x)=x^2$$

이 함수는 $\{y\,|\,y\geq0\}$ 위로의 함수인데, 그 이유는 $\mathbb{R}(g)=\{y\,|\,y\geq0\}$이기 때문이다.

그러나 이 함수도 일대일 함수가 될 수 없는데, 그 이유는 $g(2)=4=g(-2)$이고 $2\neq-2$이기 때문이다.

아마도 지금쯤 여러분은 정의 2와 2장에서 다루었던 일대일 대응 개념 사이의 깊은 관계를 눈치 챘을 것이다. 사실상 집합 S와 집합 T 사이에 일대일 대응이 존재하는 것은—정의 2의 용어를 사용하면—일대일이며 T 위로의 함수인 $f:S\to T$가 존재함을 말하는 것이다.

예를 들어 함수 $f:\mathbb{N}\to E$를 $n\in\mathbb{N}$에 대하여 $f(n)=2n$이라고 정의할 때, 이 함수가 자연수의 집합 $\mathbb{N}$과 양의 짝수의 집합 E 사이에 일대일이며 E 위로의 함수임을 뜻한다. ($f:\mathbb{N}\to E$가 E 위로의 함수가 되는 것은 다음 이유에서이다. 즉, 만일 $y\in E$일 때 어떤 $m\in\mathbb{N}$에 대하여 $y\in2m$이다. 그런데 $f(m)=2m=y$이다. 따라서 f의 치역은 집합 E의 모든 원소를 다 덮을 수 있다. 그리고 함수 f는 일대일이기도 한데, 그 이유는 만일 $n,\ m\in\mathbb{N}$이고 $f(n)=f(m)$이라면 $2n=2m$이고 따라서 $n=m$이기 때문이다.) 결론적으로 f는 집합 $\mathbb{N}$과 집합 E 사이에 일대일 대응 관계를 보여준다.

데카르트의 꿈

르네 데카르트는, 비록 페르마와는 독자적으로 그리고 거의 동시에 비슷한 아이디어를 제공하였음에도 불구하고 해석기하학의 창시자라는 명예를 독

차지하였다. 그의 업적 이전에, 곡선과 다른 평면 도형들에 관련된 기하학적 문제들은 유클리드의 시대 이래로 거의 변함없이 전해 내려오던 초급 기하학적 방법에만 의존했다. 해석기하학은 그런 문제들을 해결하는데 혁명적인 새로운 기법을 제공하였으며 수학자들이 기하학을 바라보는 시각을 완전히 바꿔버렸다. E. T. 벨은 이 새로운 접근의 중요성에 대해 다음과 같이 언급했다. "데카르트는 기하학을 재편한 것이 아니다. 그는 이를 창조하였다."

전설에 따르면 데카르트의 위대한 아이디어는 어느 날 그의 꿈에서 비롯되었다고 한다. 만일 그것이 사실이라면 그가 꿈을 꾸는 동안 그 누구도 그를 방해하지 않았다는 것은 정말 행운이 아닐 수 없다. 왜냐하면 어떤 의미에서 데카르트의 방식은 현대 수학의 시작을 알리는 서곡이라 할 수 있기 때문이다. 데카르트는 자신이 "마법의 열쇠"를 발견했다고 믿었다. 어쩌면 그랬는지도 모른다. 그런데 다른 위대한 많은 아이디어들처럼 이것도 정말 우아하다고 할 만큼 매우 간결하다. **곡선을 함수로 대치함으로써 기하학이 해석학으로 전환**되었다는 것이다.

그림 39에서 보듯이 직교하는 두 개의 실수 직선을 생각해보자. 전통적으로 수평선은 x축, 이에 수직인 선은 y축이라고 부른다. 그림 39의 화살표는

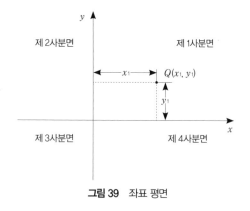

그림 39 좌표 평면

각각의 축의 양의 방향을 의미한다. 이 축들이 교차하는 점은 $x=0$, $y=0$ 이다. 그리고 그 교차점을 우리는 **원점**이라고 부른다. 이 축들은 그림 39의 평면을 네 개의 영역으로 나누는데, 이를 **사분면**이라고 한다. 이 사분면은 시계 바늘 방향을 따라 차례로 제 1, 2, 3, 4사분면이라고 한다.

제 1사분면에 있는 임의의 점 Q를 정하자. 점 Q에서 y축까지의 거리를 구하여, 이 거리를 x_1이라 부르자. 이제 점 Q에서 x축까지의 거리를 y_1이라 하자. 다음에 점 Q에 실수의 순서쌍 (x_1, y_1)을 할당한다. 이 두 수를 점 Q 의 좌표라고 한다. (좌표평면을 데카르트 좌표라고 부르기도 한다.)

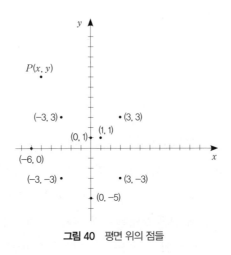

그림 40 평면 위의 점들

우리는 보통 임의의 점을 P로, 그리고 그 좌표를 (x, y)로 나타낸다. 그림 40은 그와 같은 하나의 점을 보여주는데, 이 경우 그 점은 제 2사분면에서 선택한 것이다. 이때 y는 다시 점 P로부터 x축까지의 거리이지만, x는 y축까지의 **거리의 음수**로 택한 것이다. 만일 점 P가 제 3사분면에서 선택된다면 x와 y 둘 다 해당되는 거리의 음수값을 가지게 될 것이다. 그리고 점 P가 제 4사분면에 존재한다면 y값은 음수이고 x값은 음이 아닌 값을 가지게 된다.

따라서 좌표평면 위의 점 P의 좌표가 (x, y)라면 다음과 같다.

제 1사분면 위에 있으면, $x \geq 0$, $y \geq 0$

제 2사분면 위에 있으면, $x \leq 0$, $y \geq 0$

제 3사분면 위에 있으면, $x \leq 0$, $y \leq 0$

제 4사분면 위에 있으면, $x \geq 0$, $y \leq 0$

그림 40은 평면 위에 나타난 점들과 각각의 좌표들을 보여준다. 주목할 것은 $x = 0$인 점들이 y축 위에 있으며, $y = 0$인 점들은 x축 위에 있다는 사실이다. 원점은 좌표가 $(0, 0)$인 점이다.

지금까지 종종 그랬듯이, 필요하다면 좌표가 $(x, 0)$인 점들을 실수 x로 나타낼 것이다. 같은 방식으로 좌표가 $(0, y)$인 점들을 실수 y로 나타낸다.

이제 우리는 데카르트의 마법 같은 아이디어를 받아들일 준비가 된 것 같다. 이는 다음과 같다.

C를 좌표평면 위의 곡선이라고 하자. 점 $P(x, y)$는 곡선 C위의 임의의 점이다. (그림 41을 보라.) 점 P가 곡선 C위에서 움직일 때, 좌표 x와 y는 어떤 방식으로 변할 것이다. 어쩌면 이 점들의 좌표는 $y = f(x)$와 같은 형태의 방정식을 만족하는데, 이때 f는 하나의 함수이다. 만일 그렇다면 곡선 C의 기하학적 성질이 함수 f의 해석학적 성질에 반영된다. 곡선 C를 알기 위해서는 함수 f를 파악하는 것으로 충분하다. 결국 기하학이 해석학으로 변환되는 것이다.

상대성 이론으로 수학의 혁명을 가져다 온 이 아이디어는 후에 물리학의 혁명을 초래하였다. 데카르트도 자신이 행한 것이 무엇인지를 알고 있었다. "결국 그는 키케로의 수사학이 ABC를 뛰어 넘었던 것처럼 자신 앞에 놓여

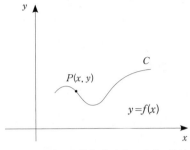

그림 41 함수에 의해 그려지는 곡선

있던 모든 기하학을 뛰어 넘었던 것이다."

그래프

정의 3 실수들의 집합 A와 B위에서 정의된 함수를 $f:A \to B$라 하자. 좌표 평면 위의 점들의 집합이 다음과 같이 주어졌을 때 이를 함수 f의 그래프라 고 부른다.

$$g(f) = \{(x,\ y) \,|\, x \in A,\ y = f(x)\}$$

$A = D(f)$, 즉 f의 정의역임을 기억하라. 그러면 다음과 같다.

$$G(f) = \{(x,\ y) \,|\, x \in D(f),\ y = f(x)\}$$

일반적으로 함수의 그래프는 좌표평면 위에서 하나의 곡선으로 나타내어 진다. 다음은 그 예이다.

예 4 $f:\mathbb{R} \to \mathbb{R}$가 다음과 같이 주어져 있다고 하자.

모든 $x \in \mathbb{R}$에 대하여, $f(x) = 6$이다.

그러므로 그래프는 $G(f) = \{(x,\ y) \,|\, x \in \mathbb{R},\ y = 6\}$와 같다. 따라서 다음이

성립한다.

$$G(f) = \{(x,\ 6)\,|\,x \in \mathbb{R}\}$$

그러므로 그래프는 좌표평면 위에서 y좌표가 6인 점들로 구성된다. 즉, x축으로부터의 거리가 6인 점들인 것이다. x값이 실수 $\mathbb{R}$에서 변함에 따라 이 점들은 x축에 평행하며 거리가 6인 점들로 나타내어진다.

이는 상수함수의 한 예이다. 상수함수는 그 그래프가 모두 x축에 평행인 직선이다. (그림 42)

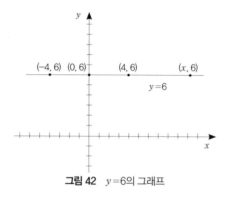

그림 42 $y=6$의 그래프

예 5 함수 $f : \mathbb{R} \to \mathbb{R}$가 모든 $x \in \mathbb{R}$에 대하여 $f(x) = x$로 주어졌다고 하자. 이때의 그래프는 $G(f) = \{(x,\ y)\,|\,x \in \mathbb{R},\ y = x\}$이다. 따라서 다음과 같다.

$$G(f) = \{(x,\ x)\,|\,x \in \mathbb{R}\}$$

따라서 그래프는 좌표평면 위에서 x좌표와 y좌표가 같은 점들로 구성되어 있다. (예를 들어, $(1, 1)$, $(2, 2)$, $(-6, -6)$, $(-\frac{1}{2}, -\frac{1}{2})$, $(\sqrt{2}, \sqrt{2})$이다.) 이들 점들은 그림 43에 나타난 것과 같이 "45도 기울기의 직선"을 형성한다.

앞의 예들은 보다 일반적인 함수 $f(x) = ax + b$의 특별한 경우라 할 수 있다. 그러한 함수의 그래프는 항상 직선이 됨을 보일 수 있다.

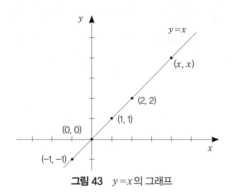

그림 43 $y=x$의 그래프

예 6   함수 $f:\mathbb{R}\to\mathbb{R}$를 모든 $x\in\mathbb{R}$에 대하여 $f(x)=x^2$으로 주어졌다고 하자. 따라서 그래프는 $G(f)=\{(x, y)|x\in\mathbb{R}, y=x^2\}$이다. 이 경우에 그래프의 특성을 결정하기 위해 "몇 개의 점을 찍는 것"이 도움이 된다. 다음을 보라.

$$x=0\Rightarrow f(x)=0^2=0$$
$$x=\frac{1}{2}\Rightarrow f(x)=f\left(\frac{1}{2}\right)=\left(\frac{1}{2}\right)^2=\frac{1}{4}$$
$$x=1\Rightarrow f(x)=f(1)=1^2=1$$
$$x=2\Rightarrow f(x)=f(2)=2^2=4$$
$$x=3\Rightarrow f(x)=f(3)=3^2=9$$

따라서 점 $(0, 0)$, $(\frac{1}{2}, \frac{1}{4})$, $(1, 1)$, $(2, 4)$과 $(3, 9)$는 함수 $y=x^2$의 그래프 위에 있다. 또한 이 함수는 다음과 같음에 주목하라.

$$f(x)=(-x)^2=x^2=f(x)$$

그러므로 점 (x, y)가 함수 $y=f(x)$의 그래프에 속한다면, 그 그래프는 동시에 점 $(-x, y)$를 통과하게 된다. 그런데 점 (x, y)와 점 $(-x, y)$는 y축에 관해 서로 대칭 관계에 있으므로, 이는 함수 $y=x^2$의 그래프가 y축에 관하여 대칭임을 의미한다. 이 사실과 위에서 주어진 특정한 몇몇 점들로부터 함수 $y=x^2$의 그래프는 그림 44에 나타난 형태를 가짐을 알 수 있다.

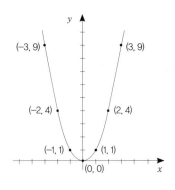

그림 44 $y=x^2$의 그래프

함수 $y=x^2$의 그래프는 **포물선**이라고 하는 곡선들의 특별한 모임을 나타낸다. 식 $f(x)=ax^2+b+c$과 같은 형태의 모든 함수들의 그래프는 $a \neq 0$라면 포물선이 됨을 증명하는 것이 가능하다. (만일 $a>0$이면 위로 향하는 포물선이고, $a<0$이면 아래로 향한 포물선이다. 물론 만일 $a=0$이면 $f(x)=bx+c$가

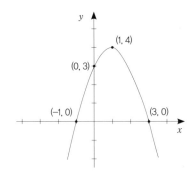

그림 45 $y=-x^2+2x+3$의 그래프

되어 그 그래프는 직선이 된다.)

그림 45는 함수 $f(x)=-x^2+2x+3$의 그래프로 아래로 향한 포물선임을 보여준다. 몇몇 점들을 찍어봄으로써 이 그래프의 형태를 쉽게 검증할 수가 있다. (약간의 기교를 부려 좀 더 나은 방법을 제시하면 $f(x)=-(x-1)^2+4$로 변형하는 것인데, 이는 함수 $y=f(x)$의 그래프가 $y=-x^2$을 **적절하게 이동**하기만 하면 된다는 것을 말해준다.)

점 사이의 거리

함수 $f:A{\rightarrow}B$의 그래프는 집합 $G(f)=\{(x,\ y)|x{\in}A,\ y=f(x)\}$이므로 등식 $y=f(x)$의 그래프와 동일하다. 그러나 모든 등식이 함수로 정의될 수 있는 것은 아니므로 한 등식의 그래프가 함수의 그래프를 나타내지 않을 수도 있다. 특히 **좌표평면 위의 모든 곡선이 함수의 그래프를 나타낸다는 명제는 거짓**이다.

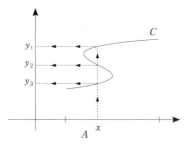

그림 46 함수의 그래프가 아닌 곡선

예를 들어, 그림 46은 실수의 구간 A 위에서 부드럽게 휘어져 있는 좌표평면 위의 한 곡선 C를 보여준다. 그러나 곡선 C는 A 위에서 정의된 함수의 그래프라고 할 수 없는데, 그 이유는 그림 46에 나타나 있듯이, A 위에 있는 정해진 x값에 대응하는 y값이 세 개나 있기 때문이다. 이는 등식 $y=f(x)$에 의해 각각의 x에 단 하나의 y값을 대응시킨다는 함수 개념의 정의에 반하는 것이다.

만일 곡선 C가 함수 $f:A \to B$의 그래프라고 하면, 우리는 $x \in A$에서 출발하여 그 곡선 위에 있는 단 하나의 원소 $y \in B$를 선택해야 하는데, x에서 수직으로 곡선까지 올라간 후에 다시 수평으로 향하면 B에 닿게 된다. 하나의 곡선이 어떤 함수의 그래프를 나타내려면 x축에 수직인 각각의 직선이 곡선과 많아 봐야 하나의 점과 교차하여야만 한다. 그러한 곡선—한 함수의 그래프를 말한다—이 그림 47에 나타나 있다.

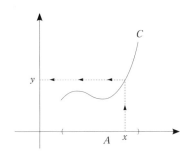

그림 47 어떤 함수의 그래프를 나타내는 곡선

이러한 논의는 하나의 평범한 원은 절대로 함수의 그래프가 될 수 없음을 보여주는데, 그 이유는 어떤 수직선들이 주어진 하나의 원과 두 점에서 교차하기 때문이다. 그러나 모든 원은 잘 정의된 방정식의 그래프로 표현될 수가 있다. 그러므로 우리는—하나의 원이 주어진 점으로부터 일정한 거리에 있는 점들의 집합으로 나타낼 수 있기 때문에—거리에 대한 해석학적 표현을 사용하여 이 방정식을 결정할 수 있다.

두 개의 서로 다른 점 P_1과 P_2의 좌표가 각각 (x_1, y_1), (x_2, y_2)라고 하자. 그리고 $d = (P_1, P_2)$를 두 점 P_1과 P_2의 거리를 나타낸다고 하자. 그림 48에 있는 설명과 피타고라스 정리로부터 다음 식을 얻을 수 있다.

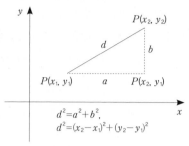

$$d^2=a^2+b^2,$$
$$d^2=(x_2-x_1)^2+(y_2-y_1)^2$$

그림 48 거리 공식

$$d^2=a^2+b^2$$
$$=(x_2-x_1)^2+(y_2-y_1)^2$$

따라서

$$d=\sqrt{(x_2-x_1)^2+(y_2-y_1)^2}$$

(그림 48은 $x_2>x_1$이고 $y_2>y_1$인 상황을 보여주고 있지만, 일반적으로 x_2-x_1과 y_2-y_1이 항상 적절한 길이 a와 b, 또는 그 길이의 음수 값을 나타내기 때문에 위의 식은 그대로 적용할 수 있다. 따라서 어느 경우이든 $(x_2-x_1)^2=a^2$이고 $(y_2-y_1)^2=b^2$이다.)

우리가 증명한 것은 **거리 공식**이었다. 즉 $P_1(x_1,\ y_1)$과 $P_2(x_2,\ y_2)$를 좌표평면 위의 임의의 두 점이라고 하자. 그러면 두 점 P_1과 P_2 사이의 거리는 다음과 같다.

$$d(P_1,\ P_2)=\sqrt{(x_2-x_1)^2+(y_2-y_1)^2}$$

이제 중심이 $P_0(x_0,\ y_0)$이고 반지름이 r인 원 C를 생각해보자. 점 $P(x,\ y)$를 임의의 점이라고 하자. 그러면 점 P는 $d(P,\ P_0)=r$일 때, 그리고 오직 그때에만 원 C 위에 있다. 이들은 음이 아닌 값을 가지므로 이는 $(d(P,\ P_0))^2=r^2$ 또는

(c)
$$(x-x_0)^2+(y-y_0)^2=r^2$$

일 때에 또 오직 그때에만 성립한다. 따라서 등식 (c)는 원 C의 방정식이다.

유클리드는 그림 49에 나타난 곡선과 같이 하나의 원을 폐곡선으로 보았다. 하지만 그 뒤를 이은 데카르트와 다른 수학자들은 하나의 원과 이를 나타내는 수학적 방정식을 다르게 구별하지 않게 된 것이다.

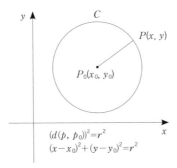

그림 49 원의 방정식

이제 $x_0=y_0=0$이고 $r=1$인 **단위원**이라는 특별한 경우를 생각해보자. 그 방정식은 다음과 같다.

(d)
$$x^2+y^2=1$$

그림 50은 단위원과 직선을 나타내고 있다.

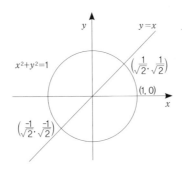

그림 50 단위원과 직선 $y=x$

만약 우리가 유클리드 기하학의 방법으로만 이들 두 기하학적 도형의 정확한 교점을 구하려 한다면 상당히 애를 먹을지도 모른다. 하지만 데카르트의 마법의 열쇠를 사용하면 이 문제는 매우 간단해진다. 교점은 원과 직선 모두에 속하는 점이다. 그렇다면 그 점의 좌표는 오직 그 때에만 방정식 (d)와 방정식 (e)를 동시에 모두 만족한다.

이때 방정식(e)는 $y=x$를 말한다. 이 값을 (d)에 대입하면 다음과 같다.

$$x^2+x^2=1 \Rightarrow 2x^2=1$$
$$\Rightarrow x^2=\frac{1}{2}$$
$$\Rightarrow x=\pm\frac{1}{\sqrt{2}}$$

다시 $y=x$를 이용하면, $x=\frac{1}{\sqrt{2}}$과 $y=\frac{1}{\sqrt{2}}$, 또는 $x=-\frac{1}{\sqrt{2}}$과 $y=-\frac{1}{\sqrt{2}}$을 얻을 수 있다.

따라서 교점의 후보는 $\left(\frac{1}{\sqrt{2}}, \frac{1}{\sqrt{2}}\right)$과 $\left(\frac{-1}{\sqrt{2}}, \frac{-1}{\sqrt{2}}\right)$이다. 이러한 재빠른 검증은 실제로 두 방정식을 만족하며 따라서 이들은 정확한 교점이라는 것을 보여준다. (위의 함의는 한쪽 방향으로만 이루어졌기 때문에 검증이 필요하다.)

이 경우에 교점을 구하는 계산은 매우 기계적이며 대단히 쉽다. 그럼에도 불구하고 이 계산은 데카르트의 방법이 얼마나 중요하고 위력적인가를 보여준다. 이론적으로는 말하면, 임의의 두 곡선의 교점을 구한다는 것은 각각의 방정식을 구한 후에 이들을 연립하여 그 해를 구하는 것이라 말할 수 있다. 그 곡선은 원이나 직선과 같이 단순한 것일 수도 있지만, 우주 공간의 궤도와 금성의 궤도와 같은 좀 더 복잡한 곡선일 수도 있다.

함수의 결합

우리는 간단한 함수들을 다양한 방식으로 결합함으로써 복잡한 함수를 만들어낼 수가 있다. 이들을 결합하는 표준 방식은 **덧셈, 곱셈, 나눗셈** 그리고 **합성**이다.

정의 3 f와 g를 정의역이 공통인 함수라고 하자. 이때 우리는 $f+g$, $f \cdot g$와 $\dfrac{f}{g}$를 다음과 같이 정의한다.

$$(f+g)(x) = f(x) + g(x)$$

$$(f \cdot g)(x) = f(x) \cdot g(x)$$

$$\left(\frac{f}{g}\right)(x) = \frac{f(x)}{g(x)}, \text{ 이때 } g(x) \neq 0 \text{이다.}$$

따라서 예를 들어, $x \in \mathbb{R}$일 때 만일 $f(x) = x^2$이고 $g(x) = 2x+1$라고 하면 다음과 같다.

$$(f+g)(x) = x^2 + 2x + 1 = (x+1)^2$$

$$(f \cdot g)(x) = x^2(2x+1) = 2x^3 + x^2$$

$$\left(\frac{f}{g}\right)(x) = \frac{x^2}{2x+1}$$

(이때 $2x+1 = 0$, 즉, $x = -\dfrac{1}{2}$이면 $\dfrac{f}{g}$는 정의되지 않는다.)

정의 4 f와 g를 $\mathbb{R}(g) \subset D(f)$인 함수라고 하자. ($f$는 g의 공역에서 정의된다.) 그러면 f와 g의 합성함수를 $f \circ g$로 나타내고 다음과 같이 정의한다.

$$f(g(x)) = (f \circ g(x))$$

하나의 예로 다시 한번 $f(x) = x^2$이고 $g(x) = 2x+1$이라고 하자. f는 모든 $x \in \mathbb{R}$에서 정의되었으므로 그 정의역은 g의 공역을 포함한다. 이때 다음이 성립한다.

$$(f \circ g)(x) = f(g(x))$$

$$=(g(x))^2$$
$$=(2x+1)^2$$
$$=4x^2+4x+1$$

한편 다음 식도 성립한다.

$$(g \circ f)(x)=g(f(x))$$
$$=2f(x)+1$$
$$=2x^2+1$$

따라서 일반적으로 $f \circ g \neq g \circ f$이다. 그러므로 **함수의 합성은 교환법칙이 성립하지 않는다.**

역함수

함수 $f:A \to B$를 일대일 대응함수라고 하자. 이는 방정식 $y=f(x)$에서 각각의 $x \in A$에 $y \in B$가 오직 하나 결합될 수 있고 그 역도 성립함을 뜻한다. 따라서 우리는 하나의 $y \in B$에서 출발하여 $y=f(x)$가 되는 오직 하나의 원소 $x \in A$를 선택할 수가 있다. (그러한 x가 존재하는 이유는 f가 B 위로의 함수이고, 그러한 x가 유일한 것은 f가 일대일이기 때문이다.)

이 과정에 의해 우리는 함수 $g:B \to A$를 다음과 같이 정의할 수 있다.

$$x=g(y) \Leftrightarrow y=f(x)$$

함수 g는 f의 역함수라 하고 $g=f^{-1}$로 나타낸다.

예 7 $f:\mathbb{R} \to \mathbb{R}$를 $f(x)=2x+1$라 정의된 함수라고 하자. 이때 f는 일대일 대응 함수이다. 왜냐하면 $f(x_1)=f(x_2) \Rightarrow 2x_1+1=2x_2+1 \Rightarrow x_1=x_2$이기 때문에 일대일이며 만일 $y \in \mathbb{R}$이면 $\frac{y-1}{2} \in \mathbb{R}$이고 $f\left(\frac{y-1}{2}\right)=2\left(\frac{y-1}{2}\right)+1=y-1+1=y$이므로 공역 위로의 함수가 된다.

따라서 f는 역함수 g를 다음 정의에 의해 가지게 된다.

$$x=g(x) \Leftrightarrow y=f(x)$$
$$\Leftrightarrow y=2x+1$$
$$\Leftrightarrow x=\frac{y-1}{2}$$

그러므로 $g(y)=f^{-1}(y)=\dfrac{y-1}{2}$ 이다.

위에서 역함수를 구할 때에는 방정식 $y=f(x)$에서 x를 y에 관해 풀기만 하면 된다는 사실에 주목하라. 이 과정은 표준적인 것이며 만일 이렇게 풀 수가 없다면 종종 f^{-1}가 존재하지 않음을 뜻하는 것이기도 하다. 예를 들어, 만일 $f(x)=x^2$이라면, 다음이 성립한다.

$$y=f(x) \Rightarrow y=x^2$$
$$\Rightarrow x=\sqrt{y} \text{ 또는 } x=-\sqrt{y}$$

그러므로 x를 y에 관해 나타내는 풀이가 기껏해야 두 개의 다른 식으로, 그리고 가장 최악의 경우에는 그 해가 전혀 존재하지 않을 수도 있다 ($y<0$ 일 때). 이와 같은 경우를 예상할 수 있는 것은 $f(x)=x^2$을 $\mathbb{R}$에서 $\mathbb{R}$로의 함수라고 볼 때 일대일 대응이 아니기 때문이다. 그러므로 f^{-1}는 존재하지 않는다. (그러나 만일 우리가 $h(x)=x^2$으로 정의되는 함수 $h:\{x \,|\, x \geq 0\} \rightarrow \{y \,|\, y \geq 0\}$를 고려한다면, h는 일대일 대응 함수이고 $h^{-1}(y)=\sqrt{y}$ 이다.)

일반적으로 만일 f가 일대일 대응 함수이면 다음이 성립한다.
$$y=f(x) \Leftrightarrow x=f^{-1}(y)$$

그러므로 다음과 같다.
$$(f \circ f^{-1})(y)=f(f^{-1}(y))$$

$$=f(x)$$
$$=y$$

따라서 $(f \circ f^{-1})(y) = y,\ y \in B$이다.

같은 방식으로 $(f^{-1} \circ f)(x) = x,\ x \in A$이다.

수학자들은 종종 이러한 상황을 $f \circ f^{-1}$는 B 위에서 항등함수이고 $f^{-1} \circ f$는 A 위에서 항등함수라고 요약하기도 한다.

초월수

결합에 의한 조작은 알고 있는 주어진 함수로부터 새로운 함수를 창조할 수 있도록 해준다. 예를 들어 $\mathbb{R}$ 위에서의 항등함수인 $f(x) = x$에서 출발한다면, 적절한 곱셈과 덧셈에 의해 다음과 같은 함수를 만들 수 있다.

$$p_1(x) = 2x + 1$$
$$p_2(x) = 3x^2 + 4x + \sqrt{3}$$
$$p_3(x) = 16x^3 - \frac{2}{3}x^2 + \pi x + 1$$

이러한 형태의 함수들을 우리는 다항식이라고 부른다. n차의 일반적인 다항식은 다음과 같이 정의한다.

(f) $\qquad p(x) = a_n x^n + a_{n-1} x^{n-1} + \cdots + a_1 x + a_0$

이때 n은 자연수이거나 0이며 각각의 a는 실수이다.

우리는 앞에서 이차방정식을 논할 때 이미 다음과 같은 2차의 일반적인 다항식을 살펴보았다.

$$g(x) = ax^2 + bx + c$$

이때 만일 $b^2 - 4ac \geq 0$라고 하면, $g(x) = 0$가 (이차방정식의 근의 공식에 의해 주어진) 하나의 실수해를 가지고 있음을 알고 있다.

해석학 분야의 상당 부분이 다항식의 성질을 다루고 있으며, 종종 $p(x)=$ 0이 되게 하는 x값인 **다항식의 근**을 구하는 문제이다. 대수학의 기본 정리에서는 식 (f)에 의해 주어진 각각의 다항식은 적어도 하나의 근을 갖는다고 주장한다. 그러나 그 근이 실수가 아닐 수도 있다. 이들은 항상 복소수라는 더 커다란 집합인 ℂ에서 발견될 수가 있다. 이들 근이 ℝ에 있지 않고 항상 ℂ에 있다는 사실은 무엇보다도 복소수를 개발한 가장 근본적인 이유이기도 하다.

물론 일단 이 복소수에 한번 빠져들면, 당신은 f로부터 주어진 것보다 더 일반적인 다항식으로 곧 돌아서게 될 것이다. ℂ에서 a_k의 계수 그 자체가 복소수들인 다항식을 연구하게 되는 것이다. 그러한 문제는 이 책의 범위를 훨씬 벗어나는 것이다. 그러나 우리는 식 (f)에 주어진 것보다 덜 일반적인 다항식을 포함하는 해석과 수론 사이의 연계를 검토하면서 함수 소개를 마무리 짓고자 한다.

정의 5　하나의 실수 w가 다음과 같은 다항식의 근이면 w는 대수적인 수라고 한다.

$$p(x)=b_n x^n+b_{n-1}x^{n-1}+\cdots+b_0 \ (b_k\in\mathbb{Z}, \ k=0, 1, \cdots, n)$$

(따라서 p가 정수 계수인 다항식일 때 $p(w)=0$이면 w는 대수적인 수이다.)

대수적인 수의 예들은 $\frac{1}{2}$과 $-\frac{2}{3}$인데, 그 이유는 $x=\frac{1}{2}$일 때 $2x-1=0$이고, $x=-\frac{2}{3}$일 때 $3x+2=0$이기 때문이다.

같은 방식으로 임의의 유리수는 대수적인 수이다. 왜냐하면 $w=\frac{p}{q}$는 다음 다항식의 근이기 때문이다.

$$qx-p=0$$

그리고 어떤 무리수들도 대수적인 수이다. 예를 들면, $\sqrt{2}$ 는 $x^2-2=0$의 근이므로 대수적인 수이다.

같은 방식으로 $\sqrt{3}$, $\sqrt{5}$, $\sqrt{7}$, …등도 모두 대수적인 수이다.

그러나 모든 대수적인 수들의 집합은 셀 수 있는 가산집합임을 보일 수가 있다. (그리 어렵지 않은 추론에 의해 증명되지만 여기서는 생략한다.) 실수는 가산집합이 아니므로 그 안에는 비대수적인 수들의 셀 수 없는 무한집합이 존재한다는 사실을 추론할 수 있다. 그와 같은 수들은 **초월수**라고 불린다. 이러한 수들은 1744년 경 오일러에 의해 처음 거론되었다.

실수에는 무한개의 초월수가 존재하고 있지만, 어떤 특정한 수가 초월수 인지를 증명하는 것은 일반적으로 어려운 문제이다. 가장 잘 알려진 초월수 는 e와 π이다. 페르디난트 린더만(1852~1939)은 π가 초월수임을 1882년에 증명하였다. 찰스 에르미트(1822~1901)는 1873년 e의 초월성을 확립하였다. 조제프 리우빌(1809~1882)은 1844년 초월수의 측정 사례를 처음으로 만들었다. 오일러가 초월수의 개념을 정의하고 리우빌이 그 사례를 발견하기까지 에는 무려 100년 이라는 시간이 필요했던 것이다.

초월수는 무수히 많기 때문에 어느 곳에나 존재한다. 그러나 이를 구체적 으로 발견하는 것은 쉬운 일이 아니다. 이는 마치 컴컴한 호텔 방에서 전등 스위치를 찾는 것과 같다. 어느 하나라도 찾기 위해서는 먼저 불을 켜야 하 기 때문이다.

확률

낭만주의 시인들은 아이작 뉴턴의 결정론적 물리학과 이를 창출한 수학적 논의들을 업신여겼다. 존 키츠는 추론에 의해 진리가 확립될 수 있다는 사실조차 의심하였다. 이에 앞서, 알렉산더 포프는 《우인열전 *Dunciad*》에서 "예술이 차례로 사라지고 아무것도 보이지 않는 캄캄한 밤이 되게 하는" 과학 만능 주의에 대해 우려를 나타냈다. 신비 속의 인물 블레이크는 "이곳저곳 모든 곳에 논리만 있음"을 경고하였고, 자신의 그림에서 뉴턴을 자연에 극히 둔감하고 무언가에 빠져 멍한 채 바다 표면 위에 발가벗은 채로 꾸부정하게 있는 노인으로 묘사하였다.

뉴턴의 수학은 모든 운동—천체 속 별들의 소용돌이건 또는 깊은 바닷속 고래의 움직임이건—이 결정될 수 있다는 의미에서 완벽하게 예측 가능한 우주를 만들어 놓았다. 만일 어떤 사물이 지금 어디에 존재하고 그것에 작용하는 힘을 알 수 있다면 그 사물의 다음 위치를 계산할 수 있다는 것이다. 키츠를 비롯한 다른 이들은 바로 이 사실을 당황스럽고 부적절한 것으로 보았다.

그러나 최근에 두 개의 위대한 발견이 현실 세계에 대한 우리의 관점을 바꾸어 놓았다. 그 중 하나는 아인슈타인의 상대성 원리이고 다른 하나는 양자역학이다. 아인슈타인의 이론은 공간과 시간 그리고 천체 기하학에 대한 우리의 개념을 극적으로 전환시켰다. 하지만 이 이론이 대단히 혁명적임에도 뉴턴 역학의 결정주의적 측면은 그대로 보존되었다. 뉴턴 세계와 마찬가지로 아인슈타인의 우주도 예측이 가능하기 때문이다. 아마도 낭만주의자들은 상대성 이론에 따르는 세상에 만족할 수 없었을 것이며, 블레이크는 아인슈타인마저 바닷속으로 던져버렸을 것이다.

하지만 양자역학은 좀 달랐다. 양자 세계에서는 결정주의가 사라져버린 것이다. 이 세계를 점유하고 있는 원자보다 작은 입자들이 처음에는 이쪽에서 잠시 후에는 저쪽에서 연속적인 움직임이 아닌 매우 불규칙적인 이동을 하고 있었다. 이 이론의 주요 핵심인 **하이젠베르크의 불확실성 원리**는 특정 입자의 운동 상태와 위치를 동시에 알 수 없음을 말하고 있다.

뉴턴 세계를 지배하는 것은 미적분학과 미분방정식이었다. 아인슈타인의 우주는 비(非)유클리드 기하학인 리만 기하학을 반영한 것이다. 그러나 양자역학의 세계는 우연과 불확실성의 수학에 의해 조정된다. 이 수학은 **확률론**이라 부른다. 확률 세계는 무작위성이 지배한다. 이때 확실한 것은 아무것도 없고 오직 불확실만이 존재한다.

유한 표본공간

하나의 예를 들어 보자.

예1 동전을 세 번 던졌을 때 동전의 앞면이 정확하게 두 번 나올 확률은 얼마인가?

풀이 우선 동전 던지기와 같은 행위를 **실험**이라고 하자. 그렇다면 이 문제에서 실험은 세 단계로 구성되는데, 각각의 시행은 동전 한 개를 던지는 것이다.

다음으로 이 실험 후에 나올 수 있는 모든 결과들의 모임인 집합 S를 결정할 필요가 있다. 그러한 집합을 이 시행의 **표본공간**이라 부른다. 나올 수 있는 모든 결과를 결정하는 편리한 방법이 그림 51에 나타나 있는데 이를 **수형도**라고 한다.

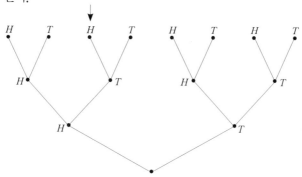

그림 51 세 개의 동전 던지기의 수형도

수형도의 맨 밑의 두 가지는 첫 동전을 던지는 시행의 결과를 말한다. 첫 번째 동전을 던졌을 때 앞면(Head)이 나오거나 뒷면(Tail)이 나온다. 이를 각각 H와 T로 표기하여 그림의 맨 밑에 나타내었다.

다음 네 개의 가지는 두 번째 던지기에서 나올 수 있는 결과를 보여준다. 이와 같은 방식으로 수형도가 만들어진다. 수형도의 가지를 따라 그려지는 경로는 실험에서 나올 수 있는 모든 결과를 보여준다. (예를 들어, 그림 51에서 화살표가 가리키는 경로는 HTH로 첫 번째 동전은 앞면, 두 번째 동전은 뒷면, 세 번째 동전은 앞면을 말한다.) 수형도에는 모두 8개의 다른 경로가 있으므로, 실험은 모두 8가지의 결과가 가능하다.

이 모든 가능성을 집합 형식으로 다음과 같이 나타낼 수 있다.

$$S = \{(H, H, H),\ (H, H, T),\ (H, T, H),\ (H, T, T),$$
$$(T, H, H),\ (T, H, T),\ (T, T, H),\ (T, T, T)\}$$

집합 S의 각 원소는 $(H,\ T,\ H)$와 같이 세 원소로 이루어진 순서쌍으로, 앞면, 뒷면, 앞면을 뜻한다. 집합 S는 모두 8개의 원소를 가지고 있는데 2장에서 언급했던 기호를 사용하여 다음과 같이 표현할 수 있다.

$$n(S)=8$$

집합 S는 하나의 동전을 세 번 던지는 실험의 표본공간이다.

원래 우리의 문제는 세 개의 동전을 던졌을 때 앞면이 정확하게 두 개가 나올 확률과 관련이 있었다. 정확하게 두 개의 앞면과 일치하는 집합 S의 원소는 (H,H,T), (H,T,H), (T,H,H)이다. 이 원소들로 구성되는 집합 S의 부분집합은 다음과 같다.

$$A=\{(H,H,T),\ (H,T,H),\ (T,H,H)\}$$

표본공간의 부분집합을 우리는 **사건**이라고 부른다. 이 용어를 사용하여 우리는 "사건 A의 확률"을 결정하는 문제로 바꿀 수 있다. 이를 기호로 $P(A)$라 나타낸다. 따라서 우리의 문제는 "$P(A)$의 값은 얼마인가?"로 나타낼 수가 있다.

마지막으로 우리가 세 번 던졌던 동전이 **공정한 동전**이라는 주어진 정보를 이용한다. 여기서 동전이 공정하다는 뜻은 정의에 의해 표본공간의 어떤 원소가 나올 가능성이 다른 원소가 나올 가능성과 같음을 말하는 것이다. 그리고 이는 다시 정의에 의해 "사건 A가 일어날 확률은 사건 A의 경우의 수를 전체 사건의 경우의 수로 나눈 값"임을 말하고 있다.

그러므로 $P(A)=\dfrac{n(A)}{n(S)}$이고, 따라서 $P(A)=\dfrac{3}{8}$이다.

공정한 동전 세 개를 던졌을 때 정확하게 두 개의 앞면을 얻을 확률은 $\dfrac{3}{8}$

이다.

예 1은 개념의 정의를 가능한 결과가 모두 똑같이 나올 수 있는 유한표본 공간까지 자연스럽게 일반화할 수 있다. 이 상황에서의 확률개념은 같은 확률을 가지는 확률측도라는 다소 화려한 이름을 가지게 된다.

정의 1 집합 S를 표본공간이라 하자. $A \subset S$일 때 $P(A)$는 다음과 같이 정의한다.

$$P(A) = \frac{n(A)}{n(S)}$$

이때 P를 **같은 확률을 가지는 확률측도**라고 하며 $P(A)$를 사건 A의 확률이라 부른다. 확률 P가 집합 S의 부분집합에서 정의되었고 이때 $0 \leq P(A) \leq 1$임에 주목하자. (집합 A는 집합 S의 부분집합이므로 $n(A)$는 $n(S)$를 초과할 수 없다.) 특히 다음이 성립한다.

$$P(\varnothing) = \frac{n(\varnothing)}{n(S)} = 0 \text{ 이고 } P(S) = \frac{n(S)}{n(S)} = 1 \text{이다.}$$

다시 한 번 더 집합 S의 부분집합들을 사건이라고 한다. 따라서 "$P(A)$는 사건 A의 확률과 같다". ("사건"과 "표본공간"이라는 용어를 사용한 이유는 동전을 던지는 것과 같은 실세계의 실험과의 관련성을 알려주기 위한 것이다. 그러나 S는 단지 유한집합이고 A는 그 부분집합이다.)

예 2 공정한 주사위 한 개를 굴렸다. 짝수의 눈이 나올 확률은 얼마인가?

풀이 이 시행은 다음과 같이 다시 진술될 수 있다. 숫자 1, 2, 3, 4, 5, 6 중에서 무작위로 하나의 수를 선택한다.

표본공간은 $S=\{1, 2, 3, 4, 5, 6\}$이다.

사건 A는 다음과 같다.

$$A=\text{“짝수가 나온다.”}$$

따라서

$$A=\{2, 4, 6\}$$

“무작위”라는 표현은 같은 확률을 가지는 확률측도임을 말하는 것이다. 따라서

$$P(A)= \frac{n(A)}{n(S)}$$
$$= \frac{3}{6}$$
$$= \frac{1}{2}$$

지금까지 다루었던 문제들은 이론적으로 매우 단순했었는데, 그 이유는 같은 가능성의 측정치만 생각하였기 때문이다. (하지만, 앞으로 차차 보겠지만, 이러한 상황에서도 응용문제들은 무지무지하게 복잡해진다.) 다음의 정의는 확률 개념을 확장하여 그 시행의 결과들이 나올 가능성이 같지 않은 경우—즉, 공정하지 못한 동전이나 찌그러진 주사위를 던지는 경우—까지 포함하도록 할 것이다.

정의 2 집합 S를 다음과 같은 유한 표본공간이라 하자.

$$S=\{x_1, x_2, \cdots, x_n\}$$

w는 집합 S위에서 정의된 함수로 다음과 같은 성질을 갖는다.

$$w(x_k) \geq 0, \quad x_k \in S$$

그리고 $w(x_1)+w(x_2)+\cdots+w(x_n)=1$이다.

집합 A는 공집합이 아닌 집합 S의 부분집합으로 다음과 같다.

$$A=\{y_1,\ y_2,\ \cdots,\ y_m\}$$

이때 사건 A의 확률 $P(A)$를 다음과 같이 정의한다.

$$P(A)=w(y_1)+w(y_2)+\cdots+w(y_m)$$

그리고 $P(\varnothing)=0$으로 정의한다.

이때 P는 집합 S에서의 확률측도라고 한다. (보다 정확하게 P는 집합 S의 부분집합 위에서의 측정치이다. 기호 $A=\{y_1,\ y_2,\ \cdots,\ y_m\}$에서 각각의 y_k는 x_j 중의 하나인데, 그 이유는 $A\subset S$이기 때문이다.)

정의 2에 대해 다음과 같이 차례로 설명할 수가 있다.

(1) 집합 S위에 정의된 함수 w는 **가중치함수**라고 한다.

(2) $w(x_k)$의 값은 원소 $x_k\in S$의 **가중치**라고 한다.

(3) 집합 S의 임의의 원소에 대한 가중치는 음의 값이 아니며 표본공간에 있는 원소들의 모든 가중치의 합은 1이다.

(4) 사건 A의 확률 $P(A)$는 A의 원소들의 모든 가중치들의 합과 같다.

A와 $P(A)$의 이상한 기호들을 합의 기호로 대치한다면 정의 2를 피할 수 있다. 정의에 따르면 다음과 같다.

$$\sum_{k=1}^{m}t_k=t_1+t_2+\cdots+t_m$$

위의 식은 다음과 같이 읽는다.

"$k=1$부터 m까지 t_k의 합은 t_1 더하기 t_2 더하기 $\cdots$ 더하기 t_m이다."

예를 들면 다음과 같다.

$$\sum_{k=1}^{6}k^2=1^2+2^2+3^2+4^2+5^2+6^2$$

그리고

$$\sum_{k=1}^{n} k = 1+2+3+\cdots+n$$

합을 나타내는 지표 k는 가상의 지표이므로 다른 적절한 지표를 사용해도 값이 변하지 않는다.

$$\sum_{s=1}^{6} s^2 = 1^2+2^2+3^2+4^2+5^2+6^2 = \sum_{k=1}^{6} k^2$$

합의 기호는 다음과 같은 형태로 사용할 수도 있다.

$$\sum_{x \in B} f(x) = \text{"집합 } B\text{의 원소인 } x\text{에 대하여 함숫값 } f(x)\text{들의 합"}$$

예를 들어, $B = \{-1, 2, 4\}$일 때 다음과 같다.

$$\sum_{x \in B} x^2 = \sum_{x \in \{-1, 2, 4\}} x^2 = (-1)^2+2^2+4^2 = 21$$

또한 이 경우에도 지표 x는 다른 문자로 대치할 수 있다.

$$\sum_{x \in B} f(x) = \sum_{y \in B} f(y)$$

이 기호를 사용하여 정의 2에 나타난 합을 다음과 같이 나타낼 수 있다.

$$\sum_{k=1}^{n} w(x_k) = 1$$

그리고

$$P(A) = \sum_{x \in A} w(x)$$

이제 찌그러진 동전이 주어졌다고 하자.

예 3 찌그러진 동전은 앞면이 뒷면보다 나올 확률이 두 배이다. 이 동전을 한 번 던졌다. 앞면이 나올 확률은 얼마인가?

풀이 동전이 공정하지 않으므로 같은 가능성의 측정치(정의 1)는 적용되지 않는다. 그러므로 적절한 표본공간 위에서 가중치함수를 정의하여 문제에 알맞은 확률을 결정해야만 한다. 동전을 오직 한 번만 던지므로 표본공간은 다음과 같다.

$$S=\{H, T\}$$

이 단계에서 우리는 이론적으로 집합 S의 두 원소에 무수히 많은 방법으로 가중치를 줄 수 있다. 단 이 가중치들은 음의 값이 아니며 그 합이 1과 같다. 그런데 앞에서 이 동전의 앞면이 나올 경우는 뒷면이 나올 경우보다 두 배라고 하였다. 이를 적용하여 가중치함수 w를 다음과 같이 놓을 수 있다.

$$w(H)=2w(T)$$

즉 우리는 w를, T를 취할 때보다 H를 취할 때 두 배 값을 가지도록 가중치를 부여하는 함수로 정하는 것이다.

이 절차는 다소 인위적인 인상을 줄 수 있다. 그러나 "앞면이 뒷면보다 두 배 더 나오는 동전"이라는 비수학적인 정보를 해석할 수 있는 다른 방도가 보이지 않는다. 그래서 결국 여기서는 물리적인 동전의 수학적 모델을 설정한 것이다. 우리의 모델이 주어진 동전을 완벽하게 재현한 것이라 할 수는 없다. 이는 마치 모네의 워털루 다리가 템스 강을 가로지르는 다리의 완벽한 복제가 아닌 것과 같다. 그러나 우리는 완벽하건 그렇지 않건 간에 수학적 모델을 가져야만 한다. 다른 모든 수학과 같이 확률론도 은화를 다루는 것이 아니라 수학적 대상을 다루고 있기 때문이다.

하지만 일단 이렇게 시작하였다면, $w(H)=2w(T)$라는 조건은 확률값을 완벽하게 결정짓게 된다. 다음 식이 성립한다.

$$\sum_{x \in S} w(x) = 1 \text{ 또는 } w(H)+w(T)=1 \text{이다.}$$

그러므로 $2w(T)+w(T)=1$이다.

따라서 $w(T)=\frac{1}{3}$이다.

그러므로 $w(H)=2w(T)=\frac{2}{3}$이다.

따라서 이 찌그러진 동전에 앞면이 나올 확률은 $\frac{2}{3}$이다.

예 3에서 $w(T)$라는 기호를 사용하였는데 앞에서는 $P(\{T\})$라고 표기하였다. 가중치함수 w를 집합 T 위에서 정의하였지만, 확률함수 P는 집합 S의 부분집합 위에서 정의하였다. 그러므로 $P(H)$라는 표기는 **부정확**한 것이다. 그러나 우리는 인용부호 안에 있는 구절이 집합 S의 특정 부분집합을 정의하고 있음을 이해한다면 종종 $P($"동전 앞면"$)$와 같은 기호를 그대로 사용할 것이다.

그리고 사건 $B=$"동전의 뒷면이 나온다"의 확률은 다음과 같음에 주목하자.

$$P(B)=P(\{T\})=\frac{1}{3}$$

따라서 $P(A)+P(B)=1$이다. 그러나 여기서 $B=S\backslash A$이므로 다음이 성립한다.

$$P(A)+P(S\backslash A)=1$$

우리는 잠시 후에 이 식이 모든 표본 공간에서 각각의 확률 측정치 P에 대하여, 그것이 같은 가능성의 확률이건 아니건 간에 항상 성립함을 알 수 있을 것이다.

그러나 확률측도의 다른 일반적인 성질을 알아보기 전에 정의 1과 정의 2 사이의 관계를 검토해보자. 각각은 확률측도라고 하는 무언가를 정의하고 있다. 우리는 이들이 일정함을 증명해야만 한다.

정리 1 S를 유한 확률공간이라 하자.

$$S=\{x_1,\, x_2,\, \cdots,\, x_m\}$$

w는 집합 S위에서 다음과 같이 정의하자.

$$w(x_k)=\frac{1}{n(S)}=\frac{1}{m},\ x_k\in S$$

이때 w는 가중치 함수이며, P를 정의 2에 의해 주어진 확률이라 하자. 그러면 P는 정의 1에 따라 같은 확률을 가지는 확률측도이다.

증명 $w(x_k)=\dfrac{1}{m}\geq 0$ 그리고

$$\begin{aligned}\sum_{k=1}^{m}w(x_k)&=w(x_1)+w(x_2)+\cdots+w(x_n)\\&=\frac{1}{m}+\frac{1}{m}+\cdots+\frac{1}{m}\\&=m\cdot\frac{1}{m}\\&=1\end{aligned}$$

(위의 덧셈에서 합이 1이 되는 것은 항의 개수가 m개이기 때문이다.)

이제 A를 S의 부분집합이라 하자. 그러면 다음이 성립한다.

$$\begin{aligned}P(A)&=\sum_{x\in A}w(x)\\&=\sum_{x\in A}\left(\frac{1}{m}\right)\\&=\frac{1}{m}+\frac{1}{m}+\cdots+\frac{1}{m}\end{aligned}$$

마지막 합은 $x\in A$에 대하여 $w(x)=\dfrac{1}{m}$의 합이다. 따라서 이 합의 항의 개수는 $n(A)$개이다. 따라서 다음이 성립한다.

$$\begin{aligned}P(A)&=n(A)\cdot\frac{1}{m}\\&=\frac{n(A)}{n(S)}\end{aligned}$$

그러므로 P는 정의 1의 같은 가능성의 확률이다.

따라서 정리 1로 두 정의의 일관성을 확신할 수 있는데 정의 1을 포함한 정의 2를 특수한 사례로 보고 있다. 우리는 정리 1이 더 자연스러워 보이기 때문에 정리 1에서 시작한다.

그러나 어떤 상황에서는 달리 해석될 수도 있다. 표본 공간의 선택에 따라 이들을 "공정하고 같은 가능성을 가진" 또는 "편파된" 것으로 생각할 수도 있다. (그래서 정의 2의 사용이 필요한 것이다.)

예 4 빨간 공 3개와 파란 공 5개가 들어 있는 상자가 있다. 상자에서 무작위로 하나의 공을 꺼낼 때, 빨간 공이 선택될 확률은 얼마인가?

풀이 | 선택되는 볼의 색깔에만 관심이 있으므로, 표본공간은 다음과 같다.

$$S = \{R, B\}$$

집합 S의 각 원소에 가중치 $w(R)$과 $w(B)$를 할당해야만 한다. 상자에는 빨간 공 3개와 파란 공 5개가 들어 있으므로, 다음 값을 갖는다.

$$w(R) = \frac{3}{5} w(B)$$

따라서 $w(R) + w(B) = 1$로부터 $\frac{3}{5} w(B) + w(B) = 1$이다.
그러므로 다음이 성립한다.

$$\frac{8}{5} w(B) = 1$$
$$w(B) = \frac{5}{8}$$

따라서 $w(R) = \frac{3}{5} w(B) = \frac{3}{5} \cdot \frac{5}{8} = \frac{3}{8}$ 이다.
그러므로 다음과 같다.

$$P(\text{"빨간 공이 선택된다"}) = P(\{B\})$$
$$= \frac{3}{8}$$

풀이 II 이번에는 공을 따로따로 별개로 취급하여 다음과 같은 표본공간을 생각한다.

$$S = \{r_1, r_2, r_3, b_1, b_2, b_3, b_4, b_5\}$$

따라서 $n(S) = 8$이다. 무작위로 공을 선택하므로, 어떤 공이든 선택될 가능성은 모두 같다. 그러므로 같은 확률을 가지는 측도를 적용할 수 있다.

$A = $"하나의 빨간 공이 볼이 선택된다"일 때,

$$P(A) = P(\{r_1, r_2, r_3\})$$
$$= \frac{n(A)}{n(S)}$$
$$= \frac{3}{8}$$

위의 두 증명 방법에서 나는 풀이 II를 더 선호하는데, 그 이유는 보다 자연스러운 같은 확률을 가지는 측도를 이용하였기 때문이다. 그럼에도 불구하고 풀이 I은 나름대로 의미가 있는데, 그 이유는 대부분의 확률 문제의 풀이에서 볼 수 있는 주요한 두 단계를 보여주기 때문이다. 즉, 표본공간의 형성과 적절한 확률측도의 결정이 그것이다. 이 두 단계를 적절하게 사용하면 해답은 저절로 굴러들어올 것이다.

기본 성질들

정의 2로부터 임의의 확률에 관한 몇 가지 기본(그리고 주요) 성질들을 추론할 수가 있다.("사건"이 표본공간의 부분집합임을 기억하라.)

정리 2 S를 유한 표본공간이라 하고 P를 정의 2에 따라 주어진 집합 S 위에서 정의된 확률이라 하자. 그러면 다음이 성립한다.

(1) $P(\emptyset)=0$이고 $P(S)=1$이다.

(2) 임의의 사건 A에 대하여, $0 \leq P(A) \leq 1$이다.

(3) 사건 A와 B에 대하여 $A \cap B = \emptyset$이면, $P(A \cup B) = P(A) + P(B)$이다.

증명 (1) $P(\emptyset)=0$이고 $P(S) = \sum_{x \in S} w(x) = 1$은 정의 2가 성립하기 위한 조건이므로 증명이 필요 없다. (여기서는 강조하기 위해 재진술하였다.)

(2) 정의에 의해 $P(A) = \sum_{x \in A} w(x)$ 이고 $w(x) \geq 0$이다. 따라서 다음이 성립한다.

$$0 \leq P(A) = \sum_{x \in A} w(x) \leq \sum_{x \in S} w(x) = 1$$

(부등식의 오른쪽 항의 합은 왼쪽 항을 모두 포함하고 있으므로 부등식은 당연히 성립한다.) 따라서 $0 \leq P(A) \leq 1$이다.

(3) $A \cap B = \emptyset$라고 하자. 따라서 A와 B는 공통 원소가 하나도 없다. 따라서 다음이 성립한다.

$$\begin{aligned}
P(A \cup B) &= \sum_{x \in A \cup B} w(x) \\
&= \sum_{x \in A} w(x) + \sum_{x \in B} w(x) \\
&= P(A) + P(B)
\end{aligned}$$

위의 (3)의 조건 $A \cap B = \emptyset$는 A와 B가 서로 떨어져 있는 집합임을 말한다. 그런데 확률론의 맥락에서 이 성질은 다른 이름을 갖는다.

정의 3 유한 표본공간 S의 부분 집합 A와 B에 대하여, $A \cap B = \emptyset$이면 A와 B는 서로소인 사건이라고 한다. 또한 확률론의 맥락에서 $A \cup B$를 "A 또는 B"라고 읽는다. 그러므로 이 용어를 사용하여 정리 2의 (3)은 다음과 같이 말할 수 있다.

A와 B가 서로 소인 사건이라면,

A 또는 B의 확률은 A의 확률과 B의 확률을 더한 것과 같다.

비슷하게 $A \cap B$를 "A 그리고 B"라고 한다. $A \cap B$와 관련된 중요한 개념은 **독립**의 개념이다.

정의 4 유한 표본공간 S의 부분집합 A와 B에 대하여, $P(A \cap B) = P(A) \cdot P(B)$이면 A와 B는 서로 독립이라고 한다.

실제 생활에서부터 우리는 종종 서로소이거나 독립적인 상황을 가정하게 된다. 물론 이는 수학적 모델에 대한 가정이 되기도 한다. 예를 들어 보자.

예 5 공정한 동전을 두 번 던졌다. 사건 A와 B를 다음과 같이 정의하자.

$A =$ "첫 번째 동전을 던져 앞면이 나온다"

$B =$ "두 번째 동전을 던져 앞면이 나온다"

우리는 종종 첫 번째 동전의 결과가 두 번째 동전의 결과에 대하여 어떤 영향을 주지 않는다는 (이는 역으로도 성립한다) 가정에 기초하여 두 사건 A와 B가 독립이라고 단순하게 주장을 펼칠 수 있다. 이러한 추리는 여기서 매우 쓸모가 있다. (다행히 옳은 주장이기도 하다.) A와 B의 독립성을 주장하기 위해서 다음 표본공간 S와 같은 확률을 가지는 확률측도 P를 이용한다.

$$S = \{(H, H), (H, T), (T, H), (T, T)\}$$

그러면 $A=\{(H, H), (H, T)\}$, $B=\{(T, H), (H, H)\}$이고 $A\cap B=\{(H, H)\}$이다. 그러므로 구하는 확률을 차례로 구하면 다음과 같다.

$$P(A)=\frac{n(A)}{n(S)}=\frac{2}{4}=\frac{1}{2}$$

$$P(B)=\frac{n(B)}{n(S)}=\frac{2}{4}=\frac{1}{2}$$

$$P(A\cap B)=\frac{n(A\cap B)}{n(S)}=\frac{1}{4}$$

그러므로 $P(A\cap B)=P(A)P(B)$이고 따라서 독립이다. (여기서 A와 B는 서로소가 아님에 주목하라. $A\cap B\neq\varnothing$이기 때문이다.)

일반적으로 두 사건 A와 B에 대하여 다음이 성립한다.

정리 3 확률측도 P를 가지는 유한 표본공간 S의 부분집합 A와 B에 대하여 다음이 성립한다.

$$P(A\cup B)=P(A)+P(B)-P(A\cap B)$$

증명 집합론의 성질을 이용하면 매우 쉽게 증명할 수가 있다. (특히 벤다이어그램이 유용하다.)

$$A\cup B=A\cup(B\setminus A)$$이다.

또한 $A\cap(B\setminus A)=\varnothing$이고 정리 2의 (3)으로부터 다음이 성립한다.

$$P(A\cup B)=P(A\cup(B\setminus A))$$
$$=P(A)+P(B\setminus A)$$

그리고 다음이 성립한다.

$$B=(B\cap A)\cup(B\setminus A)$$

그리고

$$(B\cap A)\cap(B\setminus A)=\varnothing$$

다시 한 번 정리 2의 (3)으로부터 다음이 성립한다.

$$P(B)=P((B \cap A) \cup (B \setminus A))$$
$$=P(A \cap B)+P(B \setminus A)$$

따라서

$$P(B \setminus A)=P(B)-P(A \cap B)$$

그러므로

$$P(A \cup B)=P(A)+P(B \setminus A)$$
$$=P(A)+P(B)-P(A \cap B)$$

가 성립하여 증명을 끝낼 수 있다.

정리 2의 (3)은 이제 정리 3의 특수한 경우가 된다. 이들 모두 앞에서 약속한 결과를 낳을 수 있다.

따름정리 1 $A \subset S$라 하자. 그러면 다음이 성립한다.

$$P(A)+P(S \setminus A)=1$$

증명 $S=A \cup (S \setminus A)$이고 $A \cap (S \setminus A)=\varnothing$이므로 다음이 성립한다.

$$P(S)=P\{A \cup (S \setminus A)\}$$
$$=P(A)+P(S \setminus A)$$

그런데 $P(S)=1$이다. 따라서 다음이 성립한다.

$$1=P(A)+P(S \setminus A)$$

조건부 확률

주사위는 각 면에 점이 있는 정육면체이다. 각 면에는 한 개, 두 개, …, 다섯 개, 여섯 개의 점이 있으므로, 이들을 숫자 1, 2, …, 6으로 나타낸다. 일종의 도박 게임인 크랩스(craps)는 두 개의 주사위를 던져 윗면에 나타나는 숫자들의 합을 따지는 게임이다.

예6 두 개의 주사위를 던졌을 때 나오는 두 사건을 다음과 같이 정한다.
$$A = \text{"눈의 합이 7이다."}$$
$$B = \text{"첫 번째 주사위의 눈이 2 또는 4이다."}$$
$P(A)$와 $P(B)$를 구하라.

풀이 주사위를 던져 나오는 결과를 정수의 순서쌍 (n, m)으로 나타낸다. 이때 n과 m은 각각 1, 2, 3, 4, 5, 6 중의 한 숫자이다. 예를 들어, (2, 4)는 "첫 번째 주사위의 눈은 2이고 두 번째 주사위의 눈은 4"인 결과를 나타낸다. 표본공간 S는 다음과 같이 이 순서쌍 모두의 집합으로 구성된다.

$$S = \{(1, 1), (1, 2), (1, 3), (1, 4), (1, 5),$$
$$(1, 6), (2, 1), \cdots, (6, 5), (6, 6)\}$$

S의 원소들은 순서쌍의 첫 번째 원소가 1일 때, 6개의 원소, 2일 때도 6개의 원소, $\cdots$, 6일 때도 6개의 원소들로 구성되어 있으므로, $n(S) = 36$이다. 사건 A는 S의 원소 중에서 두 원소의 합이 7인 원소들로 구성되어 있다. 사건 B는 첫 번째 원소가 2 또는 4인 순서쌍들을 포함한다. 따라서 다음과 같이 나타낼 수 있다.

$$A = \{(1,6), (2, 5), (3, 4), (4, 3), (5, 2), (6, 1)\}$$
$$B = \{(2, 1), (2, 2), \cdots, (2, 6), (4, 1), (4, 2), \cdots, (4, 6)\}$$

그러므로 $n(A) = 6$이고 $n(B) = 12$이다.

따라서 구하는 확률은 다음과 같다.

$$P(A) = \frac{n(A)}{n(S)} = \frac{6}{36} = \frac{1}{6}$$

$$P(B) = \frac{n(B)}{n(S)} = \frac{12}{36} = \frac{1}{3}$$

특히, 공정한 주사위로 7이 나올 확률이 $\frac{1}{6}$ 이라고 결정하였다. 라스베이거스나 애틀랜틱시티의 단골고객들은 이 사실이 매우 유용하다는 것을 잘 알고 있다. 그러면 이제 다른 문제를 생각해보자. 두 공정한 주사위를 던졌을 때 "첫 번째 주사위가 2 또는 4의 눈이 나온다"라는 사실을 알았다고 하자. 그렇다면 두 주사위의 눈의 합이 7이 될 확률은 얼마인가?

우리가 알고 있는 정보는 첫 번째 주사위의 눈이고 두 번째 주사위의 눈이 아니라는 점에 주목하라. 더 정확하게 말한다면 우리의 문제를 다음과 같이 표현할 수가 있다.

첫 번째 주사위의 눈이 2 또는 4라는 전제 하에서
두 눈의 합이 7일 확률은 얼마인가?

예 6에서의 기호를 사용하면 이는 다음과 같이 나타낼 수 있다.

$P(A|B)$의 값은 얼마인가?

이 질문에 대한 풀이는 다음과 같이 할 수 있다.

첫 번째 주사위의 눈이 2 또는 4라는 정보를 가지고 있으므로 예 5의 표본공간에 속하는 원소들을 많이 제거해야만 한다. 따라서 축소된 표본공간은 다음과 같다.

$T = \{(2, 1), (2, 2), \cdots, (2, 6), (4, 1), \cdots, (4, 6)\}$

주사위는 공정한 것이므로 T의 각 원소가 나올 확률은 모두 동일하다. 합이 7이 나오는 사건은 다음과 같다.

$$C = \{(2, 5), (4, 3)\}$$

Q를 표본공간 T위에서 같은 확률을 가지는 측도이라 하면 다음과 같다.

$$Q(C) = \frac{n(C)}{n(T)} = \frac{2}{12} = \frac{1}{6}$$

이 확률은 "B라는 전제 하에 A의 확률"이다.

따라서 $P(A|B) = \frac{1}{6}$ 이다.

이제 S의 부분집합인 사건 $A \cap B$를 보자.

$$A \cap B = \{(2, 5), (4, 3)\} \text{이고}$$

$$P(A \cap B) = \frac{n(A \cap B)}{n(S)} = \frac{2}{36} = \frac{1}{18} \text{ 이다.}$$

다음을 살펴보자.

$$P(A|B) = \frac{1}{6} = \frac{\frac{1}{18}}{\frac{1}{3}} = \frac{P(A \cap B)}{P(B)}$$

따라서 $P(A|B) = \frac{P(A \cap B)}{P(B)}$ 이다.

$P(A|B)$에 대한 이 공식은 "B라는 조건 하에 A의 확률"이라는 표본공간에 대한 제약이 주어질 때 임의의 유한표본공간에서도 성립한다는 사실을 쉽게 증명할 수가 있다. 따라서 위의 공식은 이 개념의 일반적인 정의로 받아들일 수가 있다.

정의 5 A와 B를 확률측도 P를 가지는 유한 표본공간 S에서의 부분집합이라고 하자. $P(B) \neq 0$이라고 하면 $P(A|B)$를 다음과 같이 정의한다.

$$P(A|B) = \frac{P(A \cap B)}{P(B)}$$

따라서 다음이 성립한다.

$$A와\ B가\ 독립이면 \Rightarrow P(A|B)=P(A)$$

그러므로 A와 B가 독립이면, 조건부 확률의 용어로 사건 A는 사건 B의 발생에 영향을 받지 않는다.

정의 5에서 우리는 즉각 다음과 같은 매우 유용한 등식을 만들어낼 수가 있다.

(4) $$P(A \cap B)=P(B) \cdot P(A|B)$$

이 공식을 진술하면 다음과 같다. "사건 A와 사건 B가 동시에 일어날 확률은 사건 B의 확률에 사건 B가 일어났다는 전제하의 사건 A의 조건부 확률을 곱한 것과 같다." 적절한 수형도를 곁들이면 이 등식은 광범위하게 응용될 수가 있다.

예 7 하나의 상자 안에는 검은 공 3개와 흰 공 5개가 들어 있다. 이 상자로부터 임의로 하나의 공을 꺼낸 후에 다시 집어넣지 않는다. 그리고 다음에 또 하나의 공을 상자로부터 꺼낸다. 그렇다면 두 번째 선택된 공이 검은 공일 확률은 얼마인가?

풀이 첫 번째 선택에서 검은 공을 선택할 확률은 8개의 공 가운데 검은 공이 3개이므로 $\frac{3}{8}$이다. 다음 공을 선택하기 전에 이 공을 다시 집어넣으면 두 번째 선택에서 검은 공을 선택할 확률은 똑같이 $\frac{3}{8}$이다. 하지만 이 문제에서는 수학적인 용어로 **비복원 추출**이라고 하는 과정을 밟아가도록 되어 있다. 즉, 꺼낸 공은 다시 집어넣지 않는 것이다. 시행을 할 때마다 확률이 변하지 않는다는 가정을 더 이상 할 수 없는 상황이다.

이를 그림 52로 설명할 수 있는데 수형도에는 각각의 경우를 나타내는 가지에 "가중치"가 달려있다.

표본공간은 나뭇가지에 나타난 모든 경로들로 구성되는 다음과 같은 집

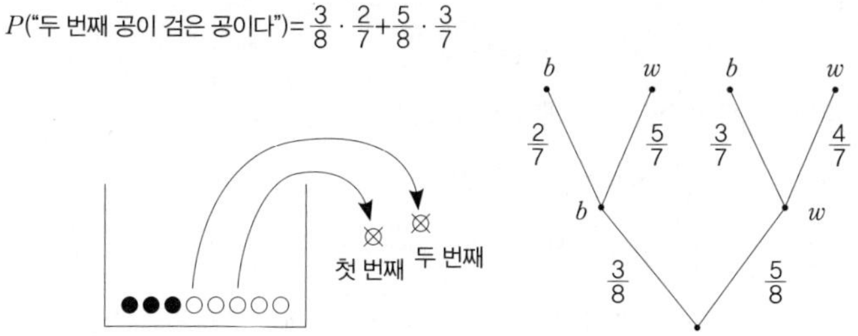

$$P(\text{“두 번째 공이 검은 공이다”})= \frac{3}{8} \cdot \frac{2}{7} + \frac{5}{8} \cdot \frac{3}{7}$$

그림 52 비복원시 두 번의 추출

합이다.

$$S = \{(b,\ b),\ (b,\ w),\ (w,\ b),\ (w,\ w)\}$$

(예를 들어, 순서쌍 $(b,\ w)$는 선택된 첫 번째 공이 검은 공이고 두 번째 공은 흰 공임을 뜻한다.)

사건 $A = $ “두번째 공이 검은 공”이라고 하자. 그러면 다음과 같다.

$$A = \{(b,\ b),\ (w,\ b)\}$$

우리가 구하고자 하는 것은 $P(A)$이다. 그러나 이는 비복원추출이므로 P 는 더 이상 같은 확률을 가지는 측도가 아니다. 따라서 다음과 같은 과정을 밟아야 한다.

$$A = \{(b,\ b) \cup (w,\ b)\}$$

그러므로 다음 식이 성립한다.

(5) $\qquad P(A) = P(\{(b,\ b)\}) \cup (\{(w,\ b)\})$

그 이유는 사건 $\{(b,\ b)\}$와 $\{(w,\ b)\}$가 서로소이기 때문이다. 등식 (4)로 부터 다음을 얻을 수 있다.

$P(\{(b,\ b)\}) = P(\text{“첫 번째 공이 검은 공이고 두 번째 공이 검은 공”})$

$\qquad\qquad = P(\text{“첫 번째 공이 검은 공”}) \cdot (\text{“첫 번째 공이 검은 공일 때}$

두 번째 공이 검은 공")

그러나 원래 8개의 공 가운데 3개가 검은 공이므로

(6) $P(\text{"첫 번째 공이 검은 공"}) = \dfrac{3}{8}$

더욱이 첫 번째 꺼낸 공이 검은 공이므로, 2개의 검은 공과 5개의 검은 공이 남아 있다. 따라서 7개의 가능성 중에서 두 개가 검은 공이므로 다음이 성립한다.

$P(\text{"첫 번째 공이 검은 공일 때 두 번째 공이 검은 공"}) = \dfrac{2}{7}$

따라서 다음이 성립한다.

$$P(\{(b,\ b)\}) = \frac{3}{8} \cdot \frac{2}{7}$$

그림 52에서 이 경로를 나타내는 가지의 값인 확률 $P(\text{"첫 번째 공이 검은 공"})$과 확률 $P(\text{"첫 번째 공이 검은 공일 때 두 번째 공도 검은 공"})$은 각각 $\dfrac{3}{8}$과 $\dfrac{2}{7}$이다. 이 두 수의 곱은 수형도에서 왼쪽 끝가지에 있는 확률과 같다. 이 확률은 $P(\{(b,\ b)\})$이다. 똑같은 방식으로 다음을 얻을 수 있다.

$$P(\{(w,\ b)\}) = \frac{5}{8} \cdot \frac{3}{7}$$

(5)번 식에 의해 다음이 성립한다.

$$\begin{aligned} P(A) &= \frac{3}{8} \cdot \frac{2}{7} + \frac{5}{8} \cdot \frac{3}{7} \\ &= \frac{6}{56} + \frac{15}{56} \\ &= \frac{21}{56} \\ &= \frac{3}{8} \end{aligned}$$

따라서 다음을 얻을 수 있다.

(7) $P(\text{"두 번째 공이 검은 공"}) = \dfrac{3}{8}$

위와 같은 풀이 방식은 빠르고 기계적으로 행할 수 있다. 일단 수형도를 그리고 각각의 가지에 가중치를 정하여 구하고자 하는 결과를 나타내는 경로에 표시를 한다. 각 경로의 확률은 각각의 가지에 나타난 확률들의 곱이다. 구하고자 하는 결과의 확률은 이렇게 표시된 경로들의 합이다.

더욱이 풀이 과정과 등식 (4)는 비복원추출로 대여섯 개를 선택하게 되는 상황에도 자연스럽게 일반화할 수가 있다.

예 8 하나의 상자에 3개의 검은 공과 5개의 흰 공이 들어 있다. 3개의 공을 비복원추출에 의해 무작위로 선택한다. 세 번째 공이 검은 공일 확률은 얼마인가?

풀이 예 7의 수형도를 다음 단계까지 확대할 필요가 있다. 그림 53은 첨가된 가지와 함께 새로운 수형도를 나타낸다. 화살표로 그려진 네 개의 경로가 구하고자 하는 결과인 B="세 번째 공이 검은 공"임을 나타낸다.

따라서 다음을 얻을 수 있다.

$$P(B) = \frac{3}{8} \cdot \frac{2}{7} \cdot \frac{1}{6} + \frac{3}{8} \cdot \frac{5}{7} \cdot \frac{2}{6} + \frac{5}{8} \cdot \frac{3}{7} \cdot \frac{2}{6} + \frac{5}{8} \cdot \frac{4}{7} \cdot \frac{3}{6}$$
$$= \frac{1}{56} + \frac{5}{56} + \frac{5}{56} + \frac{10}{56}$$
$$= \frac{21}{56}$$
$$= \frac{3}{8}$$

그러므로 다음이 성립한다.

(8) $P(\text{"세 번째 공이 검은 공"}) = \frac{3}{8}$

식 (6), (7), (8)은 몇 번째 단계에서라도 검은 공을 선택할 확률은 모두 같으며 첫 번째 시행에서 검은 공을 선택할 확률과 같다는 전혀 예상치 못한 결과를 보여주고 있다. 만일 복원추출로 3개의 공을 선택한다면, 즉 꺼낸 공의 색깔을 확인한 후에 다시 상자 안에 넣는다 하여도 이때의 확률은 항상 같다. (즉, 매번 시행에서 상자 안에는 3개의 검은 공과 5개의 흰 공이 있으

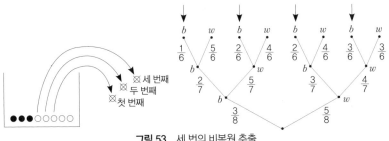

$$P(\text{"세 번째 공이 검은 공"})=\frac{3}{8}\cdot\frac{5}{7}\cdot\frac{2}{6}+\frac{3}{8}\cdot\frac{2}{7}\cdot\frac{1}{6}+\frac{5}{8}\cdot\frac{3}{7}\cdot\frac{2}{6}+\frac{5}{8}\cdot\frac{4}{7}\cdot\frac{3}{6}$$

세 번째
두 번째
첫 번째

그림 53 세 번의 비복원 추출

므로 검은 공 하나를 꺼낼 확률은 $\frac{3}{8}$이다.) 그러나 이 문제에서는 비복원추출에 의해 세 개의 공을 꺼내는 것이다. 그렇다 하여도 확률은 변하지 않고 그대로이다. 이는 단순한 우연의 일치인가 아니면 무엇인가 좀 더 깊이 들어갈 만한 것이 있는가? 그 답은 잠시 후에 얻을 수 있다.

정리 3 상자 안에 검은 공 n개와 흰 공 m개가 들어 있다. 무작위로 상자의 공이 하나도 남지 않을 때까지 하나씩 공을 꺼낸다.

A_k를 다음과 같은 사건이라 하자.

$A_k=k$번째 공이 검은 공이다. $(k=1, 2, \cdots, n+m)$

이때 다음이 성립한다.

$$P(A_k)=\frac{n}{n+m}\ (k=1, 2, \cdots, n+m)$$

부분 증명 여기서는 $k=2$인 경우만 다룬다. 더군다나 복잡한 기호를 피하기 위해 $k=2$인 경우의 수형도만 사용할 것이다.

$n+m$개의 공이 들어 있는 상자 안에 검은 공의 개수는 n개이므로 다음 식은 자명하다.

$$P(A_1)=\frac{n}{n+m}$$

그림 54는 두 번째 꺼낼 때의 수형도를 나타낸다. 화살표는 두 번째 시행

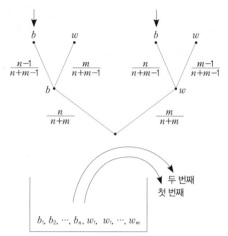

그림 54 비복원추출로 두 번 꺼낼 때의 일반적인 경우

에서 검은 공이 나오는 경로를 나타낸다. $P(A_2)$는 이 두 경로의 확률의 합과 같다. 각각의 경로의 확률은 각각 가지에 있는 확률들의 곱이다. (예를 들어, 수형도의 맨 왼쪽 끝에 있는 가지의 두 번째 단계에 나타난 조건부확률은 첫 번째 시행에서 검은 공 하나를 선택했을 때 상자에는 모두 $n+m-1$개의 공이 들어있고 그 중에서 $n-1$개의 검은 공이 있음을 관찰하고 얻은 것이다.)

$$P(A_2) = \left(\frac{n}{n+m}\right)\left(\frac{n-1}{n+m-1}\right) + \left(\frac{m}{n+m}\right)\left(\frac{n}{n+m-1}\right)$$
$$= \frac{n(n-1)+nm}{(n+m)(n+m-1)}$$
$$= \frac{n(n-1+m)}{(n+m)(n+m-1)}$$
$$= \frac{n}{n+m}$$

따라서 위의 명제는 $k=2$일 때 성립함을 보였다.

$k=1, 2, \cdots, n+m$일 때의 일반적인 경우에 대한 증명은 매우 지루하고 성가시지만 이론적으로 어려운 것은 아니다. 위의 증명 과정에서 "상자"나 "공"의 개념을 전혀 사용하지 않았음에 주목하라. 이 결과는 무작위로 비복

원추출의 어떤 형태에도 성립한다. "상자"는 카드 묶음일 수도 있고 "공"은 각각의 카드일 수도 있다.

예 9 잘 섞여 있는 보통의 평범한 카드 묶음에서 한 번에 한 장씩 카드를 뽑는다. 이때 다음 사실은 자명하다.

$$P(\text{"1번째 카드가 하트의 킹"}) = \frac{1}{52}$$

그런데 정리 3에서 다음 사실도 자명하게 성립한다.

$$P(\text{"2번째 카드가 하트의 킹"}) = \frac{1}{52}$$

$$P(\text{"3번째 카드가 하트의 킹"}) = \frac{1}{52}$$

$$P(\text{"52번째 카드가 하트의 킹"}) = \frac{1}{52}$$

정말 흥미로운 결론이 아닐 수 없다.

세어보기 기술

확률론을 공부하기 위해 당장 필요한 것은 다양하게 세어볼 수 있는 기술이다. 여기서는 두 가지만 살펴보려 한다. 하나는 **순열**이고 다른 하나는 **조합**이라는 방식이다.(이들 용어의 정의는 곧 밝혀질 것이다.) 우리가 필요로 하는 유일한 도구는 **기본 셈 원리**라고 알려진 방식이다.

내가 살고 있는 집에서 윈드 갭이라는 산의 어느 지점까지 가는 조깅 코스에는 세 가지 경로가 있다. 그리고 윈드 갭에서 호크 산까지 가는 조깅코스에는 두 가지 경로가 있다. 따라서 윈드 갭을 거쳐 호크 산까지 달려가려고 한다면, 모두 3·2=6가지의 경로 중에 하나를 선택하면 된다. 여기서 3은 윈드 갭까지의 경로에 대한 경우의 수이고, 2는 호크 산까지의 경로에 대한 경우의 수이다. 이러한 단순한 아이디어가 기본적 셈 원리로 일반화될 수 있다. 즉, 어떤 하나의 사건이 일어날 경우의 수가 n 가지이고, 두 번째 사건이 일어날 경우의 수가 m 가지일 때, 이 **두 사건이 동시에 일어날 사건의 경우의**

수는 모두 nm 가지이다.

이 원리는 그 자체로 두 개 이상의 사건들에도 매우 자명한 방식으로 일반화될 수가 있다. 예를 들어 선반에 6권의 책을 배열하고자 하는 경우를 생각해보자. 몇 가지 방법으로 이를 실현시킬 수 있을까?

위의 세어보기 원리를 반복하여 적용해 보자. 첫 번째 자리(예를 들어, 왼쪽 끝)에는 6권 중에서 어떤 책을 놓아도 무방하다. 일단 한 권이 선택되었다면, 두 번째 자리는 나머지 5권의 책 중에서 어떤 책을 놓아도 좋다. 따라서 첫 번째와 두 번째 자리에 책을 놓는 방법의 수는 $6 \cdot 5 = 30$가지이다. 이제 3번째 자리에 놓을 책은 나머지 4권 중에서 한 권을 선택하면 되고 이런 방식으로 마지막 자리까지 마지막 한 권을 배열하면 된다. 따라서 선반 위에 6권의 책을 배열하는 방법의 수는 다음과 같이 계산 할 수 있다.

$$6 \cdot 5 \cdot 4 \cdot 3 \cdot 2 \cdot 1 = 720$$

이 등식의 왼쪽 항을 6의 계승이라고 하며 다음과 같이 나타낸다.

$$6! = 6 \cdot 5 \cdot 4 \cdot 3 \cdot 2 \cdot 1$$

일반적으로 임의의 자연수 n에 대하여 "n의 계승"은 다음과 같이 정의한다.

$$n! = n(n-1)(n-2) \cdots 3 \cdot 2 \cdot 1$$

그리고 다음과 같이 정의한다.

$$0! = 1$$

n개의 서로 다른 대상들을 일렬로 배열하는 것을 n개의 **순열**이라고 한다. 선반 위에 책을 배열하였던 것과 똑같은 추론을 통해 우리는 다음과 같은 정리를 얻을 수 있다.

정리 4 n개의 순열 수는 $n!$이다.

예를 들어 야구 경기에서 9명의 선발 선수들의 타순을 결정하는 "배팅 오

더"가 그것이다. 따라서 타순은 야구 선수 9명의 순열과 같다. 정리 4에 의해 타순은 모두 다음과 같은 경우의 수가 있다.

$$9! = 9 \cdot 8 \cdot 7 \cdot 6 \cdot 5 \cdot 4 \cdot 3 \cdot 2 \cdot 1$$

그런데 여기서 순서에서 처음 세 자리만 주목한다면 세어보기 원리에 의해 $9 \cdot 8 \cdot 7 = 504$를 얻을 수 있다. 즉, 9개중에서 3개를 일렬로 배열하는 순열의 수는 504가지이다. 그리고 이를 나타내는 기호로 $P(9, 3)$를 사용한다. 따라서 다음과 같다.

$$P(9, 3) = 9 \cdot 8 \cdot 7$$

일반적으로 n은 서로 다른 대상의 개수이고, k는 n보다 작은 자연수일 때 다음과 같이 표기한다.

$P(n, r) =$ "서로 다른 n개에서 중복을 허락하지 않고 r개를 선택하여 일렬로 배열하는 방법의 수"

(이때 P는 확률과 무관함에 주의하라.)

정리 5 $P(n, r) = n(n-1)\cdots(n-r+1)$

증명 $P(n, r)$은 n개의 서로 다른 것을 일렬로 r자리에 배열하는 방법의 수를 말한다. 첫 번째 자리에 배열하는 방법의 수는 n가지이다. 다음 두 번째 자리에 선택하는 방법의 수는 $(n-1)$이다. 이와 같은 방식을 정리하면 다음과 같다.

첫 번째 자리에는 n가지 방법

두 번째 자리에는 $(n-1)$가지 방법

세 번째 자리에는 $(n-2)$가지 방법

…

r번째 자리에는 $(n-r+1)$가지 방법

세어보기 원리는 선택하는 방법의 총 수는 이 값들의 곱임을 알려준다.
따라서 $P(n, r)=n(n-1)\cdots(n-r+1)$이다.
만일 $r=n$이라고 하면 $P(n, n)=n(n-1)\cdots1=n!$임을 기억하라.

따라서 정리 4는 정리 5의 특별한 경우이다. 각각의 정리는 **배열** 또는 **순서** 또는 **목록**의 개념을 포함하고 있다. 기호 $P(n, r)$은 n개 중에서 r개를 선택하여 배열하는 방법의 수를 나타낸다. 만일 $r=n$이면 주어진 모든 대상들을 배열하는 것을 뜻하므로, n개의 순열을 말하는 것이다.

그러나 집합과 부분집합을 다룬다면 순서의 개념은 고려할 필요가 없다. 집합 $\{a, b, c\}$와 집합 $\{c, b, a\}$는 정확하게 같은 원소로 구성되어 있기 때문에 같은 집합이다. 그러나 순열 abc는 순열 cba와는 다른 경우로 그 이유는 순열이란 순서를 고려해야만 하기 때문이다.

이 문제를 분명하게 하기 위해서 다음 집합을 생각해보자.
$$S=\{a, b, c\}$$
원소가 오직 2개인 S의 부분집합은 정확히 3개 존재한다. 이들은 $\{a, b\}$, $\{a, c\}$ 그리고 $\{b, c\}$이다.

한편, 정리 5에 의해 a, b, c 3개 중에서 2개를 뽑아 배열하는 순열의 수는 다음과 같이 구할 수 있다.
$$P(3, 2)=3\cdot2=6$$
그리고 이 순열을 나열하면 다음과 같다.
$$ab, ba, ac, ca, bc, cb$$
그런데 $C(3, 2)$를 다음과 같이 정의하면
$$C(3, 2)=\text{"원소의 개수가 3인 집합의 부분집합으로}$$
$$\text{원소의 개수가 2인 부분집합의 개수"}$$
우리는 세 개의 원소로 이루어진 집합 $S=\{a, b, c\}$이 원소의 개수가 정확히 2개인 부분집합을 가진다는 사실을 잘 알고 있다. 그러한 부분집합의 개수는 원소의 이름과는 무관하므로, 원소의 개수가 3개인 어떤 집합도 원소 개수가 2개인 부분집합을 3개 가진다고 할 수 있다. 따라서 다음이 성립한다.

$$C(3, 2) = 3$$

이제 $C(3, 2) = 3$과 $P(3, 2) = 6$사이의 관계를 살펴보자. 다음이 성립함을 알 수 있다.

$$P(3, 2) = 2 \cdot C(3, 2)$$

또는 좀 더 세련되게 다음과 같이 나타낼 수가 있다.

$$P(3, 2) = 2! C(3, 2)$$

이 관계는 왜 $P(3, 2)$가 $C(3, 2)$보다 큰 값을 갖는지 분명하게 보여준다. 즉, 원소의 개수가 2인 부분집합 각각은 원소들을 배열하는 순열의 수로 2! 가지 방법이 있다. 예를 들어, 집합 S의 부분집합 $\{a, b\}$는 두 개의 원소 a와 b를 갖는다. 그리고 이들이 배열되는 순열의 개수는 $2! = 2$가지, 즉 ab와 ba이다.

이와 같은 사실은 일반화될 수가 있다. $C(n, r)$을 다음과 같이 정의하자.

$$C(n, r) = \text{"크기가 } n \text{인 집합의 부분집합으로}$$
$$\text{크기가 } r \text{인 부분집합의 개수"} \ (1 \le r \le n)$$

정리 6 $\quad C(n, r) = \dfrac{n(n-1)(n-2)\cdots(n-r+1)}{r!}$

증명 크기가 r인 부분집합의 원소 r개가 일렬로 배열되는 순열의 개수는 증명 4에 의해 모두 $r!$가지이다. 이들 부분집합의 개수는 정의에 의해 $C(n, r)$가지이다. 기본적인 세어보기 원리에 따르면, 서로 다른 n개에서 r개를 선택하여 일렬로 배열하는 방법의 수는 우선 r개를 택하는 방법의 수와 선택된 원소로 이루어진 부분집합 내에서 이들을 배열하는 방법의 수를 곱한 값과 같다. 따라서 다음이 성립한다.

$$P(n, r) = C(n, r) \cdot r!$$

그러므로 다음과 같다.

$$C(n, r) = \frac{P(n, r)}{r!}$$

그런데 정리 5에 따르면 다음과 같다.

$$P(n, r) = n(n-1)(n-2) \cdots (n-r+1)$$

그러므로 다음이 성립하여 증명을 끝낼 수 있다.

$$C(n, r) = \frac{n(n-1)(n-2) \cdots (n-r+1)}{r!}$$

확률론자들은 $C(n, r)$의 C를 "조합"이라 하며 n개에서 r개를 선택하는 조합의 개수라 한다. 그러나 나는 "부분집합의 개수"라고 부르는 것을 더 선호하는데, 그 이유는 이러한 관점이 각 원소들의 배열 순서와 무관하다는 점을 잘 드러내주기 때문이다.

더욱이 $C(n, r)$의 값은 조금 변형된 형태로 다음과 같이 나타낼 수가 있다.

$$C(n, r) = \frac{n(n-1)(n-2) \cdots (n-r+1)}{r!} \cdot \frac{(n-r)!}{(n-r)!}$$
$$= \frac{n(n-1) \cdots (n-r+1)(n-r)(n-r-1) \cdots 2 \cdot 1}{r!(n-r)!}$$

그러므로 다음이 성립한다.

$$C(n, r) = \frac{n!}{r!(n-r)!}$$

이 공식에서 $C(n, r)$은 "이항 계수"라 부르는데 해석학에서 약방에 감초처럼 여기저기서 등장하기도 한다. 해석학에서 이들은 다음과 같은 기호로 표현된다.

$$\binom{n}{r}$$

따라서 다음 식이 성립한다.

$$\binom{n}{r} = \frac{n!}{r!(n-r)!}$$

이 값은 유명한 이항정리에서 그 이름이 유래된 것으로, 이항정리는 두 실수 x, y와 자연수 n 사이에 다음 관계가 성립함을 보여준다.

(9)
$$(x+y)^n = \sum_{r=0}^{n} \binom{n}{r} x^r y^{n-r}$$

(이항정리를 증명하는 한 가지 방법은 두 실수 x, $y \in \mathbb{R}$를 고정시키고, S를 식 (9)가 성립하는 자연수들의 집합으로 놓은 후에 수학적 귀납법에 의해 $S = \mathbb{N}$임을 보이는 것이다. 같은 방식으로 이항정리는 복소수에 대해서도 성립한다.)

특히 $n = 3$인 경우에 식(9)는 다음과 같다.

(10) $(x+y)^3 = \sum_{r=0}^{3} \binom{3}{r} x^{3-r} y^r = \binom{3}{0} x^3 y^0 + \binom{3}{1} x^2 y^1 + \binom{3}{2} x^1 y^2 + \binom{3}{3} x^0 y^3$

$\binom{3}{r}$의 값에 대한 해석이 너무 많으므로 이를 정리해두는 것이 좋을 것 같다.

(i) $\binom{3}{r} = $ " 크기 3인 집합의 부분집합으로서 크기가 r인 부분집합의 개수"

(ii) $\binom{3}{r} = \dfrac{3!}{r!(3-r)!}$

(iii) $\binom{3}{r} = $ "$(x+y)^3$의 전개식에서 $x^r y^{3-r}$의 계수"

첫 번째 해석을 이용하여 우리는 이미 다음과 같은 식이 성립함을 알고 있다.

$$\binom{3}{2} = C(3, 2) = 3$$

그런데 집합 $\{a,\ b,\ c\}$에서 두 개의 원소를 택한다는 것은 나머지 한 개의 원소를 남기는 것과 같고 그 역도 성립하므로 다음 등식이 성립한다고 할 수 있다.

$$\binom{3}{1} = \binom{3}{2} \text{이고,}$$
$$\text{따라서 } \binom{3}{1} = 3 \text{이다.}$$

그리고 다음 식도 자명하다.

$$\binom{3}{0}=1 \text{ 그리고 } \binom{3}{3}=1$$

(집합 $\{a, b, c\}$는 원소가 하나도 없는 부분집합을 단 하나 가지는데 바로 공집합이다. 또한 원소개수가 3인 집합도 단 하나 존재하는데 바로 자기 자신이다.)

해석 (iii) 에 대하여 우리는 다음 식이 성립함을 알 수 있다.

$$(x+y)^3=(x+y)(x+y)^2$$
$$=(x+y)(x^2+2xy+y^2)$$
$$=x^3+2x^2y+xy^2+yx^2+2xy^2+y^3$$
$$=x^3+3x^2y+3xy^2+y^3$$

이 전개식을 식 (10)과 비교하면 다음 값들을 알 수 있다.

$$\binom{3}{0}=1, \binom{3}{1}=3, \binom{3}{2}=3, \text{ 그리고 } \binom{3}{3}=1$$

물론 이 값들은 (ii)에서 직접 결정될 수가 있다. 더욱이 이에 대한 완벽한 논의는 임의의 이항정리계수인 $\binom{n}{r}$까지 확장할 수가 있다. 예를 들어 "$\binom{20}{3}$의 값은 얼마인가?"와 같은 질문에 답하여 보자. 다음 각각의 해석에 따라 구하고자 하는 값을 얻을 수 있다.

(i) 원소의 개수가 20인 집합의 부분집합으로 크기가 3인 부분집합의 개수

(ii) 다음 값과 같다.

$$\frac{20!}{3!17!} = \frac{20 \cdot 19 \cdot 18}{3!} = 20 \cdot 19 \cdot 3 = 1140$$

(iii) 이항정리 $(x+y)^{20}$의 전개식에서 x^3y^{17}의 계수

또는 실생활의 관점에서 수학과 전체를 집합으로 보고 수학과 내에 구성되는 위원회를 부분집합으로 본다면 다음과 같이 해석할 수가 있다.

$\binom{20}{3}=$"20명의 교수가 있는 수학과 내에서 설치되는 3인 위원회의 개수"

하지만 이러한 해석은 나를 겁에 질리게 만드는데 이유는 그 값이 너무나도 크기 때문이다. 실제로 1,140개의 위원회를 벗어날 수 있는 길은 어디에도 없다.

$$\text{등식 } \binom{n}{r} = \frac{n!}{r!(n-r)!} \text{ 에서}$$

$$\binom{n}{0} = \frac{n!}{0!(n-0)!} = \frac{n!}{n!} = 1 \text{을 얻을 수 있다.}$$

$$\text{또한 } \binom{n}{n} = 1 \text{이다.}$$

(물론 $\binom{n}{0} = 1$와 $\binom{n}{n} = 1$은 집합의 관점에서 해석을 해도 무방하다. 즉, 크기가 n인 집합에서 원소가 하나도 없는 부분집합은 오직 하나이고 원소의 개수가 n인 부분집합도 오직 하나이다.)

다음 등식은 직접 계산을 하면(여기서는 생략한다) 쉽게 증명될 수가 있다.

(11) $$\binom{n}{r} + \binom{n}{r-1} = \binom{n+1}{r}$$

(등식 (11)을 증명하는 한 가지 쉬운 방식은 $\binom{p}{q} = \frac{p!}{q!(p-q)!}$ 를 이용하여 각각의 이항정리계수의 값을 구하여 (11)의 양변이 같음을 보이는 것이다.)

그림 55는 **파스칼의 삼각형**이라고 하는 이항정리계수들의 배열을 나타낸 것이다. 삼각형의 일반적인 형식은 그림의 왼쪽 부분이다. 오른쪽 삼각형은 구체적인 값을 나타낸 것이다. 삼각형의 맨 왼쪽 끝은 모두 1인데 그 이유는 $\binom{n}{0} = 1$이기 때문이다. 또한 $\binom{n}{n} = 1$이므로 오른쪽 끝은 모두 1이다. 다른 항

$$\binom{0}{0}$$ 1

$$\binom{1}{0} \binom{1}{1}$$ 1 1

$$\binom{2}{0} \binom{2}{1} \binom{2}{2}$$ 1 2 1

$$\binom{3}{0} \binom{3}{1} \binom{3}{2} \binom{3}{3}$$ 1 3 3 1

$$\binom{4}{0} \binom{4}{1} \binom{4}{2} \binom{4}{3} \binom{4}{4}$$ 1 4 6 4 1

$$\binom{5}{0} \binom{5}{1} \binom{5}{2} \binom{5}{3} \binom{5}{4} \binom{5}{5}$$ 1 5 10 10 5 1

그림 55 파스칼 삼각형

들은 식 (11)을 이용하여 (매우 간단하게) 결정될 수 있다.

이항정리계수는 함수론에서의 중요성 때문에 해석학에서 관심이 많다. 그러나 해석학자조차도 $\binom{n}{r}$라는 기호를 "n 선택 r"이라 부르는데 이는 집합론에서 세어보기 역할을 연상하게 한다. 그리고 $\binom{n}{r}$이 수행하는 세어보는 행위의 하나로서 포커의 손이라 부르는 카드들의 집합이 있다.

예 10 한 벌의 카들에서 다섯 개의 카드를 무작위로 선택한다.

(a) 다섯 개의 카드가 모두 하트일 확률은 얼마인가?

(b) 5개의 카드 중에 4개의 에이스가 포함될 확률은 얼마인가?

풀이

(a) 카드의 순서에 관심이 있는 것은 아니므로 다섯 장의 카드를 전체 카드의 부분집합이라고 생각한다. 그러면 표본공간은 전체 카드들에서 선택되어지는 크기 5인 모든 부분집합들로 구성되는데, 물론 이때 전체 카드는 크기가 52인 집합이라 할 수 있다. 이때 부분집합의 개수는 $\binom{52}{5}$이므로, $n(S) = \binom{52}{5}$라 할 수 있다. 카드가 공정하게 다루어지므로 같은 확률을 가지는 측도인 P를 적용할 수 있다.

따라서 $A =$ "5개의 하트가 선택된다"인 사건 A에 대하여 다음이 성립한다.

$$P(A) = \frac{n(A)}{n(S)}$$
$$= \frac{n(A)}{\binom{52}{5}}$$

이제 $n(A)$의 값만 결정하면 된다. 그런데 $n(A)$는 카드 전체의 하트에서 5개의 하트를 선택하는 방법의 수이다. 하트는 모두 13개이므로 다음이 성립한다.

$$n(A) = \binom{13}{5}$$

$$\text{따라서 } P(A) = \frac{\binom{13}{5}}{\binom{52}{5}}$$

그런데 $\binom{52}{5} = 2{,}598{,}960$이고 $\binom{13}{5} = 1{,}287$이다.

$$\text{따라서 } P(A) = \frac{1{,}287}{2{,}598{,}960} \text{이다.}$$

카드 게임에서 사건 A는 플러시, 좀 더 구체적으로 하트 플러시라고 부른다. 그러므로 우리가 보여준 것은 $P(\text{“플러시가 나왔다”}) = .0004952$로 극히 매우 작은 값이다. 딜러가 당신에게 그러한 카드 패를 줄때까지 기다리려면 아마도 오랜 시간을 기다려야 할 것이다.

(b) 표본공간과 같은 가능성의 확률값은 그대로이다. 이제 사건 B를 다음과 같이 정의하자.

$B = $"5개 카드 중에 4개의 에이스를 선택한다."

모두 5개의 카드를 선택하는데 그중 4개가 에이스인 경우는 $\binom{4}{4}$가지 방법이 있다. 그리고 나머지 하나의 카드가 선택되는 경우의 수는 $\binom{48}{1}$가지이다. (즉, 에이스가 아닌 48개의 카드 중에서 하나를 선택하는 것이다.) 기본적 셈 원리에 따라 다음 사실이 성립한다.

$$n(B) = \binom{4}{4}\binom{48}{1}$$

$$\text{따라서 } P(B) = \frac{\binom{4}{4}\binom{48}{1}}{\binom{52}{5}} = \frac{1 \cdot 48}{2{,}598{,}960} = .0000185\text{이다.}$$

이러한 패를 가지려면 더 오래 기다려야 할 것 같다.

많은 확률 문제들은 **반복 베르누이 시행**의 맥락에서 해석할 수가 있다. 베르누이 시행은 성공(S) 또는 실패(F)라는 두 개의 결과만 나오는 단순한 실험이다. S라는 결과가 확률 p로 발생한다면 F라는 결과는 확률 $1-p$로 발생한다. 그러므로 우리는 단 하나의 시행에서 S라는 결과를 얻을 확률을 알고 있다. 이제 시행을 독립적으로 반복할 때 S라는 결과가 나오는 횟수에 대한 확률을 결정하고자 한다.

정리 7 두 결과 즉, S와 F가 나오는 베르누이 시행을 생각하자. S가 얻어질 확률은 p, F가 얻어질 확률은 $1-p$이다. 이 시행을 n번 독립적으로 반복한다. 이때 S가 정확하게 $k(k=0, 1, 2, \cdots, n)$번 나올 확률은 다음과 같다.

$$\binom{n}{k}p^k(1-p)^{n-k}$$

증명 시행을 n번 반복하였을 때 얻어지는 특정 결과를 기호로 나타내며 $(x_1, x_2, \cdots, x_n)$, 이때 x_j는 S또는 F중의 하나이다.

n번의 반복 시행에서 표본공간은 다음과 같다.

$$S=\{(x_1, x_2, \cdots, x_n)|x_j\in\{S, F\}, j=1, 2, \cdots, n\}$$

k를 고정하였을 때 $(k=0, 1, 2, \cdots, n)$, A_k를 다음과 같이 놓자.

$$A_k=\{(x_1, x_2, \cdots, x_n)|x_j 중에 정확하게 k개가 S\}$$

그러면 A_k는 다음과 같은 사건이라 할 수 있다.

$A_k=$"n번의 반복시행에서 S가 정확하게 k번 나온다."

이제 우리는 $P(A_k)$를 결정하고자 한다.

A_k의 특정 원소를 베르누이 시행을 n번 반복할 때 상응하는 수형도의 경로로 생각하는 것이 편리하다. 그림 56은 하나의 전형적인 경로를 나타낸다. S로 가는 경로는 각각 p라는 가중치를 부여하고 F로 가는 각각의 경로에는 $1-p$라는 가중치를 부여한다. (시행은 서로 독립적이므로 정의 5 다음에

나오는 명제에 의해 경로를 따라 발생하는 조건부확률은 실제의 확률과 다르지 않다. 따라서 각각의 p 또는 $1-p$이다.)

그림 56에 나타난 경로의 확률은 경로들에 나타난 가중치들의 곱이다. 이들의 곱은 S가 k번, F는 $(n-k)$번 나타나므로 다음과 같다.

$$p^k(1-p)^{n-k}$$

그러나 이 경로는 A_k의 전형적인 원소이다. A_k의 각 원소는 같은 확률

그림 56 k번의 S와 $n-k$번의 F를 나타내는 수형도의 경로

$p^k(1-p)^{n-k}$로 나타난다. 따라서 다음이 성립한다.

$$P(A_k) = n(A_k)p^k(1-p)^{n-k}$$

이제 우리는 $n(A_k)$를 결정할 것이다.

그러나 A_k의 각 원소는 $(x_1, x_2, \cdots, x_n)$에서 x의 위치에 언제 S가 놓여 있는가의 선택에 따라 결정될 것이다. 그러한 결정은 정확하게 k번 발생한다. 이러한 선택의 경우의 수는 $\binom{n}{k}$이다. 따라서 다음이 성립한다.

$$n(A_k) = \binom{n}{k}$$

그러므로 다음이 성립한다.

$$P(A_k) = \binom{n}{k}p^k(1-p)^{n-k}$$

"베르누이 시행"이라는 용어는 결국 동전 한 개를 던지는 시행에 멋진 이름을 붙인 것에 불과하다. 앞면은 성공, 뒷면은 실패로 생각하면 된다.

정리7은 다음과 같이 진술할 수 있다.

확률 p로 앞면이 나오는 동전 한 개를 n번 독립적으로 던질 때,
앞면의 개수가 정확하게 k번 나올 확률은 $\binom{n}{k} p^k (1-p)^{n-k}$ 이다.

예 11 하나의 공정한 동전을 20번 던졌다. 앞면이 정확하게 10번 나올
확률은 무엇인가?

풀이 동전 던지기는 서로 독립적임을 가정하여 $p = \frac{1}{2}$, $n=20$ 그리고
$k=10$이라 놓고 정리 7을 적용한다. 따라서 앞면이 정확하게 10번 나올
확률은 다음과 같다.

$$\binom{20}{10} \left(\frac{1}{2} \right)^{10} \left(1 - \frac{1}{2} \right)^{20-10} = \binom{20}{10} \left(\frac{1}{2} \right)^{20}$$

예제 11에서 구하는 답은 다음과 같이 계산하여 얻을 수 있다.

$$\binom{20}{10} \left(\frac{1}{2} \right)^{20} = \frac{20!}{10!10!} \left(\frac{1}{2} \right)^{20}$$
$$= \frac{20 \cdot 19 \cdot 18 \cdots 11}{10!} \left(\frac{1}{2} \right)^{20}$$
$$= .1762$$

이 확률은 예상보다 훨씬 작은 값이다. 그러므로 어떤 동전을 20번을 던
졌을 때 앞면이 정확하게 10번 나오는 것이 일정하게 반복된다면, 그의 동
전은 결코 공정한 동전이라 할 수 없다.

기댓값

표본공간 위에서 정의된 실수값을 가지는 함수를 우리는 **확률변수**라 부른
다. 즉, S를 표본공간이라 할 때 다음 함수 f는 확률변수이다.

$$f\colon S \to \mathbb{R}$$

확률의 많은 부분을 어떤 확률변수의 값으로 설명할 수가 있다. 예를 들어 정리 7에서 기술한 베르누이 시행의 상황을 살펴보자.

예 12 두 결과 즉, S와 F가 나오는 베르누이 시행을 생각하자. S를 얻을 확률은 p, F를 얻을 확률은 $1-p$이다. 이 시행을 n번 독립적으로 반복한다. 표본공간에서 나타나는 각각의 결과 $x=(x_1, x_2, \cdots, x_k)$에 대하여 f를 다음과 같이 정의하자.

$$f = \text{“}(x_1, x_2, \cdots, x_k)\text{에 있는 } S \text{의 개수”}$$

그러므로 f는 베르누이 시행을 n번 반복하였을 때 성공 횟수의 값을 갖는 확률변수이다. f의 범위는 다음과 같다.

$$R(f) = \{0, 1, 2, 3, \cdots, n\}$$

그리고 정리 7에 의해 이들 값들이 얻어지는 확률을 구할 수 있다.

$$P(f=k) = \binom{n}{k} p^k (1-p)^{n-k} \qquad (k=0, 1, 2, \cdots, n)$$

이때 $P(f=k)$는 "$f=k$일 때의 확률"이거나 또는 "S가 정확하게 k번 나올 확률"을 뜻한다.

$p = \dfrac{1}{2}$ 이고 $n=20$ 일 때인 예 11의 특별한 경우에 다음이 성립한다.

$$R(f) = \{0, 1, 2, 3, \cdots, 20\}$$

예 12의 결과는 다음을 보여준다.

$$P(f=10) = \binom{20}{10} \left(\frac{1}{2}\right)^{20}$$

확률변수들은 특히 게임에도 적용된다.

예 13 룰렛게임에 사용되는 바퀴에는 38개의 홈이 있어 그 안으로 공이 굴러가도록 되어 있다. 한 도박사가 특정 숫자에 해당되는 홈에 1달러를 걸었다. 만일 공이 그 홈으로 굴러 들어가면 돈을 건 사람은 35달러를 받는다. 그렇지 않으면 게임에 건 돈 1달러를 잃게 된다.

이제 f를 도박사의 판돈을 셈하는 확률변수라고 하자. 도박사가 받을 돈은 35달러이거나 −1달러이므로 f의 범위는 다음과 같다.

$$R(f) = \{-1,\ 35\}$$

룰렛 게임의 바퀴에는 38개의 홈이 있고, 그 중 하나의 홈에만 공이 들어가야 도박사가 이기므로 다음과 같은 식이 성립한다.

$$P(f=35) = \frac{1}{38} \text{ 그리고 } P(f=-1) = \frac{37}{38}$$

실제 상황에서는 확률이 종종 빈도수의 관점에서 해석된다. 즉, 어떤 사건이 확률 p로 발생한다면, 우리는 p를 그 사건이 실제로 일어날 빈도수를 나타낸다고 예상하는 것이다. (**대수의 법칙**이라고 부르는 정리는 엄격한 수학적 의미에서 이 해석이 타당함을 보여준다.)

따라서 그 도박사가 38번 게임을 하였을 때 한 번 정도는 35달러를 받을 수 있다. 그리고 38번 시행에서 37번은 돈을 잃을 것으로 예상할 수가 있다. 그러므로 위와 같은 방식으로 룰렛게임을 계속한다면, 그가 각각의 시행에서 얻을 수 있는 돈은 다음과 같다.

$$u = (-1)\left(\frac{37}{38}\right) + (35)\left(\frac{1}{38}\right)$$
$$= -\frac{2}{38}$$
$$= -\frac{1}{19}$$

따라서 그가 게임을 할 때마다 약 5센트 가량의 돈을 잃을 것으로 예상된다. 어쨌든 그는 천천히 빈털터리가 될 수밖에 없다.

예 13에 등장하는 숫자 u는 "확률변수 f의 기댓값" 또는 "f의 기댓값"이라고 부른다.

정의 6 f를 유한 표본공간 S위에 정의된 확률변수라고 하자. 즉 f는 다음과 같다.

$$f:S \rightarrow \mathbb{R}$$

$R(f)$가 f의 범위를 나타낸다고 하면, f의 기댓값을 다음과 같이 정의한다.

$$u = E(f) = \sum_{y \in R(f)} yP(f=y)$$

따라서 확률변수의 기댓값은 f의 각 값에 대응하는 확률과의 곱을 곱하여 이들 값을 모두 더한 값이라 할 수 있다.

예 14 하나의 공정한 동전을 두 번 던진다.

이때 f를 $f=$"앞면이 나오는 개수"라고 하자.

그러면 $R(f) = \{0, 1, 2\}$이고 정리 7에 의해 다음과 같다.

$$P(f=0) = \binom{2}{0}\left(\frac{1}{2}\right)^2 = \frac{1}{4}$$

$$P(f=1) = \binom{2}{1}\left(\frac{1}{2}\right)^2 = \frac{1}{2}$$

$$P(f=2) = \binom{2}{2}\left(\frac{1}{2}\right)^2 = \frac{1}{4}$$

그러면 다음이 성립한다.

$$\begin{aligned} E(f) &= \sum_{y \in R(f)} yP(f=y) \\ &= \sum_{k=0}^{2} k\binom{2}{k}\left(\frac{1}{2}\right)^2 \\ &= 0 \cdot \frac{1}{4} + 1 \cdot \frac{1}{2} + 2 \cdot \frac{1}{4} \\ &= \frac{1}{2} + \frac{1}{2} \\ &= 1 \end{aligned}$$

그러므로 하나의 공정한 동전을 두 번 던졌을 때 "앞면이 나오는 횟수의 기댓값"은 1이다. 확률론자들은 우리들이 잘 알지 못하는 사실을 알고 있다.

종종 그들은 물리적 추론과 확률적 추론을 결합하여 복잡한 분석에 의해 서만 검증될 수 있는 수학적 표현을 쉽게 창조해낸다. 여기 그 하나의 예가 있다.

예 15 어떤 찌그러진 동전 하나가 앞면이 나올 확률이 p라고 한다. 이 동전을 n번 던질 때 앞면이 나올 횟수는 약 np일 것으로 "예상"하는 것이 타당하다. 즉, 던진 횟수 n에 앞면이 나올 확률 p를 곱하는 것이다.

따라서 f를 앞면이 나오는 횟수인 확률변수, 즉 $f=$"앞면이 나올 횟수"라고 정의하면 우리는 순전히 직관에 따라 다음 사실을 얻는다.

$$E(f) = np$$

한편 다음 사실도 성립한다.

$$R(f) = \{0, 1, 2, \cdots, n\}$$

$$P(f=k) = \binom{n}{k} p^k (1-p)^{n-k} \quad \text{(정리 7에 의해)}$$

$E(f)$의 정의에 따라 다음을 생각할 수 있다.

$$E(f) = \sum_{k=0}^{n} k \binom{n}{k} p^k (1-p)^{n-k}$$

(즉, f값들에 대응하는 확률들을 곱하고 이들을 합하는 것이다.) 그러므로 우리의 직관적인 확률적 주장에 따라 다음 등식을 얻을 수 있다.

(12) $$\sum_{k=0}^{n} k \binom{n}{k} p^k (1-p)^{n-k} = np$$

등식 (12)는 실제로 참이다. 이 식에 대한 증명은 확률론과는 직접적인 관련이 없는 순수한 해석학적 방법에 의해 구할 수 있다. 수학자라면 누구든지 등식 (12)를 증명할 수 있을 것이다. 그러나 확률론자에게는 이 등식이 너무나도 자명하여 증명할 필요도 없다. 공정한 동전을 20번 던질 때, 등식 (12)에 의해 다음을 얻는다.

$$E(f) = 20 \cdot \frac{1}{2} = 10$$

그러나 예 10에 의해 (새로운 용어로) 이 사건이 발생할 확률은 비교적 작다는 것을 알 수 있다.

$$P(f=10)=\binom{20}{10}\left(\frac{1}{2}\right)^{20}=.1762$$

실제로 기댓값은 절대로 얻을 수 없을 지도 모른다. 공정한 동전 하나를 던져보라.

$$E(f)=np=1\cdot\frac{1}{2}=\frac{1}{2}$$

어떤 동전이든지, 공정하건 그렇지 않건 간에 반만 앞면이 나온다니 곤란하지 않은가?

통계

나는 통계란 확률론의 역이라고 생각한다. 통계 문제는 겉으로 보면 다른 것처럼 보이지만 본질상 확률적 문제이다. 확률론자는 다음과 같은 질문을 던진다.

공정한 동전을 100번 던졌을 때
앞면이 49번을 얻을 확률은 얼마인가?

한편 통계학자는 다음과 같은 사실을 알고 싶어한다.

동전을 100번 던져 앞면이 49번 나오면,
그 동전이 공정한 것이라 할 수 있는가?

따라서 확률론자는 동전 한 개를 던졌을 때 앞면이 나올 확률이 p라는 지식에서 출발한다. 여기서는 동전이 공정하기 때문에 $p=\frac{1}{2}$이다. 그러나 통계학자에게는 자료만 주어져 있다. 그가 알고 있는 것은 동전을 100개 던져 49개가 앞면이라는 사실이다. 통계학자가 알고 싶어 하는 것은 $p=\frac{1}{2}$라는 결론을 추론하는 것이 타당한가이다.

확실한 것은, 통계학의 진면목은—그것은 확률론에도 해당된다—위의 단순한 예에서 나타나는 것보다 훨씬 더 복잡하다는 것이다. 하지만 이 상황은 두 영역의 진수를 보여주고 있다. 더욱이 실생활에서의 통계 문제들은 동전 던지기와 같은 방식으로 진술되지 않는다. 하지만 그럴 수도 있다. 예를 들어, 선거전에 실시하는 여론조사를 살펴보자.

예 16　80명의 회원이 가입한 어느 정치 모임에서 두 명의 후보자 중에서 국가 기관에 가입하기 위한 대표자를 선출하기로 하였다. 그런데 선거에 앞서 비공식적인 여론 조사를 실시하였다. 20명의 회원을 임의로 추출한 후에 각각에게 다음 질문을 하였다. "A후보에게 표를 던지겠습니까?" 정확하게 10명이 "그렇다"고 답하였다. 어떤 결론을 내릴 수 있는가?

풀이　분명히 선거는 치러질 것이고 그 결과는 곧 판명될 것이다. 현 상황에서는 전체 선거권을 가진 모집단의 $\frac{1}{4}$이라는 비교적 큰 표본에서 찬성과 반대의 동수가 나온 것이다.

예16를 좀 더 세밀하게 살펴보자. 회원의 일정 비율은 선거 당일에 A후보에게 표를 던질 것이다. 이 비율을 p라고 하자. 물론 p값은 선거가 끝나고 개표가 완료될 때까지 알 수 없다. 여론 조사의 목적은 p값에 관해 선거전의 정보를 제공하기 위한 것이다.

이 문제를 공정하지 못한 동전을 던지는 과정에 비유하자. 우리의 기본 가정은 다음과 같다. 즉, 임의의 한 투표자—그가 여론 조사 대상이건 또는 아니건 간에—확률 p로 앞면이 나오는 공정하지 못한 동전을 던져 그 결과에 따라 후보자 A에게 투표할 것인지 아닌지를 결정한다고 하자. 즉, 그 동전의 앞면이 나오면 그는 후보자 A에게 투표를 할 것이다.

그렇다면 위의 여론 조사는 이 동전을 20번 던지는 결과와 같은 것으로 간주할 수 있다. 20번 동전을 던진 결과 정확하게 10개의 동전에서 앞면이 나왔고, 이에 따라 우리는 $p = \frac{1}{2}$라는 결론을 얻을 수 있다. 이 결론의 타당성을 검토하기 위해 다음과 같이 추론한다.

f를 위의 동전을 20번 던졌을 때 나오는 앞면의 수를 말하는 확률변수라고 하자. 그러면 f의 범위는 다음과 같다.

$$R(f) = \{0, 1, 2, \cdots, 20\}$$

그리고

$$P(f=k) = \binom{20}{k} p^k (1-p)^{20-k}$$

만일 $p = \frac{1}{2}$이면, 즉 동전이 공정하다면 다음이 성립한다.

$$P(f=k) = \binom{20}{k} \left(\frac{1}{2}\right)^k \left(1-\frac{1}{2}\right)^{20-k}$$
$$= \binom{20}{k} \left(\frac{1}{2}\right)^{20}$$

이에 따라 몇몇 특정값을 다음과 같이 얻을 수 있다.

$$P(f=8) = .120$$
$$P(f=9) = .160$$
$$P(f=10) = .176$$
$$P(f=11) = .160$$
$$P(f=12) = .120$$

이들 값을 합하면 .737이다. 그러므로 다음과 같은 식을 얻을 수 있다.

$$\sum_{k=8}^{12} P(f=k) = .737$$

이는 다음과 같이도 나타낸다.

$$P(8 \leq f \leq 12) = .737$$

한편, p의 참값(알려지지 않는 미지수)은 $p = \frac{1}{4}$라고 가정할 때, 투표자의 75%가 실제로 후보에게 투표할 것이다. 이 경우에 동전 던지기 모델에서 다음 식을 얻을 수 있다.

$$P(f=k)=\binom{20}{k}\left(\frac{1}{4}\right)^k\left(1-\frac{1}{4}\right)^{20-k}$$

여기서 몇몇 특정값은 다음과 같다.

$$P(f=8)= .0609$$

$$P(f=9)= .0270$$

$$P(f=10)= .0100$$

$$P(f=11)= .0030$$

$$P(f=12)= .0007$$

이들 값을 소수 세 자리까지 계산하면 다음과 같다.

$$\sum_{k=8}^{12} P(f=k) = .102$$

이는 다음과 같이도 나타낸다.

$$P(8 \leq f \leq 12)= .102$$

동전 던지기 모델로부터 우리는 예 16의 여론 조사 과정에서 p의 참값이 $p=\frac{1}{2}$이면 범위가 8, 9, 10, 11, 12 내에 확률이 .737이라는 결과를 얻었다. 그러나 만일 $p=\frac{1}{4}$이면 여론 조사의 결과는 같은 범위 내에서 .102밖에 되지 않는 매우 작은 확률임을 알았다.

실제 여론 조사에서는 20명 중 10명을 얻었는데, 이는 주어진 범위 내에서 정확하게 한 가운데에 있는 값이다. 따라서 다음 두 개의 선택 중에서 우리는 전자를 선택할 수 있다.

$$H_0 : p = \frac{1}{2}$$

그리고

$$H_1 : p = \frac{1}{4}$$

즉, 표본으로부터 동전 던지기 모델을 이용함으로써 가설 H_1을 **기각**하고 가설 H_0을 **채택**하게 된 것이다.

수많은 통계가 어떤 가설의 기각이나 채택과 관련이 있다. 어느 특정 가설을 고려하는 과정에는 임의 표본 추출과 표본 자료의 검토에 있어 확률적인 고려가 포함된다. 물론 이는 동전 던지기 모델보다 훨씬 복잡하지만 그 성격은 매우 유사하다. 우리가 살펴본 것은 표본 결과가 특정 값이 아닌 주어진 범위 내에서의 결과였다는 점에 주목하라. 특정 값들은 종종 발생하지 않기 때문에 이는 극히 정상적인 상황이다. 실제로 예 16은 $p = \frac{1}{4}$일 때 $P(f = 10)$의 "희소성"을 지적하고 있다.

무한 표본공간

지금까지 우리의 논의는 유한 표본공간에만 한정되어 있었다. 하지만 무한 표본공간도 자연스럽게 발생한다. 예를 들어 한 개의 공정한 동전을 앞면이 나올 때까지 던지는 실험을 생각해보라. 이 실험에서 가능한 표본공간은 다음과 같다.

$$S = \{H, \ TH, \ TTH, \ TTTH, \ TTTTH, \ TTTTTH, \ \cdots \}$$

기호 H는 "첫 번째 던질 때 앞면"이 나오는 결과를 말한다. TH는 "첫 번째 뒷면, 두 번째 앞면"을 뜻하며, TTH는 "첫 번째 뒷면, 두 번째 뒷면, 세 번째 앞면"을 뜻한다. 다른 기호들도 유사하게 정의된다. 어쨌든 일단 앞면이 나오면 동전 던지기는 끝나는 것이다. 그러나 이때의 표본공간은 무한집합인데 그 이유는 항상 동전의 뒷면이 나올 가능성을 열어두어야 하기 때문이다.

만일 우리가 정의 2를 다음과 같은 일반적인 가산 무한 표본공간으로 확장하고자 한다면 즉각 혼란에 빠지게 된다.

$$S = \{x_1, x_2, x_3, \cdots\}$$

정의 2의 조건 $w(x_1) + w(x_2) + \cdots + w(x_n) + \cdots = 1$은 다음과 같게 된다

(13) $$w(x_1)+w(x_2)+\cdots=1$$

식 (13)에 있는 점 3개는 그 합이 무한히 계속됨을 말하고 있다. 그와 같은 무한개의 합은 **무한급수**라고 부르는데, 이들 수학적 대상에 대한 이해는 (최소한의) 미적분학의 지식을 필요로 한다.

비가산 무한 표본 공간도 존재한다. 예를 들어 다음과 같은 실험을 생각해보자. 즉, 0과 1 사이에 있는 임의의 실수 하나를 선택하는 것이다. 집합 S를 다음과 같이 정의할 때 S는 우리가 지금까지 보았듯이 비가산집합이다.

$$S=\{x\,|\,0\leq x\leq1\}$$

따라서 집합 S의 원소들을 나열할 수도 없을 뿐만 아니라 정의 2를 적절하게 일반화하기 위해서는 식(13)과 같은 표현도 충분한 것이 아니다.

그와 같은 일반화는 **적분**이라는 미적분학적 사고를 필요로 한다. 가산 무한 표본 공간에 대한 확률론에서 합은 적분이 되며, 확률은 확률곡선이라고 알려진 어떤 곡선 아래의 넓이로 해석할 수가 있다.

이들 곡선 중에서 가장 잘 알려진 것은 **정규분포곡선**이라고 부르는 곡선들의 집합이다. 이 집합 내에서 가장 유명한 것은 표준정규분포이다. 종 모양의 이 곡선은 실수 전체의 집합을 정의역으로 하는 함수 g의 그래프이다. 그 함수의 식은 다음과 같다.

$$g(x)=\frac{1}{\sqrt{2\pi}}e^{-\frac{x^2}{2}}$$

그림 57은 이 곡선의 그래프를 나타낸다.

미적분을 이용하여 이 곡선 밑의 넓이가 1임을 보일 수 있다. 임의 변수 f가 표준정규분포를 가진다면 확률 $P(a\leq f\leq b)$는 수직선 $x=a$와 $x=b$사이에 있는 곡선 아래의 넓이와 같은 것으로 볼 수 있다. 이 확률은 그림 57에서 빗금 친 부분의 넓이이다.

이 분포가 대단히 중요하다는 점은 다음과 같은 사실에서 추론할 수가 있다. 즉, 대부분의 임의변수들의 평균은 만일 그 모집단이 충분히 크다면 그

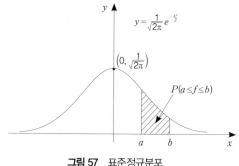

$$y = \frac{1}{\sqrt{2\pi}} e^{-\frac{x^2}{2}}$$

$\left(0, \frac{1}{\sqrt{2\pi}}\right)$

$P(a \leq f \leq b)$

그림 57 표준정규분포

분포가 정규분포에 가까이 접근하는 새로운 임의 변수가 된다는 사실이다. 이 결과를 정확하게 보여주는 심오한 이론은 **중심극한정리**로 알려져 있다. 이 정리 덕택에 통계학자들은 자신들의 연구를 계속할 수 있는 것이다. 중심극한정리는 만일 표본의 크기가 충분히 크다면 종종 "자료들의 분포가 정규분포이다"라는 가정을 할 때 이 가정이 최소한 근사적으로 정확함을 확신하게 한다. 중심극한정리 덕분에 표준정규분포는 통계학에서 그리고 통계를 적용하는 상황에서 중요한 역할을 담당하고 있다. 결론적으로 일상생활에서 통계가 널리 적용되기 때문에 이 분포는 우리 모두에게 커다란 영향력을 발휘한다. 그리고 표준정규분포를 나타내는 공식에서 e와 π가 등장하기 때문에 이들 이상한 초월수도 우리에게 영향을 미치는 것도 사실이다.

수학자들은 다음과 같은 이야기를 한다.

한 남자가 자신의 생명보험료에 할증이 붙는다는 통지를 받았다. 그는 보험 설계사에게 가서 그 이유를 물었다.

"나이가 드셨기 때문입니다." 설계사가 말했다. "보험료가 비싼 등급에 속하니까요."

"왜 그렇게 되죠?" 그 남자가 되물었다.

"저도 잘 모르는데요. 보험 회계사가 수학적으로 이를 계산했거든요. 그 사람에게 물어보세요."

　이 남자는 결심을 하고 보험회사의 본부로 가서 엘리베이터를 타고 맨 꼭대기 층인 팬트하우스로 향했다. 그곳은 보험 회계사가 그들만의 마술을 부리는 곳이다. 그들 중 한 사람이 보험료는 기대 수명에 의해 결정되며 그 기대 수명은 확률 분포, 특히 표준정규분포에 의해 결정된다고 말했다.

"도대체 표준정규분포가 뭡니까?"

"바로 이런 것이죠." 보험 회계사는 그에게 하나의 그래프를 보여주며 말했다.

"이 기호들은 무엇이란 말이오?"

"이 곡선을 나타내는 공식입니다. 표준정규분포는 이 공식의 그래프고요."

"좋아요. 그러면 저것은 무엇입니까?" 무언가를 가리키며 그가 물어보았다.

"그것은 e 라는 숫자입니다."

"그러면 저것은?"

"π라는 숫자입니다." 보험회계사가 답했다.

"그러면 그것들은 뭡니까?"

"숫자 e는 설명하기 곤란해요. 하지만 π라는 숫자는 원의 지름에 대한 원 둘레 길이의 비가 됩니다."

"다시 한 번 말씀해 주시겠어요?" 그가 인내심을 가지고 물어보았다.

　보험 회계사는 그 설명을 반복하였다.

"돌아버리겠군. 도대체 원이라는 것이 내가 얼마나 오래 사는 것과 무슨 관련이 있단 말이야?"

　정말 미칠 노릇일 수도 있다. 하지만 그럼에도 불구하고 이는 사실이다. 이를 이해하려면 수학을 이해하여야 하니까.

미적분

우리가 "미적분"이라 부르는 분야는 겉으로 보기에 전혀 다른 두 가지 개념에서 출발하는데, 그 중 하나는 곡선으로 둘러싸인 영역의 **넓이**라는 개념이고 다른 하나는 움직이는 입자의 **순간 속도**라는 개념이다. 첫 번째 개념은 매우 오래된 역사를 가지고 있다. 이 개념의 발달에 주요한 공헌을 한 사람은 초기 고대 그리스의 수학자인 아르키메데스(BC 287~BC 212)이다. 순간속도의 개념은 주로 뉴턴(1624~1727)이 연구를 주도하여 17세기에 활성화되었다. 그 후 오귀스탱 코시(1789~1857)의 연구와 칼 바이어슈트라스(1815~1897)의 논문을 통해 그 개념은 수학적 엄밀성을 갖추어 완성되었다. 이로써 근대적인 미적분학이 존재할 수 있게 된 것이다.

미적분학 발달에 참여한 다른 많은 사람들과 이 분야의 역사를 대략 개관하는 것만으로도 상당한 지면을 요구할 것이다. 하지만 위에서 언급한 인물들이 주요한 역할을 담당하였고 그들의 논문에 대한 간략한 기술만으로도 이 강력하고 우아한 수학 분야의 구조에 대한 아이디어를 설명할 수 있을 것이다.

우선 곡선으로 둘러싸인 영역의 넓이를 결정하는 문제부터 살펴보자. "어떤 영역의 넓이를 구하는 것"에 관해 말할 수 있기 전에, 먼저 결정해야 할 것은 "넓이"의 개념이 무엇을 의미하는지를 정확하게 하는 것이다. 이는 직사각형의 경우에 "넓이=가로와 세로의 곱"이라는 공식을 넓이의 정의로 정함으로써 쉽게 파악할 수가 있다. 이 정의는 직사각형에 의해 둘러싸인 넓이가 무엇인지에 대한 직관적인 개념을 수학적으로 공식화한 것이며, 또한 실생활의 예에서 직사각형 마룻바닥에 타일을 놓는 것과 같은 실제의 측정 상황에도 들어맞는 것이다. 따라서 우리는 직사각형의 넓이를 이와 같은 방식으로 정의할 수 있다고 가정해도 무방하다.

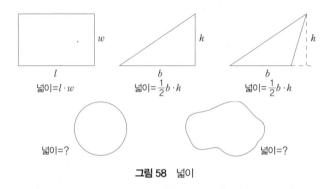

그림 58 넓이

일단 이것이 이루어지면, 직각삼각형의 넓이도 그림 58에 나타난 공식에 의해 주어질 수 있음을 증명할 수 있다. 이 과정은 실제로 직사각형이 두 개의 직각삼각형으로 분리될 수 있기 때문에 우회적으로 행할 수 있다. 이와 같은 의미에서 삼각형은 두 도형 중에서 더 기본적인 도형이라고 한다. 그러나 넓이와 관련해서는 직사각형이 더 자연스러운 도형이라 말할 수 있다.

다음 단계는 공식 $A = \frac{1}{2} b \cdot h$가 그림 58에 나타난 임의의 삼각형의 넓이에도 적용됨을 증명하는 것이다. 이것도 증명되었다고 가정하자.

지금까지 모든 것이 단계별로 거침없이 증명되었다. 이제 우리는 원을 다루어야 할 차례가 되었다. 만일 우리 스스로 고대 그리스인의 입장에 서서, 수년간의 학교 교육의 혜택을 뿌리치고 우리의 머릿속에 들어있던 공식과 관련 지식을 하나도 동원하지 않은 채 이 상황을 바라보면, 원에 의해 둘러싸여진 넓이 개념의 정의를 가지고 있지 않다는 사실을 깨닫게 될 것이다. 우리가 구하고자 하는 것을 정확하게 정의하지도 않았는데 도대체 그 넓이를 어떻게 발견할 수 있단 말인가? 아르키메데스가 이 문제에 접근한 발상이 천재적이라는 것은, 그가 본능적으로 두 가지 일을 동시에 처리했다는 점에서 알 수 있다. 이 접근은 **소거법**이라 부른다.

그림 59를 보자. 여기서 여러 개의 원이 그려져 있는데, 각각의 단계에서 하나의 "다각형"이 내접하고 있다. 또한 각 다각형의 꼭짓점은 그 원을 짝수개의 점으로 등분한다. 그리고 다각형의 변의 개수가 점차 증가하고 있음을 발견할 수 있다. 그리고 최종 그림에 나타난 다각형들은 여러 개의 삼각형으로 나누어져 있음을 알 수가 있다. 내접하는 다각형의 변의 개수가 증가함에 따라 다각형은 점점 더 원의 모양에 가까이 가게 된다. 그 결과 내접하는 다각형으로 둘러싸인 넓이는 "원으로 둘러싸인 넓이"라는 구절이 무엇을 의미하든 간에 그 넓이에 점점 더 가까이 가고 있다. 더욱이 다각형은 매우 자연스럽게 여러 개의 삼각형으로 분할된다. 그런데 삼각형의 넓이 공식은 이미 우리들에게 알려져 있으므로, 다각형의 넓이를 계산하는 것은 이들 작은 도형의 넓이들을 "합하기"만 하면 가능하다.

그림 59 소거법

이제부터 두 가지 사항을 가정하자. 우선 첫 번째로 그림 59에 나타나는 그림 그리기를 계속 반복하여 일련의 다각형 그림들을 그리는 것이다. 이 그림들은 한 단계씩 올라갈 때마다 변의 수가 증가하는 내접다각형들이 될 것이다. 이 내접다각형들을 P_1, P_2, P_3, $\cdots$, P_n라고 하자. 이때 P_n은 n번째 단계에서 그려지는 다각형을 말한다. 각 단계에서 우리는 그 내접다각형의 넓이를 계산할 수가 있다. 이때의 값들을 A_1, A_2, A_3, ⋯, A_n이라 부르자. 우리가 내접다각형들을 만들어가는 과정에서 각각의 내접다각형들은 다음 단계의 내접다각형에 포함된다는 사실에 주목해야만 한다. 따라서 다각형들의 넓이는 변의 개수가 커짐에 따라 점점 더 증가한다. 즉 다음이 성립한다.

(a) $$A_1 < A_2 < A_3 < \cdots < A_n$$

다음으로 두 번째는 우리가 원으로 둘러싸인 넓이라고 할 때 그 개념에 이미 어떤 가정을 했다는 사실이다. 그 값을 A라고 하자. 그러면 각각의 내접다각형들은 원의 내부에 들어있으므로, 이들의 넓이가 원의 넓이보다 작음이 분명하다. 그 결과 다음과 같다.

(b) $$A_1 < A_2 < A_3 < \cdots < A_n < A$$

지금까지의 논의를 요약해보자. 우리가 구하고자 하는 것은 원의 넓이로, 이는 아직 정의된 바 없다. 그러나 그것이 무엇이든 간에, (b)에 의해 주어진 부등식을 만족해야만 한다. 더욱이 (b)로부터 우리는 미지의 양인 A를 결코 넘지 않으면서 증가하는 수열을 얻을 수 있었다. n이 증가함에 따라, 그리고 더 많은 내접다각형들을 만들어갈 때마다, 각각의 내접다각형은 변의 개수가 이전 내접다각형의 그것보다 두 배 증가하게 되므로 A_n은 다음 둘 중 하나이다. 즉, 그 값들은 어떤 고정된 수에 점점 더 가까이 가거나 또는 그렇지 않을 수 있다는 것이다.

실제로 아르키메데스는 이 수열이 **어떤 고정된 값에 가까이 감**을 증명하였다. 이 고정된 값을 **원의 넓이**라고 정의한다. 따라서 우리가 그러한 자격을 부여하기 전에 부등식 (b)에서 실제로 표기했던 수 A를 n이 한없이 커질 때 왼쪽에 나타난 수열의 극한값으로 정의한다. 현대의 양식으로 이를 표기하면 다음과 같다.

(C) $$A = \lim_{n \to \infty} A_n$$

그리고 이 등식은 다음과 같이 읽는다. "n이 한없이 커질 때 수열 A_n의 극한값은 A이다."

이 등식에 나타난 극한 개념이 미적분의 핵심이며 이 분야의 대표적인 중심 개념이다. 잠시 후 이에 대해 더 많은 것을 논의할 것이다. 현재로서는 이에 대하여 그냥 n이 한없이 커질 때 변수 A_n이 상수 A에 점점 더 가까이 간다고 직관적으로만 생각하는 것이 좋다.

아르키메데스는 이 방법을 사용하여 임의의 원의 반지름 길이의 제곱을 곱하면 그 원의 넓이를 얻을 수 있는 어떤 상수가 존재함을 증명하였다. 물론 그 상수는 π라는 유명한 수이다. 따라서 만일 A가 반지름의 길이가 r인 원의 넓이라고 하면 $A = \pi r^2$이다.

이 방식은 임의의 원의 둘레의 길이를 결정하는, 아울러 정의하는 문제에도 적용될 수가 있다. 반지름의 길이가 r인 원일 때 그 값은 $C = 2\pi r$로, 이때 C는 이 길이를 의미한다. 같은 말이지만 d를 주어진 원의 지름이라고 하면 $C = \pi d$가 성립한다.

기호 π는 임의의 원의 둘레의 길이를 지름으로 나누었을 때의 비의 값과 같다. 이 수학적 사실을 아르키메데스는 2200년 전에 확정했던 것이다. 이미 앞에서 언급했듯이, π라는 기호는 무리수(실제로는 초월수)임이 밝혀졌고, 따라서 유한 소수나 순환하는 무한 소수로 나타낼 수 없다. 이에 대한 소수 넷째자리까지의 근삿값은 3.1416이다. 아르키메데스는 그 값이 3.1408과 3.1429 사이의 값임을 보였다.

이 천재적인 우아한 기법은 몇 세기가 지나야 비로소 알게 되는 적분 개념의 시초가 되었다. 고대 그리스 수학이 위대한 성취를 이룩했음에도 불구하고 그 수학의 특질은 "정적"인 것이었다. 이와 관련하여 프린스턴 대학의 살로몬 보츠너는 다음과 같이 기록하였다.

아르키메데스와 뉴턴 사이의 커다란 차이점은 변화율을 개념화할 수 있고 없고의 차이이다. 아르키메데스는 그 문턱을 넘어설 수 없었다.

더군다나 고대 그리스 수학에는 **변수**와 **함수**의 개념이 존재하지 않았는데, 이는 운동을 적절하게 기술하기 위해서는 필수적인 개념들이었다. 우리는 잠시 후에 이에 대하여 기술할 것이다. 그러나 먼저 우리에게는 그림 58의 마지막 그림에 나타난 임의의 곡선으로 둘러싸인 넓이의 개념이 의미를 가지도록 하는 문제가 남아있다.

대학에서 가르치는 미적분학은 실수를 다루는 수학이다. 정상적으로 복소수와 관련 있는 수학은 더 높은 과정에서 다루어진다. 실수는 움직이는 대상이 아니다. 예를 들어 6이라는 수가 8이라는 수로 이동하기 위해 7을 거쳐서 천천히 유유자적하게 산책하듯이 움직이는 것은 아니다. 그럼에도 불구하고 미적분학은 마치 수가 움직이는 것과 같은 비유를 사용하고 있다. 실제로 이 미적분이라는 분야의 위력은 수에 대한 역동적인 사고로 얻어진 직관적 사실에서 발휘된다.

문자 x를 임의의 실수를 나타내는 기호라고 하자. 그러면 x는 어떤 수라 할 수 있는데, 만일 이 값을 변화하고자 한다면 우리는 이를 실수 직선 위를 따라서 움직이며 서로 다른 위치를 점유할 때마다 서로 다른 값들을 가진다고 생각할 수가 있다. 이제 x라는 각각의 값과 관련하여 또 다른 수 y가 있다고 가정하자. 만일 y값이 x가 변화할 때 어떤 정해진 규칙에 따라서 일정한 양식으로 변화하도록 x의 값에 의존한다면, 우리는 이미 앞서 그랬던 것처럼 x와 y를 변수라고 부르며 x에 따라 y가 결정되는 규칙을 함수라고 부른다. 이전과 같이 함수를 문자 f로 나타내면, "y는 x의 함수이다"라는 명제를 기호 $y=f(x)$로 나타낸다. 이전에 우리가 경험했던 하나의 함수는 $y=x^2$라는 이차식에 의해 주어진 함수였다. 여기서 함수를 정의하는 규칙은 제곱 과정이다. 즉, y값은 x값을 제곱하여 얻어진다. 이차식 $y=x^2$의 그래프는 이미 앞에서 논의했지만 그림 60에서 다시 볼 수가 있다.

같은 방식으로 우리는—적어도 이론적으로는—임의의 함수 $y=f(x)$의 그래프를 그릴 수가 있다. 그러한 하나의 그래프의 예를 그림 60에서 볼 수가 있다. 함수의 그래프와 두 개의 수직선으로 둘러싸인 영역이 아직 그 넓이가 결정되지 않은 그림 60에 나타나 있다. 그림 60의 마지막 그림은 그림 58에 있던 것을 복사한 것으로 대 여섯 개의 부분으로 분해되어 있다. 가운데에 있는 영역은 기호 R_1으로 표기되는데 하나의 직사각형으로 우리는 그 넓이를 어떻게 구할 수 있는지 알고 있다. 기호 R_2로 표기된 영역은 $y=f(x)$의 그래프와 a와 b에서 그어진 수직선에 의해 결정되는 영역과 정확하게 일치한다. 다른 영역들인 R_3, R_4, R_5들은 g를 다른 함수라고 할 때, $y=g(x)$의 그래프와 적절한 수직선들에 의해 주어진 영역을 변환하거나 회전한 것이라 말할 수 있다.

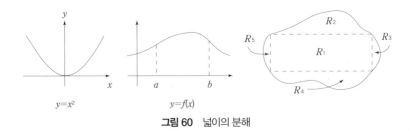

그림 60 넓이의 분해

이 결론은 엄밀하게 확정시킬 수 있는 다음과 같은 수학적 사실로 이어진다. 즉, 그림 60에 나타난 것과 같이 곡선으로 둘러싸인 "대부분"의 영역은 함수 $y=f(x)$의 그래프와 x축 그리고 적절한 수직선들에 의해 둘러싸인 형태의 영역으로 유한개 분해할 수가 있다. 결론적으로 보다 더 일반적인 곡선에 의해 둘러싸인 넓이를 결정하기 위해서는 함수 $y=f(x)$의 그래프와 두 개의 수직선으로 둘러싸인 영역의 넓이를 결정하기만 하면 충분하다.

그러므로 곡선에 의해 둘러싸인 영역의 넓이를 결정하는 문제는 결국 하나의 함수의 그래프와 x축 그리고 두 개의 수직선으로 형성되는 영역의 넓이를 결정하는 문제로 환원할 수가 있다. 그리고 우리는 이 넓이를 구하기 위해 아르키메데스가 했던 방식을 그대로 사용할 것이다. 하지만 우리에게는 그가 사용할 수 없었던 함수의 개념과 적절한 표기 방식을 더 가지고 있으니, 이것과 그의 소거법을 함께 이용하여 곡선으로 둘러싸인 영역의 넓이를 구할 것이다.

적분

그림 61에서 함수 $y=f(x)$의 그래프와 점 $x=a$와 $x=b$에서 그은 두 개의 수직선을 다시 한 번 더 볼 수가 있다. 이제 R을 그래프와 두 개의 수직선 그리고 x축으로 둘러싸인 영역을 나타내는 기호라 하자. 그리고 A를 (아직 정의되지는 않았지만) 영역 R의 넓이를 나타내는 기호라 하자. 우리는 A에 대한 정의를 내리면서 동시에 그 값을 구하려고 한다.

그림 61의 두 번째 그림에서 영역 R은 x축 위의 a와 b사이에 놓여 있는 점들에서 그은 수직선들에 의해 만들어지는 "수직 띠"들로 나누어져 있다. 전통적으로 이 점들은 $x_0, x_1, x_2, \cdots, x_n$으로 표기되는데, 이때 $x_0=a$이고 $x_n=b$이다. 이들 $n+1$개의 구분점들은 n개의 띠를 구성하며 R을 분할하고 있다. 그림 61에 나타나듯이, 구분점들의 간격은 동일하여 각각의 띠들의 폭은 모두 같은 길이이다.

이제 각 띠의 밑변에서 하나의 점을 선택하자. 즉, x_0와 x_1 사이의 한 점을

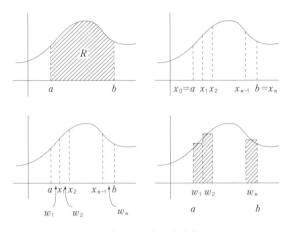

그림 61 곡선 밑의 넓이

선택하고, x_1과 x_2 사이의 또 다른 점을 선택하고 이를 계속하여 최종적으로 x_{n-1}과 x_n 사이에서 한 점을 선택한다. 이렇게 선택되는 새로운 점들을 $w_1, w_2, \cdots, w_n$이라 표기하자. 그림 61의 세 번째 그림에는 이 새로운 점들이 나타나 있는데, 편의상 각각의 점들은 수직띠 밑변의 중점들로 정하였다.

그림 61의 네 번째 그림에는 수직띠들의 윗부분을 손질한 빗금 친 직사각형들이 그려져 있다. 각각의 직사각형의 높이는 각 점들 $w_1, w_2, \cdots, w_n$에서 함수 f의 그래프 위까지의 거리들이다. 따라서 이 높이들은 정확하게 $f(w_1), f(w_2), \cdots, f(w_n)$의 값을 갖는다. 그러므로 $f(w_1)(x_1-x_0)$는 높이와 밑변의 곱이므로 첫 번째 빗금 친 직사각형의 넓이라 할 수 있다. 같은 방식으로 $f(w_2)(x_2-x_1), f(w_3)(x_3-x_2), \cdots, f(w_n)(x_n-x_{n-1})$ 등은 두 번째 빗금 친 직사각형의 넓이, 세 번째 빗금 친 직사각형의 넓이, $\cdots$, 그리고 n번째 빗금 친 직사각형의 넓이가 된다.

이제 A_n을 빗금 친 직사각형들의 넓이의 합이라고 하면 다음과 같이 나타낼 수가 있다.

(D) $\quad A_n = f(w_1)(x_1-x_0) + f(w_2)(x_2-x_1) + \cdots + f(w_n)(x_n-x_{n-1})$

이제 그림 61을 자세히 관찰하면 빗금 친 직사각형들이 영역 R에 근사하고 있음에 주목할 수 있을 것이다. 더욱이 만일 우리가 더 많은 (그래서 폭이 더 얇은) 수직 띠를 만들어 새로이 그림을 그린다면 그러한 근사는 점점 더 그 영역에 가까이 간다는 사실을 알 수가 있다.

이러한 관찰은 아르키메데스가 원으로 둘러싸인 영역을 내접다각형으로 채워가면서 변의 개수를 증가하여 점점 더 원에 가까이 가도록 하였던 것과 유사하다. 이를 좀 더 개선하기 위해 우리가 할 수 있는 것은 띠의 개수를 계속 늘려 나가는 것이다. 즉 분할점 x_1, x_2, $\cdots$, x_n의 개수들을 증가시켜 이를 실현할 수가 있다. 분명한 것은 n의 값을 한없이 증가하여 이를 달성할 수 있다는 점이다. 이렇게 하면 A_n은 영역 R의 넓이를 나타내는 미지의 값 A에 점점 더 가까이 가게 된다. 이를 오늘날의 표기법으로 다음과 같이 나타낼 수가 있다.

(E)
$$A = \lim_{n \to \infty} A_n$$

이는 "n이 무한대로 갈 때 A_n의 극한값은 A이다"라고 읽는다. ("무한"이라는 단어가 2장에서 무한 집합을 논할 때와는 다른 의미로 사용되고 있음에 주목하라. 이 새로운 개념은 역동적인 개념이고 반면에 앞에서 논한 것은 다소 정적인 특성을 갖는다. "n이 무한대로 간다"고 할 때 이는 단순히 n이 한없이 커진다는 것을 말하고 있다. 즉 미리 주어진 값을 언제나 초과한다는 것이다.)

등식 (E)는 적어도 A_n의 극한값이 정확하게 존재한다면 우리들에게 A 값을 어떻게 정의하고 계산하는 가를 보여준다. ($A_n = n^2$은 극한값이 존재하지 않음을 보여주는 하나의 예이다. 여기서 n이 한없이 커질 때, A_n은 무한히 커진다. 따라서 A_n은 어떤 정해진 실수에 접근하지 않는다.) 미적분학을 처음으로 수립한 사람들─뉴턴이나 라이프니츠 같은 사람들─은 아르키메데스가 그랬던 것처럼 직관에 의존하여 연구를 진행하였고, 그리고 그들의 직관은 정확한 결과를 얻을 수 있을 정도로 충분히 예리했던 것도 사실이다. 얼마 후,

코시나 바이어슈트라스와 같은 수학자들이 더 이상 직관에 의존하지 않고 이들 개념과 절차를 엄격하게 정의하여 "수학적 진리"라는 곳에 이르게 하였다. 그래서 오늘날 학생들이 미적분학에서 배우는 것은—또 배워야 하는 것은—직관이란 무엇이고 진리가 무엇인지를 정확하게 구별하는 방법이다.

잠시 동안 우리는 등식 (E)에서 표현되는 극한의 개념에 대해 자세히 논하는 것을 뒤로 미루고 직관에 의존하여 더 나아갈 것이다. 예를 들어 $A_n = 6 - \dfrac{2}{n}$ 라고 할 때 그 극한값은 $A_n = 6$이다. (n이 한없이 커지면 $\dfrac{2}{n}$는 0에 가까이 간다.) 반면에 만일 $A_n = n^2 + 1$이라면 그 극한값인 $A = \lim\limits_{n \to \infty} A_n$는 존재하지 않는데, 그 이유는 n이 한없이 커질 때 A_n도 한없이 커지기 때문이다. 그러나 $A_n = 1 + \dfrac{1}{4} + \dfrac{1}{9} + \dfrac{1}{16} + \cdots + \dfrac{1}{n^2}$과 같은 경우에는 직관이 더 이상 힘을 발휘하지 못하는데, A_n의 극한값이 존재하는지 혹은 아닌지가 불분명하다.

(이 경우에 $\lim\limits_{n \to \infty} A_n = \dfrac{\pi^2}{6}$ 임이 알려져 있다. 하지만 이는 결코 한 눈에 알아볼 수 있는 자명한 사실이 아니다.)

현대 미적분학에서 사용되는 많은 기호들은 라이프니츠의 개념에서 비롯되었다. 가장 유용한 기호들 중의 하나는 적분 개념을 나타내는 기호이며, 다음과 같이 표시한다.

$$\int_a^b f(x)dx$$

이 기호는 어떤 함수 f에 대하여 등식 (D)와 (E)에 요약되어 있는 절차를 나타낸다. 따라서 위의 기호는 "x의 함수 f에 대하여 a에서 b까지의 적분"이라고 읽는다. 이는 영역 R의 넓이인 어떤 수 A를 뜻한다. 함숫값인 $f(x)$는 피적분함수라고 부른다. 다음 식 (F)는 왼쪽 변에 있는 극한값이 존재하는 경우에 성립한다.

(F) $$\lim_{n \to \infty} A_n = \int_a^b f(x)dx$$

따라서 적분은 복잡한 과정임을 보여주는데, 그 내부에 몇몇 아이디어들이 내포되어있다. 즉, 함수, 구간, 구간의 분할, 중간점의 선택, 어떤 합의 형성 그리고 극한값 등이 그것이다. 미적분학의 유용성은—모든 수학의 유용성이 그러하듯이—부분적으로 기호를 조작하는 규칙이 발달함으로써 복잡한 아이디어들을 조작하는 절차가 발달한다는 사실에서 비롯된다. 종종 순전히 형식적인 조작을 통해 심오한 진리들이 겉으로 드러나는 경우가 있다.

적분 기호가 암시하는 것에 주목할 필요가 있다. 적분 기호를 문자 S를 길게 늘어놓은 것, 그리고 S는 합(sum)을 의미하는 것으로 생각한다면, 이 기호는 "a에서 b까지 $f(x)$와 dx의 곱들의 합"이 된다. 이제 $f(x)$를 R이라는 영역 내에 들어있는 얇은 수직 막대의 높이라고 생각하자. 그리고 dx는 그 얇은 직사각형의 폭이라 생각하자. 그러면 이 기호는—극한값에 대한 이해와 함께—전체 넓이를 정의하는 절차를 따르는 것으로 연상할 수가 있다.

초창기 미적분학자들은 dx를 폭의 길이라고 생각하였는데, 이 길이는 임의로 작게 할 수 있지만 결코 0이 되지는 않는다. 그들은 이와 같은 수량을 **무한소**라고 불렀다.

현대적인 방법을 동원하면 함수 $f(x)$가 연속이면 즉, $y=f(x)$의 그래프가 끊어지거나 단절된 것이 없다면 (D)에서 주어진 A_n과 함께 (E)로 정의된 수의 값이 존재한다. 더군다나 $y=f(x)$가 연속일 때, 즉 구간을 분할하는 점들이나 중간점들을 어떻게 선택하더라도 분할되는 점의 개수가 무한대로 가까이 갈 때 각각의 직사각형의 가로는 0에 가까이 가더라도 A값은 존재한다. 그와 같은 함수를 적분가능한 함수라고 한다.

그리고 다행스러운 것은 (E)에 주어진 수 값 A는 영역 R이 삼각형이나 직사각형이건 또는 원이건 간에 이미 우리가 알고 있는 넓이의 개념과 일치한다는 사실이다. 예를 들면 함수 $f(x)=\sqrt{r^2-x^2}$로 주어진 경우를 생각해 보자. 이 경우에 $y=f(x)$는 반지름의 길이가 r이고 중심이 xy평면 위의 원점인 반원을 뜻한다. $a=-r$ 그리고 $b=r$이라고 하여 이 함수에 위의 절차를 적용하면, $A=\frac{1}{2}\pi r^2$를 얻게 되는데 이는 아르키메데스가 수백 년 전에 개념적으로는 유사하지만 기술적으로는 전혀 다른 방식을 적용하여 얻었던 값과 일치한다.

나는 우리가 등식 (D)에서 계산을 정확하게 수행하고 등식(E)에서 극한 값을 구할 수만 있다면 이 값을 얻을 수가 있다고 말하는 것이다. 그러나 불행하게도 이는 그렇게 쉽게 달성할 수 있는 것이 아니다. 실제로 매우 단순한 함수의 경우라도 등식 (D)와 등식 (E)는 기술적인 어려움에 직면할 수가 있다. 하나의 예를 들어보자. 이미 우리에게 친근한 함수인 $f(x)=x^2$를 생각해보자. $a=0$와 $b=1$이라 하여 위의 절차를 적용해 보자. 따라서 우리는 등식 $y=x^2$의 그래프와 x축, 그리고 $x=0$와 $x=1$이라는 수직선으로 둘러싼 영역 R의 넓이를 계산하고자 한다. 이 영역은 그림 62에 나타나 있다. $x=0$에서의 수직선은 단 하나의 점을 뜻하기 때문에 없는 것으로 나타난

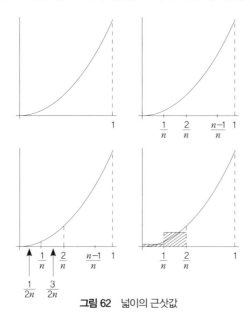

그림 62 넓이의 근삿값

다는 사실에 주목하라. 적분 기호를 사용하면 우리가 구하고자 하는 것은
다음 값이다.

$$A=\int_a^b f(x)dx$$

이 경우에 $n+1$개의 분할점들은 각각 0, $\frac{1}{n}$, $\frac{2}{n}$, $\cdots$, 1이며, 점 w_1, w_2, $\cdots$, w_n들은 $\frac{1}{2n}$, $\frac{3}{2n}$, $\cdots$, $\frac{2n-1}{2n}$이 된다. (이 값들은 분할 구간 각각의 중점들로서 양 끝점들의 합을 2로 나누어 얻을 수 있다.) 이 점들은 그림 62의 두 번째와 세 번째 그림에 나타나 있다.

이 값들을 등식 (D)에 적용하면 다음을 얻을 수 있다.

$$A_n=\left(\frac{1}{2n}\right)^2\left(\frac{1}{n}\right)+\left(\frac{3}{2n}\right)^2\left(\frac{1}{n}\right)+ \cdots +\left(\frac{2n-1}{2n}\right)^2\left(\frac{1}{n}\right)$$

이 식은 보다 단순하게 나타낼 수 있지만 n이 무한대로 갈 때 A_n의 극한 값이 존재하는지의 여부를 등식 (F)로부터는 확실하게 알 수가 없다.

다행스러운 것은 미적분학은 등식 (E)에 의해 주어진 수 값 A를—여기에 든 사례와 그 밖의 다른 모든 사례들에서—다른 방식으로 계산할 수 있게 해준다.

$$A=\int_a^b f(x)dx$$

그리고 이는 미적분에 힘을 부여하는 "서로 다른 방식"이 존재함을 확실하게 보여주는 것이다. 따라서 이 대안적 방법의 존재와 단순성은 미적분학이라는 분야의 핵심을 정의해준다. 이 방법 자체는 미적분학의 기본 정리라는 하나의 정리에 기술되어 있다. 이 정리는 뉴턴에 의해 그리고 독자적으로 라이프니치에 의해서도 증명되었다.

우리가 앞으로 차차 알게 되겠지만 기본 정리는 매우 놀라운 방식으로 외

관상 전혀 연관성이 없어 보이는 기하학적 개념, 즉 한 곡선 밑에 있는 넓이와 그 곡선 위의 임의의 점에서 그은 접선을 연계하는 역할을 담당한다. 그러나 우리는 잠시 넓이와 접선에 관련된 정적인 수학에서 벗어나서 역동적으로 움직이는 대상을 살펴볼 것이다. 우선 함수의 미분 개념을 검토할 필요가 있다. 그리고 아이작 뉴턴을 따라서 한 입자의 움직임을 검토함으로써 미분에 다가갈 것이다.

미분

한 직선을 따라 움직이는 어떤 입자를 생각해보자. 임의의 시간 t에서 이 입자가 주어진 어느 출발점으로부터 거리 s에 있다고 하자. 따라서 그 입자에 대하여 거리 s는 시간 t의 어느 알려진 함수로 나타낼 수 있음을 다음과 같이 가정하는 것이다.

$$s = f(t)$$

그림 63은 그 입자를 직선 위에서 움직이는 한 점으로 보여주며 어느 특정한 시간에 거리 s에 위치하고 있음을 나타내고 있다. 그림 63에 나타난 두 번째 그림은 등식 $s = f(t)$의 그래프를 ts평면 위에 나타낸 것이다. $s = f(t)$의 그래프는 그림 63에 나타난 것처럼 일반적으로 어떤 곡선을 그린다. 그러나 그 입자가 이 곡선 위에서 움직이기보다는 첫 번째 그림의 직선 위에서 움직이고 있다는 사실을 알고 있어야만 한다. 함수 $s = f(t)$의 그래프는 시간과 거리 사이의 관계를 기술하고 있다. 예를 들어 그래프가 위로 올라간다는 것은 시간이 흐르면서 거리가 증가하고 있다는 것이다. 그래프가 아래로 향한다는 것은 그 입자가 방향을 반대로 하여 움직이기 때문에 출발점으로부터의 거리가 감소하고 있음을 의미한다. t의 음수 값은 물리적으로 아무런 의미를 가지지 못하므로 이에 대한 그래프가 존재하지 않음에 주목하라.

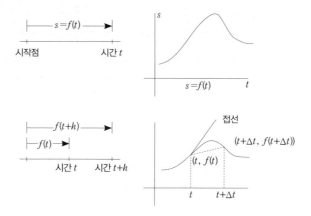

그림 63 그래프로 나타낸 움직임

　유명한 뉴턴의 법칙은 운동 법칙이며, 이를 나타내기 위해서 뉴턴은 속도와 속도의 변화율을 뜻하는 가속도를 기술하기에 충분한 수학이 필요했다. 그러나 그가 가장 먼저 필요로 한 것은 순간 속도라는 개념에 정확한 의미를 부여하는 것이었다. 그림 63에 나타난 입자는 함수 $s = f(t)$에 따라 매우 불규칙하게 속도를 올렸다가 또는 늦추기도 하면서 움직이고 있다. 그렇다면 어느 특정 순간에 그 입자의 속도가 얼마라고 하는 것은 무슨 뜻인가?

　시간 t에서 이 입자의 속도를 구한다고 가정하자. 아주 짧은 순간의 시간이 흘러 $t+h$가 되었다고 하자. 시간 t에서 이 입자의 위치는 $f(t)$이고, 시간 $t+h$에서 입자의 위치는 $f(t+h)$이다. (그림 63의 그림을 보라.) 따라서 시간 t와 $t+h$사이에 이 입자가 움직인 거리는 $f(t+h)-f(t)$이다. 이 거리를 경과한 시간 h로 나누면, 시간 t와 $t+h$사이에 이 입자가 움직인 "평균 속도"를 얻을 수 있다. 따라서 다음이 성립한다.

$$\text{평균 속도} = \frac{f(t+h)-f(t)}{h}$$

위의 분수에서 분자를 기호 Δs로 나타내고 문자 h를 Δt로 대치하면 보다 시사적인 개념이 탄생한다. Δ가 "차이" 또는 "변화"를 의미한다고 생각하는 것이다. 따라서 다음 식은 시간 t에서 $t+\Delta t$까지 입자가 움직인 거리의 변화량을 나타낸다.

$$\Delta s = f(t+\Delta t) - f(t)$$

(이때 기호 Δs는 두 문자가 옆으로 나란히 있을 때 곱셈을 나타내는 것으로 약속했던 이전의 표기와는 다른 또 하나의 예외적인 기호 표현임에 주의하라.) 이 기호를 사용하여 시간 t에서 $t+\Delta t$까지 입자의 평균 속도를 나타내면 다음과 같다.

$$\frac{\Delta s}{\Delta t} = \frac{f(t+\Delta t) - f(t)}{\Delta t}$$

뉴턴의 아이디어는 시간 간격이 점점 작아질 때 평균 속도가 어떻게 변화하는지를 알아보는 것이었다. 시간 t에서 $t+\Delta t$까지의 간격이 0으로 줄어들 때 평균속도의 극한값은 뉴턴이 정의한 바와 같이 시간 t에서의 순간 속도인 것이다. 이 속도를 $v(t)$로 나타내기로 하자. 따라서 다음이 성립한다.

(G) $$v(t) = \lim_{\Delta t \to 0} \frac{f(t+\Delta t) - f(t)}{\Delta t}$$

물론 위의 식은 그 극한값이 존재한다는 가정 하에 성립하는 것이다.

그림 63의 네 번째 그림에서 시간 t에서 $t+\Delta t$까지에 대응되는 $s = f(t)$의 그래프 위에 점들이 그려져 있음을 볼 수 있다. 또한 점 $(t, f(t))$와 점 $(t+\Delta t, f(t+\Delta t))$를 연결하는 소위 할선이라는 것도 볼 수 있다. 이제 Δt가 점점 0에 가까이 갈 때, 이 할선이 점 $(t, f(t))$에서 함수 $s = f(t)$의 그래프의 접선에 접근하고 있음에 주목하라.

형식적으로 (G)에 의해 주어진 $v(t)$에 대한 표현은 Δt가 0에 가까이 가면 분자도 0에 가까이 가기 때문에 아무런 의미도 없는 0/0과 같은 식처럼 보일 수 있다. 그러나 우리의 눈은 착시 현상에 불과한데, 실제로는 이와 다르게 작동한다. 간단한 예를 들어 이를 살펴보자.

어떤 입자가 $s = t^2$이라는 규칙에 따라 움직인다고 하면 다음이 성립한다.

$$\frac{\Delta s}{\Delta t} = \frac{(t+\Delta t)^2 - t^2}{\Delta t}$$

간단히 정리하면 다음과 같다.

$$\frac{\Delta s}{\Delta t} = \frac{t^2 + 2t\Delta t + (\Delta t)^2 - t^2}{\Delta t}$$
$$= \frac{2t\Delta t + (\Delta t)^2}{\Delta t}$$

Δt가 0이 아닌 모든 값을 취하므로 위의 식의 분자와 분모를 Δt로 나눌 수가 있다.

$$\frac{\Delta s}{\Delta t} = 2t + \Delta t$$

이제 Δt가 0에 접근할 때 다음과 같이 그 극한값을 구할 수가 있다.

$$v(t) = \lim_{\Delta t \to 0} \frac{\Delta s}{\Delta t}$$
$$= \lim_{\Delta t \to 0} (2t + \Delta t)$$
$$= 2t$$

분모에 있던 골치 아픈 Δt를 적절하게 제거한다면 0/0이라는 의미 없는 기호와 관련된 어려움을 해소할 수가 있다.

물론 이때의 계산은 순전히 형식적인 것으로, 우리가 극한 과정에 대하여 정확한 의미가 무엇인지를 밝히려는 시도는 하지 않았다. 실제로 뉴턴도 그랬고 라이프니치도 그랬다. (사실상 극한에 대한 현대적인 정의는 1880년경 바이어슈트라스가 형식화함으로써 비로소 정의될 수 있었다.)

일반적으로 주어진 등식 (G)의 우변에 있는 극한값이 만일 존재한다면 우리는 이를 t에 관한 함수 f의 미분이라 부른다. 미분을 나타내는 기호로 두 가지가 있는데, f'과 df/dt(또는 $\frac{ds}{dt}$)이다.

그러므로 미분의 정의에 의해 다음이 성립한다.

$$\frac{ds}{dt} = f'(t) = \lim_{\Delta t \to 0} \frac{\Delta s}{\Delta t} = \lim_{\Delta t \to 0} \frac{f(t + \Delta t) - f(t)}{\Delta t}$$

속도 $v(t)$는 위치 함수 $s(t)$의 미분인 것이다. 그리고 우리가 앞에 들었던 예에서 $s(t) = t^2$의 미분은 $s'(t) = 2t$임을 보였다. 또는 "d 표기"에 의해 다음과 같이 나타낼 수도 있다.

$$\frac{d(t^2)}{dt} = 2t$$

뉴턴의 두 번째 운동법칙은, 그가 표현한 바와 같이 운동량의 변화율을 포함하고 있다. 운동량은 질량과 속도를 곱한 것과 일치하고 뉴턴에게 있어 움직이는 물체의 질량은 항상 일정하므로, 운동량의 변화율은 속도의 변화율, 즉 가속도 개념을 포함한다.

가속도 개념은 속도에서 그랬던 것과 정확하게 똑같은 방식으로 다룰 수 있다. 따라서 가속도는 **속도 함수의 도함수**가 된다. 그러므로 만일 y에서의 가속도를 $a(t)$라 나타낸다면 다음 식이 성립한다.

$$a(t) = v'(t)$$

여기서 $v(t)$는 그 자체로 $s(t)$의 도함수이므로, $a(t)$는 $s(t)$의 **2계 미분**이다. 이는 다음과 같이 나타낼 수가 있다.

$$a(t) = s''(t)$$

또는

$$a(t) = \frac{d^2 s}{dt^2}$$

우리가 앞에서 예로 들었던 $s(t) = t^2$의 경우에 이를 적용하면 다음과 같다.

$$a(t) = s''(t) = 2$$

따라서 방정식 $s = t^2$에 따라 움직이는 입자의 가속도는 낙하하는 돌과 같이 일정하다.

　뉴턴이 운동을 생각하고 있었으므로, 그가 생각하는 함수는 시간에 대한 함수로 위치를 나타내는 것이었다. 그러나 극한과 미분 개념은 보통 $y=f(x)$ 기호로 표현되는 보다 일반적인 함수에도 똑같이 적용할 수 있다. 등식 (G)의 경우에서와 같이 평균변화율의 극한을 계산하여, "x에 관한 y의 미분(또는 도함수)"이라는 개념을 추론할 수 있다. 따라서 다음 식이 성립한다.

(H)
$$\frac{\Delta y}{\Delta x} = \frac{f(x+\Delta x)-f(x)}{\Delta x}$$
그리고

(I)
$$\frac{dy}{dx}=f'(x)= \lim_{\Delta x \to 0} \frac{f(x+\Delta x)-f(x)}{\Delta x}$$

　그리고 이 과정을 반복하여 제 2계, 제 3계 도함수인 $f''(x)$, $f'''(x)$ 등을 계속해서 정의할 수가 있다. 앞의 예에서, t와 s를 x와 y로 바꾸어 놓으면 다음과 같다.

$$f(x)=x^2$$
$$f'(x)=2x$$
$$f''(x)=2$$

한 번 더 미분하면 다음을 얻게 된다.

$$f'''(x)=0$$

　마지막 두 명제에 대한 증명은 쉽다. 우리가 할 필요가 있는 모든 것은 다음과 같은 형식으로 정의 (I)를 기록하는 것이다.

$$g'(x)= \lim_{\Delta x \to 0} \frac{g(x+\Delta x)-g(x)}{\Delta x}$$

그리고 이를 계속해서 $g(x)=f'(x)$, $g(x)=f''(x)$의 경우에 적용하는 것이다. 첫 번째 경우에서 우리는 다음을 얻을 수 있다.

$$g'(x)=\lim_{\Delta x \to 0} \frac{f'(x+\Delta x)-f'(x)}{\Delta x}$$

그러나 만일 $g(x)=f'(x)$이라면, $g'(x)=f''(x)$이다. 그러므로 다음을 얻을 수 있다.

$$f''(x)=\lim_{\Delta x \to 0} \frac{f'(x+\Delta x)-f'(x)}{\Delta x}$$

앞의 예에서 $f'(x)=2x$이다. 그러므로 위의 식은 다음과 같이 계산된다.

$$\begin{aligned} f''(x) &= \lim_{\Delta x \to 0} \frac{2(x+\Delta x)-2(x)}{\Delta x} \\ &= \lim_{\Delta x \to 0} \frac{2x+2\Delta x-2x}{\Delta x} \\ &= \lim_{\Delta x \to 0} \frac{2\Delta x}{\Delta x} \\ &= \lim_{\Delta x \to 0} 2 \\ &= 2 \end{aligned}$$

마지막 절에서 우리는 넓이에 대한 기하학적 개념을 살펴보면서 적분을 소개하였다. 여기서 우리는 미분을 알기 위해 그 역사적 의미와 익숙함이라는 이유 때문에 한 입자의 운동이라는 관점을 택하였다. 그러나 이제 우리는 기하학으로 다시 돌아가서 미분 개념과 곡선 위에서의 접선 개념 사이의 관련성을 지적해야만 한다.

그림 64는 그림 63의 네 번째 그림을 일반적인 함수 $y=f(x)$의 경우에 대하여 다시 나타낸 것이다. 그림은 좌표 $(x, f(x))$와 $(x+\Delta x, f(x+\Delta x))$를 지나가는 함수 위의 점들과 이들 점을 연결하는 할선을 보여준다. 또한 점 $(x, f(x))$에서 이 그래프에 대한 접선도 나타나 있다. 그림 64의 각 θ의 탄

젠트 값은 등식 (H)에 의해 주어진 평균변화율과 일치한다. 따라서 다음 과 같다.

$$\tan\theta = \frac{\Delta y}{\Delta x}$$

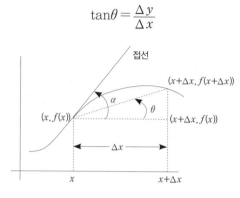

그림 64 곡선 위에서의 접선

그림에 나타난 다른 각 α는 접선이 수평선과 이루는 각도이며 "접선의 기울기"라고 부른다.

이제 그림 64를 보고 Δx 값이 0에 가까이 가는 것을 상상해보라. Δx 값이 점점 줄어들면, 점 $(x+\Delta x, f(x+\Delta x))$는 함수 $y=f(x)$의 그래프 위의 점들을 따라서 $(x, f(x))$라는 점으로 점점 가까이 간다. 점이 이동하면 접선도 이동한다. 그리고 점이 이동함에 따라 이는 점 $(x, f(x))$에서의 접선에 점점 가까이 접근하고 동시에 θ는 점점 각 α에 가까이 접근한다. 그러나 이 극한값은 등식 (I)에 의해 주어진 미분이다. 그러므로 미분 $f'(x)$는 $y=f(x)$라는 그래프의 점 (x, y)에서의 접선의 기울기와 일치한다.

뉴턴과 라이프니치 이전에 미적분학은 마치 이곳저곳에 돌멩이들이 아무렇게나 널려있는 황무지와 같이, 들쭉날쭉하게 미완성인 채로 존재하는 아이디어들과 기술들이 해석학 분야의 여기저기에 흩어져 있는 상태와도 같았다. 뉴턴과 라이프니치는 각자 독자적으로 이들 아이디어들을 결합하여 수학과 자연 세계의 진리로 들어가는 입구에 놓인 거대한 아치형의 대문을 만들 수 있는 주춧돌을 발견하였다. 그 주춧돌은 **미적분학의 기본정리**이다.

미적분학의 기본정리

겉으로 볼 때 미분과 적분은 전혀 관계가 없는 것처럼 보인다. 미분은 방정식 (I)에서 보듯이 평균변화율의 극한값을 취함으로써 얻어진다. 적분은 하나의 구간을 분할하여 어떤 특정한 합을 형성한 후에 방정식 (D)와 (F)에서 나타난 바와 같이 극한값을 얻는 복잡한 과정을 통해 얻어진다. 기하학적으로 도함수 $f'(x)$는 곡선 $y=f(x)$에서의 접선의 기울기를 나타내고, 반면에 적분 $\int_a^b f(x)dx$는 a와 b 사이에 있는 같은 곡선 아래 영역의 넓이를 뜻한다. 이 두 개념이 관련 있다고 믿을 만한 어떠한 단서도 존재하지 않는다. 하지만 실제로는 그렇지 않다. 이 관계의 특성은 미적분학에서 가장 중요하고 우아한 정리를 보여준다.

우선 위에 기록한 적분이 하나의 넓이로 어느 특정한 값을 나타낸다는 점에 주목하자. 즉, a와 b 사이에서 함수 $f(x)$의 적분은 변수도 아니고 함수도 아닌 하나의 수이다. 초기에 우리는 이 수를 문자 A로 나타냈었다.

따라서 적분은 그 내부에 있는 x에 따라 변하지 않는다. (방정식 (D)는 A_n이라는 표현에서 x가 존재하지 않음을 보여준다. 반면에 그의 극한값은 방정식 (F)에 의해 $\int_a^b f(x)dx$를 정의한다.) 이 때문에 수학자들은 x를 "가상의 변수"라고 부른다. 실제로 우리는 x를 다른 임의의 변수들(a, b, f, d를 제외하고)로 대치하여도 적분값은 변하지 않는다. 다음 예를 보라.

$$\int_a^b f(x)dx = \int_a^b f(s)ds = \int_a^b f(w)dw = \int_a^b f(t)dt$$

그런데 상한에 있는 b를 x로 바꾸어 놓게 되면, 이때의 적분은 x에 대한 함수로 변환된다. 그림 65에 나타난 $y=f(x)$의 그래프 밑에 있는 넓이를 한 번 더 생각해보자. 이때 우리는 고정된 점 a에서의 수직선을 왼쪽 경계로 그리고 변수로서의 점 x에서의 수직선을 오른쪽 경계로 하는 영역의 넓이만을 고려하는 것이다. 이 새로운 영역은 (그림 65에 나타난 바와 같이) 분명하게 x에 따라 변화하며, 따라서 새로운 함수 $F(x)$를 결정하도록 해준다. 그런데 이 경우에 $F(x)$에 대한 명확한 식이 주어지는 것이다. 이는 적분으로 이어지는 형태의 넓이를 나타내고 있으므로, $F(x)$ 또한 하나의 적분으로 나타낼 수 있다. 즉 a와 x 사이에서 함수 $f(s)$의 적분으로 다음과 같이 나타내는 것이다.

(J)  $$F(x) = \int_a^x f(s)\,ds$$

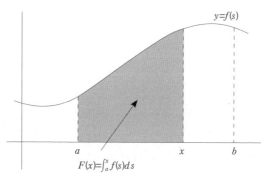

그림 65 적분으로 나타낸 넓이

(여기서 우리는 x를 내부에 있는 가상 변수로 사용하지 않고 그 대신에 s를 사용하였는데, 그 이유는 상한에 있는 같은 문자로 사용된 변수와 혼동할 위험을 피하기 위한 것이다.)

여기서 $F(a)=0$임에 주목하라. 왜냐하면 이는 오직 a라는 한 점에서의 수직선만을 나타내기 때문이다. 또한 $F(b)=A$인데, 이는 등식 (E)에서 기술한 원래의 영역을 뜻한다.

기본 정리를 설명하기에 앞서 우리는 원시함수의 개념을 도입할 필요가 있다. 앞에서 들었던 예에서(미분 기호와 함께), 만일 $f(x)=x^2$이면 $f'(x)=2x$임을 보였다. 따라서 만일 $g(x)=2x$라 놓으면 함수 g는 함수 f의 도함수이다. 이때 우리는 함수 f를 함수 g의 하나의 **원시함수**라고 부른다.

여기서 우리는 "하나의"라는 단어를 사용하였음에 주목하라. 주어진 함수 f의 도함수는 단 하나였다. 즉, f'은, 그 값이 존재하는 경우에 오직 하나뿐이다. 결국 등식 (I)의 우변에 있는 극한값을 x가 0으로 한없이 가까이 갈 때 구하고자 한다면, 기껏해야 하나의 답을 얻을 수 있다는 것이다. 그러나 원시함수의 경우에는 다른 상황이 전개된다. 원시함수는 단 하나만 존재하지 않기 때문이다. 만일 g가 f의 원시함수라면, 그것은 함수 $g(x)+c$라 할 수 있고 이때 c는 임의의 상수이기 때문이다. 그러므로 어떤 함수가 원시함수를 가지고 있다면, 그 원시함수의 개수는 무한개인데 이들은 상수값만 다르다는 것이다. 이 상황을 잠깐 들여다보자.

임의의 상수 함수를 미분하면 0이 된다. 이 사실은 등식 (I)에 주어진 정의로부터 쉽게 유도할 수 있다. c를 임의의 상수라 할 때 함수 $f(x)=c$를 생각해보자. 이 함수를 등식 (I)의 우변에 대입한다. 평균변화율의 분자에 있는 두 항은 그것이 상수함수이기 때문에 둘 다 모두 c이다. 따라서 분자는 0이 되어 평균변화율은 $0/\Delta x$이라 할 수 있다. 따라서 그 값은 $\Delta x \neq 0$이기 때문에 0이다. 그러므로 그 극한값도 0이 되므로 미분 그 자체도 0이다.

좀 더 정확하게 이 논의를 기술해보자. 이제 $f(x)=c$라 하면 다음 식이 성립한다.

$$\begin{aligned} f'(x) &= \lim_{\Delta x \to 0} \frac{f(x+\Delta x)-f(x)}{\Delta x} \\ &= \lim_{\Delta x \to 0} \frac{c-c}{\Delta x} \\ &= \lim_{\Delta x \to 0} \frac{0}{\Delta x} \\ &= \lim_{\Delta x \to 0} 0 \\ &= 0 \end{aligned}$$

이 결과는 직관적으로도 쉽게 파악할 수가 있다. 만일 $f(x)=c$라고 하면, 함수 $y=f(x)$의 그래프는 x축 위로 c만큼의 위치에 있는 수평한 직선이 된다. 그러므로 이 그래프의 모든 점에서 접선을 그으면 이 또한 같은 직선이 된다. 그러므로 그 그래프의 기울기는 항상 0이다. 그런데 이 기울기가 바로 $f'(x)$이다. 따라서 모든 x에 대하여 $f'(x)=0$이다.

역으로 만일 $f(x)$가 정의된 모든 x에 대하여 $f'(x)=0$이라고 하면 어떤 상수 c에 대하여 $f(x)=c$가 됨을 증명할 수가 있다. (물론 쉽게 증명되는 것은 아니지만) 따라서 미분하여 0이 되는 함수는 상수라 할 수 있다. 이 결과 또한 직관에 의해 파악할 수가 있다. 만일 모든 x에 대하여 $f'(x)=0$이라고 하면 그래프 $y=f(x)$에 대한 접선은 항상 기울기가 0이다. 결론적으로 그 그래프는 올라가거나 내려가는 부분이 없다는 뜻이다. 따라서 $y=f(x)$의 그래프는 평평하다. 그러므로 어떤 상수 c에 대하여 $f(x)=c$이다. (이에 대한 상세한 증명은 평균값 정리라고 알려진 사실에 대한 선행 지식이 필요하다.)

이제 원시함수가 유일하게 존재하지 않는다는 문제로 돌아가 보자. 이전과 같이 g를 f의 원시함수라고 하자. 즉, $g'(x)=f(x)$라고 하자. 이제 c를 임의의 상수라 하자. 그리고 $h(x)=g(x)+c$라 놓는다. 그러면 다음이 성립한다.

$$h'(x) = \frac{d}{dx}(g(x)+c)$$
$$= \frac{d}{dx}g(x) + \frac{d(c)}{dx}$$

(위에서 두 번째 단계는 "합의 도함수는 도함수들의 합과 같다"가 성립하기 때문에 추론된다. 이 사실 또한 미분의 정의로부터 쉽게 증명될 수 있으며 수학자들이 "직선성"이라고 하는 성질의 한 부분적인 예이다.)

하지만 우리는 상수를 미분하였을 때 0이 됨을 알고 있다. 이를 다음과 같이 나타낼 수가 있다.

$$\frac{d(c)}{dx} = 0$$

그러므로 다음이 성립한다.

$$h'(x) = g'(x) = f(x)$$

그러므로 h 또한 f의 한 원시함수이다.

이제 h와 g를 서로 다른 f의 두 원시함수라고 하자. 즉, $h'(x) = g'(x) = f(x)$라고 하자. 그리고 다음과 같이 정의한 함수 F를 생각하자.

$$F(x) = h(x) - g(x)$$

그러면 다음이 성립한다.

$$F'(x) = h'(x) - g'(x)$$
$$= f(x) - f(x)$$
$$= 0$$

따라서 $F'(x)$은 항상 0이다. 그리고 우리는 이미 그러한 함수가 상수함수임을 알고 있다. 따라서 $F(x) = c$를 만족하는 상수 c가 존재한다. 그러므로 다음과 같이 나타낼 수가 있다.

$$h(x) - g(x) = c \text{ 또는 } h(x) = g(x) + c$$

그러므로 이제 우리는 원시함수가 유일하지 않음을 확정할 수 있다. 이를 다음과 같이 정리하자. 어떤 함수가 원시함수를 가지게 된다면 그 개수는 무한개이다. 그런데 임의의 두 원시함수는 상수만큼의 차이가 있다.

이제 등식 (J)에서 기술한 상황으로 돌아가 보자. 우리는 a와 b 사이에 있는 모든 x값들에 대하여 정의된 하나의 "멋진" 함수가 존재한다는 가정을 하였다. 이제 $F(x)$를 J에 의해 정의된 다음과 같은 함수라고 하자.

$$F(x) = \int_a^x f(s)ds$$

미적분학의 기본정리는 다음 두 가지 사실을 언급하고 있다.

(1) F는 f의 원시함수이다. 즉, $F'(x) = f(x)$이다.

(2) 만일 H가 f의 또 다른 원시함수라고 한다면 다음이 성립한다.

$$\int_a^b f(s)ds = H(b) - H(a)$$

위의 (1)은 다음과 같이 나타낼 수 있음에 주목하라.

$$\frac{d}{dx}\left(\int_a^x f(s)ds\right) = f(x)$$

그리고 (2)에서 H에 대하여 F를 여러 개중의 하나로 선택한다면 다음과 같이 나타낼 수 있다.

$$\int_a^b F'(s)ds = F(b) - F(a)$$

그러므로 기본정리가 우리에게 알려주는 것은 미분과 적분이 서로 상호작용을 하는 관계에 놓여 있다는 사실이다. 이는 만일 하나의 적분 함수를 그 상한에 관하여 미분한다면 상한에 관한 피적분 함수를 얻으며, 어떤 함수의 도함수를 적분한다면 다시 그 함수가 된다는 것이다.

위의 두 등식을 다시 진술한 이 사실들은 미분과 적분을 함께 연결한 것이며, 이 사실들을 함께 묶어 손가방에 꾸려 놓은 채 오늘날 미적분학이라 부르는 거대한 아치 모양의 수학의 대문 안으로 밀어 넣는 것과 같다. 기본 정리에서 두 번째 결론은 앞에서 언급했던 적분을 다른 방식으로 해석할 수 있는 여지를 남겨놓은 것이다.

걸으로 보아 매우 단순하게 보이는 다음과 같은 적분을 구하는데 발생하는 어려움을 생각해보자.

$$\int_0^1 x^2 dx$$

기본정리의 두 번째 사실은 함수 $f(x)=x^2$에 대한 원시함수 중 어떤 것이라도 이를 알고 있다면 그 값을 즉각 구할 수 있음을 말해주는 것이다. 왜냐하면 만일 H가 그러한 원시함수 중 하나라고 할 때, 이 사실로부터 다음이 성립한다.

$$\int_0^1 x^2 dx = H(1) - H(0)$$

미적분학을 배우는 학생은 여러 기본적인 여러 함수들의 도함수나 원시함수를 구하는 것에 많은 시간을 투자한다. 이때 그들이 다루는 가장 단순한 함수들은 단항식들로 이루어져 있다.

다음 식이 성립하는 것을 기억할 것이다.

$$\frac{d(x^2)}{dx} = 2x$$

이와 같은 방식으로 다음 식이 성립함을 증명할 수가 있다.

$$\frac{d(x^3)}{dx} = 3x^2$$

그리고

$$\frac{d(x^4)}{dx} = 4x^3$$

이와 같은 패턴을 보고 우리는 임의의 자연수 n에 대하여 다음이 성립함을 추측할 수가 있다.

$$\frac{d(x^n)}{dx} = n x^{n-1}$$

실제로 이 결론은 참이며, 이에 대한 증명은 이미 언급했던 두 가지 수학적 사실, 즉 이항정리와 수학적 귀납법에 의해 완성할 수가 있다.

도함수로 표현된 식이 주어지면—이를 거꾸로 읽어서—그 원시함수에 대한 식을 얻을 수 있다. 예를 들어, 위의 공식에서 x^n의 도함수는 nx^{n-1}이다. 이는 또한 nx^{n-1}의 원시함수가 x^n임을 말해준다. 이 마지막 명제에서 상수을 적절하게 재배열한다면 그리고 n을 $n+1$로 대치한다면 다음 명제를 얻을 수 있다.

$\dfrac{x^{n+1}}{n+1}$는 x^n의 원시함수중 하나이다.

이 마지막 명제에서 $n \neq -1$이라는 조건이 필요함을 알 수 있다. 왜냐하면 분모가 0일 수는 없기 때문이다. 만일 $n=2$라고 하면, 위의 명제는 다음을 말해준다.

$\dfrac{x^3}{3}$은 x^2의 원시함수중 하나이다.

이제 우리가 구하려는 적분은 즉각 기본정리를 적용하여 다음 과정을 밟으면 된다.

$$\int_0^1 x^2 dx = H(1) - H(0)$$

$H(x) = \dfrac{x^3}{3}$라 놓자. 그러면 다음 계산이 가능하다.

$$\int_0^1 x^2 dx = \frac{1}{3} - \frac{0}{3} = \frac{1}{3}$$

나는 미적분학을 처음 배우는 학생들을 역시 고려하여 매우 쉽게 적용할 수 있는 기능적인 것만 언급하려고 할 뿐이지, 미적분학의 기본정리를 증명하는 것에 대해 어떤 것도 이야기하고자 하는 의도를 가지지 않았다. 물론 그 증명은 앞에서 언급했던 "멋진 함수"라는 구절에 숨겨있는 가정을 상세화하는 것에 달려있다. 정상적으로 볼 때 기본정리에서의 함수는 연속, 즉 직관적으로 건너뛰거나 단절된 그래프가 아니라는 것을 뜻한다. 실제로 이 정리는 좀 더 약한 조건 아래에서 성립한다. 하지만 연속성은 매우 멋진 조건이며 충분조건이기도 하다. 실제로 이는 미적분학의 모든 개념에서 중심 역할을 담당하고 있으며 뉴턴과 라이프니츠와 같은 위대한 수학자들이 그에 대한 정확한 명제를 추출하기 위해 평생 동안 고민했던 문제이기도 하다.

처음부터 미적분학은 "우주의 설계"라는 분야에 적용될 수 있었지만 이 분야의 중심적인 개념을 파악하는데 실패했던 초기의 수학은 이 문제를 수학적 논리보다는 직관이나 믿음으로 접근할 수밖에 없었다. 그래서 볼테르는 미적분학에 대해 다음과 같이 언급하였다.

> 그 존재가 무엇인지 정확하게 알기 어려운 것을
> 수량화하고 측정하는 기술

그리고 주교였던 조지 버클리는 뉴턴과 라이프니츠가 유율과 무한소와 같은 중심 개념을 너무나 직관적으로만 다루고 있음에 분노하면서 다음과 같이 쌀쌀맞게 평하였다.

> 그것들은 유한한 수량도 아니고 한없이 작은 양도 아니며
> 아무 것도 아닌 것이 아니다. 아무쪼록 이 세상에 존재하지 않는
> 유령같은 값이라 부르지 않기를 바란다.

그들을 괴롭혔던 중심 개념은 바로 극한 개념이었다.

극한

미적분학은 수학적 세계 내에 존재하며 아이디어들로 구성되어 있다. 그러나 그 개념은 구조를 가지고 있으며 이는 함께 결합하여 그 분야에 형식과 형태를 부여한다. 이 아이디어들을 함께 결합하여 거대한 아치를 구성하는 돌에 비유하자. (그림 66을 보라.) 아치의 두 갈래는 각각 이름을 가지고 있는데, 왼쪽에는 **적분학**이라는 이름을 가지고 있는 분야이고 오른쪽에는 **미분학**이라 부르는 분야이다. 적분학은 어떤 종류의 곡선들에 둘러싸인 넓이를 계산하고 이해하기 위한 시도에서 태어난 수학이다.

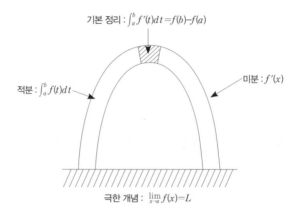

기본 정리 : $\int_a^b f'(t)dt = f(b) - f(a)$

적분 : $\int_a^b f(t)dt$

미분 : $f'(x)$

극한 개념 : $\lim_{x \to a} f(x) = L$

그림 66 미적분학의 아치

미적분학의 탄생을 거론할 때 빼놓을 수 없는 두 수학자는 영국의 아이작 뉴턴과 독일의 고트프리트 라이프니츠이다. 이들은 각기 독자적으로 그리고 거의 동시에 한쪽에 있는 넓이라는 개념과 다른 한 쪽에 있는 접선이라는, 겉으로 볼 때 전혀 관련이 없어 보이는 두 개념이 실제로는 매우 밀접하게 연계되어 있음을 증명하였다. 그림 66에 나타나 있듯이 기본정리는 미적분 아치의 핵심 주춧돌을 형성하고 있다. 이 정리의 존재는 두 가지 아이디어를 결합하여 미적분학이라 부르는 수학의 한 분야를 확립하였다.

뉴턴-라이프니츠가 이룩한 업적의 가치를 과대평가할 필요는 없다. 하지만 **해석학**이라 부르는 수학적 세계의 대륙에 존재하는 모든 아이디어들은 실제 미적분학에서 비롯된 것으로, 결국 이 두 사람의 업적 덕택이라고 말할 수가 있다. 여기에 포함되는 영역들은—고전적인 것과 근대적인 것 둘다—미분방정식, 복소변수론 그리고 근사이론 등이다. 확실한 것은 해석학이라는 제목 하에 속해있는 여러 분야의 수학들이 현재 뉴턴과 라이프니츠에 의해 확립된 개념들을 훨씬 뛰어넘었지만, 그래도 원래의 향기는 아직도 남아있다는 사실이다.

더군다나 수학적 모델을 구축하는 데 주로 사용되는 종류의 수학은 해석학으로 결국 미적분학인 셈이다. 그러므로 미적분학이라는 아치는 해석학 모두만이 아니라 현실 세계에 응용할 수 있는 대부분의 수학 모두를 떠받치고 있다. 수학이라는 마법의 상당부분이 미적분학의 마법에서 나온 셈이다.

한편, 해석학이 미적분학이라는 아치 위에 자리 잡고 있는 반면에 그 밑으로는 무엇인가가 다른 것이 존재하고 있다. 두 가지 갈래 그 자체가 서로 공유하고 있는 지반 위에 존재하는 것이다. 미분과 적분이 각각 모종의 극한이라는 절차를 밟아야만 정의될 수 있기 때문이다. 다음을 기억하라.

$$\int_a^b f(x)dx = \lim_{n \to \infty} A_n$$

그리고

$$f'(x) = \lim_{\Delta x \to 0} D(\Delta x)$$

여기서 A_n은 (D)에 의해 정의되었으며, $D(\Delta x)$은 등식 (I)의 오른쪽 변에 있는 평균변화율을 나타내고 있다.

그러므로 미분과 적분 모두 극한 개념에 의해 정의되어 있다. 따라서 극한 개념은 미분이나 적분 개념보다도 더 기본적인 개념이라 할 수 있다. 그러므로 아치의 맨 위에서 미적분학의 기본 정리가 이 둘을 연결하고 있듯이 극한 개념은 맨 밑에서 이들 두 갈래를 연결하고 있는 것이다.

어니스트 헤밍웨이는 만일 당신이 투우를 이해하고 싶다면 조만간 마드리드를 방문해야만 한다고 말한 적이 있다. 이와 유사하게 만일 당신이 미적분학을 이해하고자 한다면 조만간 극한 개념을 방문해야만 할 것이다. 이제 이를 실행에 옮겨보자.

우선 다음과 같은 형태의 극한을 생각해보자.

(K) $$\lim_{x \to a} g(x) = L$$

등식 (I)의 우변에 있는 극한을 기호를 바꾸어 축소하여 (K)에서 주어진 형태의 극한으로 변화시키면, 그래서 (K)를 좀 더 정확하게 만들면 우리는 동시에 하나의 주어진 함수의 도함수 개념의 의미를 좀 더 정확하게 할 수가 있다.

여기서 기호의 변화를 다루는 하나의 방식이 있다. 등식 (I)에서 x는 고정되어 있으며 Δx는 0에 가까이 가는 변수이다. 우선 x를 다른 기호, 즉 문자 c로 대치하자. 그러면 등식 (I)는 다음과 같이 나타낼 수 있다.

$$f'(c) = \lim_{\Delta x \to 0} \frac{f(c + \Delta x) - f(c)}{\Delta x}$$

이제 Δx를 단순히 x로 대치하면 다음을 얻을 수 있다.

$$f'(c) = \lim_{x \to 0} \frac{f(c + x) - f(c)}{x}$$

이 표현에서 우변에 있는 변수는 이제 x이다. 다음 식을 보자.

$$g(x) = \lim_{x \to 0} \frac{f(c + x) - f(c)}{x}$$

그리고

$$f'(c) = L$$

그러면 $f'(c)$는 간단하게 등식 (K)가 되는데, $a = 0$이다. 등식 (K)에서의 기호는 다음과 같이 읽는다.

"$g(x)$에서 x가 a에 가까이 가면, $g(x)$는 L에 가까이 간다."

우리의 과제는 (K)에 나타난 등식에 정확하고 엄격한 의미를 부여하는 것이다. 그런데 이를 완성하는 작업은 뉴턴과 라이프니치와 같은 천재 수학자들에게도 힘겨운 작업이었으므로, 그것이 쉬울 것이라 예상하지는 않는다. (이는 쉽지 않으며 이 절은 나머지 부분은 이 책에서 가장 예민하고 복잡한 소재로 구성되어 있다. 따라서 여러 번 읽으면서 되돌아 생각해야 하는 반성적 사고가 요구된다. 그런데 이 문제에 대해 곰곰이 생각하다 보면 어느 날 갑자기 섬광과도 같은 빛을 느끼면서 이해에 도달할 수가 있다. 그러면 그 순간부터 그것은 영원히 당신의 지식이 될 것이다.)

등식 (K)에 나타난 극한 개념은 미적분학의 모든 아이디어의 토대를 구성하며 이 분야에서도 가장 난해한 아이디어이다. 그러므로 등식 (K)를 이해하지 않고 미적분학을 이해했다고 말하는 것은 아무 것도 모른다는 것과 같은 말이다. 즉, 미적분학을 알고 있다는 말은 극한 개념을 알아야만 가능한 것이다. 이 개념도 모른 채 미적분학을 배우는 것은 네트 없이 테니스 경기를 하는 것과 같다. 네트가 없다면 테니스 경기를 제대로 즐길 수 없지 않은가? 그리고 그것은 테니스도 아니다.

등식 (K)의 현대적인 정의를 유발하는 방식은 다양하다. 하지만 이 모두가 이러저러한 점에서 결함이 있으며 이들을 사용하는 것은 그 정의와 결합된 지적 고통을 잠시 연기하는 것에 불과하다. 성인이라면 직접 핵심에 들어가는 것이 좋다. 즉, 소의 뿔을 자르려면 직접 칼을 들고 나서야 한다. 여기에 그 정의를 제시한다. (이 정의에 그리스 문자인 입실론(ε)과 델타(δ)를 사용하는 것이 이상하게 보일 수도 있다. 하지만 전통적으로 그렇게 하여 왔으며 이는 피할 수 없는 현상이다.)

(L) 정의   "$g(x)$에서 x가 a에 가까이 가면, $g(x)$는 L에 가까이 간다."고
하며 다음과 같이 표현한다.
$$\lim_{x \to a} g(x) = L$$
위의 명제가 성립하기 위한 필요충분조건은 다음과 같다.

임의의 $\varepsilon > 0$에 대하여 어떤 수 $\delta > 0$가 존재하여 다음을 만족한다.
$$0 < |x-a| < \delta \text{ 이면 } |g(x)-L| < \varepsilon \text{이다.}$$

위의 정의는 처음부터 극한의 정의가 $x=a$에서 $g(x)$가 어떠한 움직임을
보이는지에 관해서는 어떠한 언급도 없다. 실제로 부등식 $0 < |x-a| < \delta$의
좌변으로부터 x가 a값을 취할 수 없음을 보여준다. 따라서 x가 a에 한없이
가까이 간다는 말은 x가 a에 가까이 가지만 그러나 결코 a와 같을 수 없음
을 뜻한다.
한편, 이 정의는 $g(x)=L$일 가능성을 배제하지 않는데, 다음 부등식의
좌변에 "0보다 크다"라는 조건이 없기 때문이다.
$$|g(x)-L| < \varepsilon$$
또한 모든 x에 대하여 만일 $g(x)=L$이라고 하면 즉, g가 상수함수라고
하면 다음이 성립한다.
$$|g(x)-L| = |L-L| = 0 < \varepsilon$$
그러므로 상수함수인 $g(x)=L$에 대하여 다음 부등식은 항상 성립한다.
$$|g(x)-L| < \varepsilon$$
(임의의 함수 g에 대하여) 다음 등식이 성립함을 보이기 위해 우리는 무엇
을 해야 할 것인가?

$$\lim_{x \to a} g(x) = L$$

정의에 따르면 주어진 $\varepsilon > 0$에 대하여 다음을 만족하는 어떤 수 $\delta > 0$을 만들어야 할 것이다.

$$0 < |x-a| < \delta \text{ 이면 } |g(x)-L| < \varepsilon \text{이다.}$$

그러므로 $\varepsilon > 0$은 먼저 주어져 있고 $\delta > 0$값은 만들어 내야만 한다.

ε은 정밀도이다. 이는 미리 사전에 주어진다. 그러면 우리는 또 다른 정밀도인 δ를 만들어내야 하는데, 이는 x가 $x \neq a$이지만 δ보다 작은 거리로 a에 가까이 간다면 $g(x)$는 ε보다 작은 거리로 L에 가까이 접근하도록 설정하면 된다. 요약하면 $\lim_{x \to a} g(x) = L$임을 보이려면, x가 a에 충분히 가까이 갈 때 (그러나 a가 되는 것은 아니다), $g(x)$도 얼마든지 L에 가까이 갈 수 있음을 보여야만 한다. 여기서 "얼마든지 L에 가까이 간다"는 것은 $\varepsilon > 0$에 의해 측정되는데, 이 값은 우리에게 누군가로부터 주어지는것이다. 그리고 "a에 충분히 가까이 간다"는 것은 $\delta > 0$에 의해 측정할 수 있는데, 이는 우리가 생성해내는 것이다. 이제 우리는 자연스럽게 (우리가 발견해야할 값인) δ는 (우리에게 주어진 값인) ε에 따라 다른 값을 취할 수 있음을 예상할 수가 있다. 우리는 "매우 작은 값인 ε"이 일반적으로 "매우 작은 값인 δ"를 필요로 함을 예상할 수 있다.

이제 다음에서 정의 (L)을 다시 한 번 더 살펴본 후에 예를 들어보려 한다.

만일 정의 (L)이 성립하는 단 하나의 $\delta > 0$이 존재한다면,
이 정의를 성립하도록 하는 무수히 많은 값들이 존재한다.

이를 알아보기 위해 정의 (L)을 만족하는 $\delta > 0$을 발견했다고 가정하자. 따라서 임의의 $\varepsilon > 0$에 대하여 $0 < |x-a| < \delta$ 이면 $|g(x)-L| < \varepsilon$이다. 이제 δ_1을 δ보다 작은 임의의 양수라고 하자. 즉 다음과 같다고 하자.

$$0<\delta_1<\delta$$

그러면 $0<|x-a|<\delta_1$일 때 $0<|x-a|<\delta$이다.

그러므로 $|g(x)-L|<\varepsilon$이다.

따라서 δ_1 또한 정의 (L)을 만족한다. 분명한 것은 δ_1에 대한 선택의 폭이 무수히 많다는 것이다. (예를 들어, $\delta_1=\delta/2$라 하여도 무방하다. 또는 $\delta_1=\delta/3$일 수도 있다.)

이제 직관적으로는 분명하지만 미적분학을 처음 배우는 대학 신입생이 기술적으로 그리고 개념적으로 파악하기에는 어려운 예를 들어보자.

예 다음을 증명하여라.

$$\lim_{x\to 3} x^2 = 9$$

위의 결과는 직관적으로 분명하다. 즉, x가 $x\neq 3$이면서 충분히 3에 가까이 가면, x^2은 얼마든지 9에 가까이 갈 수 있다. 하지만 우리는 이에 대한 증명을 해야만 한다.

이를 위해 정의 (L)에 따라 해야만 주어진 $\varepsilon>0$에 대하여 다음을 만족하는 $\delta>0$가 있음을 증명해야만 한다.

$$0<|x-3|<\delta \text{ 이면 } |x^2-9|<\varepsilon \text{이다.}$$

우리는 다음과 같은 절차에 따라 증명할 것이다.

$\varepsilon>0$이라 하자. $\delta=$___ 을 선택한다.

그러면 $0<|x-3|<$___ 일 때 $|x^2-9|\cdots<\varepsilon$이다.

이제 우리는 조만간 δ값을 선택해야 하는데, 이는 $0<|x-3|<\delta$일 때 $|x^2-9|<\varepsilon$가 되는 값이어야 한다. 그러므로 위의 계획에 따라 "$\delta=$"에 이

어지는 빈칸을 채워야 하는데, 이는 세 개의 점으로 나타난 공간에 있는 $|x^2-9|$라는 항을 조작하여 일련의 등식이나 부등식이 $|x^2-9|<\varepsilon$이라는 결과를 낳도록 해야 한다. 물론 그 δ값을 어떻게 선택할지에 대해 미리 알 수는 없다. 이 값은 $|x^2-9|$라는 항을 조작한 후에—만일 우리가 현명하거 나 또는 운이 좋거나 아니면 둘 다 맞아 떨어지는 경우—얻어진다. 그러나 위의 절차에서 보듯이 우리 앞에 분명하게 놓여있는 δ에 대한 미지의 값을 선택하면서 진도를 나가는 것이 더 좋다. 왜냐하면 이것이 극한을 포함하는 증명 바로 그 자체이기 때문이다. 즉, 주어진 $\varepsilon>0$에 대해서 적절한 양수인 δ값을 선택해야만 한다. 극한에 대한 증명은 항상 다음과 같은 명제로 시작 한다.

$\varepsilon>0$이라 하자. $\delta=$＿ 을 선택한다.

증명을 하는 도중에 어디선가 이 빈칸을 채워야만 할 것이다.

이제 우리의 과제를 적절한 수학적 정리와 증명을 할 수 있는 새로운 것으 로 재수정하여 보자. (증명의 어느 단계에 이르면 우리는 삼각부등식이라는 지 식이 필요하게 된다. 이는 임의의 두 실수 a와 b사이에 $|a+b|\leq|a|+|b|$가 성 립함을 말한다.)

정리 $\lim_{x\to 3} x^2=9$

증명 $\varepsilon>0$이라 하자. $\delta=$＿ 을 선택한다. 그러면 $0<|x-3|<\delta$에서 다음 사실이 추론된다.

$$|x^2-9|=|(x-3)(x+3)|=|x-3||x+3|$$
$$=|x-3||x-3+6|$$
$$\leq|x-3|(|x-3|+|6|)$$

$$=|x-3|(|x-3|+6)<\delta(|x-3|+6)$$

이 단계에서 $\delta\leq10$이라 가정하자. 그러면 다음을 추론할 수 있다.

$$0<|x-3|<\delta \text{ 이면 } |x-3|<10\text{이다.}$$

그러므로 다음이 성립한다.

$$0<|x-3|<\delta \text{ 이면 } |x^2-9|<\delta(10+6)\text{이다.}$$

$$\text{또는 } |x^2-9|<16\cdot\delta\text{이다.}$$

이제 주어진 $\varepsilon>0$에 대하여 $\delta\leq\frac{\varepsilon}{16}$을 선택하자. 그러면 다음과 같다.

$$0<|x-3|<\delta \text{ 이면 } |x^2-9|<16\cdot\delta\leq16\left(\frac{\varepsilon}{16}\right)=\varepsilon\text{이다.}$$

이 추론은 증명하고자 정한 것이다. 그런데 우리는 δ에 대하여 다음과 같은 두 가지 선택을 했었다.

$$\delta\leq10 \text{ 그리고 } \delta\leq\frac{\varepsilon}{16}$$

하지만 우리는 이들 조건을 동시에 만족할 수 있는데 δ를 10과 $\frac{\varepsilon}{16}$ 중에서 더 작은 것을 택하면 된다.

$$\delta=\min\left(10,\ \frac{\varepsilon}{16}\right)$$

이제 빈칸에 δ에 대한 최솟값을 적어 넣으면 나머지 증명은 부채를 펼치듯이 왼쪽에서 오른쪽으로 저절로 전개되어간다. 여기에 이를 요약해 놓았다.

$\varepsilon>0$이라 하자. $\delta=\min\left(10,\ \frac{\varepsilon}{16}\right)$를 선택한다. (그러면 $\delta\leq10$이고 $\delta\leq\frac{\varepsilon}{16}$이다.) 따라서 $0<|x-3|<\delta$으로부터 다음이 성립한다.

$$|x^2-9|=|(x-3)(x+3)|$$
$$=|x-3||x+3|$$
$$<\delta|x+3|$$
$$=\delta|x-3+6|$$

$$\leq \delta(|x-3|+|6|)$$

$$=\delta(|x-3|+6)$$

$$\leq \delta(10+6)$$

$$=16\delta$$

$$\leq 16 \cdot \frac{\varepsilon}{16}$$

$$=\varepsilon$$

그러므로 $0<|x-3|<\delta$이면 $|x^2-9|<\varepsilon$이고, 증명이 완료되었다.

여기서 처음에 선택한 $\delta \leq 10$에 대해 어떠한 특별한 이유도 없음(단지 전개하는데 무리가 없다는 것 이외)에 주목해야만 한다. 예를 들어 초기 단계에 $\delta \leq 2$를 선택할 수도 있다. 우리는 첫 부등식을 다음과 같은 식으로 대치할 수 있었을 것이다.

$$|x^2-9|<\delta(|x-3|+6)$$

$$\leq \delta(2+6)$$

$$=8 \cdot \delta$$

그렇다면 다음 부등식을 만들기 위해 $\delta \leq \frac{\varepsilon}{8}$를 선택해야 한다.

$$|x^2-9|<\varepsilon$$

이 경우에, δ에 대한 최종 선택은 다음과 같을 것이다.

$$\delta=\min\left(2, \frac{\varepsilon}{8}\right)$$

δ값을 선택하는 경우의 수는 무한히 많을 수 있다. 그러나 우리는 오직 하나만이 필요하다. 앞에서 우리가 선택하였던 $\delta=\min\left(10, \frac{\varepsilon}{16}\right)$은 매우 훌륭한 선택이었다.

정의 (L)에 등장하는 극한값 그 자체인 수 L에 주목하라. 따라서 우리는 그 극한값을 앞서 알고 있어야만 하는데, 이는 이를 정당화하기 위해 정의

(L)을 이용할 수 있도록 하기 위한 것이다. 앞의 예에서는 명백히 $L=9$였다. 실제로 $h(x)=x^2$이라고 하면 $L=9=h(3)$임을 알 수 있다. 즉, 이 예에서 함수 $h(x)=x^2$은 x가 3에 한없이 가까이 가면 $x=3$일 때 $h(x)$의 함숫값에 일치한다. 이 성질을 가지고 있는 함수들을 **연속함수**라고 부른다. 이들은 단절되는 곳이 없는 그래프를 가지는 함수들이다.

　(M) **정의**　다음 성질을 만족하는 함수들을 우리는 $x=a$에서 연속이라고 한다.

$$\lim_{x \to a} f(x) = f(a)$$

　모든 함수가 연속이 아니며 등식(L)에 나타난 L의 값을 결정하기가 항상 쉬운 것은 아니다. 예를 들어 다음과 같은 함수를 보자.

$$g(x) = \frac{\sin x}{x}$$

이 함수 g는 $x=0$에서 정의되어 있지 않다. 따라서 이 점에서 연속일 수가 없다. ($g(0)$은 분모를 0으로 하기 때문에 존재하지 않는다.) 따라서 다음 값이 존재할 수 있는지의 여부는 확실하지 않다.

$$\lim_{x \to 0} g(x)$$

만일 그 값이 존재한다 하더라도 그 값이 무엇인지도 분명하지 않다. 그런데 다음 식을 증명할 수 있으므로 $L=1$이라 할 수 있다.

　(N)　　　　　　　　$\lim_{x \to 0} g(x) = \lim_{x \to 0} \frac{\sin x}{x} = 1$

　그렇다고 하여 x가 0에 가까이 감에 따라 $g(x)$에 대한 표현에 있어 분자와 분모가 모두 0에 가까이 가기 때문에 (N)에 있는 극한값은 1이 되었다고 결론을 내려서는 안 된다. 이와 같은 현상이 $\frac{\sin x}{x}$에서도 나타나지만 그 극한값은 다음과 같다.

$$\lim_{x \to 0} \frac{\sin \pi x}{x} = \pi$$

실제로 등식 (I)에 주어진 $f'(x)$의 정의에서 좌변에 있는 분수는 외형적으로 "0을 0으로 나누는 것과 같은" 모양으로 가지고 있다. 그러나 이미 앞서 우리가 보았듯이 $f'(x)$는 $y = f(x)$의 그래프에서 접선의 기울기를 나타내므로 여러 다양한 값들을 가지게 된다.

더군다나 수학에서 $\frac{0}{0}$과 같은 표현은 아무런 의미도 없다. 미적분학의 위력과 아름다움은 정의될 수 없는 값 $\frac{0}{0}$으로 가는 경향을 띄는 표현— 평균 변화율 $D(\Delta x)$과 같이—에도 의미를 부여할 수 있는 편리한 방식에서 비롯된다.

적분의 정의에서 볼 수 있는 다른 형태의 극한도 정의 (L)에 유사한 방식으로 정의된다.

(P) **정의**   임의의 $\varepsilon > 0$에 대하여 어떤 정수 $N > 0$이 존재하고, $n > N$이면 $|A_n - L| < \varepsilon$이 성립한다고 하자. n이 무한대로 갈 때 A_n의 극한값을 L이라 하고 다음과 같이 나타낸다.

$$\lim_{n \to \infty} A_n = L$$

정의 (L)에서와 같이 여기에서도 ε은 미리 주어지는 정밀도이다. 그렇다면 우리는 n이 양의 정수인 N보다 커질 때마다 A_n이 점점 더 L에 가까이 가는 성질을 만족하는 자연수 N을 구해야만 한다. 자기 자신을 삼켜버릴 것 같이 이상하게 생긴 무한대 기호가 $\lim_{n \to \infty} A_n = L$에 등장하였음에도 불구하고, 그 기호가 정의 (P)의 어느 핵심 부분에서도 전혀 보이지 않음에 주목하라. 이 정의는 무한에 관해 아무것도 말해주지 않는다. 단지 n이 충분히 크다면 A_n이 얼마든지 L에 가까이 갈 수 있다는 것만 말하고 있다. ε은 "얼마든지 가까이 가는" 것을 측정하고 있으며 N은 충분히 큰 양을 알려주고 있다.

간단한 예를 보며 정의 (L)다음에 나오는 예제에서 행했던 것과 같이 하나의 정리를 증명하는 방식으로 식을 전개하여 보자.

정리 $\lim\limits_{n \to \infty}\left(\dfrac{6}{n}+2\right)=2$

증명 $\varepsilon>0$이라 하자. 다음 부등식이 성립하도록 $N=\underline{\quad}$ 을 선택한다. $n>N$이라 하면,

$$\left|\left(\frac{6}{n}+2\right)-2\right|=\left|\frac{6}{n}\right|$$
$$=\frac{6}{n}$$
$$<\frac{6}{N}$$

마지막 식은 ε보다 작은 수임에 주목하라. 이는 분모 N이 $\dfrac{6}{\varepsilon}$을 초과한다는 점을 전제로 하는데, 다시 말해 $\dfrac{6}{\varepsilon}<N$임을 전제로 한다.

우리는 N에 대한 정수 값을 선택하여야 하므로, 다음과 같이 정할 것이다.

$$N=\left\langle\frac{6}{\varepsilon}\right\rangle$$

이 기호는 $N=$"$\dfrac{6}{\varepsilon}$보다 큰 첫 번째 정수"임을 말한다. 이 N값이 위의 빈칸에 넣을 수이며 이 선택을 함으로써 증명이 완결된다.

다시 요약하면 다음과 같다.

$\varepsilon>0$이라고 하자. 그리고 $N=\left\langle\dfrac{6}{\varepsilon}\right\rangle$이라 하자. 그러면 $n>N$일 때 $n>\dfrac{6}{\varepsilon}$이다. 그러므로 다음이 성립한다.

$$\left|\left(\frac{6}{n}+2\right)-2\right|=\left|\frac{6}{n}\right|$$
$$=\frac{6}{n}$$

$$< \frac{6}{N}$$

$$= \frac{6}{\frac{6}{\varepsilon}}$$

$$= \varepsilon$$

위의 예에서 $\frac{6}{n}$은 n이 무한히 커짐에 따라 0에 가까워지므로 $\frac{6}{n}$+2는 2에 가까이 가고, 따라서 $L=2$임을 쉽게 추측할 수가 있다. 하지만 불연속인 함수와 정의 (L)의 경우와 같이 정의 (P)에서의 L값은 결정하기가 매우 어렵다. 이전에 보았던 그러한 예는 우리의 현재 범위를 넘어서는 것으로 다음과 같은 식이다.

$$\lim_{n \to \infty} \left(1 + \frac{1}{4} + \frac{1}{9} + \frac{1}{16} + \cdots + \frac{1}{n^2} \right) = \frac{\pi^2}{6}$$

여기서 한 가지 지적하고자 하는 것은 극한의 개념이나 가장 단순한 정리의 증명조차 대학 신입생 미적분학 강의에서 정상적으로 가르칠 수 없다는 사실이다. 이 절에서 우리가 했던 작업은 개념적으로 볼 때 대학의 신입생 미적분학의 범위를 벗어난다. 이 강좌에서 학생들은 주로 연속함수 f인 경우에만 다음과 같은 형태의 극한을 주로 다룬다.

$$\lim_{x \to a} f(x) = L$$

이때 학생들은 그와 같은 극한값을 구하기 위해 단순히 x 대신에 a값을 대입한 값 즉, $L=f(a)$라고 쓰는 것이다.

그러니까 여러분은 여기 제시된 정의나 증명이 어렵게 느껴지고 완전히 이해가 되지 않는다고 하여 열등의식에 빠질 필요는 없다. 하지만 이 아이디어들을 부분적이라도 조금 이해할 수 있다면, 대학의 미적분학이 피카소의 그림이나 에즈라 파운드의 시보다도 훨씬 더 이해하기 쉽다는 것을 알게 될 것이다. 더군다나 미적분학에 깊이 들어가다 보면, 그것이 그림과 시에 담긴 아름다움과 같다는 사실을 발견하게 될 것이다. 또한 무척 강력한 힘을 가지고 있음도 발견하게 될 것이다.

아름다움 그리고 힘

필립 주르댕은 다음과 같이 기록하였다.

> 복잡한 문제들을 다루는 미적분학이 가지고 있는 범상치 않은 힘은,
> 변수를 다루는 미적분학의 놀라운 경제적인 방식 때문에
> 그와 같은 복잡한 문제가 단번에 다룰 수 있을 정도의 단순한 문제들로
> 무한히 나누어질 수 있다는 사실에서 나오는 것이다.

매우 정확한 표현이다. 미적분학이 가지고 있는 것은 단순한 힘이 아니라 지극히 범상치 않은 힘—단순성과 경제성에서 나오는 위풍당당한 힘—이다. 그리고 수학의 모든 분야에서와 마찬가지로 미적분학에 있어서 "단순성"과 "경제성"이란 "아름다움"에 대한 다른 표현에 지나지 않는다. 미적분학이라는 책은 기호학적 시어로 기록되어 있다. 그리고 시에는 힘이 있다.

복잡한 방정식을 단순한 방정식으로 무한개 나눌 수 있는 것에 관한 주르댕의 관찰 사례 중 하나의 멋진 예는 $y = f(x)$의 그래프 아래에 있는 영역의 넓이를 계산하기 위해 적분을 사용하는 것이다. 여기서 우리는 전체 영역의 넓이를 구하는 문제를 직사각형 줄로 그 영역을 분해하여 보다 단순한 문제들의 집합으로 축소하는 것이다. 그리고나서 n을 무한대로 하여 넓이 A와 a에서 b까지의 $f(x)$의 적분을 동시에 구하는 것이다. 결국 우리가 구한 것은 다음과 같다.

$$A = \int_a^b f(x)\,dx$$

물론 적분은 넓이 이외에도 여러 가지 방식으로 해석할 수가 있다. 미분도 접선이나 속도 이외에도 수학적이고 물리학적인 다른 해석이 가능하다. 예를 들어, 어떤 회계사로부터 당신의 기대수명은 평균 68세이고 표준편차가 7년인 정규분포를 따른다는 말을 들었다면, 이는 적분과 관련된 것이다. 이 말을 적용하여, 당신이 x년보다 더 오래 살 수 있는 확률을 구하면 다음과 같다.

$$\frac{1}{\sqrt{2\pi}} \int_x^\infty e^{-\frac{1}{2}\frac{(x-68)^2}{49}} \, dx$$

이 적분(상한은 무한대)과 심오한 뜻을 가진 것 같은 초월수인 π와 e가 인간의 수명에 관해 기술할 수 있다는 사실은 미적분학이 가지는 위력의 실체와 수학의 매우 놀라운 효능성에 관한 위그너의 지적을 동시에 뒷받침해준다.

수 e는 π보다 덜 알려져 있으므로, 그것이 등장하는 또 다른 예를 보자. 순수 수학에서의 문제부터 시작한다.

함수 f의 도함수는 등식 (I)에 의해 정의된 또 다른 함수인 f'이다. 그런데 여기서 도함수가 원래의 함수 자기자신과 같은 함수, 즉 미분 과정을 거쳐도 변하지 않은 채로 존재하는 것이 가능한가를 물어보는 것은 매우 자연스러운 일이다. 보다 정확하게, 모든 x값에 대하여 $f'(x)=f(x)$인 함수 f를 알아보자.

이를 추적하는 하나의 방안은 $f(x)$가 모든 실수값 x에 대하여 하나의 멱급수를 가지고 있음을 가정하는 것이다. 다음과 같이 가정하자.

(1) $\qquad f(x)=a_0+a_1x^1+a_2x^2+\cdots+a_nx^n+\cdots$

(1)의 우변에 덧붙여진 세 개의 점은 이 급수가 이런 식으로 무한히 계속되고 있음을 암시하고 있다. 이 때문에 이를 **무한급수**라고 한다. 이 특별한 무한급수는 각각의 항이 x의 거듭제곱에 상수를 곱한 것이어서 **멱급수**라고 부른다. 우리의 목적을 위해서는 하나의 멱급수를 "무한히 긴 다항식"으로

생각하는 것만으로도 충분하다.

만일 f를 그러한 급수로 나타낼 수 있다면 다음이 성립함을 증명할 수가 있다.

(2) $\qquad f'(x)=a_1+2a_2x+3a_3x^2+\cdots+na_nx^{n-1}+\cdots$

((2)를 증명하기 위해서는 두 가지 사실이 필요하다 : ⅰ) 멱급수는 각각의 항마다 미분이 가능하다. ⅱ) $t(x)=ax^m$의 도함수는 $t'(x)=max^{m-1}$이다.) 그러므로 $f(x)=f'(x)$에서 다음 사실을 추론할 수 있다.

(3) $\qquad a_0+a_1x^1+a_2x^2+a_3x^3+\cdots+a_{n-1}x^{n-1}+a_nx^n+\cdots$

$$=a_1+2a_2x+3a_3x^2+4a_4x^3+\cdots+na_nx^{n-1}+\cdots$$

모든 x에 대하여 $f(x)=f'(x)$이므로 등식 (3)도 모든 x에 대하여 성립한다. 그리고 이는 등식 (3)의 양변에 있는 급수가 같을 때에만, 즉 같은 차수의 x항의 계수가 같을 때에만 그럴 수 있음이 증명 가능하다. 따라서 다음 식이 성립한다.

$$a_0=a_1$$
$$a_1=2a_2$$
$$a_2=3a_3$$
$$a_3=4a_4$$
$$\cdots$$
$$a_{n-1}=na_n$$
$$\cdots$$

이 방정식을 정리하면 다음과 같다.

(4) $\qquad a_1=a_0$

$$a_2=\frac{a_1}{2}=\frac{a_0}{2\cdot1}$$
$$a_3=\frac{a_2}{3}=\frac{a_0}{3\cdot2\cdot1}$$

이를 계속한다면 다음과 같다.

$$a_4 = \frac{a_0}{4 \cdot 3 \cdot 2 \cdot 1}$$

$$a_5 = \frac{a_0}{5 \cdot 4 \cdot 3 \cdot 2 \cdot 1}$$

$$\cdots$$

$$a_n = \frac{a_0}{n(n-1)(n-2) \cdots 3 \cdot 2 \cdot 1}$$

$$\cdots$$

주어진 자연수 n에 대하여, m과 그보다 작은 모든 자연수들의 곱을 "m의 계승"이라 부르며 $m!$이라고 표기한다. 그러므로 다음 식이 성립한다.

$$2! = 2 \cdot 1$$

$$3! = 3 \cdot 2 \cdot 1$$

$$\cdots$$

$$n! = n(n-1)(n-2) \cdots 2 \cdot 1$$

이 기호를 사용하여 등식 (4)는 다음과 같이 나타낼 수 있다.

(5)
$$a_1 = a_0$$

$$a_2 = \frac{a_0}{2!}$$

$$a_3 = \frac{a_0}{3!}$$

$$\cdots$$

$$a_n = \frac{a_0}{n!}$$

그러므로 $f(x)$의 미정계수들은 단 하나의 계수인 a_0에 관하여 나타낼 수가 있다. 이들 값을 식 (1)에 대입하면 다음을 얻을 수 있다.

(6)
$$f(x) = a_1 + a_0 x + \frac{a_0}{2!} x^2 + \frac{a_0}{3!} x^3 + \cdots + \frac{a_0}{n!} x^n + \cdots$$

여기서 공통 인수인 a_0를 괄호 밖으로 내오면 다음과 같다.

(7) $$f(x)=a_0(1+x+\frac{x^2}{2!}+\frac{x^3}{3!}+\cdots+\frac{x^n}{n!}+\cdots)$$

괄호 안에 있는 식을 $h(x)$라 표기하자. 즉 다음과 같다.

(8) $$h(x)=1+x+\frac{x^2}{2!}+\frac{x^3}{3!}+\cdots+\frac{x^n}{n!}+\cdots$$

더욱이 등식(7)에 있는 실수 a_0를 보다 단순한 기호인 a로 표기하자. 그러면 등식 (7)은 다음과 같다.

(9) $$f(x)=ah(x)$$

우리의 분석은 좀 더 엄격하게 증명되어야 할 다음 정리의 증명에 대한 개요를 제시하고 있다.

정리 모든 x에 대하여 $f'(x)=f(x)$이면, $f(x)=ah(x)$이다. 이때 a는 임의의 실수이며 $h(x)$는 등식(8)에 의해 주어진다.

결론적으로 미분을 하더라도 변하지 않고 고정되어 있는 유일한 함수는 함수 $h(x)$의 배수이다. 함수 $h(x)$는 수학 전 분야에서 가장 중요하고 주목할 만한 함수 중의 하나이다. 만일 우리가 $x=1$로 놓으면 다음 식을 얻을 수 있다.

(10) $$h(1)=1+1+\frac{1}{2!}+\frac{1}{3!}+\cdots+\frac{1}{n!}+\cdots$$

(10)의 우변에 있는 무한급수는 상수들의 급수이고 이 급수는 유명한 초월수인 e에 수렴한다. 따라서 다음과 같다.

(11)
$$e = 1+1+\frac{1}{2!}+\frac{1}{3!}+\frac{1}{4!}+\cdots+\cdots$$

(무한급수의 수렴 개념은 어떤 극한에 의해 그 자체로 정의된다. 무한급수 (11)에 대하여 다음과 같이 정의할 수 있다.

$$e = \lim_{n \to \infty}\left(1+1+\frac{1}{2!}+\frac{1}{3!}+\cdots+\frac{1}{n!}\right)$$

수 e가 초월수임은 아직 불분명하지만 그럼에도 불구하고 이는 사실이다. e는 초월수이므로 무리수이고 이는 유한소수도 아니며 순환하는 무한소수도 아님을 뜻하고 있다. 분명한 것은 (11)로부터 e가 2보다 크다는 사실이며, 3보다 작음을 보이는 것은 어렵지 않다. e에 대한 매우 정확한 근삿값을 구할 수 있는데 소수 9째 자리까지 구하면 2.718281828이다.

임의의 유리수 r에 대하여 식 (8)에 주어진 $h(r)$의 값은 다음과 같음을 증명하는 것은 어렵지 않다.

$$h(r)=e^r$$

즉, 임의의 유리수 r에 대하여 $h(r)$은 e의 r제곱이다. 따라서 모든 x에 대하여 $h(r)$는 다음과 같이 나타낼 수 있다.

(12)
$$h(x)=e^x$$
만일 $f(x)=f'(x)$가 모든 x에 대하여 성립한다면,
어떤 실수 a에 대하여 $h(x)=ae^x$이다.

따라서 순수수학에서 이 문제는 지수함수와 지수함수의 상수배를 그 해로 가지게 된다.

이제 응용수학의 문제를 생각해보자. 어떤 대상(예를 들어 박테리아 군집

이나 은행 예금의 이자)이 현재 양에 비례하는 비율로 시간이 흐르면서 계속하여 증가하거나 감소한다고 가정하자. 만일 시간 t에서 그 대상의 현재 양을 y라고 하면, 그 증가하는(또는 감소하는) 규칙은 다음과 같다.

(13) $$\frac{dy}{dt} = by$$

이때 b는 **비례 상수**라고 한다. 등식 (13)은 어떤 대상이 증가할 때의 수학적 모델을 마련해주고 있다. 이 모델은 여러 물리적 현상들에 들어맞는다. 예를 들어, 등식 (13)은 복리 b로 투자한 금액이 계속해서 증가하는 양을 나타낼 수 있다. 이 경우에 등식 (13)은 "임의의 시간에 예금의 증가율이 현재 금액과 복리와의 곱"임을 말해준다.

이와 비슷하게 등식 (13)은 방사성 물질의 감소 때문에 줄어드는 물질의 움직임을 나타낼 수도 있다. 이 경우 비례상수 b는 음수값을 가지는데, t에 관하여 y의 변화율이 음의 값이라는 뜻이다.

방정식 (13)의 해를 구하기 위하여 우리는 다음 성질을 가지는 함수 $y = f(x)$를 발견해야 한다.

$$\frac{dy}{dt} = f'(t) = by = bf(t)$$

즉, $f'(t) = bf(t)$이다.

상수 b가 나타난다는 사실을 제외하고 이는 방금 살펴보았던 순수수학의 문제인 것이다. 따라서 방정식 (13)의 해가 지수함수라는 점을 알게 되었더라도 그리 놀라운 일은 아니다.

실제로 만일 우리가 $t = 0$일 때 $y = c$라는 초기 조건을 덧붙인다면—즉, 그 대상이 처음 존재하는 양이 c라고 하면—이 방정식의 해는 다음과 같다.

(14) $$y = ce^{bt}$$

복리 예금의 예에 적용한다면, 방정식 (14)는 다음과 같은 사실을 말해준다.

연이율 $100b\%$의 복리로 c 원씩 계속해서 투자한다면,

t년이 지난 후에 그 금액은 $y = ce^{bt}$이다.

실생활의 많은 사례를 통해 미적분학의 위력과 아름다움이 드러나는 것을 목격할 수가 있다. 그 위력은 어떤 문제 상황에 대한 특정해—미적분학에 익숙하지 않은 사람이 닿을 수 있는 범위를 벗어나 존재하는 해—를 구하게 되는 과정에 자리 잡는다. 아름다움은 이 과정의 단순성과 경제성 그리고 그 해가 다음과 같이 우아한 형태를 뽐내는 식으로 구현됨으로써 발견할 수 있다.

$$y = ce^{bt}$$

그리고 이 함수가 초월수와 무한급수의 심오한 개념과 밀접하게 관련이 있다는 점에서도 그 아름다움을 발견할 수가 있다. 미적분학의 범상치 않은 위력을 보여주는 또 다른 사례를 일정한 가속도로 움직이는 물체를 다룰 때의 용이성에서도 찾아볼 수가 있다. 예를 들어, 낙하하는 어떤 물체 즉, 높은 빌딩의 옥상에서 수직으로 떨어지는 한 개의 돌을 생각해보자. 그림 67은 이를 보여주고 있다.

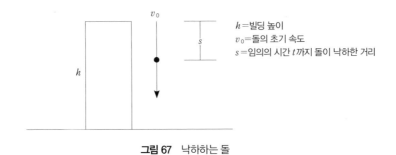

그림 67 낙하하는 돌

만일 떨어지는 돌에 작동하는 유일한 힘이 중력밖에 없다고 가정한다면 그 돌의 가속도는 중력에 의한 가속도임을 우리는 잘 알고 있다. 이 일정한 가속도를 g라고 표기하고, 그 양은 약 $9.8\mathrm{m/sec^2}$이다. 따라서 낙하하는 돌의 속도를 v로 나타내면 다음 식이 성립한다.

(15) $$\frac{dv}{dt}=g$$

시간에 관한 속도의 도함수는 (정의에 의해) 가속도를 말하므로, 등식 (15)는 수학적 용어로 "낙하하는 돌의 가속도는 g와 같다"는 구절을 수학적 용어로 나타내고 있다. 돌이 낙하하는 움직임에 관한 등식이 (15)와 가장 초보적인 미적분 기술에서 쉽게 유도될 수 있음은 놀라운 일이다.

(15)의 양변에서 원시함수를 취하자. 왼쪽 변에서 $\frac{dv}{dt}$의 원시함수는 v이며, 오른쪽 변에서 g의 원시함수는 gt이다. 그러므로 다음 식이 성립한다.

(16) $$v=gt+c_1$$

이때 c_1은 상수로, 지금까지 우리가 보아왔듯이 원시함수는 유일하게 존재하지는 않지만 주어진 함수의 두 원시함수는 서로 다르더라도 그 차이는 상수에 지나지 않으므로 위의 식에 등장하는 것이다.

밑으로 내 던져진 돌의 초기 속도를 우리가 사전에 알고 있다고 가정하고, 이를 v_0라고 하자. 따라서 $t=0$일 때 돌의 속도는 $v=v_0$이다. 그러므로 $t=0$이면 $v=v_0$이다. 이 값들을 등식 (16)에 대입하면 다음과 같다.

$$v_0=g \cdot 0+c_1$$

따라서 $v_0=c_1$이다. 그러므로 등식 (16)은 다음과 같이 변형할 수 있다.

(17) $$v=gt+v_0$$

그리고 이 식은 임의의 시간 t에서 돌의 낙하 속도를 말해준다.

그림 67에서 임의의 시간 t에서 돌이 떨어진 거리를 s라고 나타내면, 속도의 정의에 의해 다음과 같다.

$$v=\frac{ds}{dt}$$

그러므로 등식 (17)은 다음과 같이 나타낼 수 있다.

(18) $$\frac{ds}{dt}=gt+v_0$$

이 등식 (18)의 양변에서 각각 원시함수를 구하면 다음과 같다.

(19)
$$s = \frac{1}{2}gt^2 + v_0t + c_2$$

이때 c_2는 또 다른 상수이다. 하지만 $t=0$일 때 $s=0$임을 우리는 알고 있다. (그림 67을 보라.) 따라서 다음과 같이 놓을 수 있다.

$$0 = \frac{1}{2} \cdot g \cdot 0^2 + v_0 \cdot 0 + c_2$$

즉 $0=c_2$이다. 이제 등식 (19)는 다음과 같이 쓸 수 있다.

(20)
$$s = \frac{1}{2}gt^2 + v_0t$$

등식 (17)과 (20)은 낙하하는 돌의 운동을 완벽하게 묘사하고 있다. 전자는 임의의 시간에서 돌의 속도를 규정하고 있으며 후자는 그 때의 위치를 알려준다. 이 등식들을 간단히 조작하면 또 다른 부가의 정보를 얻을 수 있다.

예를 들어, 10미터 높이의 건물에서 돌 한 개를 떨어뜨린다고 하자. 이 돌이 땅에 떨어질 때의 속도는 얼마인가? 이 경우 $v_0=0$인데, 돌을 내던진 것이 아니라 자연스럽게 떨어진 것이기 때문이다. 등식 (17)과 (20)은 다음과 같다.

$$v = gt$$

그리고

$$s = \frac{1}{2}gt^2$$

돌이 땅에 떨어진다는 것은 그동안 움직인 거리가 건물의 높이인 것으로 $s=h$이다. 이를 두 번째 식에 대입하면 다음과 같다.

$$h = \frac{1}{2}gt^2$$

또는

$$t^2 = \frac{2h}{g}$$

이를 정리하면 다음 식을 얻는다.

$$t = \sqrt{\frac{2h}{g}}$$

이는 돌이 땅에 떨어지는 시간을 뜻하는 것이다. 이 t값을 v에 관한 식에 대입하면 다음과 같다.

$$v = \left(\sqrt{\frac{2h}{g}} \right) g$$

이는 돌이 땅에 떨어지는 순간의 속도이다. 그리고 이는 다음과 같이 간단한 식으로 정리할 수가 있다.

$$\begin{aligned} v &= \left(\sqrt{\frac{2h}{g}} \right) g \\ &= \sqrt{g} \sqrt{g} \sqrt{\frac{2h}{g}} \\ &= \sqrt{g} \sqrt{2h} \\ &= \sqrt{2gh} \end{aligned}$$

그러므로 돌이 땅에 떨어지는 순간의 속도는 $v = \sqrt{2gh}$ 이다.

앞의 예에서 $h = 10\text{m}$였다. 이 값을 앞의 식에 대입하고 $g = 9.8\text{m/sec}^2$임을 기억한다면 다음과 같이 나타낼 수 있다.

$$\begin{aligned} v &= \sqrt{2(9.8\text{m/sec}^2)(10\text{m})} \\ &= \sqrt{196}\,\text{m/sec} \\ &= 14\text{m/sec} \end{aligned}$$

따라서 지면과 충돌하는 순간의 속도는 14m/sec이다.

미적분학의 위력을 보여주는 마지막 사례로 주어진 함수의 최댓값이나 최솟값을 결정하는 문제를 생각해보자. 함수 $y = f(x)$는 구간 $a \le x \le b$에 속하는 모든 실수에 대하여 정의되었다고 하자. 구간 $a \le x \le b$에서 함수 $y = f(x)$의 최댓값과 최솟값은 무엇일까?

구간 $a \le x \le b$에 속하는 모든 실수의 집합을 폐구간이라 부르고 $[a, b]$로 나타낸다. 이 용어를 사용하여 우리의 문제를 다시 정리하면 다음과 같다.

함수 f가 구간 $[a, b]$에서 정의되었다고 하자.

구간 $[a, b]$ 위에서 $f(x)$의 최댓값과 최솟값은 무엇일까?

  직관적으로 연속함수는 그 그래프가 단절되지 않은 함수이지만 폐구간 $[a, b]$ 위에서 최댓값과 최솟값을 가질 수 있다는 것이 자명한 것처럼 보인다. 이 직관적인 결과는 엄격하게 증명될 수 있으며 따라서 그 결과인 하나의 정리는 다음과 같다.

폐구간 $[a, b]$ 위에서 f가 연속이면,
$f(x)$는 $[a, b]$ 위에서 최댓값과 최솟값을 갖는다.

  이 정리의 증명은 미적분학을 공부하는 학생이면 정상적으로 알 수 있는 실수의 성질에 대한 깊은 지식을 필요로 하며 이는 상급과정에 속하는 문제이다. 이 정리는 단지 $f(x)$의 최댓값과 최솟값의 존재만을 주장하고 있음에 주목하라. 이 값들을 어떻게 발견할 수 있는지를 말해주지는 않는다. 만일 함수가 미분가능하다면 문제는 더욱 더 단순해진다.
  미분가능한 함수들은 그 그래프가 충분히 부드럽게 뻗어나가며 따라

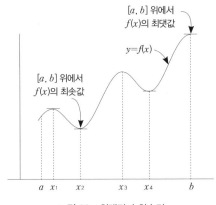

그림 68 최댓값과 최솟값

서 각각의 점에서 접선이 존재하게 된다. 그러한 함수의 그래프는 그림 68에 등장한다. 여기서 그 그래프는 폐구간 $[a, b]$에 있는 점들 x_1, x_2, x_3, x_4에서 국지적으로 최댓값 또는 최솟값을 가진다. 그리고 이들 각 점에서 이 그래프의 접선을 그으며 수평이 되는데, 그 기울기가 0이 된다. 따라서 $f'(x_1)=f'(x_2)=f'(x_3)=f'(x_4)=0$이다.

이 사실은 항상 성립함이 기하학적으로 자명하다. 만일 $y=f(x)$의 그래프가 $a<w<b$의 어느 점 w에서 국지적으로 최댓값을 가진다면, 그 그래프는 그 점 $(w, f(w))$에서 수평인 접선을 갖는다. 그러므로 $f'(w)=0$이다. 그런데 구간 $a<x<b$에서 함수 $f(x)$의 최댓값은 $y=f(x)$의 그래프에서 국지적으로 최댓값이라는 사실은 자명하다. 따라서 a와 b 사이에서의 함수 $f(x)$의 최댓값이 될 수 있는 것들은 $f'(x)=0$이 되는 x값에서만 있을 수 있다. 같은 방법으로 f의 최솟값들이 될 수 있는 것들도 $f'(x)=0$이 되는 x값에서만 가능하다.

그러나 a와 b 사이에서 $f'(x)=0$이 되는 모든 x값들에서 $f(x)$가 국지적으로 최댓값과 최솟값을 가지는 것은 아니다. 이를 알아보기 위해 함수 $f(x)=x^3$와 폐구간 $[-1, 1]$을 살펴보자. 이 경우에 $f'(x)=3x^2$이다. 따라서 $f'(0)=0$이다. 그러나 $y=x^3$의 그래프는 $x=0$에서 국지적으로 최댓값이나 최솟값을 가지지 않는다. (그림 69를 보라.) 우리가 말할 수 있는 것은 기

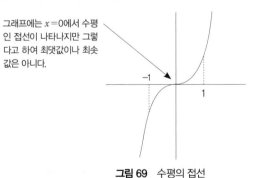

그래프에는 $x=0$에서 수평인 접선이 나타나지만 그렇다고 하여 최댓값이나 최솟값은 아니다.

그림 69 수평의 접선

껏해야 다음과 같은 것이다. 즉, a와 b 사이의 점 w에서 $f(x)$가 최댓값이나 최솟값을 가진다면 $f'(w)=0$이다.

또한 구간 $[a, b]$ 위에서 함수 $f(x)$의 최댓값과 최솟값은 그 구간의 양 끝점에서 나타날 수 있다. 예를 들어, 그림 68에서 최댓값은 $x=b$에서 나타나는 반면에 최솟값은 그 중간에 있는 점 x_2에서 나타난다. 그러나 이 모든 경우에도 불구하고 도함수는 함수의 최댓값과 최솟값을 구하는데 있어서 강력한 도구를 제공한다. 이를 정리하면 다음과 같다.

구간 $[a, b]$ 위에서 미분 가능한 함수의 최댓값과 최솟값은 $x=a$ 또는 $x=b$ 또는 a와 b 사이에서 $f'(x)=0$가 되는 점에서 얻을 수 있다.

따라서 미분가능한 함수의 최댓값과 최솟값은 이들을 정리하기만 하면 결정할 수가 있다. 우선 함수 $f(x)$의 도함수 $f'(x)$를 구하여야 한다. 그리고 x에 대하여 다음 방정식의 해를 구한다.

$$f'(x)=0$$

a와 b 사이에서 그 해들이 x_1, x_2, x_3, $\cdots$, x_n라고 하자. 이들 점에서 그리고 a와 b에서 $f(x)$의 값들을 구하여 다음 목록을 만든다.

$$f(a), f(x_1), f(x_2), \cdots, f(x_n), f(b)$$

이 목록에서 가장 큰 수가 $[a, b]$ 위에서 $f(x)$의 최댓값이고 가장 작은 수가 최솟값이 된다.

이 방법이 실용적인 문제에 어떻게 직접 응용되는지 그 예를 들어 설명하려 한다. 즉, 주어진 부피의 통조림 깡통 하나를 디자인하는 문제인데 그 깡통을 만드는 재료가 최소가 되도록 하는 문제이다. 이를 완수하고 나면 겉으로 볼 때 그저 시시하고 일상적인 하나의 문제조차 그 심연에는 심미적인 요소가 들어 있음을 이해하게 될 것이다.

보통의 통조림 깡통은 직원기둥 모양으로 윗면과 밑면 모두 닫혀있다. 그 원기둥의 높이를 h라 하고, 밑면인 원의 반지름의 길이를 x이라 하면 부피 V는 다음과 같이 주어진다.

(21) $$V = \pi x^2 h$$

이 원기둥의 겉넓이는 원기둥의 윗면과 밑면 그리고 옆면의 넓이들을 각각 더하면 구할 수 있다. 윗면과 밑면은 각각 넓이가 πx^2인 원이다. 옆면은 만일 이를 평평하게 펼친다면 직사각형이 되므로 가로의 길이는 원기둥 윗면(또는 밑면)인 원의 둘레의 길이와 같고 세로의 길이는 원기둥의 높이인 h이다. 따라서 전체 넓이는 $2\pi x^2 + 2\pi x h$와 같다. 그러므로 원기둥의 겉넓이를 S라 놓으면 다음과 같이 나타낼 수가 있다.

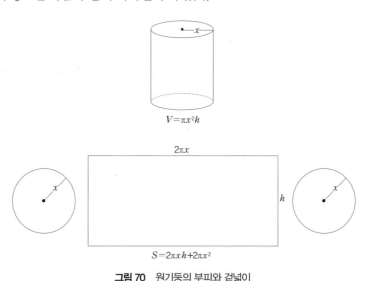

$$V = \pi x^2 h$$

$$S = 2\pi x h + 2\pi x^2$$

그림 70 원기둥의 부피와 겉넓이

(22) $$S = 2\pi x^2 + 2\pi x h$$

원기둥과 옆으로 굴렸을 때의 겉넓이는 그림 70에 나타나 있다.

그런데, 부피는 같으면서도 높이의 길이가 다른 여러 원기둥이 있을 수 있다. 예를 들어, 물 $\frac{1}{4}$리터 들이의 원기둥이지만 하나는 높이가 긴 날씬한 모습이고, 다른 하나는 높이가 짧아서 옆으로 퍼진 뚱뚱한 원기둥일 것이다.

우리의 문제는 식 (21)에 주어진 고정된 부피를 가지면서 식 (22)에 의해 주어진 겉넓이를 최소로 하는 직원기둥의 크기를 결정하는 것이다. 앞에서 제시한 바와 같이 S는 x와 h라는 두 변수의 함수이다. 하지만 등식 (21)을 h에 대하여 정리하여 h를 x만으로 나타낼 수 있다. 이로써 우리는 S라는 새로운 함수에 우리의 방식을 적용할 수 있게 된다. 등식 (21)을 h에 대하여 정리하면 다음과 같다.

$$h = \frac{V}{\pi x^2}$$

이 값을 등식 (22)에 대입하면 다음을 얻을 수 있다.

(23) $$S = \frac{2V}{x} + 2\pi x^2$$

우리의 원기둥은 이론적으로 반지름이 임의의 양수 값을 가지므로, 이 함수 S는 모든 x에 대하여 정의되어 있고, 그래서 우리의 문제는 어느 폐구간에서가 아닌 이 양수의 집합 위에서 S의 최솟값—만일 존재한다면—을 결정하는 것이다. 하지만 앞에서 언급했던 방식을 적용하기 위해 두 수 a와 b를 선택하는데, 이때 $a > 0$는 0에 매우 가까이 있고, $b > 0$는 매우 큰 값이다. 이제 $[a, b]$ 위에서 S의 최솟값을 먼저 결정하자.

x^2의 도함수는 $2x$이다. 또한 $\frac{1}{x}$의 도함수는 $\left(-\frac{1}{x^2}\right)$이다. 따라서 다음과 같다.

$$S'(x) = -\frac{2V}{x^2} + 4\pi x$$

그러므로 $S'(x) = 0$는 다음 식을 말한다.

$$-\frac{2V}{x^2} + 4\pi x = 0$$

이 식으로부터 x에 관하여 해를 구하면 다음을 얻을 수 있다.

(24)
$$x = \sqrt[3]{\dfrac{V}{2\pi}}$$

즉, x는 $\dfrac{V}{2\pi}$의 세제곱근이다. 만일 S가 폐구간 $[a,\ b]$ 위에서 최솟값을 가진다면 그 때의 x값은 이 값이거나 아니면 양 끝점인 a 또는 b이어야 한다. 위의 값을 식 (23)에 대입하여 다음을 얻을 수 있다.

(25)
$$S = \dfrac{2V}{\sqrt[3]{\dfrac{V}{2\pi}}} + 2\pi \left(\sqrt[3]{\dfrac{V}{2\pi}} \right)^2$$

x가 매우 큰 값을 가지면, $\dfrac{2V}{x}$는 0에 가까이 가고, 이에 따라 등식 (23)에서 S가 마치 $2\pi x^2$인 것처럼 생각해도 된다. 같은 방식으로 x가 0에 가까이 가면 S는 마치 $\dfrac{2V}{x}$인 것처럼 생각해도 된다. 따라서 x가 0에 가까이 가거나 또는 x가 매우 큰 값을 가지는 경우에 S는 매우 큰 값이 된다. 그러므로 우리 목록에 있었던 세 값—$S(a)$, $S(b)$, 그리고 (25)에서 구한 값—중에서 마지막 값이 최솟값을 가지게 하는 수이다.

따라서 등식 (25)에 의해 주어진 값은 폐구간 $[a,\ b]$ 위에서 S가 최소가 되게 하는 값이다. 또한 a의 왼쪽에서 $\dfrac{1}{x}$가 증가하고, a의 오른쪽에서 x^2이 증가하듯이 S가 증가하므로, 이 값이 모든 $x>0$에 대한 S의 최솟값이다.

식 (21)에서 우리는 다음과 같은 사실을 알고 있다.
$$h = \dfrac{V}{\pi x^2}$$
양변을 x로 나누면 다음과 같다.

(26)
$$\dfrac{h}{x} = \dfrac{V}{\pi x^3}$$

S가 최소가 되도록 하는 (24)에서 얻은 x값을 이 식의 우변에 대입하면 다음과 같다.
$$\dfrac{h}{x} = \dfrac{V}{\pi \left(\dfrac{V}{2\pi} \right)}$$

또는

$$\frac{h}{x}=2$$

결론적으로 높이가 h이고, 밑면의 반지름의 길이가 x인 고정된 부피 V 를 가지는 모든 가능한 직원기둥 중에서 겉넓이가 최소인 원기둥은 그 높이 가 다음과 같은 것이다.

$$h=2x$$

즉, 부피가 같다면 겉넓이를 최소로 되게 하는 원기둥은 그 높이가 밑면 의 지름의 길이와 같은 것이다.

이 결과는 내게 심미적인 관점에서도 매우 익숙하게 다가온다. 부엌 찬장 에 있는 모든 통조림들을 눈높이를 맞추어 관찰하면 일련의 직사각형들이 나란히 배열되어 있음을 알게 될 것이다. 이들 통조림 깡통들 각각의 부피가 모두 같다면, 우리가 방금 해결하였던 최대 최소 문제에 의해 그 답은 정사 각형 모양의 통조림이 된다는 것이다. 그림 71에는 그러한 전형적인 직사각 형들의 배열이 등장한다. 그림에서 검게 칠해진 직사각형이 정사각형이다.

1876년 구스타브 페히너는 실험을 통해 미적 선호도를 측정하는 실험을 시도하였는데, 가로와 세로의 비를 다양하게 설정하여 놓은 10개의 직사각 형들을 보고 가장 아름다운 것을 선택하도록 하는 것이었다. 페히너는 대략 1 : 1.61803인 황금비로 알려진 비를 선호한다는 사실을 발견하였다. 그런 데 맥매너스는 페히너의 실험 결과를 보고 다음과 같이 말했다.

그 실험은 황금비의 우수성을
수많은 비과학자들과 여러 심리학자들이 인정함으로써
논란의 여지를 불식시키는 강력한 과학적 증거인 것이다.

하지만 맥매너스 그 자신이 이와 유사한 실험을 행하였을 때, 그가 발견

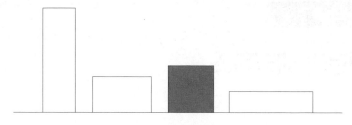

그림 71 원기둥의 옆면들

한 미적 선호도의 대상은 두 개였다. 하나는 황금비를 기초로 한 것이며 다른 하나는 정사각형을 기초로 한 것이었다.

그림 71에 나타난 통조림 깡통의 배열 중에 왼쪽에서 세 번째 것이 정사각형이다. 그림에 배열된 직사각형 중 어떤 것도 가로-세로의 비가 황금비인 것은 없다. 미적분학을 적용하여 부피가 일정할 때 겉넓이가 최소인 원기둥을 선택한 결과가 보통 사람들의 미적인 선호도와 일치한다는 사실은 흥미진진하고 즐거운 일이 아닐 수 없다.

패턴과 패러독스

G. H. 하디는 자신의 수학 인생을 마무리할 때쯤에 《어느 수학자의 변명 *A Mathematician's Apology*》이라는 매혹적이고 아름다운 책을 집필하였다. 그는 이 책에서 다음과 같은 말을 남겼다.

> 수학자는 화가나 시인과 같이 패턴을 창조하는 사람이다.
> 수학자가 만들어낸 패턴은 화가나 음악가의 것보다 더 영속적인데,
> 그 이유는 사고를 통해 패턴을 만들기 때문이다.

그렇다. 하디는 이 학문에 대하여 또 다른 은유를 제공한 셈이다. 즉, 수학이란 **사고를 통해 창조된 영속적인 패턴들**의 집합이라는 것이다. 하디는 수학의 영속성에 대한 확고한 신념을 가지고 다음과 같이 말했다.

> 그리스 수학에는 영속성이 존재한다.
> 그것은 그리스 문학보다도 더 깊은 영속성이다.

헤밍웨이도 다음과 같은 주장을 거침없이 내놓았다.

시간이 흐르면서 대지는 침식되고 먼지는 사라져 버린다.
사람도 죽음을 피할 수 없고 그 어느 것도 영원하지 않다.
예술을 창조하는 사람을 제외하고는.

수학자인 하디와 작가인 헤밍웨이는 같은 관점을 가지고 있었을 것이다. 헤밍웨이가 수학을 예술로 생각했다면 말이다. 하지만 그가 수학을 예술이라 여겼는지는 아직 의문이다.

우리는 이 책의 앞부분에서 수학은 아이디어들로 구성되었다는 관점에서 출발하였다. 그리고 이미 많은 여러가지 패턴들을 목격하였다. 우리는 아이들이 학교에 입학하기 전부터 점의 개수를 손가락으로 짚어가며 셀 수 있다는 것과 이는 자연스럽게 일대일 대응의 형식적 개념으로 확장할 수 있음을 보았다. 따라서 셀 수 있는 가산 집합의 크기는 자연수 그 자체와 같다는 개념으로 이어지게 되었다. 수 세기 패턴은, 그것이 사탕을 세는 것이든 아니면 무한 집합을 세는 것이든 같다는 사실을 알게 된 것이다.

또한 우리는 정수 위에서의 덧셈이라는 이항 연산을 살펴보고 그 성질을 추상화 할 수 있고, 이에 따라 보다 더 일반적인 집합으로 확장하여 연산의 패턴을 그대로 보존할 수 있음도 알게 되었다. 그리고 이를 통해 군이라는 대수의 기본적인 대상을 발견하기에 이르렀다.

만일 우리가 확률론으로 좀 더 깊이 들어간다면, 이 학문과 그것의 많은 응용이 단 몇 개의 기본적인 패턴에 따라 움직인다는 점을 알게 될 것이다. 예를 들어 게임 이론에 관한 많은 문제들, 백신 실험 또는 무작위 추출 등이 공정하지 못한 동전 던지기를 수반하는 하나의 시행 결과로 축소될 수 있다는 점이다. 어떤 상황에서 의학도는 유전학적인 문제를 해결하고자 하고, 생물학자는 동물 실험을 수반하는 전염병 문제를 다루게 될 것이다. 동시에 물리학자는 분리되어 있는 물체들 사이에 열 교환 문제를 다룰 수도 있다.

분명한 것은 이 세 가지 응용 영역에 있는 세 개의 서로 다른 문제들에서 수학자가 공통적인 패턴을 찾아낸다면 결국 하나의 문제가 된다는 점이다. 세 개의 문제 모두가 어떤 상자 안에서 어떤 색깔의 공을 선택하느냐와 같은 확률적 결정의 해결을 요구하고 있다.

경우의 수를 세어보는 문제에서는 정확한—그래서 종종 놀라운—패턴이 기계적으로 반복되고 있다. 우리는 이미 n개의 공이 들어있는 상자에서 r개를 선택하는 경우의 수가 일관성이 있음을 보여주는 하나의 예를 알고 있다. 그 답은 어떤 상황에서든지 다음과 같다.

$$C(n, r)=\binom{n}{r}$$

일대일 대응 개념을 포함하는 또 다른 예는 다음과 같다.

"여덟 개의 오렌지를 세 명의 아이에게 나누어 주는 방법의 수는 몇 가지인가?"라는 문제를 생각해보자. (오렌지는 모두 똑같아서 구별이 되지 않지만 아이들은 모두 다른 아이들이라고 가정하는 것이 자연스럽다.) 이 문제의 풀이는 모든 가능성인 (8, 0, 0), (7, 1, 0), (7, 0, 1), …, (0, 0, 8) 등을 일일이 열거하는 재미없고 따분한 과정을 밟으면 된다. 물론 여기에 나열된 세 개의 수는 각각의 아이들에게 나누어 주는 오렌지 개수를 뜻한다.

이 방법의 문제점은, 매우 지루한 반복이 지속된다는 점 이외에도 오렌지 개수나 아이의 명수가 바뀌었을 때 문제를 해결하는 방식에 있어 어떤 도움도 주지 못한다는 점이다.

다음 기호를 생각해보자.

$$--x---x---$$

이 기호는, 첫 번째 x앞에 놓여있는 간격의 수가 첫 번째 아이에게 나누어

주는 오렌지 개수를 뜻하고, 두 x 사이에 놓여있는 간격의 수는 두 번째 아이에게 나누어주는 오렌지 개수, 그리고 두 번째 x 다음에 놓여있는 간격의 수는 세 번째 아이에게 나누어주는 오렌지 개수를 뜻한다. 따라서 위에 제시된 기호는 (2, 3, 3)이라는 분배를 말하고 있으며, 다음에 제시된 기호는 (7, 1, 0)를 나타낸다.

$$\text{--------}x\text{-}x$$

여기서 분명한 것은 이러한 형태의 기호들의 집합과 오렌지를 분배하는 경우들의 집합 사이에 일대일 대응이 존재한다는 사실이다. 따라서 오렌지 분배의 경우의 수와 이러한 형태의 기호들의 개수가 같게 된다. 그런데 이 값은 10개의 간격 중에서 두 개의 x가 들어갈 자리를 선택하는 것이므로 정확하게 $\binom{10}{2}=45$이다.

이때 우리는 어떤 패턴이 분명하게 존재함을 알 수가 있다. 따라서 만일 r개의 오렌지와 c명의 어린이가 있다면, 분배할 수 있는 경우의 수는 $\binom{r+c-1}{c-1}$가 된다.

더욱이 패턴의 개념은 **위상기하학**(topology)라는 수학의 한 분야를 정의하고 있다. 위상기하학은 어떤 종류의 변형 하에서도 변하지 않은 채로 존재하는 수학적 대상들의 성질을 연구하는 학문이다. 위상 수학자에게는 원과 삼각형이 서로 다르지 않은 같은 종류의 폐곡선으로 인식되는데, 그 이유는 연속적인 변형에 의해 한 도형을 다른 것으로 변형할 수 있기 때문이다. 즉, 삼각형을 늘리거나 구부려서, 하지만 이를 찢거나 단절하지 않고서도 원으로 만들 수가 있다는 뜻이다. 같은 방법으로 점토로 만든 찻잔을 깨뜨리거나 잘라내지 않아도 도넛 형태로 변형시킬 수가 있다. 손잡이 이외의 다른 부분을 눌러서 손잡이 부분을 굵게 만들면 된다. 따라서 위상 수학자는 도넛과 손잡이가 있는 찻잔의 차이를 인식하지 않는 사람이라고 말할 수 있다.

어떤 성질을 그대로 보존하면서 수학적 대상들 사이의 변형을 가하는 것을 **동형사상**(isomorphism)이라고 부른다. 따라서 겉으로 보이는 외관을 제외하고 서로 다른 두 사물이 조작 패턴이 같다면, 이 두 대상은 동형이라 할 수 있다. 수학의 많은 부분이 동형사상을 다루고 있는데, 이는 패턴의 아이디어를 그 사례로 하는 개념이다.

궤변

수학의 패턴에는 수학자들이 부르는 **패러독스**라는 당혹스러운 명제들과 순전히 오류라고 밖에 할 수 없는 **궤변**들이 뒤섞여 있다. 패러독스의 원래 의미는 정확하게 추론되어진 자기 모순적인 명제라는 뜻이다. 우리가 앞서 보았던 러셀의 패러독스가 그러한 예이다.

그러나 종종 수학자들은 패러독스라는 용어를, 증명은 가능하지만 직관이나 경험으로 판단할 때에 터무니없이 비정상적인 결론을 말할 때 사용한다. 우리도 패러독스를 이러한 방식으로 해석할 것이다. 반면에 궤변이란 정확하지 않음에도 불구하고, 처음 접할 때에는 정확하게 추론될 수 있는 것처럼 보이는 결과들을 뜻한다. 따라서 궤변은 단순한 오류 그 이상도 그 이하도 아니다.

우리는 이미 앞서서 의도적으로 2=1이 됨을 주장하는 작은 논의를 접했었다. 이때 그다지 미묘하지 않게 보이는 오류는 등식의 양변을 $(x-y)$로 나누는 단계에서 발생하는데, 이는 분모에서 $x=y$이므로 결국 양변을 0으로 나누는 꼴이 되기 때문이다. 패러독스에 대하여 알아보기 전에 다른 궤변들을 좀 더 살펴보자. 각각의 궤변들은 결국 **오류**라는 결론에 도달하게 됨을 기억해주기 바란다.

궤변 1 다음 방정식의 해를 구하여라. (2=1에 관한 또 다른 증명)

$$\frac{x-5}{x-1} = \frac{x-5}{x-2}$$

풀이 $\frac{x-5}{x-1} = \frac{x-5}{x-2}$ 이고 분자가 같으므로, 분모도 같아야만 한다.
따라서 $x-1=x-2$이다.

양변에서 x를 소거하면 $-1=-2$이다.

그러므로 1=2이다.

위의 풀이는 첫 번째 단계에서 다음과 같은 오류를 낳았다.

$$\frac{a}{b} = \frac{a}{c} \Rightarrow b=c \text{ 또는 } a=0$$

정확한 풀이는 다음과 같다.

$$\frac{x-5}{x-1} = \frac{x-5}{x-2} \Leftrightarrow (x-5)(x-2)=(x-1)(x-5)$$

$$\Leftrightarrow x^2-7x+10=x^2-6x+5$$

$$\Leftrightarrow 7x-10=6x-5$$

$$\Leftrightarrow x=5$$

$x=5$인 경우에 원래의 식은 다음과 같은 등식이 된다.

$$\frac{0}{4} = \frac{0}{3}$$

이는 참이다.

궤변 2 $\sqrt{2}=2$이다.

논의 한 변의 길이가 1인 정사각형을 생각해보자.

그림 72에 나오는 "계단 모양의 선"으로 이루어진 다음 정사각형들을 생각해보자.

$$s_1, s_2, s_3, \cdots, s_n, \cdots$$

이때 정사각형의 대각선은 점선인 d로 나타내어진다. 각각의 계단 모양의 선은 화살표들로 나타낸다. 이제 $\ell(d)$, $\ell(s_1)$, $\ell(s_2)$, $\cdots$, $\ell(s_n)$, $\cdots$등을 이 선들의 길이라 하자. n이 임의로 커질 때, s_n은 대각선 d에 한없이 가까이 간다. 따라서 $\ell(s_n)$은 n이 한없이 커질 때 $\ell(d)$에 한없이 가까이 간다. 따라서 다음이 성립한다.

(1) $$\lim_{n \to \infty} \ell(s_n) = \ell(d)$$

그러나 각각 $n=1$, 2, 3, $\cdots$일 때, 각각의 계단 모양의 선은 수평으로 이루어진 선분의 전체 길이가 1이고, 수직으로 이루어진 선분 전체의 길이가 1이므로 $\ell(s_n)=2$이다. 따라서 (1)이 성립할 필요충분조건은 $\ell(d)=2$이다.

그런데 피타고라스 정리에 따르면 $\ell(d)=\sqrt{2}$ 이다.

그러므로 $2=\sqrt{2}$ 이다.

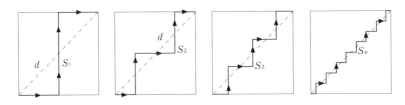

그림 72 정사각형의 대각선에 가까이 가기

궤변 3 모든 삼각형은 이등변삼각형이다.

논의 중학교 평면 기하학을 이용하여 논의를 전개한다.

그림 73과 같이 꼭짓점 a, b, c인 임의의 삼각형을 생각하자. 꼭짓점 a의 각을 이등분하고, 선분 bc의 수직이등분선을 작도한다. p를 이 두 선의 교점이라고 하자.

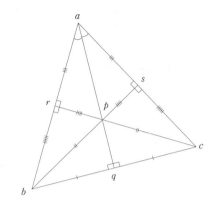

그림 73 모든 삼각형이 이등변삼각형이라는 잘못된 주장

점 p에서 선분 ab와 ac에 수선을 그린다. r과 s를 각각의 교점이라고 하자. 선분 pb와 pc를 그린다. 삼각형 pqc는 삼각형 pqb와 합동이다. (두 변의 길이와 낀 각의 크기가 같은 삼각형은 합동이다.) 따라서 선분 pb와 pc는 같은 길이의 선이다. 두 삼각형 apr과 aps는 합동이다. (작도에 의해 두 각의 크기가 같다. 따라서 나머지 한 각의 크기도 같아야만 한다. 그런데 선분 ap는 공통이다. 따라서 두 삼각형은 합동이다.)

그러므로 선분 as와 ar의 길이는 같고 선분 pr과 ps는 길이가 같다. 따라서 삼각형 prb와 psc는 합동이다. (두 변의 길이가 같은 직각삼각형이므로 세 번째 선분의 길이는 피타고라스 정리에 의해 같다.) 따라서 선분 br과 cs의 길이는 같다.

그러므로 두 선분 ab와 ac의 길이는 같다. (선분 ab의 길이는 두 선분 ar과 rb의 길이의 합이다. 선분 ac의 길이는 두 선분 as와 sc의 길이의 합과 같다.)

그러므로 삼각형 abc는 이등변삼각형이다.

이 논의의 오류는 처음 작도에서 발생한다. 점 p는 원래의 삼각형이 이등변삼각형일 때에만 삼각형의 내부에서 형성된다.

궤변 4 1=0

논의 s를 무한급수 1−1+1−1+···의 합이라 하자. 따라서 다음과 같다.

$$s=1-1+1-1+\cdots$$

그러므로 다음이 성립한다.

$$s=(1-1)+(1-1)+(1-1)+\cdots$$
$$=0+0+0+0+\cdots$$

그러므로 $s=0$이다.

한편 다음 식도 성립한다.

$$s=1-(1-1)+(1-1)+(1-1)+\cdots$$
$$=1-0-0-0-0-\cdots$$
$$=1-0$$
$$=1$$

그러므로 1=0이다.

위의 논의는 첫 번째 단계에서 오류가 발생하였다. 어떤 조건 하에서만 괄호를 무한급수에 적용할 수 있기 때문이다. 이 조건은 $s=1-1+1-1+\cdots$에는 적용할 수가 없다.

만일 궤변 4가 옳다면 다음과 같은 형태로 나타낼 수가 있다.

(2) $1=0+0+0+0+\cdots$

그런데 이는 매우 재미있는 철학적 해석을 낳는다. 만일 우리가 1이라는 수를 "전우주의 일체성"을 표기하는 것이라 하고, 0을 "무"를 나타내는 것이라 한다면, (2)의 주장은 우주 전체를 "무"에서 창조할 수 있음을 뜻한다.

(등식 (2)는 우리가 무엇을 원하건 간에 논쟁의 여지가 없음을 주장한다. 왜냐하면 등식 (2)는 우리가 지금 다루고 있는 수학이 아무런 의미도 가지지 못함

을 말하고 있기 때문이다. 등식 (2)는 수학이란 것이 그저 종이 위에 적혀있는 의미 없는 표기들의 집합임을 말하고 있다.)

그러나 수학은 언뜻 볼 때에는 의미 없는 것처럼 보이지만 그 결과가 참인 결론들을 많이 가지고 있다. 우리가 알다시피, 이를 패러독스라고 부른다.

패러독스

확률론의 성질에는 패러독스가 가득 들어 있다. 우리는 이들 중 여섯 개의 사례를 검토할 것이다.

(a) 두 번째 아이의 패러독스

어느 부부에게는 두 명의 자녀가 있다. 만일 이 두 아이 중 적어도 한 명이 여아라면, 두 명의 자녀가 모두 여아일 확률은 얼마인가?

풀이 여아와 남아의 출생률이 거의 같은 빈도로 발생하므로, 우리는 먼저 이들이 같은 확률로 태어날 것이라고 가정하는 것이 좋다. 따라서 여아가 출생할 확률은 $\frac{1}{2}$ 이며 이는 남아에게도 똑같이 적용된다. 그리고 또 하나 우리는 여아와 남아 각각의 출생률이 서로 독립적임을 가정할 것이다. 이 부부에게는 두 명의 자녀가 있으므로 이 문제 상황은 공정한 동전 한 개를 두 번 독립적으로 던지는 실험으로 생각하면 된다. 동전의 각 면은 여아를 뜻하는 g와 남아를 뜻하는 b로 표기한다.

이 단계에서 문제에 대한 직관적인 답은, 동전 하나의 면인 g나 b가 나올 확률이 각각 $\frac{1}{2}$이므로 두 여아가 출생할 확률은 $\frac{1}{2}$라는 사실이다. 이 직관적인 답이 맞는지 확인하기 위해 다음과 같은 표본공간을 살펴보자.

$$S = \{(g, g), (g, b), (b, g), (b, b)\}$$

예를 들어, 원소 $(b,\ g)$는 "첫 번째 아이가 남아, 두 번째 아이는 여아"임을 말한다. S의 다른 원소들도 유사하게 해석할 수가 있다. 따라서 S는 두 명의 자녀에 대한 실험에서 가능한 모든 결과를 나타내고 있다.

b나 g가 각 단계에서 확률 $\frac{1}{2}$로 발생하므로, 동전이 공정하게 그리고 집합 S의 모든 경우가 똑같이 발생할 것이라고 가정할 수 있다. 이제 A와 B를 다음과 같은 사건이라고 하자.

$$A = \text{"둘 다 여아"}$$

$$B = \text{"적어도 한 명이 여아"}$$

따라서 다음과 같다.

$$A = \{(g,\ g)\}$$

$$B = \{(g,\ g),\ (g,\ b),\ (b,\ g)\}$$

그러므로 다음이 성립한다.

$$A \cap B = \{(g,\ g)\}$$

정의에 의해 확률은 다음과 같다.

$$P(A|B) = \frac{P(A \cap B)}{P(B)}$$

그런데 다음이 성립한다.

$$P(A \cap B) = \frac{n(A \cap B)}{n(S)} = \frac{1}{4}$$

$$P(B) = \frac{n(B)}{n(S)} = \frac{3}{4}$$

$$P(A|B) = \frac{\frac{1}{4}}{\frac{3}{4}} = \frac{1}{3}$$

그러므로 다음이 성립한다.

$$P(\text{"둘 다 여아"}|\text{"적어도 한 명이 여아"}) = \frac{1}{3}$$

패러독스 (A)의 결과를 얻는 빠른 방법은, 만일 우리에게 적어도 한 명이 여아라는 정보가 주어졌다면, 표본공간은 다음과 같음을 주목하는 것이다.

$$T=\{(g, g), (g, b), (b, g)\}$$

이때 각각의 원소가 발생할 확률은 모두 같다. 이 세 개의 원소 중에서 오직 하나만이 두 명 모두 여아임을 말한다. 따라서 확률은 $\frac{1}{3}$이다.

이러한 결과는 주어진 정보에 대한 잘못된 해석에서 비롯된다. 우리는 "적어도 한 명의 아이가 여아"라는 정보만을 가지고 있다. 어느 아이가 여아라는 것이 아니다. 예를 들면 맏아이가 여아일 이 경우에 표본 공간은 다음과 같게 된다.

$$U=\{(g, g), (g, b)\}$$

따라서 두 명의 아이가 모두 여아일 확률은 $\frac{1}{2}$이 된다.

이 패러독스에 포함되어 있는 추론의 복잡성은 결국 국가적인 주목을 받게 되었는데, 이는 퍼레이드라는 잡지에 게재된 퍼즐을 둘러싼 논쟁으로 이어졌다.

(b) 생일 패러독스

스물 세 명이 임의로 선택되었다고 하자. 이들 중 적어도 두 사람이 같은 생일일 확률은 얼마인가?

풀이 일 년은 365일이며, 이 날 중 어떤 특정한 날에 사람들의 생일이 집중되지 않을 확률이 모두 같다고 가정하자. 즉, 23명을 임의로 선택하였듯이 23개의 생일도 임의로 선택할 수 있다는 뜻이다. 또한 각자의 생일이 서로 독립적임을 가정하는 것이다. 직관적으로 우리가 구하고자 하는 확률은 매우 작아 보인다. 사람 수는 23명밖에 없고 생일이 될 수 있는 날짜는 365일이기 때문이다. 우리는 이 문제를 r명의 사람을 임의로 선택하는 문제 해결과 같이 쉽게 해결할 수가 있다. 이제 $A(r)$과 $B(r)$을 각각 다음과 같다고 하자.

A_r="적어도 두 사람의 생일이 같다."

B_r="어떤 두 사람의 생일도 같지 않다."

1년의 각 날짜에 1, 2, 3, $\cdots$, 365라는 번호를 매긴다. 예를 들면, 1월 1일은 1이 되고, 12월 31일은 365가 되는 것이다. 우리의 임의의 표본인 r명의 사람 각자에게 1, 2, 3, $\cdots$, 365의 배열에서 특정한 하나의 수인 그 사람의 생일을 할당할 것이다. 따라서 표본공간은 다음과 같다.

$$S=\{(x_1, x_2, x_3, \cdots, x_r)\}$$

이때 각각의 x_k는 1, 2, 3, $\cdots$, 365 중의 하나이다. 어느 날짜가 생일이 될 가능성은 모두 같으므로 집합 위에 같은 가능성의 확률 P를 이용한다. 우리가 알고 싶은 것은 $P(A_r)$이다. A_r과 B_r은 서로소인 사건이므로 7장의 따름정리 1에 의해 다음을 확신한다.

$$P(A_r)+P(B_r)=1$$

따라서 B_r의 값을 알기만 하면 충분하다. 이 값은 다음과 같다.

$$P(B_r)=\frac{n(B_r)}{n(S)}$$

집합 S의 전형적인 원소는 기본적인 경우의 수 세기에 의해 다음과 같이 계산된다.

$$(365)(365)\cdots(365)=(365)^r$$

왜냐하면 $(x_1, x_2, \cdots, x_r)$에 들어있는 각각의 원소 x_k는 365가지 경우의 수가 존재하기 때문이다. 따라서 다음이 성립한다.

$$n(S)=(365)^r$$

집합 B_r의 전형적인 원소는 $(y_1, y_2, \cdots, y_r)$와 같은 모양으로, 이때 어떤 두 y_k도 같을 수가 없다. 따라서 y_1이 선택할 수 있는 경우의 수는 365가지이고, y_2가 선택할 수 있는 경우의 수는 364가지, y_3이 선택할 수 있는 경우의 수는 363가지 등이다. 따라서 다음이 성립한다.

$$n(B_r)=(365)(364)(363)\cdots(365-r+1)$$

그러므로 다음과 같다.

$$P(B_r)=\frac{(365)(364)\cdots(365-r+1)}{(365)^r}$$

그림 74는 어떤 값 r에 대하여 $P(A_r)$ 값들을 표로 정리한 것이다. 여기서 $r=23$인 경우에 주목하자.

$$P(A_r)=P(A_{23})=.507$$

스물 세 명의 모임에서 적어도 어느 두 사람의 생일이 같을 확률은 $\frac{1}{2}$을 넘는다. 이는 공정한 동전 한 개를 던졌을 때 앞면이 나올 확률보다 더 큰 확률값이다.

언젠가 내가 알고 있는 수학과의 한 대학원생이 있었는데, 그는 이 패러독스와 관련된 내기를 하여 돈을 딴 적이 있다고 말했다. 그가 내기를 했던 사람들은 대부분 이공계 사람들이 아니었으며, 그들은 쉰 명의 사람들의 모임

r	$P(A_r)$
10	.117
20	.411
22	.476
23	.507
40	.891
50	.970
60	.994

그림 74 생일 패러독스 문제

에서 적어도 두 사람이 생일이 같을 확률에 돈을 걸지 않았다고 한다. 그림 74를 살펴보면, $P(A_{50}) = .970$이므로 그들이 내기에서 이길 확률은 전혀 없었을 것이다.

$$A_r = \text{“적어도 두 사람의 생일이 같다.”}$$

그 친구는 한 영문과 학생과 어떤 내기를 하기 전까지는 승승장구했다고 한다. 제임스 조이스의 소설인 《피네간즈 웨이크 *Finnegans Wake*》의 임의의 페이지를 선택하여 기억할 수 있는가에 대한 것이었다. 그는 내게 “내가 선택한 페이지가 무엇이었는지는 고사하고 제대로 읽을 수도 없었다오.”라고 말했다.

ⓒ 최대 기댓값 패러독스

A와 B 두 명이 앞면이 나올 때까지 동전을 던지는 내기를 하였다. 첫 번째 동전을 던져 앞면이 나오면 A는 B에게 1달러를 지불하기로 하였다. 두 번째 시행에서 처음으로 앞면이 나오면 2달러를 지불하기로 하고, 세 번째 시행에서 앞면이 처음 나오면 4달러, 네 번째 시행에서 앞면이 처음 나오면 8달러, 이렇게 계속되는 내기였다. 따라서 만일 n번째 시행에서 처음 앞면이 나오면 A는 B에게 2^{n-1}달러를 지불해야 하는 것이다. B는 A에게 이 내기의 대가로 얼마를 지불하는 것이 옳을까?

풀이   우리는 여기서 다음과 같은 셀 수 있는 무한 가산 표본공간을 다루어야만 한다.

$$S = \{H,\ TH,\ TTH,\ TTTH,\ \cdots\}$$

만일 동전 던지기가 서로 독립적이라고 가정한다면, 다음과 같은 사실을 계속 얻는다.

$$P(H) = \frac{1}{2}$$

$$P(TH) = \frac{1}{2} \cdot \frac{1}{2} = \frac{1}{2^2}$$

$$P(TTTH) = \frac{1}{2} \cdot \frac{1}{2} \cdot \frac{1}{2} \cdot \frac{1}{2} = \frac{1}{2^4}$$

이제 f를 B가 얻을 수 있는 금액을 나타내는 임의 변수라고 하자. f의 치역은 다음과 같다.

$$R(f) = \{1,\ 2,\ 2^2,\ 2^3,\ \cdots\}$$

또한 다음이 성립한다.

$$R(f=1) = P(H) = \frac{1}{2}$$

$$R(f=2) = P(TH) = \frac{1}{2^2}$$

$$R(f=3) = P(TTH) = \frac{1}{2^3}$$

그러므로 f의 기댓값은 다음과 같다.

$$E(f) = \sum_{y \in R(f)} y P(f=y)$$

$$= 1 \cdot \frac{1}{2} + 2 \cdot \frac{1}{2^2} + 2^2 \cdot \frac{1}{2^3} + \cdots$$

따라서 다음이 성립한다.

(3) $$E(f) = \frac{1}{2} + \frac{1}{2} + \frac{1}{2} + \cdots$$

등식 (3)의 우변은 수렴하지 않는 무한급수이다. 이 무한급수의 n항까지의 부분합은 (정의에 의해) 다음과 같다.

$$S_n = \frac{1}{2} + \frac{1}{2} + \cdots + \frac{1}{2}$$

따라서 다음이 성립한다.

$$S_n = \frac{n}{2}$$

따라서 n이 한없이 커질 때 S도 한없이 커진다. 즉 다음과 같이 나타낼 수 있다.

$$\lim_{n \to \infty} S_n = \infty$$

그런데 이는 $E(f)$가 임의의 주어진 양수를 초과함을 뜻한다. (우리는 이를 f의 기댓값이 무한이라고 말한다.) 따라서 B는 임의의 주어진 수를 훨씬 초과하는 금액을 얻을 것으로 기대된다. 따라서 B는 이 내기를 하는 대가로 A가 요구하는 어떤 금액도 지불할 용의가 있다.

이 패러독스는 러시아의 세인트 피터스버그의 아카데미의 한 저널에서 처음 발표되었기에 "세인트 피터스버그의 패러독스"라는 이름을 가지고 있다.

(d) 세 죄수의 패러독스

A, B, C 세 명의 죄수는 자신들 중 두 명이 사면될 것이며, 그 선택은 이미 무작위추출에 의해 이루어졌음을 알고 있다고 하자. 초보적인 확률 지식을 갖추었고 간수도 잘 알고 있는 죄수 A는 다음과 같이 추론하였다.

"감옥에서 풀려날 가능성은 (A, B), (A, C), (B, C)이다. 나는 이 중에서 두 가지 경우에 속한다. 각각의 가능성이 모두 같으므로 내가 사면 받을 확률은 $\frac{2}{3}$이다. 내가 풀려날 수 있는지를 간수에게 물어보는 것은 공정하지 않지만, 그는 내게 풀려날 다른 죄수의 이름은 알려줄 수 있을 것 같다. 그래 물어보자. 가만… 잠시 기다리는 것이 좋을 것 같은데? 만일 내가 물어보았을 때, 그가 예를 들어 B가 풀려날 것이라고 답할 수도 있겠지. 이는 (A, C)의 가능성을 배제하는 것이 되는군. 그렇다면 남는 가능성은 (A, B)와 (B, C)이다. 따라서 내가 풀려날 확률은 $\frac{2}{3}$에서 $\frac{1}{2}$로 줄어들 것이야. 물어보지 말자. 그냥 모르고 지내는 것이 더 좋을 것 같아."

이 패러독스는 마틴 가드너에 의해 논의되었다. 덕분에 그는 홍수처럼 쏟아지는 편지들을 감당해야 했다. 이 패러독스는 간수가 답하는 것이 무엇이고 그가 어떤 확률로 답하는가를 고려한 적절한 표본공간을 구성하여 해결할 수가 있다. 자세한 것은 연습문제로 남겨두겠다.

(e) 짝지었을 때 가장 좋은 것이 결국에는 가장 나쁜 것이 되는 패러독스

그림 75에 나타난 것과 같은 세 개의 원판이 있다고 하자. 원판 A를 돌리면 항상 3이라는 숫자를 가리킨다. 원판 B를 돌리면 선으로 나누어져 있기 때문에 숫자 2, 4, 6을 가리킬 확률이 각각 .56, .22, .22라고 한다. 원판 C를 돌리면 숫자 1을 가리킬 확률이 .51이고 숫자 5를 가리킬 확률이 .49이다. 이제 두 사람이 원판을 선택하여 돌리는 게임을 한다고 하자. 가장 큰 수가 나오는 사람이 이기는 게임이다. 원판 A가 원판 B를 이길 확률은 .56이다. (A는 항상 3을 가리키므로 B의 숫자가 2를 가리킨다면 이길 수 있다.) 같은 방식으로 A가 C를 이길 확률은 .51이다. 또한 B가 C를 이길 확률은 .62임을 쉽게 알 수가 있다.

그러므로 두 사람이 게임을 한다면 A가 최상이고 C가 가장 나쁜 경우가 된다. 이제 세 명이 게임을 한다고 하고, 이번에도 가장 큰 숫자를 얻는 사람이 이긴다고 하자. 다음 확률은 기계적으로 계산할 수가 있다.

$$P(\text{“}A\text{가 이긴다”}) = .29,\ P(\text{“}B\text{가 이긴다”}) = .33,\ P(\text{“}C\text{가 이긴다”}) = .38$$

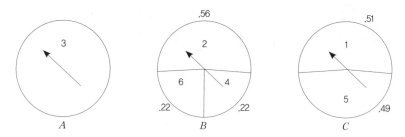

그림 75 짝지었을 때 가장 좋았던 것이 결국에는 가장 나쁜 것이 되는 패러독스

따라서 앞의 결과가 뒤집혀지는 것이다. (그림 76을 보라.) 이번에는 A가 가장 나쁘고 C가 가장 좋은 결과를 얻게 된다.

이는 콘 블라이스가 제안한 짝짓기 패러독스이다. 이 문제는 대통령 선거

에서 선택과 선호에 관한 무엇인가 심오한 것이 내재되어 있음을 말해준다. 물론 이 결과는 다른 곳에도 응용할 수가 있다.

위의 원판 결과가 해독제의 효과성을 나타낸다고 하고, 당신이 인도에서 가장 치명적인 살무사에게 물렸다고 하자. 당신은 급히 정글의 한 병원으로 이송되었다. 점점 상태가 위태롭게 되어가자, 의사는 주사를 준비하였다.

"운이 무척 좋은 줄 아세요." 의사가 말했다. "늪지의 살무사 독에 효능이 있는 세 가지 해독제가 있답니다. 각각 유리병에 보관되어 있는데, 보다시피 선반에 A, B, C라는 딱지가 붙여져 있지요. 이들 모두 검증을 마쳤고 그 효능에 따라 1부터 6까지의 숫자를 매겼답니다. 해독제 A는 100%의 확률로 3이라는 효능을 보장하고 있고, B는 각각 56%, 22%, 22%의 확률로 2, 4, 6이라는 효능을 발휘합니다. 그리고 C는 51%의 확률로 1이라는 효능, 49%의 확률로 5라는 효능을 발휘합니다."

당신의 시력은 점차 암울해지고 신체 감각도 무뎌지기만 한다. 정신이 혼미해지면서 당신은 의사에게 하나의 병을 가지고 오게 하였다. "통계학자들은 A가 가장 나쁘고 C가 가장 좋다고 합니다. 그래서 당신에게 해독제 C를 처방하겠습니다."라고 의사가 말한다.

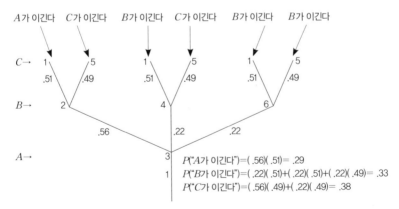

그림 76 둘 씩 짝지었을 때 가장 좋은 것이 가장 나쁜 결과가 되는 패러독스(세 명이 하는 게임)

420

이때 유리병이 깨지는 소리가 들렸다. 의사는 다시 한 번 말한다.

"불행하게도 병 B가 선반에서 떨어져 그만 깨지고 말았습니다. 이제 나에게는 A와 C밖에 없답니다. 이 상황에서는 A가 가장 좋습니다. 아까 내가 말했던 것은 잊어버리세요. 이제 해독제 A를 투여하겠습니다."

이 시점에서 당신의 혈액에 들어있던 살무사의 독은 아무런 상관이 없게 되었다. 의사의 추론이 당신의 심장을 멎게 하고 말았으니까.

(f) 의약품 검사 패러독스

500명 중에서 1명이 어느 질병을 보유하고 있다고 하자. 질병의 감염 여부를 확인하는 검사가 있는데, 실제로 이 병을 보유한 사람은 100% 반응을 하게 하지만 질병이 없음에도 양성반응을 보이는 오류가 5%나 된다고 한다. 임의로 한 사람이 선택되어 이 검사를 받았다고 하자. 검사 결과가 양성이었다면 실제로 이 사람이 이 병을 보유할 확률은 얼마인가?

풀이 D, $\overline{D}$, T를 다음 사건이라고 하자.

$$D = \text{"그 질병을 보유한다."}$$
$$\overline{D} = \text{"그 질병을 보유하고 있지 않다."}$$
$$T = \text{"검사 결과 양성이다."}$$

D와 $\overline{D}$는 서로소이므로 $D \cap \overline{D} = \varnothing$임을 주목하라. 우리에게 주어진 것은 $P(D) = \frac{1}{500} = .002$이므로 $P(\overline{D}) = .998$이다. 또한 우리에게 조건부 확률 $P(T|D) = 1$와 $P(T|\overline{D}) = .05$가 주어져 있다.

이제 $P(D|T)$를 구하도록 하자.

$T = (T \cap D) \cup (T \cap \overline{D})$는 자명하다. 그리고 D와 $\overline{D}$는 서로소이므로 $T \cap D$와 $T \cap \overline{D}$도 서로소이다. 따라서 $P(T) = P(T \cap D) + P(T \cap \overline{D})$이다. 7장

의 조건부 확률의 성질에 의해 다음을 구할 수 있다.

$$P(D|T) = \frac{P(D \cap T)}{P(T)}$$

$$= \frac{P(D \cap T)}{P(T \cap D) + P(T \cap \bar{D})}$$

$$= \frac{P(D \cap T)}{P(D \cap T) + P(\bar{D} \cap T)}$$

$$= \frac{P(D)P(T|D)}{P(D)P(T|D) + P(\bar{D})P(T|\bar{D})}$$

$$= \frac{(.002)(1)}{(.002)(1) + (.998)(.05)}$$

$$= .0385$$

따라서 이 질병에 대해 양성반응이 나왔다 하더라도 실제로 병에 걸렸을 확률은 매우 낮다.

열 번째 강의

요약

오래 전에 나의 지도교수는 내가 스스로를 어떤 사람이라고 생각하는지 물어보았다. 우리는 그의 대학 연구실에서 대화를 나누었는데, 그는 자신의 의자에 등을 대고 앉아서 발을 책상 위에 올려놓은 편안한 자세를 취하고 있었다. 나는 칠판 옆에 서 있었지만 그렇다고 막 입대한 신병처럼 얼어있었던 것은 아니었다. 우리는 한 시간 동안 순수수학에 관한 대화를 나누었고, 그 후에는 내 박사 논문이 어느 정도 진척이 되었는지 아니면 난관에 봉착하여 진척이 없는지에 관해 논의하였다. 항상 그러했듯이, 이제 그는 다른 종류의 교훈을 제시하면서 우리의 대화를 마무리하려 하고 있었다.

일주일마다 한 번씩 이루어지는 이 만남은 주로 내가 그에게 강의를 하는 것으로 채워졌는데, 그렇다고 형식을 갖춘 강의는 아니었다. 일주일동안 내가 생각해낸 새로운 수학에 대하여 칠판에 판서를 하는 것이 대부분을 차지하곤 하였다. 그는 이를 경청하고 비판하거나 다른 제안을 하곤 했다. 이 만남에는 상당한 집중력이 필요했는데, 이 모임을 가지기 전에 나는 언제나 불안감에 속에 있었고 내가 그에게 제시하는 수학에 대한 그의 반응으로부터 내 논문의 완성도가 어느 정도인지를 정확하게 알 수 있었다.

나의 발표가 마무리되면, 지도교수는 자신의 강의로 우리의 만남을 마무리하곤 하였는데, 간혹 수학과 관련이 없는 질문을 던지는 경우도 있었다.

그 주제들은 너무도 다양하여 전혀 예측할 수가 없었다. 나의 지도교수는 훌륭한 수학자였으며 나는 그로부터 수학을 한다는 것이 무엇을 의미하는지를 배울 수 있었다. 그러나 많은 수학 연구자와 마찬가지로 수학 외에 그가 가지고 있는 관심은 다소 기이했던 것 같다. 언젠가 그는 내게 중국에서 콩을 재배하는 농경법에 관해 이야기한 적이 있었다. 그리고 언젠가는 대학 행정을 담당하는 모든 사람들이 공통적으로 소유한 이상한 심리적 특성이 있음을 발견했다면서 이를 장황하게 설명하는 것이었다. 또 언젠가는 장거리 수영법에 대한 자신만의 비법을 알려주기도 하였다. 그런데 이 날 그는 갑자기 철학적으로 변모하였다. 우리는 다음과 같이 매우 희귀한 대화를 나누게 되었다.

"수학과의 대학원생들은 어느 대학이건 간에 가장 똑똑하면서 가장 게으른 학생들이야."라고 그는 말했다.

"정말입니까?" 반쯤 기분 좋게 나는 이에 대꾸를 했다.

"물론 똑똑하다는 점에 있어서는 간혹 예외가 있긴 하지만"이라고 말하며 내 눈을 똑바로 응시하는 것이었다.

나는 더 이상 기분이 좋을 수가 없었기 때문에 다음과 같은 질문을 던졌다. "수학과 대학원생들이 게으르다고 하셨는데, 그 이유가 무엇이죠?"

"왜냐하면 그 친구들은 수학 연구를 위해서는 단 몇 가지의 기본적인 지식만 필요하다는 사실을 발견했기 때문이지. 그 다음에 이어지는 나머지 수학 지식들은 모두 이 몇 가지로부터 파생된다는 사실을 알고 있기 때문이야."

"왜 그 사실 때문에 그들이 게으르다는 것인지 잘 모르겠는데요?"

"상대적으로 게으르다는 것이야."라면서 그는 다음과 같이 말을 이었다.

"다른 분야를 보라구. 문학과의 대학원생은 도서관 벽 전체를 뒤덮을 정도의 책을 읽지 않고서는 어떤 작업도 시작조차 할 수가 없지. 화학과의 경우에는 자신이 고안한 실험에서 새로운 결과를 얻을 수 있는지는 고사하고 실험 자체가 제대로 진행되는지에 관해서 노심초사하느라 몇 개월이건 실험실에 처박혀 있어야 한다네. 하지만 수학과 학생들은 이런 일을 전혀 할 필요가 없지 않나?"

"그럼 수학과 학생들이 해야 하는 것은 무엇이죠?"

"이해." 지도교수는 짧게 답했다.

"좋습니다."라고 나는 어느 정도 양보하여 이에 동의하면서 이야기를 이어갔다. "수학과 대학원생들이 선생님 말씀대로 게으르다고 하죠. 그런데 그들이 똑똑하다는 사실은 어떻게 설명할 수 있죠?"

"그건 그들이 비밀을 알고 있기 때문이지."

"비밀이요?"

"그래. 그들은 수학이 아름답다는 사실을 알게 된거야."

"그들이 그 사실을 알게 되었다고 어떻게 확신합니까?"

"그들이 바로 여기 이곳에 머무르고 있으니까. 그렇지 않으면 이런 수준의 수학을 배울 다른 이유가 전혀 없다네."

"왜 그 사실 때문에 그들이 똑똑하다고 하는지 이해하기 어려운데요?"

"왜냐하면 그 비밀을 그들 스스로 터득했기 때문이네. 그들은 수십 개의 수학 과목 강의에 들어가서 여러 번 거듭하여 수학이 유용하다는 말을 들었겠지. 그러나 그 누구도 수학이 아름답다는 말을 해주지는 않았을 거야. 그들은 그들 스스로 하나씩 알게 되었고 그러다가 전부 알게 된 것이지."

"하지만 수학은 유용하잖아요."

"물론이지. 수학이 없다면 기술도 없고 현대적인 세계도 존재하지 않을 거야. 그러나 그것 때문에 자네들이 수학을 하는 것은 아닐세. 자네들이 수학을 하는 이유는 그것이 아름답기 때문이라네."

"고작 그게 그들이 배우게 된 비밀이라고요?"

"그렇다네. 그들은 스스로 이를 알게 되었고 바로 그 때문에 그들이 똑똑하게 된 것이지."

"저는 어떻죠?" 라고 질문을 하였다. "저도 그것을 배웠는데요."

"그렇지, 하지만 자네 스스로 알게 된 것은 아니잖아."

"누가 알려주었다는 말씀이세요?"

"내가 알려 주었지,"라고 말하며 지도교수는 미소를 지었다. "바로 지금."

나는 당시 지도교수가 그날 자신의 연구소에서 내게 말해준 "똑똑하지만 게으른"이라는 말이 정확하게 무엇을 뜻하는지 이해가 가지 않았다. 그리고 여러 해가 지난 지금도 잘 모르겠다. 그러나 당시 그가 아무렇지도 않게 불쑥 던진 그 무엇인가에 전력을 기울이고 있었음을 느끼고는 있었다.

그러나 그는 분명하게 이것이라고 한 적이 없었으며 나 자신이 그것을 이해하기까지는 몇 년의 세월이 흘렀다. 나는 그에게 당신의 똑똑한 대학원생들이 수학의 비밀에 스스로 접근하였던 것과 같이 나 또한 이에 도달할 수 있었다고 말하고 싶다. 하지만 분명하게 확신할 수 없는 것도 사실이다. 모비 딕이 자신이 헤엄을 쳤던 그 바다의 일부분이 되었듯이, 나 자신도 이제는 지금까지 내가 해왔던 것들과 그리고 내가 만났던 수많은 것들에 파묻히게 된 것이다. 나는 어떤 것이 내 것이고 어떤 것이 다른 사람으로부터 배운 것인지 확신이 들지 않는다. 하지만 그 원천이 무엇이었든 간에 지난 세월동안 수학과 수학자에 관해 그 무엇인가를 배워왔다.

나의 지도교수는 우리가 가진 오랫동안의 대화를 통해 세 가지 사실을 분명히 하였다.

(1) 수학은 아름다움의 추구로부터 시작된다.
(2) 수학은 기본적인 원칙들로부터 파생된다.

(3) 수학적 지식은 유용성을 가지고 있다.

나는 우리 책의 시작부분에서 이 세 가지 사실을 언급했었다. 그곳에서 나는 위의 사실 (1)과 (2)가 지적 세계의 모든 지식인들 중에서도 수학자들만이 이 두 가지 사실의 진정한 의미를 이해하고 있다는 관점에서 수학자를 특징지을 수 있다고 주장했다. 수학자는 다른 분야의 사람들과 마찬가지로 (3)에 대해서도 잘 이해하고 잘 적용한다. 그러나 수학을 창조하려는 욕구는 유용성에서 발현되는 것이 아니다. 지도교수는 이를 진정성을 가지고 다음과 같이 표현하였다.

당신이 수학을 하는 이유는 그것이 아름답기 때문이다.
— 셔만 스타인

현대 수학자인 셔만 스타인에 의해 사용된 구절이 위에서 언급한 사실 (1), (2), (3)의 세 가지 사실을 멋지게 함축하였다. 스타인은 다음과 같이 말했다.

수학의 아름다움과 경계 그리고 생명력에 대한 감상

스타인이 지적한 아름다움은 위에서 언급한 사실 (1)과 정확하게 들어맞는다. 그가 언급한 생명력은 "성장하고 발전할 수 있는 능력"으로 해석할 수 있다. 그리고 경계라는 것은 "그 무엇인가가 뻗어갈 수 있는 범위"를 의미하는 것으로 받아들일 수 있다.
따라서 수학의 생명력은 이 학문이 배아 상태에 있던 한 줌의 기본 원칙들에서 출발하여 위대한 수학적 세계 그 자체까지 어마어마하게 확장될 수 있는 학문 자체의 가능성을 지칭하고 있다. 그리고 수학의 경계라는 구절은 갈릴레오가 자연이라는 책의 언어가 될 만큼 그 뻗어나갈 수 있는 범위가 엄청나다는 점을 시사한다.

우리는 집합과 수 세기와 관련된 몇몇 기본적인 개념들만으로 이 책의 출발점을 삼았다. 이들로부터 우리는 어떤 외부의 도움도 없이 극히 자족적인 방식으로 수론, 대수, 확률론, 그리고 미적분학의 기본 개념에까지 이르렀다. 여기서 우리는 수학이 배아 상태에서 출발하여 무엇인가 이성적인 성인으로 성장하는 것을 목격하였다.

그런데 경계라는 개념은 늘 우리 주변에 널려있다고 말할 수 있다. 우리는 항상 우리 눈앞에서 현실 세계의 그림과 수학적 세계의 그림을 옆으로 나란히 내걸고 이쪽 세계에서 저쪽 세계로 수학이 이동하는 것을 볼 수가 있다. 어느 의미에서 수학적 대상은 상상 속에 등장하는 창공을 타고 저 높은 영역으로부터 다시 현실 세계로 돌아와 구체적인 현상의 움직임을 예측하고 설명하는 힘을 가지기도 한다.

어쩌면 언제 어디서나 그려지는 이 그림은 수학이 어디까지 나아가는지 또는 그 경계가 어디인지에 대한 적절한 은유를 낳는다. 나아간다는 단어에 일상적인 자연스러운 의미를 부여하라. 그러면 수학은 이 세상과 마주보며 불고 있는 하나의 추상적인 바람이 된다.

유용성에 대한 심미적 원칙
물리학자 존 폴킹혼은 수학의 핵심을 다음과 같이 묘사하였다.

수학은 물리적인 우주 공간의 자물쇠를 여는 추상적 열쇠이다.

여기 이 하나의 문장에서 폴킹혼은 수학 그리고 우주의 핵심적인 특성을 설정해 놓았으며 이 둘 사이의 관계까지도 묘사하였다. 이를 적절하게 읽어

보면, 폴킹혼이 다음을 뜻하고 있음을 알 수 있다.

> (1) 수학은 추상적이다.
> (2) 우주 공간은 추상적이 아니다.
> (3) 수학은 물리적 현상을 설명하고 예측한다.

이에 관해 깊이 생각을 해보았던 사람이라면 그 누구도 폴킹혼의 주장을 의심하지 않을 것이다. 아르키메데스 이후 오늘날까지 이어지는 긴 행렬의 수학자와 과학자들 모두가 이에 동의해 왔다. 과학은 과거를 설명하고 현재를 이해하는 데 도움을 주고, 아주 작은 어떤 의미에서 볼 때 미래를 예측할 수 있는 이론들을 형성하기 위한 목적으로 존재한다. 과학자들은 관찰과 추측을 결합하는 과정을 통해 자신들의 이론을 형성하고 있다. 그들은 우주의 소리를 듣는다. 그리고나서 자신들의 이론을 수학으로 기록하는데, 그 이유는 수학이야말로 우주가 말하는 언어이기 때문이다.

당신은 물리학자인 위그너가 수학적 효율성이라는 말이 결코 터무니없다고 주장을 펼친 것을 기억할 것이다. 반면에 앞에서 보았듯이, 마틴 가드너는 이것이 합리적이 아니라면 무엇이냐고 주장하였다. 두드러지게 돋보이는 가드너의 천재성에도 불구하고, 나는 위그너의 주장에 동의한다. 이에 동의하고 있는 것처럼 보이는 또 다른 사람은 물리학자인 프리먼 다이슨이다. 그는 실험실에서 어떤 심각한 실험을 최초로 할 수 있게 되었을 때 발견할 수 있는 기쁨을 《프리먼 다이슨, 20세기를 말하다 *Disturbing the Universe*》라는 자신의 책에서 기술하였다. 현재까지도, 그의 책은 이론적이며 수학적이다. 그는 기름 한 방울 위에서 하나의 전자가 움직이는 것을 관찰하였고, 그것이 수학적으로 예측한 대로 정확하게 움직이고 있음을 보았다. 그는 경이에 찬 눈으로 이를 목격했던 것이다.

왜 그러한지, 왜 전자가 우리 수학의 주목을 받게 되는지,
이는 아인슈타인조차 헤아릴 수 없는 하나의 미스터리이다.

걱정할 필요는 없다. 터무니없건 합리적이건 수학은 계속해서 작동하고 있다. 물론 모든 사람이 그렇게 생각하는 것은 아니다. 오래전에 한 대학 친구가 자신이 어렸을 때에 운에 좌우되는 게임에 관심을 가졌다고 한다. 어느 날 그는 내게 동전 던지기에 관해 질문을 던졌다.

"동전 한 개가 계속해서 100번 앞면이 나올 확률은 얼마지?"
"동전이 공정하다면, 그 확률은 $(\frac{1}{2})^{100}$이지."라고 나는 답했다.
"그것 정말 작은데, 그렇지?"
"아주 작지. 실제로 $(\frac{1}{2})^{100}$는 0이나 마찬가지야. 소수로 나타냈을 때, 소수점 이하 약 30개의 0이 연속으로 나타나거든."
"그렇다면 100번 연속해서 앞면이 나올 가능성은 거의 없다는 말이네."
"가능성이 없는 일이지."라고 나는 답했다.
"좋아. 그런데 말이지, 가능성 없어 보이는 이 사건이 실제로 일어났다고 하자. 그러니까 100번 연속해서 앞면만 나왔다고 가정하는 거야. 이제 동전 하나를 다음에 던져서 앞면이 나올 확률은 얼마지?"
"절반이야."라고 나는 답했다.
"뭐라고?" 그가 되물었다.
"절반이라고." 나는 거듭 말했다. "각각의 동전 던지기는 서로 독립임을 가정하고 있는 것이지. 만일 그렇다면, 동전을 100번 던져서 모두 앞면이 나왔다는 가정 하에 101번째 동전을 던졌을 때 앞면이 나올 확률은 정확하게 $\frac{1}{2}$이지"
"말도 안 돼."라고 그는 말했다.

"동전은 자신이 여러 번 앞면으로 떨어진 것을 분명하게 기억한다고. 그런 일이 오랫동안 계속된다면, 자연스럽게 뒷면으로 돌아가게 되어 있어."

"그런 일이 언제 일어날지 어떻게 알아?"

"진짜 도박사는 다 알고 있어."

"도박의 기술이라는 것이지?"

"바로 그거야. 하지만 자네는 절대로 도박을 하지 않을 것 같군. 자네는 도박으로 결코 돈을 딸 수 없을 테니까."라고 내 친구는 말했다.

그는 옳았다. 나는 결코 도박을 하지 않았고, 당시만 해도 그 친구도 도박을 하지 않았다. 당시만 해도 내 친구는 수학을 잘 알지 못했고, 나 자신도 친구의 회의론에 별로 놀라지 않았다. 하지만 전문가들 사이에 회의론은 존재하지 않는다. 수학이라는 자물쇠로 꼭꼭 채워놓았기 때문이다.

그런데 수학이 그렇게 잘 작동된다면 도대체 우리가 하는 일이 무엇이란 말인가? 예를 들어, 두 과학자가 실제 세상의 어떤 현상을 연구하고자 한다고 하자. 어느 정도 관찰과 반성적 사고를 한 후에 과학자 각각은 1장의 그림 16에 기술된 수학의 응용과정을 답습하게 된다. 과학자 A는 수학적 모델을 완성하는데, 과학자 B도 독자적으로 같은 일을 하게 된다. 이들이 연구하는 현상을 기호 P로 표기하기로 하자. 그리고 과학자 A와 B의 수학적 모델을 각각 M_1과 M_2라고 하자.

과학자들은 각자 그림 16에 묘사된 분석 단계를 밟아가며 작업한다. 따라서 과학자들은 연구 초기에는 알려지지 않았던 각자의 모델에 관한 진리를 보여주는 수학적 계산들의 모임을 독자적으로 만들어낼 것이다. 이 일이 마무리될 즈음에 과학자들은 각자 실제 세상으로 돌아가서 실험과 관찰을 통해 이 새로운 진리가 실제 세상에 대한 관찰 사례와 잘 들어맞는지 아닌지를 결정한다. 즉, 과학자들은 각자의 이론적 모델이 실세계의 관찰 현상과

들어맞는지 아닌지를 결정하는 것이다.

이제 우리는 잠재적으로 곤란한 상황에 직면하게 되었다. 두 모델 모두 현상을 설명하는 데에는 아무런 문제가 없지만, 이들이 서로 다르며 어쩌면 극과 극의 전혀 다른 모델일 수도 있다. 더욱이 모델 M_1과 모델 M_2는 현상 P가 앞으로 어떻게 진행될지에 관한 미래의 상황이나 또는 관찰되지 않았던 어떤 상황에 대하여 전혀 다른 예측을 제공할 수도 있기 때문이다. 그렇다면 우리는 어떤 모델을 선택할 것인가? 어느 것이 정확하다고 할 수 있을까?

이와 같은 상황이 실제로 일어났음을 보여주는 중요한 사례가 그리 오래지 않은 과거에 발생했다. 내가 대학원 학생이던 시절 매우 설득력 있는 경쟁하는 두 개의 우주론이 있었다. 이들 중 하나인 첫 번째 빅 뱅 이론에서는 우리가 이미 잘 알고 있듯이 이 우주는 빅뱅이라고 알려진 하나의 커다란 불덩이의 폭발에서 시작되었다고 주장한다. 이 이론에 따르면 전체 우주는 단 한 순간에 갑자기 탄생하게 된 것이다. 두 번째 이론인 정상 상태 우주론은 전혀 다른 시나리오를 제공하고 있다. 정상 상태 우주론에 따르면 물질의 창조는 연속적으로 발생하게 된다. 빅 뱅 이론에 의해 제시되었던 단 한 순간에 이루어진 탄생, 즉 폭발이 아니라 이 우주 안의 물질은 연속적으로 천천히 만들어져 왔다는 것이다.

이 두 이론이 양립할 수 없음은 분명한 사실이다. 이들 모두가 동시에 성립할 수는 없다. 그러나 꽤 오랜 시간 동안 과학자들은 어느 것이 옳은 이론인지를 최종적으로 결정할 수가 없었다. 관찰이라는 측면에서 볼 때, 두 이론 모두가 과학자들이 보고 측정했던 것들과 잘 들어맞기 때문이다. 따라서 몇 십년 동안 우리는 위에서 기술한 문제 상황을 심각하게 고려하지 않을 수 없었다. 즉, 전혀 다른 두 가지 모델 M_1과 모델 M_2가 우주 물질의 창조라는 단 하나의 현상을 설명하려 한다는 상황에 처한 것이다. 1965년경에 이르러서야 당시 커다란 폭발을 희미하게 반향하는 우주배경복사가 발견되면서 정상 상태 우주론은 신뢰할 수 없게 되었다.

따라서 정상 상태 우주론과 빅 뱅 이론의 대결에서 관찰 증거가 최종적으로 등장하여 과학자들이 이를 근거로 둘 중 하나를 다른 것보다 우위에 놓을 수 있게 된 것이다. 그런데 만일 그러한 증거가 나오지 않으면 어떻게 될 것인가? 당신은 모델 M_1과 M_2 모델 중에서 이들을 구별할 수 있는 어떠한 관찰 증거가 없는 상황에서 어떤 결정을 내릴 수 있을 것인가? 이는 매우 쉬운 일이다. 둘 중에서 아마도 더 아름다운 이론을 선택하게 될테니까.

경주에서 항상 빠른 사람이 이기는 것이 아니고, 전쟁에서 항상 강한 사람이 이기는 것은 아니지만 우리가 내기를 한다면 그런 쪽으로 걸 것이다. 그리고 물론 두 모델 중에서 더 아름다운 것이 참이라고 할 수 있는 것은 아니지만 당신은 그 쪽을 선택하게 될 것이다. 다른 사람들도 같은 선택을 할 것이다. 두 명의 유명한 물리학자인 폴 디랙과 베르너 하이젠베르크의 이야기를 들어 보자. 디랙은 다음과 같이 말했다.

> 그 누군가의 방정식이 아름답다는 것은
> 그것이 실험에 잘 들어맞느냐는 문제보다 더 중요하다.

하이젠베르크도 다음과 같이 말했다.

> 만일 자연이 우리를 위대한 아름다움과 단순미를 가진
> 수학적 형태로 이끈다면 … 우리는 그것이 참이며
> 자연의 진정한 특성을 드러내 줄 것으로 생각하지 않을 수 없다.

이들 두 과학자는 우리에게 될 수 있으면 가장 아름다운 모델을 선택하라고 말한다. 이제 그 모델 자체는 수학으로부터 창조된 것이다. 그리고 우리

가 지금까지 보아왔듯이 수학 그 자체는 심미적 탐구에서 비롯되는 것이다. 어떤 수학자가 다른 사람으로부터 받을 수 있는 최고의 찬사는 자신의 연구에 대하여 우아하다는 평가를 받는 것이다. 하디는 다음과 같이 말했다.

아름다움은 첫 번째 검증이다. 아름답지 않은 수학이 설 자리는
이 세상 어느 곳에도 영원히 존재하지 않는다.

따라서 우리는 수학자들이 심미적 이유 때문에 수학을 창조하고 그래서 결국에는 아름답지 않은 수학은 한 켠으로 제쳐 놓게 되는 상황에 놓이게 되었다. 그런데 과학자는 수학을 이용하여 현실에 대한 모델을 구축한다. 그래서 경쟁하는 이론들 중에 선택하라고 한다면 당연히 심미적 기준에 의해 선택할 것이다. 그러므로 아름다움이라는 개념은 실제 세상의 문제를 해결하기 위해 수학을 응용할 때 있어 첫 번째와 두 번째 역할까지 담당한다. 수학 그 자체 안에서, 그리고 현실에 적용되는 경쟁하는 모델들의 평가에 있어서도 말이다. 이 모든 것을 종합해보면 다음과 같은 놀라운 원칙이 만들어진다.

유용성에 관한 심미적 원칙 : 가장 아름다운 이론이 가장 유용하다.

정상 상태 우주론과 빅뱅 우주론 사이의 경쟁하는 두 이론을 평가할 때 위의 원칙은 관찰 증거보다 우위에 있는 기준이 된다. 정상 상태 우주론의 수학으로부터는, 만일 물질이 일정하게 생성된다고 한다면 그 생성률은 얼마인지 계산이 가능하다. 이 비율은 어떤 양의 실수가 될 것이다. 이 수의 값은 r이라 표기하자. 그러나 그 비율이 왜 이 특정한 값이 된다는 것인가? 왜 r이어야 하는가? 도대체 왜 이 우주는 물질을 생성하는 과정에서 이 특

정한 연속적인 비율에 머물러야 하는가? 이미 머무르고 있을지도 모른다. 그러나 만일 내게 선택권이 있다면 나는 물질이 어느 순간 갑자기 생성된다는 쪽을 선호할 것이다. 왜냐하면 내게는 그 이론이 더 아름답기 때문이다. 빅뱅 이론이 심미적 이유 때문에 정상 상태 이론보다 더 선호되는 것이다.

물론 다른 가능성도 없지 않다. 정상 상태 우주론은 생성률 r을 우리에게 제시하였다. 빅뱅 우주론은 물질이 어느 날 갑자기 생성된다고 하였기 때문에 그 생성률은 무한값을 갖는다. 그렇다면 $r=0$라고 하면 어떠할까? 내게는 이것이 더 아름다워 보이는데…. 나는 다음과 같은 우주론의 원리를 더 선호한다.

정적인 우주의 원칙 : 우주의 시간은 무한이다.
물질은 생성된 것이 아니다. 그것은 항상 존재해 있었다.

어떤 물리학자도 정적인 우주론이 들어맞을 가능성은 전혀 없다고 즉각 말해줄 것이다. 왜냐하면 그동안의 관찰 사례와 여러 면에서 일치하지 않기 때문이다. 물리학자들이 옳다는 것에는 의심의 여지가 없다. 그럼에도 불구하고 정적인 원칙에는 어떤 최소한의 우아함이라는 것이 있지 않을까?

거울 이미지
어디까지가 수학인지 그 경계도—수학을 연구하는 동기와 마찬가지로—심미적인 것과 깊은 관련이 있다. 심미적인 원칙은 "아름다운 것은 유용하다"고 말한다. 따라서 폴킹혼의 추상적인 열쇠는 아름다움에 관한 수학자의 개념에 따라 형상화된다. 시인도 이와 유사하게 자신을 시를 형상화한다. 위대한 시인인 존 키츠는 이를 다음과 같이 기술하였다.

아름다움은 진리이고, 진리는 진정한 아름다움이다—

그 이상도 그 이하도 아니다.

당신도 이를 알고 있고,

그리고 당신이 알 필요가 있는 모든 것이기도 하다.

　대학의 행정 담당자는 물론이고 일반적으로 대부분의 사람들은 수학을 일종의 과학으로 간주하는 경향이 있다. 대학 내에서 수학과는 전통적으로 자연계나 과학 계통의 한 학과로 소속되어 있다. 이와 같은 구분에 따라 물리학과, 화학과, 생물학과 그리고 수학과가 하나의 단과대학을 구성하는 것이 관례이다. 그러니까 만일 여러분이 대학 밖으로 나가 지나가는 사람 아무나 백 명 정도를 세워놓고 "수학은 예술입니까 아니면 과학입니까?"와 같은 질문을 던진다면, 백 명 모두 과학이라고 합창하는 소리를 들을 수 있을 것이다. 하지만 분명한 것은 수학이 절대로 과학이 될 수 없다는 사실이다. 여기에는 다음과 같은 몇 가지 이유가 있다.

　⑴ 과학은 귀납적이다 : 수학은 연역적이다.

　(과학자들은 일관성 있는 과거의 관찰 사례들로부터 앞으로 발생할 것의 가능성에 대한 결론을 내린다. 수학자들은 이미 알려진 수학적 사실로부터 논리적 추론에 의해 수학적 진리를 이끌어낸다.)

　⑵ 하나의 이론이 과학적 이론이라는 것은 그것이 거짓임을 증명하는 것이 가능할 때 만이다.

　(늦은 오후, 나는 연구실 문을 닫고 창문의 가리개를 내려놓은 어둠 속에서 손가락을 흔들었다. 그때 책장에 있던 셰스피어 전집 한 권이 갑자기 공중에 뜨더니 사뿐히 책상 위에 내려앉는 것이었다. 책장을 열어 보았더니 맥베스 1막 1

장이었다. 이 일화는 운동에 대한 멋진 이론을 보여준다. 즉, 내가 손가락으로 가리켰더니 책 한권이 움직였다는 사실이다. 그러나 이는 과학적 이론이 아니다. 왜냐하면 그것이 거짓임을 보일 수 없으니까. 아무도 보지 않을 때 일어난 사건에 불과하다.)

(3) 하나의 이론은 그것이 참이라는 증명을 하였을 때에만 수학적 이론이라 할 수 있다.

(증명된 수학적 이론은 하나의 이름을 가지게 된다. 즉, 하나의 정리라고 부른다.)

수학은 과학에 필수적이다. 그러나 수학은 과학이 아니다. 이 두 학문은 유명한 에셔의 판화에 등장하는 계단 위에 서있는 두 남자와 같다. 그들은 같은 계단 위에 발을 모으고 나서 같은 방향으로 걸어간다. 하지만 한 사람은 올라가고 한 사람은 내려간다. "그들 간의 접촉은 불가능하다."라고 에셔는 말했다. "왜냐하면 그들은 다른 세계에 살고 있으니까."

과학의 특정 분야가 수학이 그런 것처럼 그 자체로 예술일 수가 있다. 하지만 수학은 과학이 아니다.

수학과 가장 가까이 접해있는 예술은 시예술이다. 우리는 이 둘 모두가 아름다움을 다루고 있음을 알 수 있다. 그런데 이들은 다른 공통적인 특성도 있다. 예를 들면 다음과 같다.

(a) 시는 사람을 겁먹게 만든다 : 수학도 사람을 겁먹게 만든다.

(노련한 배우들도 셰익스피어의 연극 무대에 오르는 것을 피하는데, 그 이유는 대사를 시로 읊는 것에 겁을 먹기 때문이다. 그리고 모든 사람이 수학에 공포감을 가지고 있으며 이는 도처에 널려있는 불안감을 통해 잘 알 수 있는 사실이다.)

(b) 시는 어렵다 : 수학도 어렵다.

(그 예는 너무나 많다. 여기서는 각 분야에서 하나씩 선택한 두 가지만 제시하겠다.)

(i) 셰익스피어는 다음과 같이 기록했다.

이전에 지나갔던 모든 행위들로 인해
우리가 기록했던 그곳의, 재판이 시선을 이끌었고
편견과 좌절, 목적에는 답하지 않은 채
실체가 없는 사고의 형상이
추측에 의한 형태만을 제시하고 있다.

이 시를 글자 그대로 해석하여 이해하기는 정말 어렵다. 설혹 이 구절들이 셰익스피어의 풍자희극 〈트로일로스와 크레시다〉에서 따온 것이며 화자는 아가멤논이라는 사실을 알려준다 하여도, 여전히 이해하기 어려울 것이다. 시는 어려운 것이다.

(ii) 8장으로 돌아가 주어진 극한 개념에서 입실론−델타의 정의를 다시 살펴보라. 그 정의를 조심스럽게 가로 3인치 세로 3인치의 카드에 적어보라. 당신 가슴 가까이에 그 카드를 항상 간직하여 들고 다니도록 하자. 매일같이 대여섯 번씩 주의 깊게 이 구절을 읽어보라. 이제 정말 이를 이해했다고 생각한다면 펜을 들고 그 명제의 부정을 적어보아라. 즉, 거짓인 정의가 무엇을 의미하는지 정확한 명제를 적어보아라. 그러면 새로운 명제를 이해하는데 얼마나 긴 시간이 필요한지 알 수 있을 것이다. (내게는 이 작업에 일 년의 시간이 필요하였다. 수학은 정말 어렵다.)

ⓒ 시는 자연스럽지 않다 : 수학도 자연스럽지 않다.

(시와 수학은 고도로 풍부하고 함축적인 언어를 사용한다. 오늘날의 시인들이 말하고 쓰는 운문은 결코 자연스럽지 않다. 수학자가 말하고 쓰는 수학도 자연스러운 것이 아니다. 시와 수학 모두 학습이 필요하며 이에 대한 취향도 개발해야만 한다. 시나 수학이 자연스럽게 생성될 수 있다고 믿는 것은 잘못된 것이다.)

수학자는 추상화 과정에서 아름다움을 목격한다. 그러면서 그는 현실 세계도 바라본다. 미분방정식은 하나의 수학적 대상이며 따라서 다른 분야와 마찬가지로 고도로 추상화되어 있다. 그리고 이들은 곳곳에 널려있는데, 거의 무한대로 발견된다. 그러나 이 거대한 집합에서 어느 특정한 방정식을 선택함으로써, 수학자는 하나의 모델을 구축하고 따라서 떨어지는 빗방울의 움직임을 기술할 수가 있다. 추상화된 방정식에서 수학자는 물방울의 움직임이라는 현실 세계를 보는 것이다.

시인의 작업은 다른 방식으로 진행된다. 로버트 프로스트가 어느 영적인 경험을 묘사하고자 하였을 때, 그는 눈이 오는 저녁 무렵 어두운 숲 속에서 자신의 말을 멈추는 것에 관한 글을 썼다. 셰익스피어는 무한공간을 아주 작은 곳에 가두어 놓았다. 만일 햄릿이 악몽을 꾸지 않았다 하더라도 그랬을 것이다. 유사하게 가장 반이성적인 시인이라 할 수 있는 블레이크는 다음과 같은 시를 남겼다.

한 알의 모래 속에서 세계를 보며
한 송이 들꽃에서 천국을 보라
그대의 손바닥에 무한을 쥐고
한 시간 안에서 영원을 보라

시인의 상상력이 담긴 손 안에서 종교, 무한 공간, 하늘 그리고 영원이라
는 추상적 개념은 어두운 숲, 작은 것, 들꽃, 그리고 한 시간이라는 시간에
압축되어 축소되었다. 수학자와 시인들은 아름다움 속에서 그리고 추상화
속에서 맞교환을 하고 있다. 그러나 이들이 행하는 것의 순서는 반대이다.

수학자는 추상적 아이디어 속에 들어있는
모든 구체적인 이미지들을 본다.

반면에

시인은 구체적인 이미지 속에 들어있는
모든 추상적 아이디어들을 본다.

그렇다면 수학자와 시인의 차이는 무엇인가? 근본적으로 그렇게 많은 차
이가 있다고 보지 않는다. 그들은 서로 얼굴을 맞대고 있는 듯 닮았는데, 거
울 속 이미지와 같은 것이다. 수학자는 이를 본능적으로 알고 있다. 수학자
가 거울을 보고 있다면 그곳에서 시인이 다시 그를 보고 있을 것이다. 다른
새로운 세계에서도 이들의 관계는 다른 방식으로 유지될 것이다.